U0415629

坦克武器电力传动控制原理与应用

TANKE WUQI DIANLI CHUANDONG KONGZHI YUANLI YU YINGYONG

马晓军　袁 东　魏曙光　编著

国防工業出版社

·北京·

内容简介

本书共分6章，主要内容有：坦克武器电力传动控制系统的基本概念、控制系统基础理论、电机放大机炮塔电力传动系统、直流PWM控制武器驱动系统、交流全电式坦克炮控系统、武器电力传动控制系统设计与优化。研究对象以现有坦克装甲车辆武器电力传动控制系统为主，同时融入新近研究情况。为方便读者理解，各章分析中融入了大量的电力传动控制系统基础原理知识，同时注重结合装备技术开展分析，特别是对装备实践中的工程应用问题进行了详细论述。

本书可作为高等教育院校的电气工程及其自动化专业本科和硕士研究生专业课程教科书，亦可供从事电气工程和武器系统控制领域的科技人员参考。

图书在版编目（CIP）数据

坦克武器电力传动控制原理与应用/马晓军，袁东，魏曙光编著．—北京：国防工业出版社，2023.5

ISBN 978-7-118-12835-2

Ⅰ．①坦…　Ⅱ．①马…　②袁…　③魏…　Ⅲ．①坦克-武器装备-电力传动-控制系统　Ⅳ．①TJ811

中国国家版本馆CIP数据核字（2023）第076529号

※

国防工業出版社 出版发行

（北京市海淀区紫竹院南路23号　邮政编码100048）

三河市腾飞印务有限公司印刷

新华书店经售

*

开本 710×1000　1/16　**印张** 20¾　**字数** 375千字

2023年5月第1版第1次印刷　**印数** 1—1500册　**定价** 138.00元

国防书店：（010）88540777　　书店传真：（010）88540776

发行业务：（010）88540717　　发行传真：（010）88540762

前言 PREFACE

2019 年 5 月，《坦克武器稳定系统建模与控制技术》一书在国防工业出版社出版后，相关领域专家学者给予了广泛的关心和支持，并希望作者能够再出版一部反映系统基本构造和控制原理的书籍，作为《坦克武器稳定系统建模与控制技术》的基础和前导，以方便读者更加深入、系统地理解和掌握坦克武器运动控制基本原理、关键技术和工程实践方法。

在专家学者和读者的热情鼓励与帮助下，我们开始动笔撰写本书。近年来，已有多部电力传动控制系统（也称电力拖动自动控制系统或运动控制系统）方面的经典教材、书籍相继出版或再版，并以不同的视角对其进行分析论述。本书旨在将其中的基本原理、方法与坦克武器运动控制这一特殊对象结合起来，按照“一个核心、两条主线”的思路构建全书内容体系，“一个核心”即围绕如何不断提高武器运动控制性能，“两条主线”即系统结构模式（从直流电力传动系统发展到交流电力传动系统）和控制方式（从单闭环控制发展到多闭环+前馈控制，从模拟控制发展到数字控制）的演变过程。

全书共 6 章。第 1 章，概论，简要介绍了坦克武器电力传动控制系统的基本概念、结构组成与发展历史，以及电力传动控制系统涉及的共用技术，分析了系统的主要性能指标要求和控制方法；第 2 章，控制系统基础理论，介绍了后续章节分析中涉及的控制系统基础理论，包括系统的数学建模方法、时域分析方法和频域分析方法；第 3 章，电机放大机炮塔电力传动系统，分析了系统的基本结构与工作原理，在此基础上对系统建模与开环特性进行了分析，探讨了几种典型的单闭环控制方法，介绍了系统的装备应用案例；第 4 章，直流 PWM 控制武器驱动系统，分析了系统结构组成、工作原理与数学建模方法，重点对转速–电流双闭环控制及其特性进行了剖析，讨论了电流脉动与转矩脉动的计算方法，并据此分析了系统低速“爬行”的产生机理与抑制方法，最后对直流 PWM 控制系统的装备应用及其数字控制进行了介绍；第 5 章，交流全电式坦克炮控系统，分析了永磁同步电动机的建模与矢量控制方法，PWM 逆变器及其调制方法，在此基础上讨论了系统空间稳定与位置跟随控制问题，并对某数字式交流全电炮控系统的结构组成、网络化控制与空间矢量算法的 DSP 实现方法等进行了介绍；第 6 章，武器电力传动控制系统设计与优化，分析了系统构型和部件匹配设计，介绍了基于典型系统的控制器工程设计方法，并具体讨论了双闭环控制系统的设计与负载扰动抑制方法，最后对控制器的计算机辅助设计、优化与实现方法进行了简要介绍。

本书内容以现有坦克装甲车辆武器电力传动控制系统为主，同时融入新近研究情况，体现装备技术发展脉络。从专业知识理论体系看，各章内容总体上构成了由简到难、逐次深入的关系。为方便读者理解，各章分析中融入了大量的电力传动控制系统基础原理知识，并力求尽量保持其理论体系的完备性；与此同时，注重结合装备技术开展分析，特别是对装备实践中的工程应用问题进行了详细论述，第 3~5 章的最后还列举了装备应用案例，为读者进一步开展装备应用研究提供借鉴。

本书在编写过程中，得到了臧克茂院士的关心和指导；陆军装甲兵学院常天庆教授、易璟教授、王治国博士，中科院电工研究所国敬博士，中国兵器工业集团周黎明高工、曲俊海研究员等对本书内容提出了宝贵意见；研究团队的廖自力教授、刘春光副教授、朱志昆博士、闫之峰博士、李嘉麒博士和蔡立春博士为本书出版做了大量工作，谨向他们表示衷心感谢。同时，感谢国防工业出版社为本书出版付出的辛勤劳动和提供的宝贵帮助。特别说明的是，书中许多原理方法与分析设计思想源自相关领域专家学者和设计人员长期研究与实践的成果结晶，本书所列参考文献难以逐一枚举，一并向他们表示衷心感谢。

本书可作为高等教育院校的电气工程及其自动化专业本科和硕士研究生专业课程教科书，亦可供从事电气工程和武器系统控制领域的科技人员参考。限于作者水平和工作局限性，书中难免存在许多不妥之处，恳请读者批评指正！

作　者

2023 年 1 月

目录 CONTENTS

第1章

概　　论

1.1 概念与功用

1.1.1 电力传动控制系统的基本概念

电机是一种基于电和磁相互作用原理实现能量或信号的转换与传递的电磁机械装置。较之其他能源形式，电能具有传输、变换便利等优势，是现代社会能源转换的枢纽和应用的重要方式，因此电机也已成为国民经济发展和国防建设重要的能源动力装备与关键部件。就能量转换的功能来看，电机可以分为发电机和电动机两大类，但这两者之间并不是完全孤立的，只要满足一定的条件，发电机和电动机之间可以相互转换，这也称为电机的可逆性。

本书研究对象中的电机主要作为电动机使用，以其作为原动机拖动机械装置按照要求运动，这种传动方式通常称为电力传动。当然，它仍然满足可逆性原理，在机械装置减速、制动等过程中，电动机也会转换为发电机工作。早期的电力传动装置结构简单，控制性能较差，特别是采用交流电动机作为原动机时，大部分装置都主要工作在不可调速状态。随着电力电子技术的发展，电力电子器件成为弱电控制强电的纽带，利用电力电子器件构成的电力电子装置，可以方便地控制电动机的运行状态；同时，现代控制理论、计算机技术等不断应用于电机控制，使得电力传动系统的结构模式和控制方式发生根本性的变化，控制性能大幅提高，应用范围不断扩大，目前已遍及能源、电力、机械、采矿、冶金、轻纺、化工、电子信息和国防工业等领域，特别是近年来，电动汽车、高铁，以及武器装备的全电推进等技术飞速发展，更使得电力传动领域焕发出蓬勃生机。

目前，电力传动控制系统已成为以各类电动机为控制对象，以计算机和其他电子装置为控制手段，以电力电子装置为控制纽带，采用现代控制理论和信息处理理论等构成的，实现动力传动的自动控制系统，也称电力拖动自动控制系统或运动控制系统。由此可见，电力传动控制技术是电机学、电力电子技术、微电子技术、计算机控制技术、控制理论、信息检测与处理技术等多个学科相互交叉的综合性学科，如图 1-1 所示。

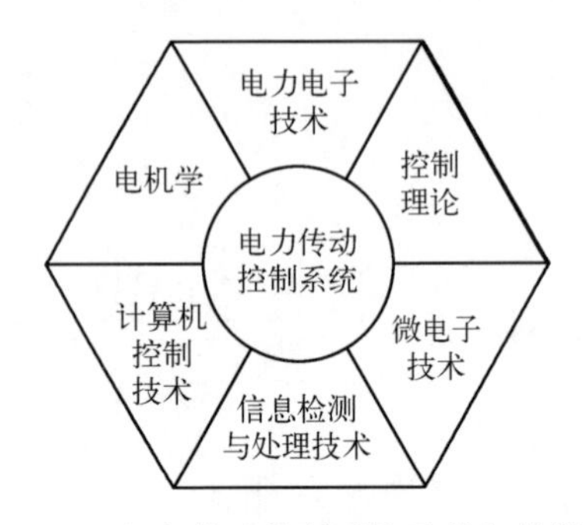

图 1-1　电力传动控制系统及其相关学科

1.1.2 坦克武器电力传动控制技术及其发展

坦克炮是典型的车载武器，也是坦克火力的象征。为了快速、准确地瞄准处于不同位置的目标，要求坦克炮能够在高低和水平两个方向灵活地运动，高低向的运动通常是通过控制火炮绕耳轴旋转实现的，由于坦克结构的限制，其旋转角度一般有一定的限制，不能实现 360°全方位旋转；水平向的运动通常是通过控制炮塔相对于坦克底盘旋转实现的，一般都能实现 360°旋转。早期坦克炮和炮塔的旋转操纵主要采用手动操作，即依靠人力手摇高低机和方向机，带动火炮和炮塔转动，从而在发现目标后使其转向并对准目标，这种方式控制的火炮瞄准速度低，瞄准精度差。20 世纪 40—50 年代，一些坦克上安装了炮塔电力传动装置，通过电动机驱动炮塔旋转，提高反应速度和瞄准精度，同时缓解操作手的疲劳。但是初期的炮塔电力传动系统并不具备空间稳定功能，当坦克在战场上运动时，坦克炮和炮塔与车体一起振动和转向，无法保持射角和射向不变，难以进行精确的瞄准和射击，因此大多采用短停射击方式，即当发现目标后，先使坦克短时间停止运动，再进行瞄准和射击，射击完毕后坦克再继续机动。短停射击动作迟缓，非但不能先发制人，反而往往使自己处于被动地位，这就限制了坦克武器威力的发挥，同时也降低了自身的战场生存能力。为了克服坦克车体振动对火炮瞄准和射击的影响，世界各国先后研制装备了坦克炮和炮塔稳定装置，也称坦克炮控系统，坦克炮稳定装置和炮塔稳定装置又分别称为坦克炮控系统高低向分系统和水平向分系统。

我国传统的坦克炮控系统主要采用电液式结构模式，经历了单向稳定和双向稳定的发展历程。单向稳定系统是指高低向分系统采用液压传动系统控制火炮稳定，水平向采用炮塔电力传动系统控制炮塔转动，但不具备稳定功能。双向稳定系统的水平向控制，在炮塔电力传动系统的基础上增加基于陀螺仪反馈的炮塔位置稳定功能，从而实现了高低和水平两个方向的稳定，为坦克实现机动射击提供技术支撑。但无论是单向稳定系统还是双向稳定系统，其高低向均采用液压传动系统，存在效率低、噪声大、容易发热、维修困难、费用高等问题；同时液压传动系统一旦发生漏油，容易引起火灾，产生“二次效应”，给乘员和装备造成灾难性的后果。采用电力传动不仅能克服上述缺点，同时还具备状态监测方便、维修更换容易等特点，因此在高低向分系统中采用电力传动系统替代液压系统，从而将电液式炮控系统改进为全电式炮控系统已成为主要发展方向。

在实现了火炮（炮塔）稳定控制的基础上，将瞄准镜与火炮刚性连接或采用某种方式从动于火炮，当炮长用操纵台控制火炮运动时，瞄准镜随动于火炮，这样炮长就可以通过瞄准镜搜索和跟踪目标，但是由于火炮惯量大，干扰强，这种结构中瞄准镜的稳定精度受到很大程度的制约。若与火炮（炮塔）稳定控制原理类似的，在瞄准镜中也设计一套电力传动控制系统，单独实现瞄准线的稳定控制，则由于瞄准镜的惯量小，瞄准线的稳定精度可得到大幅提高。这就是目前坦克武器控制系统中采用的主流结构，也称指挥仪式火控系统，结构如图 1-2 所示。其基本特点是火炮与瞄准镜分别安装电力传动控制系统，采用陀螺仪反馈进行独立稳定，炮长用操纵台驱动瞄准镜，使瞄准线始终对准目标，火炮随动于瞄准线，实现跟踪射击。

对于其他装甲车辆车载武器的控制，也存在与坦克炮控制类似的问题，如对于高射机枪的控制，采用原始的手动操作时，反应时间长，射击精度低，对乘员的操作要求高；此外，还需操作手将上身探出车外，失去了坦克的装甲防护，对乘员生命构成严重威胁，这在城市巷战中表现得尤为突出。为克服上述问题，新型装甲战斗车辆中陆续开始为其加装电力传动控制系统，代替手动操作，同时进一步构建成为遥控武器站，实现自动化的目标观察、瞄准与射击，操作手在车内就能完成操作，不仅可以缩短射击反应时间、提高射击精度，还能充分发挥高射机枪大射界优势和坦克固有的装甲防护能力，有效地保护人员安全。由上述分析可见，电力传动控制方式在武器系统中的广泛应用，可使得装甲车辆武器威力大幅提高，已成为充分发挥作战效能的重要保证。

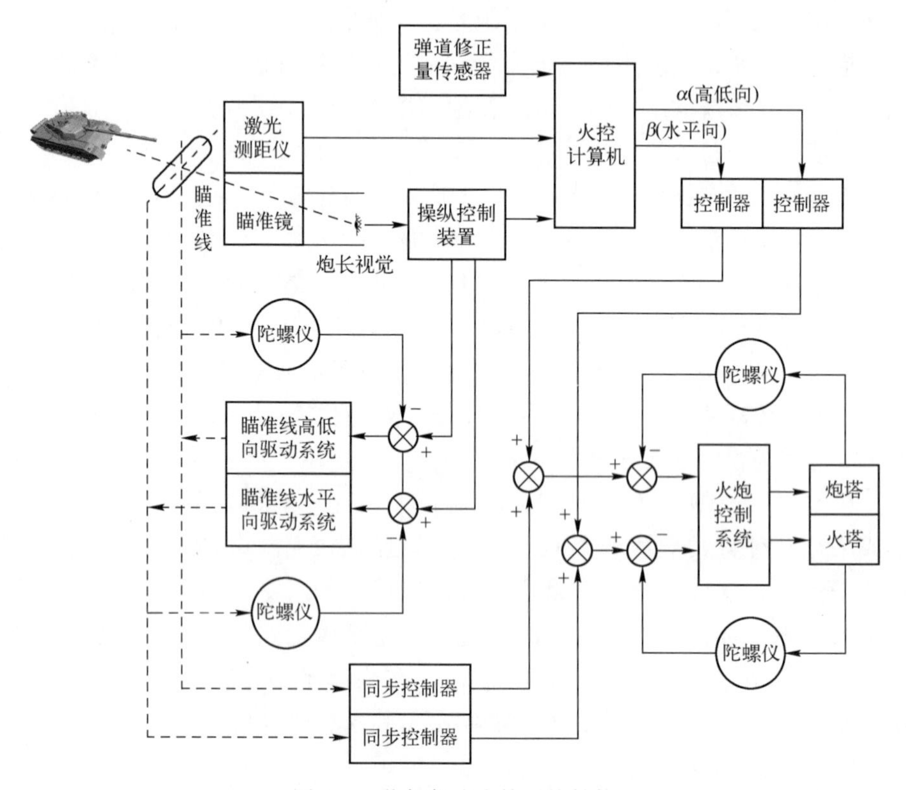

图 1-2　指挥仪式火控系统结构

事实上，除了武器电力传动控制系统，装甲车辆中的其他系统也越来越多地采用电力传动控制技术，如车辆平台的混合动力电驱动、电悬挂、电制动、电动调姿等技术层出不穷，可以预见，随着装备技术变革的持续推进，电力传动控制系统的应用还会不断增多，且越来越具有不可替代的重要作用。

1.2 系统基本结构与工作原理

1.2.1 系统结构组成与分类

电力传动控制系统一般由电动机及负载、功率变换装置、电源、控制器、传感器以及相应的信号处理单元等组成，其基本结构如图 1-3 所示。

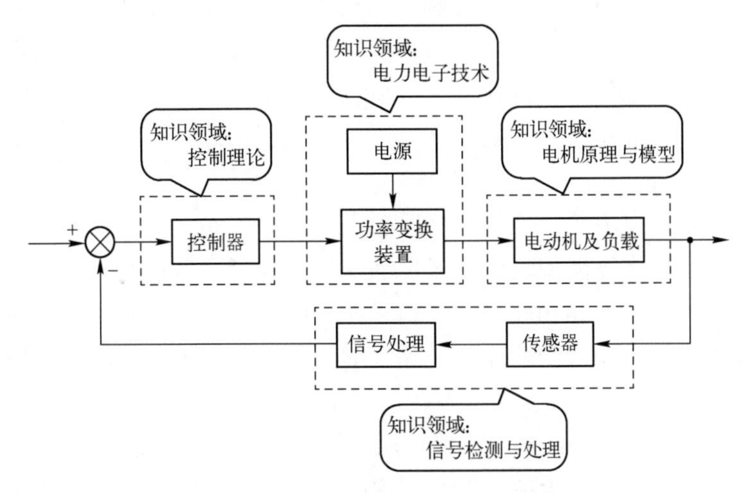

图 1-3　电力传动控制系统基本结构

电力传动控制系统的工作原理是：控制器根据输入的控制指令和传感器采集并经过一定的处理给出反馈信号，按照一定的控制策略或算法输出相应的控制信号，控制功率变换装置，调节输入到电动机的供电电压、频率等，使其改变运动状态，进而带动负载按照控制指令要求运动，这也是电力传动控制系统被称为运动控制系统的一个原因所在。系统的控制指令可以是速度，也可以是位置，通常也称为速度控制系统或位置控制系统，此外，还存在控制指令是转矩的情况，称为转矩控制系统。

总的来看，电力传动控制系统可分为由控制子系统（包含控制器、传感器和信号处理等环节）和功率子系统（包含电源、功率变换装置、电动机和负载等）两大部分组成。

（1）根据控制子系统控制方式，电力传动控制系统可分为模拟控制系统和数字控制系统两大类。由于数字控制系统在控制性能、设计灵活性、抗干扰性能等方面的优势，将逐步替代模拟控制方式。近年来，基于数字控制和总线技术的分布式电力传动控制系统得到了快速发展，并广泛应用于日常生活、工业生产和武器装备等多个领域。

（2）根据功率子系统结构模式，电力传动控制系统可分为直流传动控制系统和交流传动控制系统。直流传动控制系统一般选用他励直流电动机，其配套的功率变换装置一般有旋转变流机组、相控整流器、脉冲宽度调制（PWM）整流器和直流斩波器等。交流传动控制系统可以选用异步电动机或同步电动机，配套的功率变换装置一般有交-直-交变频器、交-交变频器和三相逆变器等。直流电动机具有电刷和换向器，制造工艺复杂且成本高，维护麻烦，使用环境受限（如难以在高潮湿、高盐雾等沿海地区的两栖坦克中应用）等缺点，且难以向高转速、高电压、大功率方向发展。因此，随着电机控制理论和数字控制技术的发展，交流传动控制系统将成为大功率电力传动的主流发展方向。

总的来看，电力传动控制系统呈现出：控制方式由模拟控制向数字控制发展，结构模式由直流传动向交流传动发展的趋势，且这两个方面的发展并不是孤立进行的，而是相互融合、相互促进的，如正是由于数字控制技术的发展，使得交流电动机矢量控制等算法的工程实现更为方便，从而提高了交流电动机的调节性能，推动了交流传动系统的发展和普及应用。

坦克装甲车辆中的武器电力传动控制技术也经历了与之类似的发展过程。早期在炮塔电力传动系统中一般采用模拟控制方式，驱动电动机选用直流电动机，配套的功率变换装置一般为基于电机放大机等旋转变流机组的旋转功率变换装置。随着电力电子技术的发展，采用电力电子器件构成的静止功率变换装置由于噪声小、变换效率高等优点逐渐替代了旋转功率变换装置，同时控制单元采用基于单片机、数字信号处理器（DSP）等的数字控制方式。20 世纪 90 年代，随着交流调速技术在国内的兴起，坦克炮控系统中开展了交流传动控制的尝试，其驱动电动机选用永磁同步电动机，功率变换装置一般采用基于电压空间矢量脉冲宽度调制（SVPWM）控制的三相逆变器。总的来看，根据系统的结构特征，坦克武器电力传动控制系统大致可分为图 1-4 所示的三类典型结构。

图 1-4 中，应用于坦克武器驱动控制的直流传动控制系统主要有旋转变流机组-电动机系统和直流斩波器-电动机系统两种结构模式，由此构成了两种典型系统，即电机放大机炮塔电力传动系统和直流 PWM 控制武器驱动系统；交流传动控制系统主要采用基于矢量控制的永磁同步电动机控制系统，应用于交流全电炮控系统。综合考虑装备技术发展脉络和系统结构特征，本

书选取上述三类典型的电力传动控制系统，即电机放大机炮塔电力传动系统、直流 PWM 控制武器驱动系统、交流全电炮控系统为对象，开展坦克武器电力传动控制原理与应用分析。

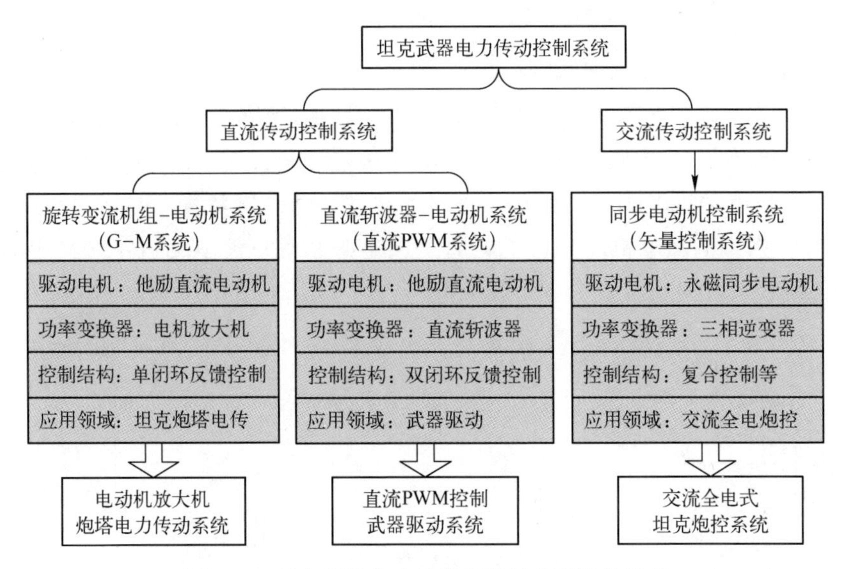

图 1-4　坦克武器电力传动系统的典型结构形式

需要说明的是：考虑到知识学习的客观规律，结合装备系统发展的实际情况，上述三类系统的控制结构总体按照由简到繁、由浅入深、逐次递进的顺序进行分析，第 3 章电机放大机炮塔电力传动系统中主要分析单闭环控制的基本特性，第 4 章直流 PWM 控制武器驱动系统中着重讨论双闭环控制系统的原理和性能，在此基础上，第 5 章交流全电式坦克炮控系统中分析具有空间位置稳定功能的多闭环控制和复合控制系统原理。也即是说，本书第 3 章和第 4 章中分析的电机放大机炮塔电力传动系统、直流 PWM 控制武器驱动系统不具备空间稳定功能，还不能称为武器稳定系统。但是，这并不意味着采用这两种结构的电力传动控制系统不能实现位置稳定与跟踪。事实上，采用电机放大机炮塔电力传动系统和直流 PWM 控制武器驱动系统时，也可以构成武器稳定系统，且在现役装备序列中已有规模应用。只是本书从知识学习规律考虑，选取了其不具备稳定功能的装备应用情形作为对象进行分析。

作为《坦克武器稳定系统建模与控制技术》一书的前导和基础，本书主要对坦克武器电力传动控制涉及的基本原理和设计方法进行分析，其中许多共性技术与工业生产中的电力传动控制系统是相同的。下面首先对这些共性问题进行分析，分析时以系统控制指令为速度情形，也即以速度控制系统为例。

1.2.2 电动机及其调速原理

1. 直流电动机的调速特性和调速方法

图 1-5 所示为直流电动机的物理模型。在定子励磁绕组通过直流电流 i_f，产生励磁磁势 F_f 和主磁通 Φ。电枢绕组通过电流 i_d，则会产生电枢反应磁势 F_a，当直流电动机电刷在几何中心线 AB 上时，励磁磁势 F_f 和电枢反应磁势 F_a 正交，为了消除电枢反应对主磁通的影响，通常直流电动机主磁极上另加有补偿绕组。

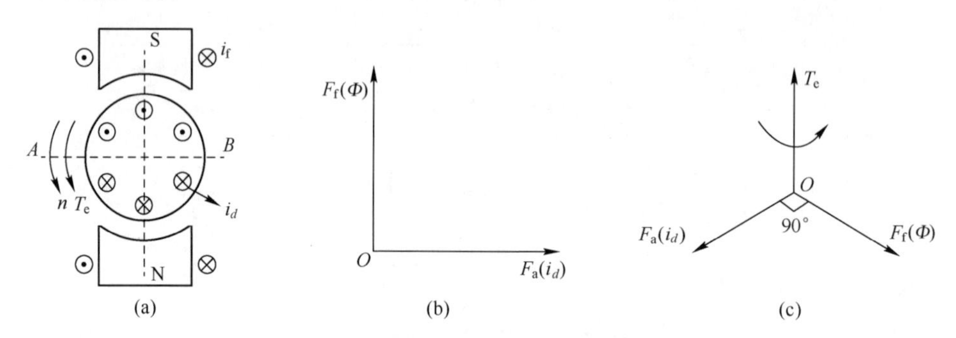

图 1-5 直流电动机的物理模型

当不考虑电枢反应影响时，直流电动机电枢绕组中的电流 i_d 与定子主磁通 Φ 相互作用，产生的电磁转矩 T_e 可表述为

$$T_e = C_T \Phi i_d \tag{1-1}$$

式中：C_T 为电动机结构决定的转矩常数。

由此可见，直流电动机电磁转矩表达式中的两个可控参量 i_d 和 Φ 是相互独立的，可以方便地进行独立调节，这就使得直流电动机具有优良的转矩控制特性和转速调节性能。

进一步可以求得，稳态情况下直流电动机的转速 n 和角速度 ω 分别为

$$\begin{cases} n = \dfrac{U_d}{C_e \Phi} - \dfrac{R_d}{C_T C_e \Phi^2} T_e \\ \omega = \dfrac{\pi U_d}{30 C_e \Phi} - \dfrac{\pi R_d}{30 C_T C_e \Phi^2} T_e \end{cases} \tag{1-2}$$

式中：U_d 为电枢供电电压；R_d 为电枢回路总电阻；C_e 为电动机结构决定的电势常数，且有 $C_T = 30C_e/\pi$。

根据式（1-2），直流电动机的常用调速方法有以下三种：

1）调节电枢供电电压

保持磁通 Φ 和电枢回路电阻 R_d 不变，改变 U_d，可以得到与电动机固有机械特性相平行的人为机械特性曲线，如图1-6（a）所示。不难看出，其调速平稳，可实现无级调速，且调速过程中机械特性斜率相等。但这种调速方式需要大容量可调直流电源，且一般采用从额定电压向下降低电枢电压，使得电动机从额定转速向下变速，属于恒转矩调速方式。

2）改变电动机磁通

改变磁通也可实现无级调速，但是一般采用减弱磁通，使电动机从额定转速向上调速，此时电动机的空载转速上升，机械特性曲线斜率增大，如图1-6（b）所示。这种调速方法属于恒功率调速方式，受电动机机械强度等因素限制，弱磁调速的范围一般不能太宽。

3）改变电枢回路电阻

在电动机电枢回路串入电阻，电动机的空载转速不变，机械特性曲线的斜率增大，如图1-6（c）所示。这种调速方法一般为向下调速，其特点是设备简单，操作方便，但是只能实现有级调速，调速平滑性差，机械特性软，且大量的能量损耗在串接电阻中，功率损耗大。

目前，直流电力传动系统中很少采用改变电枢电阻的调速方式。一般主要采用调节电枢供电电压进行调速，在需要扩速时辅以改变电动机磁通的方式在额定转速以上进行升速。

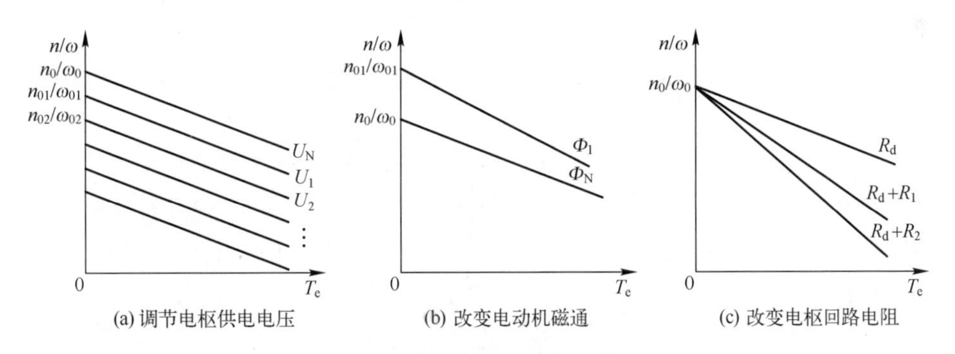

图1-6　直流电动机的调速特性

2. 永磁同步电动机的调速特性和调速方法

交流电动机有异步电动机（也称感应电动机）和同步电动机两大类。目前，坦克武器电力传动控制系统中使用较多的是永磁同步电动机（PMSM），作为基础知识导入，此处以较为简单的二极面装式永磁同步电动机模型为例进行分析，其物理模型如图 1-7 所示。对于更为复杂的情形在第 5 章中再详细阐述。

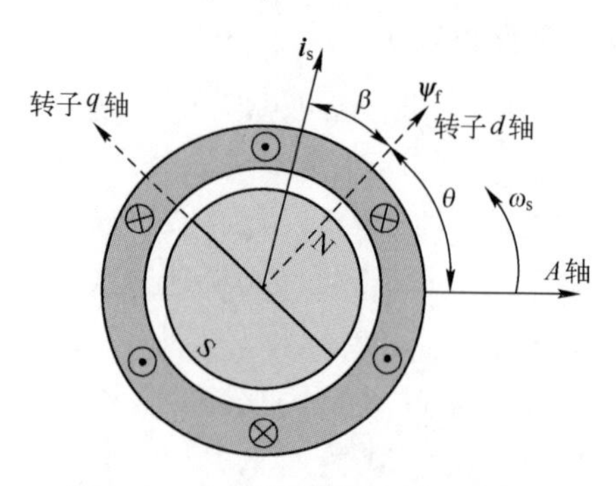

图 1-7 永磁同步电动机物理模型

图 1-7 中，当在定子绕组中通入三相对称交流电时，会产生圆形旋转磁场，其旋转角速度 ω_s 为

$$\omega_s = 2\pi f/p \tag{1-3}$$

式中：f 为电源频率；p 为电动机极对数。

转子为永磁体，当定子磁场以同步转速旋转时，由于两者之间的磁力作用，会带动转子旋转。稳态运行时，转子的旋转角速度 ω 与定子旋转磁场速度 ω_s 相同。进一步地，根据电机学原理可以求得同步电动机的电磁转矩 T_e 为

$$T_e = p\psi_f i_s \sin\beta \tag{1-4}$$

式中：ψ_f 为转子永磁体等效磁链矢量 $\boldsymbol{\psi}_f$ 的幅值；i_s 为定子绕组合成电流矢量 $\boldsymbol{i}_s$ 的幅值；β 为矢量 $\boldsymbol{\psi}_f$ 与 $\boldsymbol{i}_s$ 之间的夹角，也称负载角（注：有的文献也将转子永磁体等效磁链矢量 $\boldsymbol{\psi}_f$ 和定子磁链矢量 $\boldsymbol{\psi}_s$ 之间的夹角称为负载角）。

对比直流电动机电磁转矩公式（1-1），同步电动机的电磁转矩大小不仅受磁场和电枢电流的影响，还与负载角 β 紧密相关。当 $\beta=0°$时，矢量 $\boldsymbol{\psi}_f$ 与 $\boldsymbol{i}_s$ 在同一轴线上，磁拉力最大，但无切向力，所以转矩为 0；当 β 增大时，转矩随之按正弦规律增大；$\beta=90°$时转矩达到最大值。在电动机运行过程中，当负载阻转矩发生变化时，电动机负载角也相应改变，从而使得电磁转矩随之改变，以平衡负载阻转矩，保持转子同步转动。形象地看，磁极间的磁力线就像具有弹性的橡皮筋一样，可以拉长，也可以缩短，但总是力图将自己缩到最短并保持平衡。若负载阻转矩超过最大同步转矩，则无法再保持平衡，电动机也不能再同步运行，即出现“失步”现象。

根据式（1-3）可知，交流电动机的调速一般需要改变电源频率，因此

通常也称为变频调速。常用的变频调速方法有他控式变频调速和自控式变频调速两种。

1）他控式变频调速

他控式变频调速系统中的变频装置独立运行，变频装置的输出频率直接由速度给定信号决定，与电动机的实际转速无关，属于开环控制系统。图 1-8 所示为一种简单的他控式变频调速系统，常用于化工、纺织工业的小容量多电动机驱动系统中，多台永磁同步电动机并联在公用的 PWM 变频器上，由统一的频率给定信号 f^* 调节变频器输出电压的频率和幅值，进而同时改变各台电动机的转速。

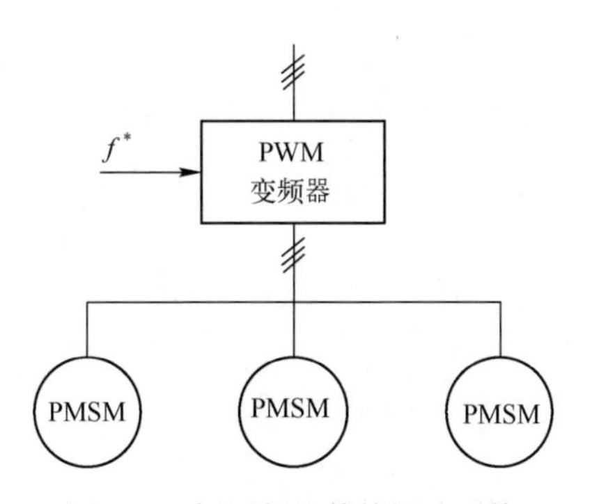

图 1-8　恒压频比他控调速系统

这种开环控制方式结构简单，但是容易引起电动机转子出现转速振荡。根据式（1-4）可得电动机矩-角特性，如图 1-9 所示。假设电动机原来在某一转速下稳定运行，其稳定运行点为 A 点。转速调节过程中，电源频率给定信号 f^* 突然增大到某一值时，定子合成电流矢量 $\boldsymbol{i}_s$ 的旋转速度陡然加快，而转子由于惯性原因来不及加速，从而导致 β 被拉大，运行点由 A 点上升，电磁转矩随之增大，若负载阻转矩保持不变，转子开始加速，β 逐渐减小，运行点开始回落，但是回到 A 点后由于机械惯性不会停止加速，β 继续减小，电磁转矩也减小，β 又开始增大，运行点又随之上升。这样循环往复，在加速过程中，转子转速需要几经振荡后才能稳定于新的速度。这个过程仍然可用橡皮筋类比，一个处于平衡状态的橡皮筋被拉长后，需要经过多次伸缩过程才能达到新的平衡状态。同样地，如果负载阻转矩突变，也会导致转子出现转速振荡，更为严重的，当负载阻转矩超过最大同步转矩时还会出现“失步”，甚至导致整个调速系统崩溃。

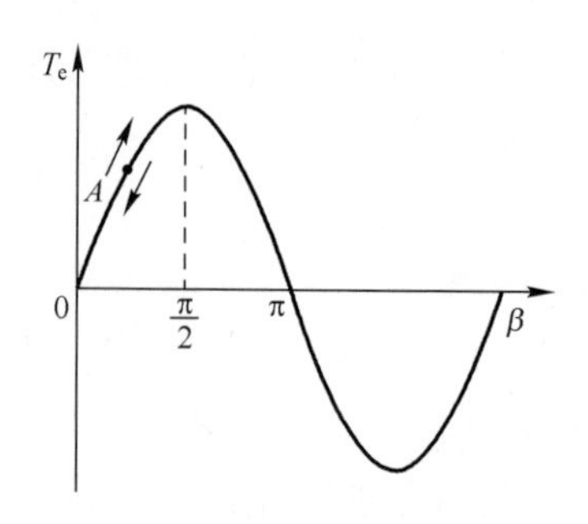

图 1-9 电机矩-角特性

2）自控式变频调速

上述分析可以发现，转子转速之所以发生振荡，是因为他控式变频调速不能有效地控制转矩，改变电源频率只能调节定子合成电流矢量 $\boldsymbol{i}_s$ 的旋转速度，而不能对负载角 β 进行有效的控制，因此也就不能精确地控制转子的转速和位置。

自控式变频调速系统所用的变频装置是非独立运行的，变频装置输出电压的频率和相位受转子位置检测装置控制，使得定子电流矢量旋转角度自动跟踪转子位置 θ，这样一来，$\boldsymbol{i}_s$ 的转速和转子转速相同，始终保持同步，也即是 β 保持不变，因此不会出现由于负载冲击等原因造成"失步"现象。自控式变频调速系统主要由同步电动机、逆变器、转子位置检测装置和控制器组成，其原理如图 1-10 所示。图中，BQ 为位置传感器，控制器工作的基本原理是：根据转子位置检测信号，获取转子的实际位置 θ 和转速 ω，然后按照一定的控制策略产生控制信号，控制逆变器输出三相电流的频率、幅值和相位，实现定子合成电流矢量 $\boldsymbol{i}_s$ 和转子同步旋转。

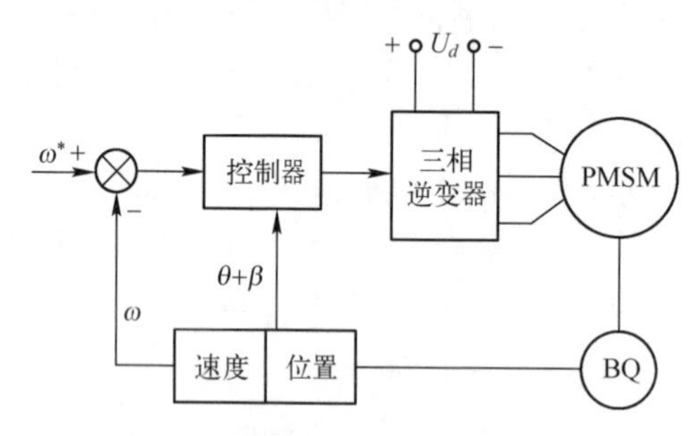

图 1-10 自控式变频调速系统原理

接下来的问题是：既然自控式同步电动机的定子电压频率和相位受转子转速的控制，那么电动机的同步转速也受转子转速的控制，而不是跟随期望的转速给定，这样一来是不是就不可能实现调速了呢？前面已经提及，实现对转矩的有效控制才是实现转子转速精确控制的关键，因此要回答这个问题，就需要再次回到电动机转矩方程式（1-4）中。对于永磁同步电动机而言，ψ_f 是固定值，运行过程中若使 β 保持不变，则调节转矩只能通过控制定子合成电流矢量 $\boldsymbol{i}_s$ 的大小实现。具体实现方法是：图 1-10 中，利用转子位置检测装置反馈的位置信号 θ，再增加 β 角得到定子电流矢量的方向，从而保证 β 不变；同时利用检测装置反馈的角速度信号 ω 与期望角速度 ω^* 比较，当 $\omega<\omega^*$ 时，采用一定的控制策略调节定子合成电流矢量幅值 i_s，使得电磁转矩增加，转子加速，达到期望转速；反之则减小 i_s，使转子减速。这样就实现了电动机转速调节，且同时避免了转速波动和失步问题。

目前，用于永磁同步电动机的自控式变频调速控制策略主要有矢量控制和直接转矩控制两大类，坦克武器电力传动控制系统主要用到的是矢量控制，在后面的章节中还会详细地分析其控制原理，这里不再赘述。

1.2.3　功率变换装置的结构与原理

1. 装甲车辆电源系统的基本结构

在工业生产和日常生活中，电力传动控制系统供电电源一般为交流电，因此直流传动控制系统中的功率变换装置主要是实现交流电到直流电的变换，得到可控直流电源，常用的直流输出变换器有旋转变流机组、相控整流器、不控整流器+直流斩波器和 PWM 整流器等。交流传动控制系统中的功率变换装置实现交流电到交流电的变换，同时进行电压、频率等的调节，因此交流输出变换器是一种变压变频装置，也常称为变频器，常用的交流变频器有交-直-交变频器和交-交变频器两种类型。

在装甲车辆中，电力传动控制系统供电电源为车载电源，一般为直流电。目前，根据车载电能功率的需求，装甲车辆车载电源主要有 28V 低压直流电源系统、270V/28V 中低压复合直流电源系统、600～1000V/270V/28V 多电压等级复合直流电源（也称车载综合电力系统）等几类典型系统。虽然其电压等级和结构组成不同，但均采用直流供电模式，因此对于车载直流传动控制系统来说，其功率变换装置一般实现直流电到直流电的变换，得到可控直流电源，常用的直流输出变换器有旋转变流机组和直流斩波器，车载交流传动控制系统中的功率变换装置实现直流电到交流电的变换，通常主要采用三相逆变器。

2. 直流输出变换器的结构与原理

1）旋转变流机组

以旋转变流机组作为可控直流电源的直流电力传动系统原理如图 1-11 所示。图中，ME 为拖动电动机（也称原动机），G 为直流发电机，M 为直流电动机。由拖动电动机带动直流发电机发出可调直流电，然后给直流电动机供电。系统运行时，通过调节发电机的励磁电流 i_f，改变其输出电压 U_d，就可以实现对电动机角速度 ω 的调节，这种调速系统通常称为发电机-电动机系统，简称 G-M 系统。i_f 可采用放大装置进行控制，若改变 i_f 的方向，则 U_d 的极性和 ω 的方向都会随之改变，因此 G-M 系统可以在转矩允许范围内实现电动机的四象限运行，具有良好的调速性能。在实际系统中，拖动电动机和直流发电机一般采用同轴安装方式集成在一起，为了提高系统的功率放大倍数，直流发电机往往采用多级放大方式，典型的是电机放大机，其原理将在第 3 章中进行分析。

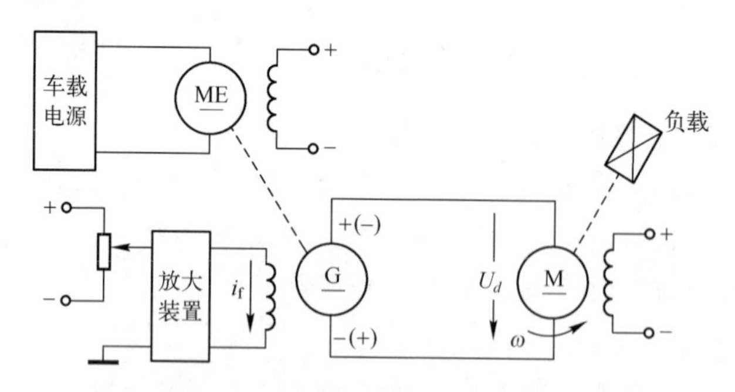

图 1-11　旋转变流机组供电的直流电力传动系统

2）直流斩波器（直流脉宽调制变换器）

采用电机放大机实现功率变换的方式通常称为旋转功率变换，与之相对应的是采用电力电子器件构成的静止功率变换装置。其中，直流-直流变换装置有直接直流变换和间接直流变换两种，在电力传动控制系统中一般应用的是前者，也称直流斩波器。直流斩波器有升压斩波和降压斩波两种，为了提高系统控制性能和实现电动机四象限运行，在实际系统中一般采用的是由多个升压和降压斩波电路构成的复合斩波器。图 1-12（a）所示为一种简单的降压斩波器供电的直流电力传动系统结构。

图 1-12 中，VT 为全控开关器件，目前装甲车辆电力传动系统中应用较多的有电力场效应晶体管（MOSFET）、绝缘栅极双极型晶体管（IGBT）等，当 VT 导通时，车载电源 U_s 加到电动机上，当 VT 关断时，电源 U_s 与电动机

断开，电动机电枢端电压为零。如此循环，得到电枢端电压波形如图 1-12（b）所示。

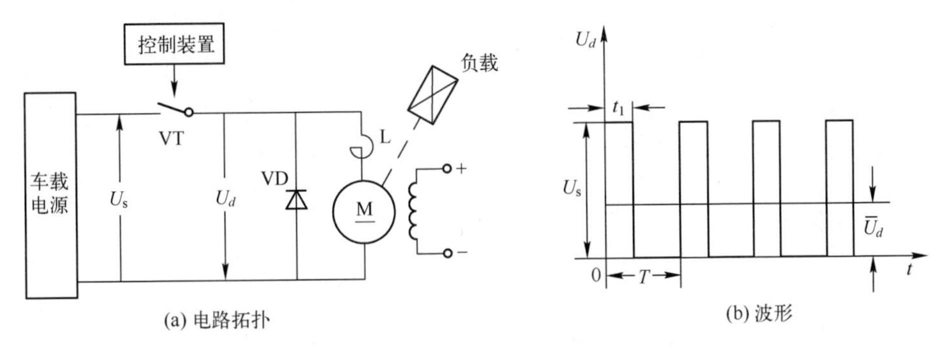

(a) 电路拓扑　　(b) 波形

图 1-12　降压斩波器供电的直流电力传动系统

当电枢电流连续时，电动机电压平均值为

$$\overline{U}_d = \frac{t_1}{T} U_s = \rho U_s \tag{1-5}$$

式中：T 为 VT 的通断周期；t_1 为导通时间；ρ 为占空比。

由式（1-5）可知，直流斩波器的输出电压平均值 $\overline{U}_d$ 可以通过改变占空比 ρ，即通过改变 VT 的导通和关断时间来调节，常用的改变输出平均电压的调制方法有以下几种：

（1）脉冲宽度调制（PWM）。开关器件的通断周期 T 保持不变，只改变器件每次的导通时间 t_1，即定频调宽。

（2）脉冲频率调制（PFM）。开关器件每次的导通时间 t_1 保持不变，只改变器件的通断周期 T，也就是改变开关器件的关断时间，即定宽调频。

（3）混合调制。开关器件的通断周期 T 和导通时间 t_1 都可改变，其控制原理是：当负载电流或电压低于某一最小值时开关器件导通，当负载电流或电压高于某一最大值时开关器件关断，这样一来，导通和关断时间都是不确定的。

在坦克武器电力传动控制系统中一般采用第一种控制方法，即脉冲宽度调制，构成的电力传动系统一般也称为直流脉宽调速系统或直流 PWM 控制系统。

3. 交流输出变换器的结构与原理

在三相逆变器中，应用最广泛的是三相桥式逆变电路，采用全控器件构成的三相电压型桥式逆变电路主电路拓扑如图 1-13（a）所示，由 6 个开关器件 $VT_1 \sim VT_6$ 和 6 个续流二极管 $VD_1 \sim VD_6$ 组成。三相逆变器的 PWM 调制原理与直流斩波器相似，只是其以正弦波作为逆变器输出电压的期望波形，用与期望波相同频率的正弦波作为调制波，频率远高于期望波的等腰三角波作为载波，三角载波频率 f_M 和调制波 f_T 频率之比 $N=f_M/f_T$ 称为载波比。当调制波和载波相交时，改变逆变器开关器件的通断状态，从而获得在正弦调制波的半个周期内呈现两边窄、中间宽的一系列等幅不等宽的矩形波。根据面积等效原理，这个序列的矩形波与期望的正弦波等效（图 1-13（b））。这种调制方法称为正弦波脉冲宽度调制（SPWM），这个序列的矩形波称作 SPWM 波。

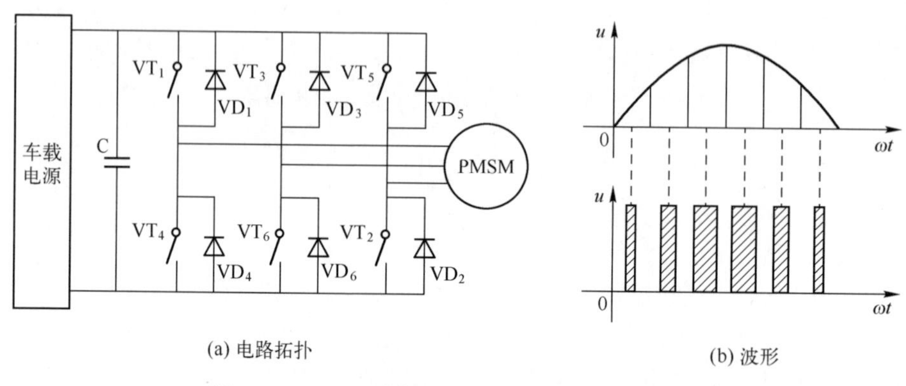

(a) 电路拓扑　　(b) 波形

图 1-13　PWM 逆变器的主电路拓扑与调制原理

SPWM 控制技术有单极性控制和双极性控制两种方式。如果在正弦调制波的半个周期内，三角载波只在正或负的一种极性范围内发生变化，所得到的 SPWM 波也只处于一个极性的范围内，称为单极性控制方式。如果在正弦调制波的半个周期内，三角载波在正负极性之间连续变化，SPWM 波也在正负极性之间变化，则称为双极性控制方式。

无论是单极性控制还是双极性控制，均是以逆变器输出电压接近正弦波为目标，对于交流电动机来说，输入三相交流电的最终目的是在电动机内形成圆形旋转磁场，从而产生稳定的电磁转矩。因此，可把逆变器与交流电动机视为一体，以圆形旋转磁场为目标来控制逆变器的工作，磁链的控制一般是通过交替使用不同的电压空间矢量来实现的，所以这种控制方式通常称为“电压空间矢量 PWM（SVPWM）控制”。

1.2.4 系统状态检测与信号处理

状态检测是实现系统闭环控制的基础，在电力传动控制系统中，通常需要检测的状态有位置、转速、电流、电压、频率等。信号检测的方法一般有两种：一种是直接检测法，即采用传感器直接获取检测信号；另一种是间接检测法，主要是针对难以直接检测，或直接检测可能存在成本过高、难度过大的信号，利用其他可测信号通过数学模型和函数关系推算得到，间接检测的基本原理是通过可测状态变量观测或估计系统状态，因此又称为状态观测器或者估计器。

不同类型的传感器检测获得的信号类型往往也不相同，如霍尔传感器采集的电流、电压信号一般是模拟信号，而光电编码器等传感器获取的转速信号往往是脉冲序列信号，对于采用数字信号处理器等实现的数字控制系统，需要将各类信号变换为数字信号。此外，检测通道存在各种干扰因素的影响，检测信号往往还含有噪声。因此，在实际系统中，传感器采集的信号往往不能直接使用，而是需要进行相应的处理，使其变成与控制器电路接口相匹配的信号，其主要环节包括滤波、放大、电平转换等。

1. 常用状态信号的直接检测方法（常用传感器原理）

1）测速发电机

测速发电机的作用是将转速转化为电压信号，可分为直流测速发电机和交流测速发电机。直流测速发电机的工作原理与普通发电机相同，如图 1-14 所示。测速发电机与被测电动机同轴相连，发电机的感应电势为 E_a，若取样电阻值为线路总电阻的 α 倍，则其输出电压为

$$U_\omega = \alpha E_a = \frac{30\alpha}{\pi} C_e \Phi \omega = \beta\omega \tag{1-6}$$

式中：$\beta = 30\alpha C_e \Phi / \pi$。这样一来，测速发电机输出电压与角速度 ω 成正比。

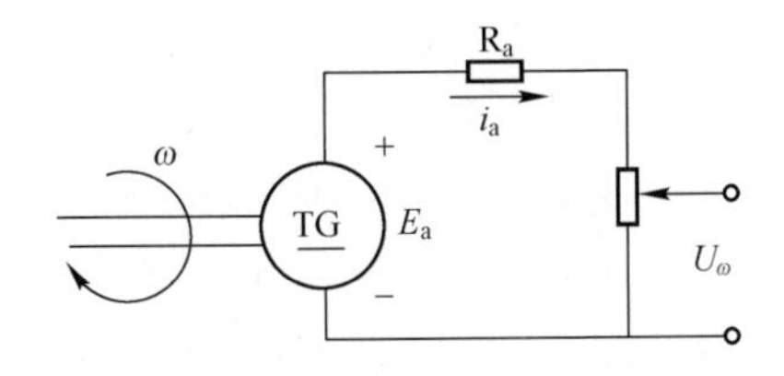

图 1-14　直流测速发电机原理

交流测速发电机原理如图 1-15 所示。其定子上有两相绕组：一相是励磁绕组 N_1，另一相是输出绕组 N_2，相差 90°电角度，如果在励磁绕组上施加一频率为 f_1 的交流电压 U_1，励磁绕组中便会有电流流过，并产生脉振磁通 Φ_1。当转子以角速度 ω 旋转时，转子导体在脉振磁通 Φ_1 中就会产生电动势 E_R 和电流 i_R，电流 i_R 又会产生磁通 Φ_R。Φ_R 是沿输出绕组轴线方向的，它将在输出绕组中产生感应电动势和输出电压 U_2。在 Φ_1 一定时，角速度 ω 越高，E_R

就越大，所产生的 Φ_R 也越大，输出电压 U_2 便越高，因此交流测速发电机的输出电压 U_2 与角速度 ω 成正比。

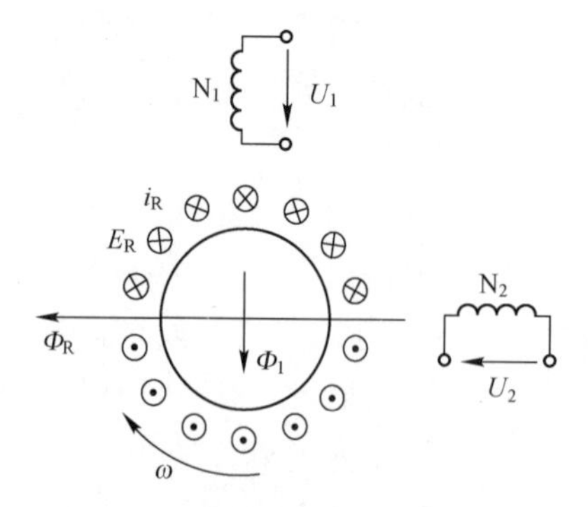

图 1-15 交流测速发电机原理

测速发电机在电机放大机炮塔电力传动系统等直流电力传动控制系统中有广泛的应用，但是其测量精度会受温度等影响，且只能检测转速。对于交流电力传动系统来说，要构建自控式同步电动机调速系统，需要同时检测转子的速度和位置，因此还常用到光电编码器、旋转变压器等其他速度/位置传感器。

2）光电编码器

根据编码原理的不同，常用的光电编码器主要有增量式编码器和绝对式编码器两种。增量式光电编码器基本原理如图 1-16（a）所示，由码盘和光敏元件构成，码盘上有三圈透光细缝，第一圈和第二圈的细缝数相等，且交错 90°电角度，码盘与电动机同轴相连，电动机转动时带动码盘同步旋转，光敏元件产生 A、B 两组脉冲信号（图 1-16（b）)，它们的频率相同，与电动机转速成正比。但是相位相差 90°，当电动机逆时针旋转时，A 脉冲先于 B 脉冲到达；反之，顺时针旋转时 B 脉冲先于 A 脉冲到达，因此根据脉冲频率就可以测量电动机转速，根据相位就可以判断电动机旋转方向。此外，在第三圈只有一个细缝，码盘旋转一圈，产生一个 C 脉冲信号，该信号用于确定初始位置，因此 C 脉冲信号也常称为同步信号。

根据增量式光电编码器计算电动机转速的方法一般有频率法（或 M 法)、周期法（或 T 法）以及 M/T 法三种。频率法原理如图 1-17（a）所示，设在采样间隔时间 T_c 内测取编码器输出的脉冲个数 m_c，即编码器输出脉冲频率为 $f_1=m_c/T_c$，如果电动机每转一圈共产生 Z 个脉冲，可得电动机的角速度 ω 为

$$\omega=\frac{2\pi m_c}{ZT_c} \tag{1-7}$$

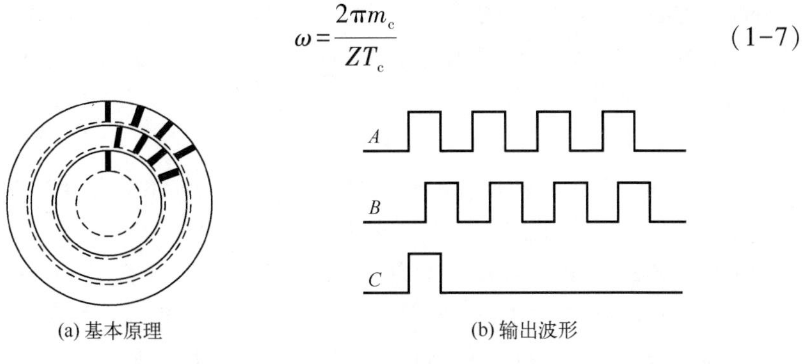

图 1-16　增量式光电编码器

Z 和 T_c 都是常数，因此 ω 与 m_c 成正比。这种计算方法的缺点是低速时计数值 m_c 变化小，测速误差增大，特别是速度过低时，m_c 可能小于1，测速装置无法正常工作。与频率法相对应的是周期法，其原理如图 1-17（b）所示，它通过计算编码器两个脉冲之间的间隔时间来计算转速，时间间隔的大小由插入固定频率为 f_0 的高频脉冲个数来计算，设编码器在两个脉冲之间输出的高频脉冲个数为 m_ω，则可求得电动机的角速度为

$$\omega=\frac{2\pi f_0}{Zm_\omega} \tag{1-8}$$

这种计算方法的缺点是当转速很高时，高频脉冲个数很少，测速精度受到限制。如果要在大范围内测量转速时，可以在同一系统中分段采用上述两种方法，即在高速段采用频率法（或 M 法），低速段采用周期法（或 T 法），这也称为 M/T 法。

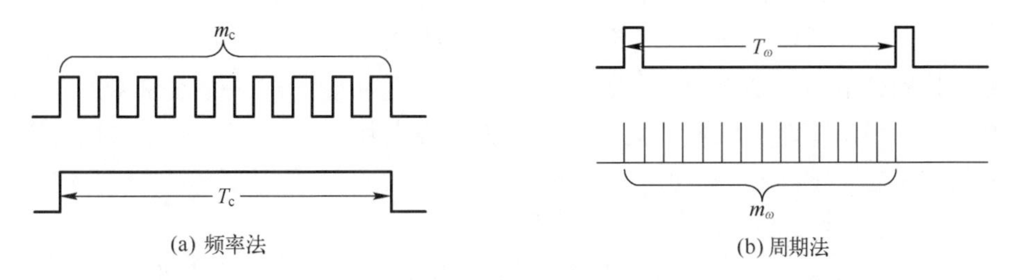

图 1-17　转速值计算原理

绝对式编码器与增量式编码器的基本结构相同，只是码盘上的细缝圈数和排列方式不同，它的排列方式与码制有关，常用的码制有二进制和循环码制。二进制码盘的原理如图 1-18（a）所示。每一码道代表二进制的一位，最外层的码道为二进制的最低位，由外向内逐次递增，最高位在最里层。这

样分配的原因是：最低位的码道要求分割的明暗段数最多，而最外层的周长最长，容易分割。显然码盘的分辨率与码道数有关，设码盘的码道数为 N，则其角分辨率为

$$\Delta\theta = 2\pi/2^N \tag{1-9}$$

目前，高精度绝对值码盘的码道数一般可以达到20道以上。二进制编码方式在实际使用过程中存在一个严重的缺点，在两个位置交替处可能出现很大的采集误差。例如在0000和1111之间交替的位置，可能出现0000~1111之间的各种不同数值，引起很大的误差，这种误差通常称为非单值误差或模糊。为了克服上述问题，实际系统中常采用循环码制，其码盘原理如图1-18（b）所示。其特点是相邻两个代码之间只有一位数变化，即角度状态有一个最小单位的增量时，码盘只有一位发生变化，因此产生的误差也不超过一个最小单位。

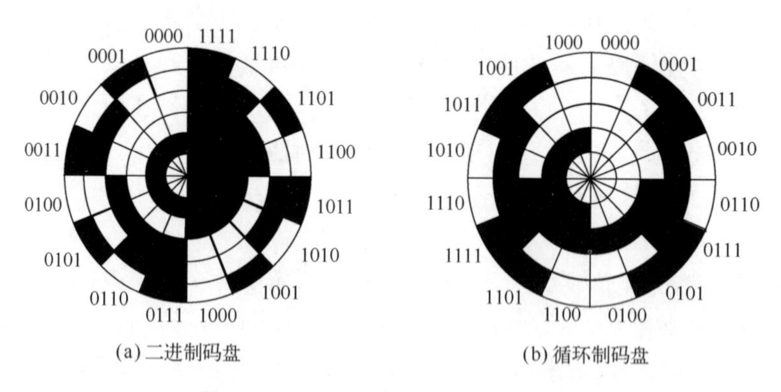

(a) 二进制码盘　　(b) 循环制码盘

图1-18　绝对式编码器码盘编码原理

光电编码器输出信号为数字量，抗噪声能力强，分辨率高，适用于基于数字控制的电力传动系统中。其缺点是耐冲击振动能力弱，容易受温度变化影响，环境适应能力较差，制约了它在武器装备中的应用，但近年来这方面的研究已有了突破性的进展。

3）旋转变压器

旋转变压器是一种特殊的控制电机，其转子轴与被测电动机同轴连接，定子上装有两个结构相同、电角度交错90°的绕组，转子上也有两个相应的垂直绕组，并分别经滑环和电刷引出。定、转子绕组之间的电磁耦合程度与转子转角有关，转子绕组的输出电压也与转子转角有关，因此通过测量转子的输出电压就可以获得转角的大小。根据输出电压与转子转角之间函数关系，旋转变压器可分为正余弦旋转变压器和线性旋转变压器等。

（1）正余弦旋转变压器。其结构如图1-19所示。

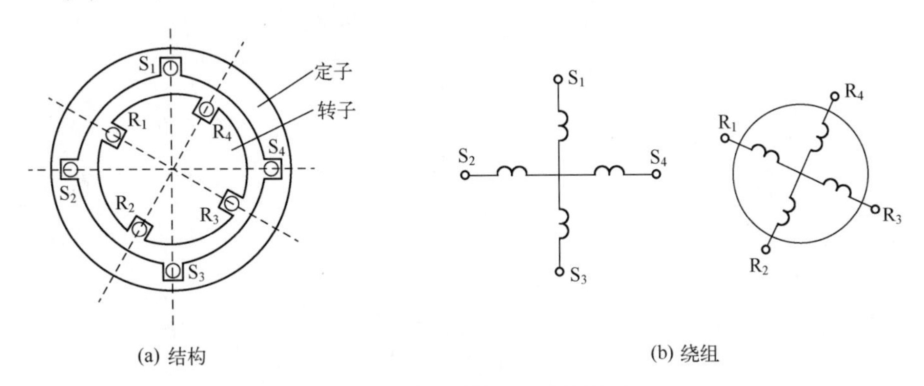

(a) 结构　　(b) 绕组

图1-19　正余弦旋转变压器结构

其绕组空载时的电气原理如图1-20（a）所示，转子绕组R_1R_3、R_2R_4及定子绕组S_2S_4开路，定子绕组S_1S_3接交流励磁电压U_f，气隙中产生一个脉振磁势F_f，位于S_1S_3的轴线上。气隙脉振磁场将在R_1R_3和R_2R_4中感应出电势。设R_1R_3轴线与S_1S_3轴线夹角为θ，则转子绕组中的感应电势的有效值分别为

$$\begin{cases} E_{R1,R3}=E_R\cos\theta=kU_f\cos\theta \\ E_{R2,R4}=E_R\cos(90°-\theta)=E_R\sin\theta=kU_f\sin\theta \end{cases} \tag{1-10}$$

式中：E_R是转子绕组轴线与S_1S_3轴线重合时感应出的最大电势有效值；k为变压系数；R_1R_3称为余弦绕组；R_2R_4称为正弦绕组。

在实际系统中，为了获取旋转变压器的测量值，转子绕组总是要接到负载上的，如接到信号采集电路上。当负载的阻抗很大时，旋转变压器可视为空载运行；但当负载阻抗不足够大时，就不能忽略其影响，此时系统的电气原理如图1-20（b）所示。实验表明，带上负载的旋转变压器，其输出电压会出现一定的偏差，偏差的大小与转角θ有关，当$\theta=45°$时偏差最大。此外，还与负载电流有关，负载电流越大，偏差也越大。这种输出特性偏离正、余弦规律的现象称为输出特性畸变，需要采用副边或原边补偿的方法加以抑制。

（2）线性旋转变压器。当转角很小时，$\sin\theta\approx\theta$，因此正余弦旋转变压器转角很小时，可以当线性旋转变压器使用。当转子在±4.5°范围内转动时，非线性误差小于0.1%；当转子在±14°范围内转动时，非线性误差小于1%。如果要求在更大的角度范围内得到线性度较高的输出电压，可以按图1-20（c）进行接线。按这种方式接线的旋转变压器也称为原边补偿的线性旋转变压器。定子励磁绕组S_1S_3和余弦绕组R_1R_3串联后，接入交流励磁电压U_f，正弦绕组

R_2R_4作为输出绕组接负载 Z_L，定子绕组 S_2S_4短接，起补偿作用。在一定的条件下，其非线性误差小于 0.1%，是一个比较理想的线性旋转变压器。

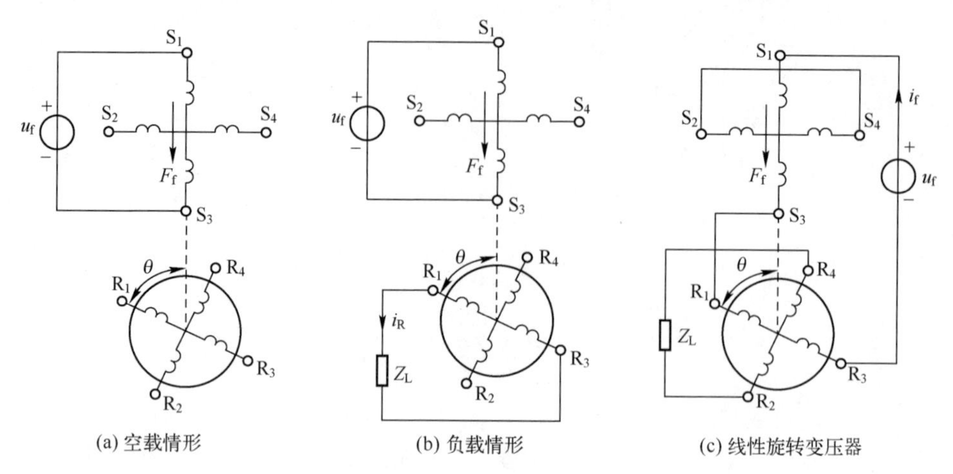

图 1-20　旋转变压器电气原理

与光电编码器相比，旋转变压器自身结构坚固耐用，环境适应性好，抗冲击振动能力强，因此广泛应用于交流传动系统中，但其缺点是信号处理电路比较复杂，往往需要专用的信号转换芯片将其测量值转换为角度信号。

4）陀螺仪

在坦克炮控系统中，为了抑制坦克机动过程中车体振动的影响，保持坦克炮的射角不变，还需要实时检测坦克炮的位置和角速度，与前面电动机转角和转速的检测不同，这个信号是相对于惯性空间的，因此需要采用惯性测量元件，坦克武器系统中常采用的惯性测量元件是陀螺仪。一个围绕自身轴线做高速旋转的刚体称为陀螺，具有稳定支承的陀螺称为陀螺仪，常用的陀螺仪有三自由度陀螺仪和二自由度陀螺仪。

（1）三自由度陀螺仪。其结构如图 1-21 所示，陀螺仪转子支承在轴线相互垂直的两个框架上，转子可以绕自身轴线高速旋转，转子和内框架在一起可以绕内框架轴转动，它们与外框架在一起又可以绕外框架轴转动。由于转子可以绕相互垂直的三个轴转动，故称三自由度陀螺仪，它可以用来测量物体角度位置的变化，又称为角度陀螺仪。

三自由度陀螺仪有定轴性和进动性两个基本特性。当陀螺仪转子未转动时，与支承在普通支架上的物体相同，受到外力时转子轴就会沿作用力方向转动；当陀螺仪转子高速旋转时，不管底座向何方向转动，转子轴都不随底座转动，而在惯性空间保持固定的方向不变，这种特性称为陀螺仪的定轴性。

当陀螺仪转子高速旋转时，若绕外框架轴给外框架施加一定大小的力矩，外框架平面保持不动，内框架却绕内框架轴产生转动；若绕内框架轴给内框架施加力矩，内框架平面保持不动，外框架却绕外框架轴产生转动，也就是说，陀螺仪的转动方向与外力矩的作用方向并不一致，而是与之垂直。这种特性称为陀螺仪的进动性。

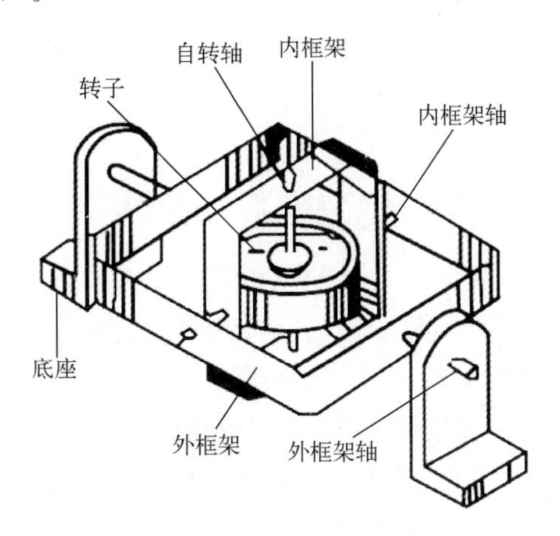

图 1-21 三自由度陀螺仪的结构

实际应用中的三自由度陀螺仪，由于内外框架轴承的摩擦力矩、不平衡力矩以及剩磁力矩等作用影响，转子轴在惯性空间的方位不能完全保持不变，而会偏离初始位置，这种现象称为漂移。陀螺仪漂移速度的快慢是衡量陀螺仪精度的一项重要指标，漂移速度越小，转子轴相对惯性空间的方位稳定精度越高。

（2）二自由度陀螺仪。其结构如图 1-22 所示，它只有两个转动轴，由于缺少了一个自由度，不具备三自由度陀螺仪的定轴性，当其框架轴受到外力矩作用时，陀螺仪转子将像一般刚体那样沿着力矩方向绕框架轴旋转起来。但也正是由于缺少了一个自由度，使得二自由度陀螺仪具有感知绕缺少自由度的那个轴转动的特性。当强迫陀螺仪底座绕该轴转动时，陀螺仪转子将产生陀螺力矩，该力矩与转动角速度成正比，并使陀螺仪框架转动，使转子轴倒向缺少自由度的那个轴向。由于二自由度陀螺仪具有感知角速度的特性，所以又称为速度陀螺仪。

较之二自由度陀螺仪，三自由度陀螺仪结构相对较为复杂，工作可靠性较低。因此在一些炮控系统中不使用其测量火炮的在惯性空间的角度，而是根据二自由度陀螺仪测得的角速度信号通过硬件积分电路获得。

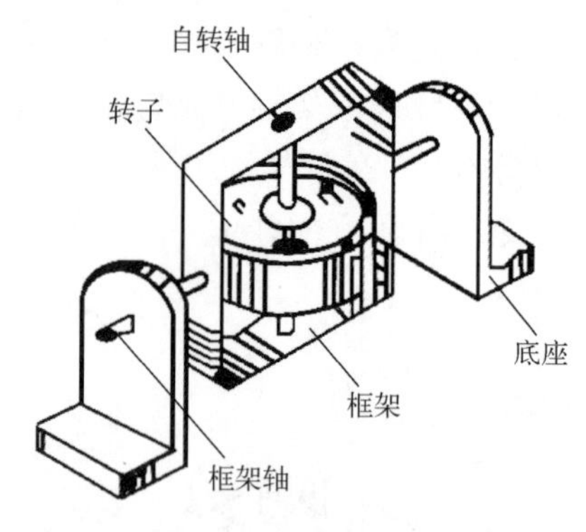

图 1-22　二自由度陀螺仪的结构

在实际坦克炮控系统中，为了减小框架轴承的负荷和摩擦力矩，可将陀螺悬浮在浮液中，利用所排开液体的浮力协助支撑陀螺框架，即构成液浮陀螺。但是液浮陀螺中液体在低温时会凝固，需要附加加温装置，且需较长的加温准备时间。目前，应用到炮控系统中的另一种陀螺是挠性陀螺，利用挠性支承代替液浮技术，从而取消加温装置，具有体积小、耗电低、工作准备时间短等特点。此外，高性能光纤陀螺的研发和应用也正在成为一个重要趋势。

5）电流/电压互感器

电流互感器原理及电路符号如图 1-23 所示，它类似于一个升压变压器，其一次绕组匝数 N_1 很少，一般只有一匝到几匝；二次绕组匝数 N_2 很多。使用时一次绕组串联在被测线路中，二次绕组与电流表等阻抗很小的仪表接成闭合回路。

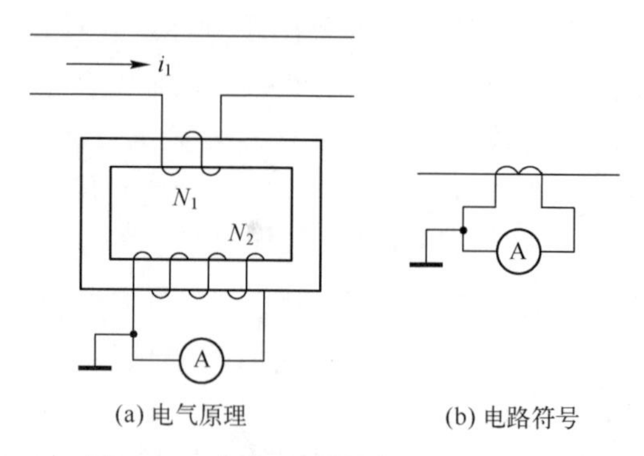

(a) 电气原理　　(b) 电路符号

图 1-23　电流互感器原理及电路符号

如果忽略励磁电流，根据磁动势平衡关系可得

$$\frac{i_1}{i_2}=\frac{N_2}{N_1} \tag{1-11}$$

即 $i_2=i_1 \cdot N_1/N_2$，由于 $N_2>N_1$，电流互感器可将线路上的大电流转化成小电流来测量。

电压互感器的原理与电流互感器相似，只是一、二次绕组的匝数多少正好与电流互感器相反，它的一次绕组匝数 N_1 很多，直接并联到被测的高压线路上，二次绕组匝数 N_2 很少，接高阻抗的电压测量仪表，电压互感器原理及电路符号如图 1-24 所示。

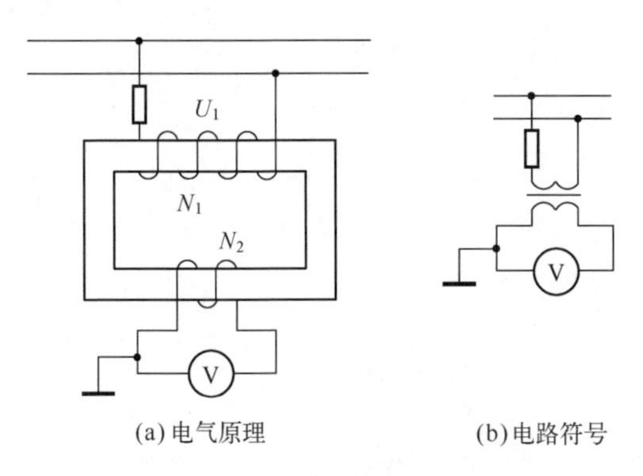

(a) 电气原理　　(b) 电路符号

图 1-24　电压互感器原理及电路符号

由于电压互感器二次绕组所接仪表的阻抗很高，二次侧电流很小，接近于零，所以正常运行时相当于降压变压器工作在空载状态，根据变压器原理，有

$$\frac{U_1}{U_2}=\frac{N_1}{N_2} \tag{1-12}$$

即 $U_2=U_1 \cdot N_2/N_1$，由于 $N_2<N_1$，电压互感器可以将被测高电压转化为低电压信号来测量。

上述电流/电压互感器主要用于测量交流电流和电压，对于直流电流和电压的测量，常用到霍尔传感器。

6）霍尔传感器

霍尔电流传感器有直接检测式和磁平衡式两种。直接检测式传感器原理如图 1-25（a）所示，由原边导线、聚磁环、霍尔器件和放大电路等组成，霍尔器件位于聚磁环气隙中。当被测长直导线中通过电流 i_1 时，导线周围会产生磁场 B_1 并被聚磁环聚集，如果给霍尔器件施加恒定控制电流 i_c，霍尔器件就将会在垂直磁场的作用下产生感应电势，并经集成运算放大器放大后得

到检测电压 U_2，U_2 与被测电流 i_1 成正比。为了进一步提高检测精度，磁平衡式传感器增加了副边线圈和补偿电路，其原理如图 1-25（b）所示。运算放大器输出电压控制晶体管产生补偿电流 i_2，i_2 流过由多匝绕组构成的副边线圈，产生与原边导线所产生磁场 B_1 相反的磁场 B_2，使得霍尔器件输出感应电势逐渐减小，两个磁场相等时 i_2 达到稳定状态，这样就实现了磁平衡检测，此时电阻 R_M 两端的电压就是检测电压 U_2。

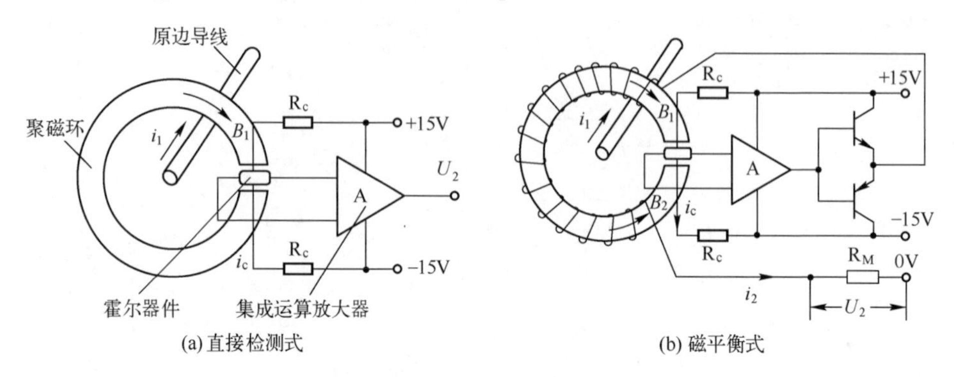

图 1-25　霍尔电流传感器原理

电压霍尔传感器原理与之相似。除上述常用传感器外，在电力传动控制系统中还会用到温度传感器、加速度计等其他传感器，限于篇幅，此处不再逐一详述。

2. 信号处理方法

如前所述，信号处理的目的是使传感器检测的信号与控制器接口相匹配。一般地对于模拟控制系统，也应该尽可能地选用输出信号为模拟量的传感器，其信号的一般处理过程如图 1-26 所示。信号调节电路通常有滤波、放大、电平转换，有时还会涉及调制、解调等，可根据实际需要进行设计。

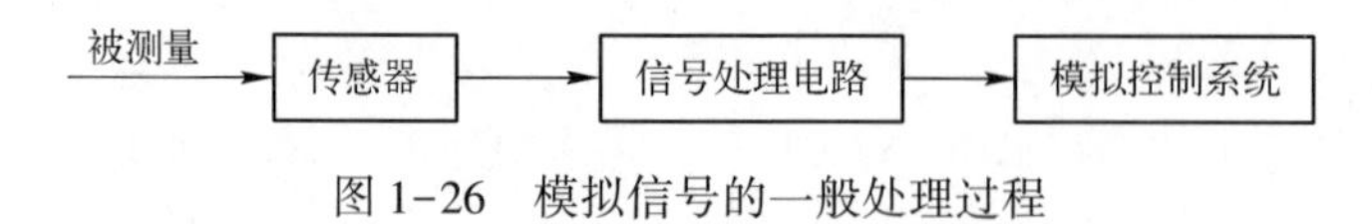

图 1-26　模拟信号的一般处理过程

对于数字控制系统，如果选用输出信号为数字量的传感器，可直接接入数字控制芯片相应的信号接口，如对于前面介绍的光电编码器输出的脉冲编码信号，可用 DSP 中的正交脉冲捕获单元采集，再如对于采用串行通信的传感器也可直接与 DSP 的串行通信通口（SCI）模块相连，但需考虑通信延时对系统控制的影响。

若选用输出信号为模拟量的传感器，则需将其采集的模拟信号转换成数字信号，这一过程称为模/数（A/D）转换，一般来说，A/D 转换主要有离散化和数字化两个步骤。离散化是在具有一定周期的采样时刻对模拟信号进行实时采样，形成一连串的脉冲信号，即离散的模拟信号，如图 1-27（a）、（b）所示。采样后得到的离散信号从本质上来说还是模拟信号，还需经过数字量化，即用一组数码（如二进制码）来逼近量化离散模拟信号的幅值，将它转化为数字信号，这就是数字化，数字化的过程如图 1-27（c）所示。

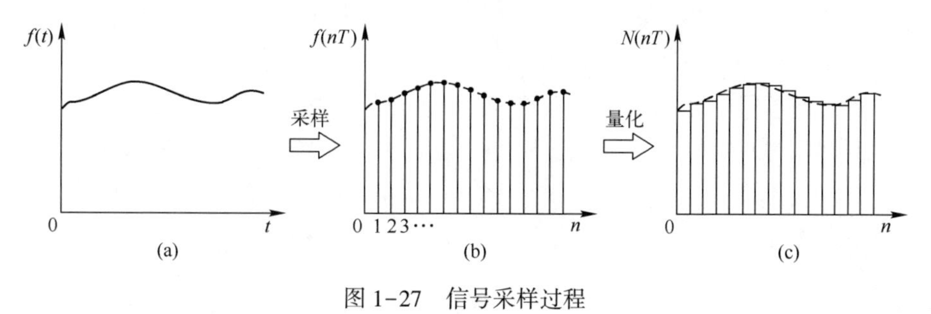

图 1-27　信号采样过程

另外，如果数字控制系统计算得到的控制量需要以模拟信号形式作用于执行部件时，还需要进行数/模（D/A）转换，转换后输出的阶梯信号需要通过保持器将其转换为连续的模拟量，其过程可以看作 A/D 转换的逆过程。

A/D 转换和 D/A 转换在控制系统中会引起一定的负面效应，如：

（1）A/D 转换的量化误差问题：模拟信号是连续的，而在数字量化后，数码的位数是有限的，因此用其逼近连续的模拟信号是近似的，会产生量化误差，改变原信号的频谱特征，影响控制精度和平滑性。

（2）D/A 转换的滞后问题：经过数字控制系统运算得到的控制量需要经过 D/A 转换器和保持器将它转换为连续的模拟量，但是，保持器存在滞后，使系统的稳定裕度减小甚至导致失稳。

因此在数字控制系统的设计中，信号的采样以及保持器的设计是一个需要重点考虑的问题。

3. 状态观测器的基本原理与应用

如前所述，状态检测是实现系统闭环控制的基础。但是受成本、空间、可靠性和使用条件等限制，许多状态信息难以通过传感器进行检测，为此，通过状态重构来完成系统状态估计，进而实现系统控制成为电力传动控制系统研究的热点之一。状态估计的基本思路是采用比较容易采集的电压、电流等信息，利用系统数学模型、参数之间的函数关系或者其他方法推算转速、转矩、位置等难以测量的状态信息。

常用的推算方法一般有两类：第一类是基于模型的推算方法，其基本原理是根据电动机数学模型，从电动机电磁关系推导转速或转矩表达式，并据其估计出转速或转矩。例如，在直流传动控制系统中，电动机转矩的直接测量往往是比较困难的，根据转矩表达式（1-1），可采用电枢电流结合电动机的参数推算转矩，这种方法称为直接计算法。对于更为复杂的情况，如交流电动机的转速估计，通常还会用到扩展 Luenberger 算法、扩展卡尔曼滤波器、模型参考自适应系统、变结构观测器等。基于模型的状态估计方法直观简单，易于实现，但是由于模型的简化以及参数变化影响，会使估计精度受到影响。

第二类是基于智能算法的推算方法，如人工神经网络等算法的状态估计方法，该方法不需要电动机数学模型，而是利用智能算法建立输入输出之间的非线性映射关系，通过训练和学习使其具备自适应功能，可随系统参数变化，调整算法参数，提高估计精度。其缺点是算法往往较为复杂，工程实现相对困难。

1.3 系统性能指标与控制方法

1.3.1 主要性能指标要求

对于坦克武器电力传动控制系统来说，在发现目标时，希望它能够根据指令要求，快速调转火炮指向目标，同时还能很好地抑制坦克机动过程中产生振动，使火炮在瞄准目标后始终高精度地保持在期望射角上；对于远距离机动目标，还期望它能以较低的平稳速度实现对目标的连续精确跟踪。为了方便分析，将上述要求归结为稳态性能指标和动态性能指标。需要指出的是：研究这些指标的前提是系统必须满足稳定条件，如果系统动态过程不能收敛，往往无法正常工作，其稳态性能和动态性能也就无从谈起。

1. 电力传动控制系统的稳态性能指标

电力传动控制系统稳态运行时的性能指标称为稳态指标。根据控制指令的不同，系统的主要稳态指标有所区别，如调速控制系统中一般采用调速范围和静差率等指标描述其调速性能，位置控制系统中一般采用稳态位置误差描述其跟踪控制精度，转矩控制系统则更加关心转矩控制精度和最大转矩等指标。但是它们之间并不是完全孤立的，如位置控制也首先需要稳定的转速，因此位置控制系统中仍然需要考虑调速范围和静差率，同样地，调速控制系统也希望控制精度高，调速稳态误差小。

1）调速范围

调速范围是指电动机在额定负载下可能达到的最高转速 $n_{\max}$ 和最低转速 $n_{\min}$ 之比，通常用 D 来表示，即

$$D=\frac{n_{\max}}{n_{\min}} \tag{1-13}$$

对于坦克炮的控制来说，在发现目标时，希望它能够快速调转火炮指向目标，也就是希望电动机的最高转速 $n_{\max}$ 能够尽可能大，而在跟踪远距离机动目标时又希望它的最低转速 $n_{\min}$ 能够尽可能小，这样一来，也就是希望系统的调速范围能够尽可能宽。在实际系统中，最高转速 $n_{\max}$ 往往受到电动机换向条件和机械强度等因素的限制，最低转速 $n_{\min}$ 则受到负载对转速相对稳定性要求的制约。

2）静差率

静差率是指电动机在某一调节转速下运行时，电动机从空载转速 n_0 到额定负载时转速 n_N 的变化率，通常用 s 来表示，即

$$s=\frac{n_0-n_N}{n_0}=\frac{\Delta n_N}{n_0}\times 100\% \tag{1-14}$$

静差率越小，负载改变时转速的变化就越小，转速的相对稳定性也就越好。静差率的大小与电动机机械特性的硬度有关，机械特性越硬，静差率越小。然而，静差率与机械特性硬度又是有区别的，机械特性硬度是用电动机机械特性曲线斜率来反映的，改变电枢电压进行调速时，电动机在不同调节转速下的机械特性曲线是平行的，如图 1-28 中的曲线①、②所示。两者的机械特性硬度相同，额定速降 $\Delta n_{N1}=\Delta n_{N2}$，但是它们的静差率却不同，因为空载转速 $n_{01}>n_{02}$，根据式（1-14），有 $s_1<s_2$。

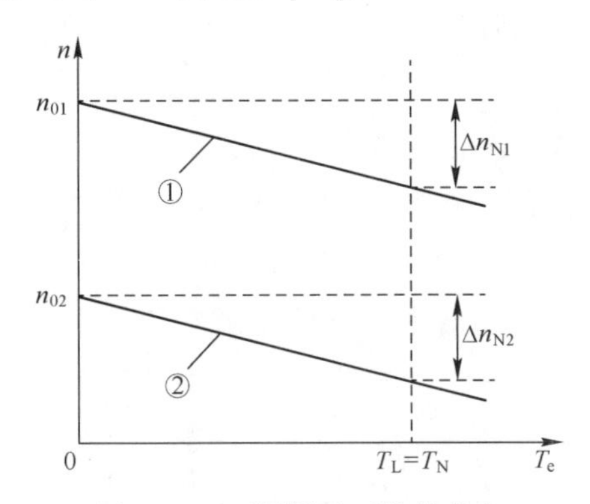

图 1-28　不同转速下的静差率

综上分析，对于同样硬度的机械特性，理想空载转速越低，静差率越大，也就是说，若系统低速时的静差率能够满足设计要求，则高速时的静差率也就能满足要求，因此调速系统的静差率指标一般是以最低转速时所能达到的指标为准。同时，这条电压最低的机械特性曲线在 $T_L=T_N$ 时的转速就是最低转速 n_{min}，于是系统的调速范围 D 也就确定了。

上述分析表明，调速范围与静差率这两个指标并不是孤立的，而是相互制约的，需要同时考虑才有意义。一般以电动机的额定转速 n_N 作为最高转速，设额定负载下的转速降为 Δn_N，则根据前述分析，系统的静差率为最低转速时的静差率，即

$$s=\frac{\Delta n_N}{n_{0min}}=\frac{\Delta n_N}{n_{min}+\Delta n_N} \tag{1-15}$$

因此最低转速

$$n_{min}=\frac{\Delta n_N}{s}-\Delta n_N=\frac{(1-s)\Delta n_N}{s} \tag{1-16}$$

而调速范围

$$D=\frac{n_{max}}{n_{min}}=\frac{n_N}{\frac{(1-s)\Delta n_N}{s}}=\frac{sn_N}{(1-s)\Delta n_N} \tag{1-17}$$

式（1-17）反映了调速系统的调速范围、静差率和额定速降之间的关系，对于同一个调速系统，Δn_N 值一定，如果对静差率的要求越严，即要求的 s 值越小，系统能够允许的调速范围也越小。一个调速系统的调速范围，是指在最低转速时还能满足静差率要求的转速变化范围，脱离了对静差率的要求，任何调速系统都可以得到极宽的调速范围；反过来，脱离了调速范围，要满足给定的静差率也是相当容易的。

3）稳态误差

对于位置控制系统来说，通常将系统稳定运行时，位置给定信号 U_θ^* 位置与反馈信号 U_θ 之间的偏差 e_θ 称为稳态位置误差，即

$$e_\theta=\Delta U_\theta=U_\theta^*-U_\theta \tag{1-18}$$

引起系统产生稳态误差的主要有检测误差和系统误差等因素，检测误差来源于反馈通道的检测元件，而系统误差包括由系统本身结构和参数造成的稳态跟随误差与在扰动作用下的稳态扰动误差，与系统的结构、参数，以及给定量和扰动量的类型、大小与作用特点有关。因此，稳态误差可看作系统稳态跟随性能和抗扰能力的一种综合度量。

类似地，对于转速控制系统和转矩控制系统，也可以定义稳态速度误差和稳态转矩误差，这里不再赘述。

2. 电力传动控制系统的动态性能指标

电力传动控制系统在过渡过程中的性能指标称为动态性能指标，动态性能指标包括跟随性能指标和抗扰性能指标两类。

1）跟随性能指标

跟随性能通常用来描述系统在给定信号（或称参考信号）$r(t)$的作用下，输出量$c(t)$的变化情况。对于不同类型的给定信号，其输出响应也不一样。一般以系统初始状态为零，给定信号为单位阶跃信号时的过渡过程作为典型的跟随过程，此时动态响应又称为阶跃响应曲线（图1-29），常用的阶跃响应跟随性能指标有上升时间t_r、超调量$\sigma\%$和峰值时间t_p、调节时间t_s等。

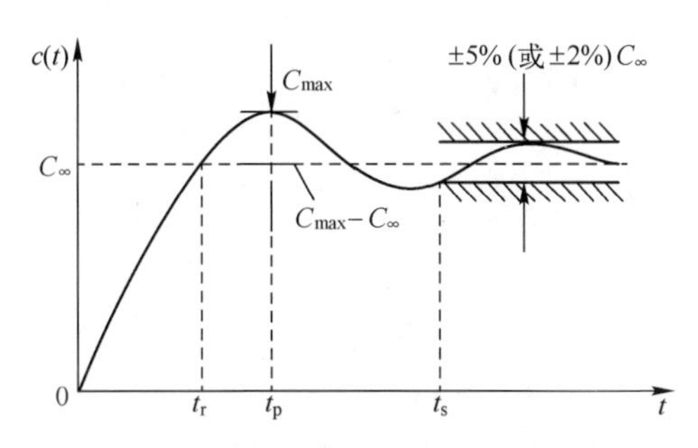

图1-29　典型阶跃响应曲线和跟随性能指标

（1）上升时间t_r。单位阶跃响应曲线从零开始，第一次上升到稳态值C_∞所需的时间称为上升时间；对于没有振荡的系统，通常也采用响应曲线从$10\%C_\infty$开始，上升到$90\%C_\infty$所需的时间作为上升时间，它常用于描述系统的快速性。

（2）超调量$\sigma\%$和峰值时间t_p。单位阶跃响应过程中，输出量达到稳态值后可能继续增加，直到达到最大值C_{max}后再回落。在此过程中，达到最大值时的时间t_p称为峰值时间，C_{max}超过稳态值C_∞的百分数称为超调量，用$\sigma\%$表示，则有

$$\sigma\%=\frac{C_{max}-C_\infty}{C_\infty}\times100\% \tag{1-19}$$

超调量反映了系统的相对稳定性，超调量越小，系统的相对稳定性越好，即动态响应越平稳。

（3）调节时间 t_s。调节时间又称过渡过程时间，常用来衡量整个输出量调节过程的快慢。理论上，线性系统的输出量一般要到 $t=\infty$ 时才稳定。为了分析线性系统动态过程调节的快慢，取稳态值的±5%（或±2%）以内范围为允许误差带，将输出量达到且不再超过该误差带所需的时间 t_s 称为调节时间。调节时间既反映了系统的快速性，也包含着稳定性。

2）抗扰性能指标

系统在稳态运行过程中，外部扰动（如负载阻转矩变化、电压波动等）条件变化，会引起输出量变化。扰动量的作用点不同于给定量的作用点，因此系统的抗扰特性也不同于跟随响应特性。图 1-30 所示为系统突加扰动量 $d(t)$ 后，输出量由稳态值 $C_{\infty 1}$ 降低，而后恢复到新的稳态值 $C_{\infty 2}$ 的过渡过程，常用的抗扰性能指标有动态降落与降落时间 t_m、静差和恢复时间 t_v 等。

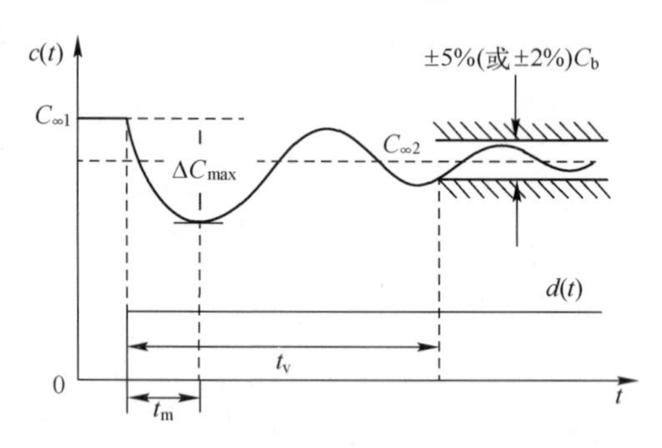

图 1-30 突加扰动的动态过程和抗扰性能指标

（1）动态降落与降落时间 t_m。系统稳定运行时，突加一个约定的标准负扰动量，引起输出量最大降落大小称为动态降落，一般用最大降落值 ΔC_{max} 占输出量原稳态值 $C_{\infty 1}$ 的百分数 $(\Delta C_{max}/C_{\infty 1})\times 100\%$ 来表示，或者另外选取基准值 C_b，用基准值 C_b 的百分数 $(\Delta C_{max}/C_b)\times 100\%$ 来表示；达到最大降落的时间称为降落时间 t_m。

（2）静差。输出量在动态降落后逐渐恢复，达到新的稳态值 $C_{\infty 2}$，$(C_{\infty 1}-C_{\infty 2})$ 为系统在该扰动作用下的稳态误差，即静差，动态降落一般都大于静差。

（3）恢复时间 t_v。从扰动作用开始到输出量 $c(t)$ 基本恢复稳态，距新的稳态值 $C_{\infty 2}$ 之差 $(c(t)-C_{\infty 2})$ 进入基准值 C_b 的±5%（或±2%）以内范围所需的时间，称为恢复时间 t_v。当允许的动态降落较大时，可以直接用 $C_{\infty 2}$ 作为基准值 C_b，但如果允许的动态降落很小，如小于±5%，则按进入 $\pm 5\% C_{\infty 2}$ 的范围定义恢复时间 t_v，会得到 $t_v=0$，没有实际意义，此时需选用比稳态值 $C_{\infty 2}$ 更小的值作为基准值 C_b。

1.3.2 系统典型控制结构

上一节中详细分析了电力传动控制系统的各种性能指标，那么接下来的问题是：如何才能让实际系统达到这些指标要求呢？以图1-3所示的电力传动控制系统一般结构为例，除了1.2节中分析的电动机、功率变换装置以及系统信号检测与处理等环节的设计，系统控制性能的好坏还与其采用的控制结构和控制方法紧密相关。

反馈控制是自动控制系统最基本的控制方式，也是应用最广泛的一种控制方式。将系统的被调节量作为反馈量，与给定量进行比较，用比较后的偏差值对系统进行控制，可以有效地抑制，甚至消除扰动造成的影响，维持被调节量很少变化或者不变化，这就是反馈控制的基本原理。对于调速控制系统来说，输出量是转速，通常可以引入转速负反馈构成闭环控制系统，其结构如图1-31所示。

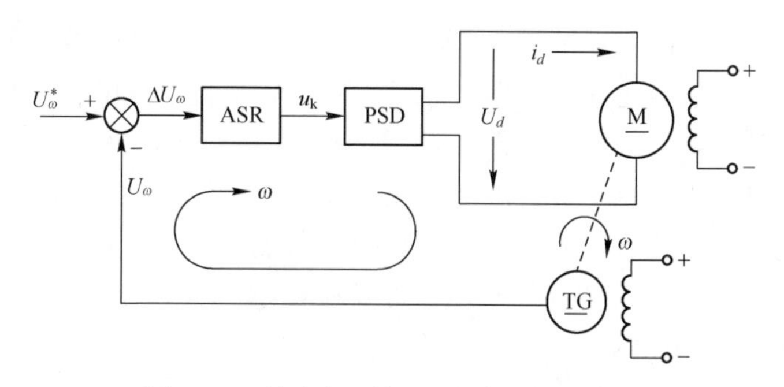

图1-31 转速负反馈调速控制系统的结构

图1-31中，ASR为转速调节器，PSD为功率变换装置，M为电动机，TG为测速发电机。测速发电机与电动机同轴安装，输出与电动机角速度成正比的反馈电压 U_ω，与角速度给定电压 U_ω^* 进行比较，得到偏差电压 ΔU_ω，经过转速调节器运算后得到控制电压 u_k，由功率变换装置放大后输出可调电压 U_d，施加到电动机上，控制电动机运行，这样就组成了转速负反馈控制的闭环调速系统。在转速难以测量的情况下，对于调速指标要求不太高的系统，有时也采用电压或者其他便于测量的状态变量进行反馈，构成闭环控制结构。

在上述转速负反馈控制系统中，因为只有一个转速反馈闭环，所以也常称为单闭环调速系统。这种控制结构虽然能够对转速进行调节，但是不能充分按照理想要求控制电流（或电磁转矩）的动态过程，难以使系统在最大电流（或电磁转矩）限制条件下实现最快启动过程控制（也称为“最短时间控制”或“时间最优控制”）。为此，在高性能调速控制系统中，广泛地采用基于电流和转速反馈的双闭环控制结构，如图 1-32 所示。

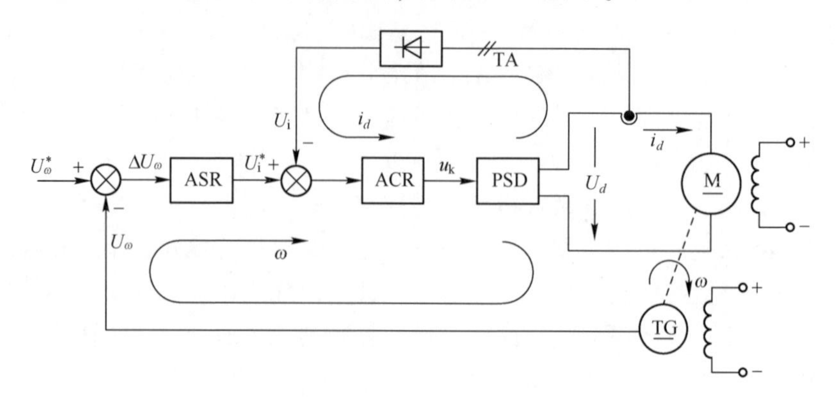

图 1-32　转速-电流双闭环调速控制系统

图 1-32 中，ACR 为电流调节器。区别于图 1-31，系统中设置转速和电流两个调节器，二者之间采用嵌套（或称串级）连接。其中，转速调节器的输出作为电流调节器的期望输入 U_i^*，再由电流调节器的输出 u_k 去控制功率变换装置。从闭环结构上看，电流环在里面，称作内环；转速环在外面，称作外环，这样就形成了转速-电流双闭环调速控制系统。

对于位置控制系统的设计来说，可以在转速-电流双闭环调速控制系统的基础上，在外环再设计一个位置环，构成图 1-33 所示的三闭环控制系统。

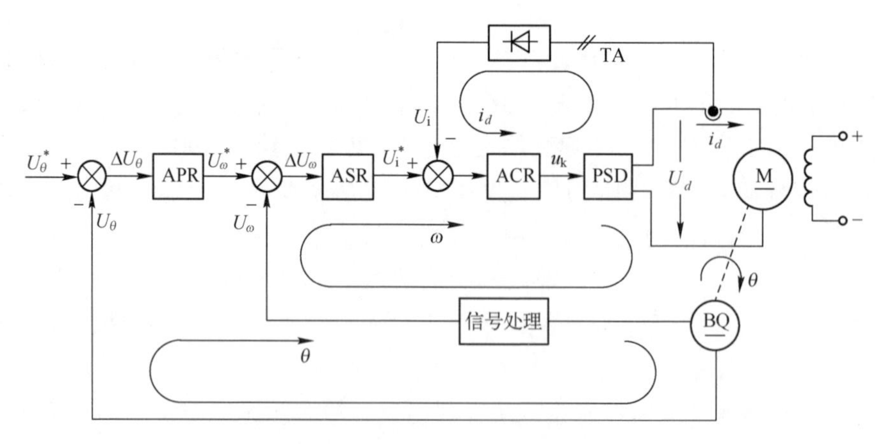

图 1-33　三闭环位置控制系统结构

图1-33中，BQ为位置传感器，APR为位置调节器。需要说明的是：图1-32中位置环的控制变量为电动机的转角位置，在实际系统中，还可能选取其他位置信号作为控制变量，如在坦克炮控系统中通常选取火炮在惯性空间的角度作为控制变量，此时不再由位置传感器采集的电动机的转角作为反馈信号，而采用陀螺仪等采集的惯性空间角度作为位置环反馈。

多环控制器在设计时一般按照从内环到外环的顺序，逐次设计各环的调节器，这种逐环设计可以使每个控制环都是稳定的，从而保证整个控制系统的稳定性，如当电流环和转速环内的对象参数变化或者受到扰动时，电流反馈和转速反馈能够起到及时的抑制作用，从而减少对位置环的影响。但是这样逐环设计的多环控制系统存在明显的不足，那就是最外环控制作用的响应不会很快，其原因是：每个外环设计时都需要将内环等效为其中的一个理想环节，而这种等效之所以能够成立，其前提条件是外环的截止频率要远低于内环。例如，一个位置控制系统的电流环截止频率为100～150Hz，则转速环的截止频率只能在20～30Hz，最高不超过50Hz，依次推算，位置环的截止频率往往被限制到10Hz以下。位置环的截止频率被限制得太低，会影响系统的快速性，因此三闭环控制一般只适用于对快速跟踪性能要求不高的场合。

进一步分析可以发现，系统位置跟踪是通过位置调节器来实现的，当位置环的各种扰动造成系统位置输出变化时，需要经过传感器反馈给位置调节器才能进行抑制，为了保证整个系统的稳定性，位置调节器的快速性往往又会太好，因此系统的抗扰性能受到很大限制。对于此，可以采用以下两种解决办法：

(1) 舍去多环结构，如将三闭环结构变成两环结构，从而提高系统的快速性，但是随之带来的问题是会牺牲系统的某些动态特性。如果在系统设计时根据其不同工作状态下的性能需求，构成不同结构的双闭环系统，如在某些工作模式下采用转速-电流双闭环控制结构，而另一些工作模式下采用位置-电流双闭环控制结构，两种结构可根据系统工作模式的变化进行切换，这样既可消除三闭环控制系统中位置环响应速度慢的固有缺点，又保证系统的优良动态特性，这种控制方法又称为“双模双环”控制结构。

(2) 在反馈控制的基础上，增加按扰动补偿的前馈通道，按照不变性原理将扰动量测量值采用适当的方式产生补偿作用，叠加到控制回路中，可减小或抵消扰动对输出量的影响，这种反馈控制和前馈控制相组合的控制方法称为复合控制，相应的系统称为复合控制系统。根据补偿的方式，复合控制可分为按扰动补偿和按输入补偿两种类型，此处采用的是按扰动补偿，其原理如图 1-34 所示。

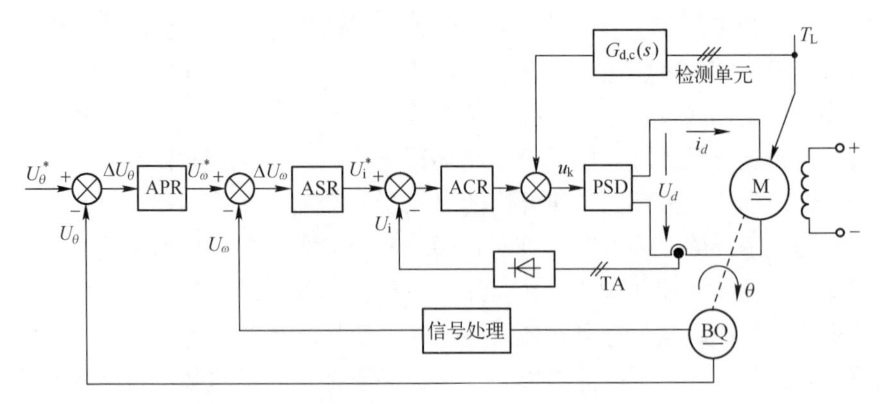

图 1-34　按扰动补偿的复合控制系统结构

当然，采用按扰动补偿的前馈控制，首先要求扰动信号可以量测，且前馈补偿装置在物理上可以实现，并力求简单。因此，在实际应用中多采用近似全补偿或者稳态全补偿方案。此外，前馈控制本质上是一种开环控制，因此要求构成前馈装置的元部件具有较高的参数稳定性，否则将会削弱补偿效果，并给系统带来新的控制误差。对于存在多个扰动的系统，主要扰动引起的误差可采用前馈控制进行全部或部分补偿，次要扰动引起的误差采用反馈控制予以抑制，这样有利于同时兼顾系统的稳定性和控制精度。

如前所述，除了扰动抑制能力有限，由于位置调节器的快速性不会太好，三闭环控制系统对给定信号的跟随速度也不会太快。针对该问题，可采用按输入补偿，其原理如图 1-35 所示。这种前馈方式从给定信号直接引出开环的补偿控制量，和闭环控制组合在一起，构成复合控制系统。理想的复合控制系统能够完全复现给定输入量，其稳态和动态误差均为零，也称为“系统对输入给定实现完全不变性”。但是要实现这种完全不变性，通常需要输入信号的各阶导数作为补偿信号，工程实践中，理想的高阶微分器很难实现，即使实现了，也会同时引入高频干扰信号，影响系统工作，为此一般还必须增加滤波环节。因此，按输入补偿的复合控制通常也只能近似地实现完全不变性。

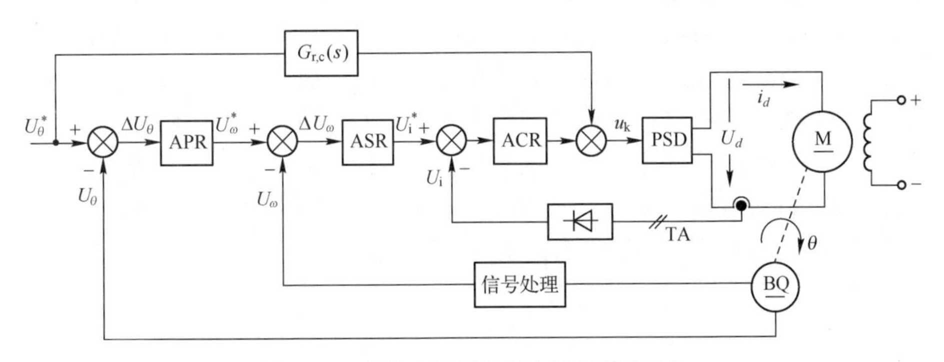

图 1-35 按输入补偿的复合控制系统结构

1.3.3 主要控制方法

前面讨论了系统的典型控制结构，本节分析各环调节器的设计问题，也即是系统的控制方法。其中最为经典的是比例积分微分（PID）控制，由于其具有算法简单、鲁棒性强、可靠性高等特点，被广泛地应用于电力传动控制系统中。特别是近年来，随着计算机技术和智能控制理论的发展，出现了各种基于智能算法的改进 PID 控制和应用智能算法实现 PID 控制器的参数自动整定，为了方便后续章节控制方法的分析和设计，第 2 章将对控制系统基础理论进行介绍。

除此之外，针对系统非线性特性，基于现代控制理论的各种非线性控制方法也得到了快速发展。例如，电动机输出轴和负载之间通常存在由多级齿轮机构构成的传动装置，用于实现动力传递和变速控制，由于齿轮啮合必须满足一定的最小间距才能保证不发生滞塞，所以这种传动方式不可避免地存在齿圈间隙，研究分析结果表明，齿隙的存在会对系统产生两方面的影响：一是由于齿隙期间相对运动造成的驱动延时；二是相对运动结束时由于速度差异造成的冲击振荡。此外，系统内部往往还有摩擦力矩、参数漂移等非线性因素，同时还受到各种非线性扰动的影响，如前所述的坦克武器系统在机动过程中路面起伏不平等引起的扰动力矩，特别是随着坦克越野机动性能的大幅提高和路面复杂程度的增加，扰动力矩的频率和强度急剧增加，这些影响使得系统呈现出强非线性特性。

随着现代控制理论的发展和装备研究的不断深入，近年来，鲁棒控制、自抗扰控制、自适应控制、模糊控制、神经网络控制等非线性控制方法不断应用于坦克武器电力传动控制系统中。特别是随着电力传动系统数字化控制的广泛实现，不仅完成了系统由模拟控制向数字控制转变，同时也突破了模拟控制电路在控制方法工程实现上的局限，使得上述非线性控制方法的工程化应用变得更为方便容易。这些非线性控制方法的应用能够有效抑制各种非线性因素的影响，使得系统的控制性能大幅提升，同时具有较强的鲁棒性和对环境的适应性，并表现出一定的自学习、自优化能力。作为基础，本书主要探讨基于线性控制理论的系统分析设计方法，上述非线性控制技术在《坦克武器稳定系统建模与控制技术》中进行详述。

第2章

控制系统基础理论

本章对控制系统的相关基础理论进行简要介绍，包括控制系统的数学模型、控制系统的时域分析方法，以及控制系统的频域分析方法。限于篇幅，本章主要选取的是与后续各章分析研究紧密相关的基本原理，不能完全涵盖控制系统的主要分析与设计方法，对此有兴趣的读者可参考本书最后所列参考文献。

2.1 控制系统的数学模型

数学模型是分析控制系统基本的理论工具，它是对实际物理系统进行数学抽象，能够描述系统内部物理量之间关系的数学表达式。数学模型可分为静态模型和动态模型，当系统中各变量随时间变化缓慢，对时间的变化率可忽略不计时（也即是变量的各阶导数为零），描述变量之间关系的代数方程称为静态模型；若变量随时间的变化率不能忽略，描述变量各阶导数之间关系的微分方程称为动态模型。对于实际的控制系统而言，大多数系统都是动态的，要用动态模型来描述。

在经典控制理论中，常用数学模型包括微分方程、频率特性、传递函数、动态结构图（系统框图）等。微分方程是在时域内对系统的抽象描述；频率特性是在频域内对控制系统建立的模型；传递函数是在复数域内描述系统输入、输出之间关系的一种数学模型，由于它们都是对同一个控制系统的数学抽象，所以不同类型的数学模型之间可以相互转换，如传递函数可以通过对系统的微分方程进行拉普拉斯（Laplace）变换得到；有了系统的传递函数以后，还可以根据系统各部分间的连接关系画出系统的动态结构图。本节重点分析线性、定常、集总参数控制系统的微分方程、传递函数和动态结构图，频率特性模型将在 2.3 节中进行分析。

2.1.1 微分方程模型

1. 系统微分方程模型的建立

微分方程是数学模型最基本的形式，通过它可以得到其他形式的数学模型。建立微分方程模型的一般步骤如下：

(1) 分析系统的工作原理及其各变量间的关系，确定系统的输入量和输出量。

(2) 根据各元部件所遵循的规律，依次列写其微分方程。

(3) 消去中间变量，得到描述系统输出量、输入量之间关系的微分方程，并将微分方程写成标准形式。一般地，将与输出量有关的各项放在方程的左边，与输入量有关的各项放在方程的右边，且各导数项按降幂排列。

下面分别以一个典型的电气系统和机械系统对微分方程建模过程进行分析。

1) 电气系统（RLC 电路）

RLC 系统如图 2-1 所示，其中包含电阻 R、电感 L、电容 C 三个电路元件。首先确定系统输入量为电流源电流，记为 $r(t)$，输出量为三个元件两端的电压，记为 $U(t)$，设初始状态为 0。则根据各电路元件特性可知：

$$\begin{cases} i_1(t) = \dfrac{U(t)}{R} \\ i_2(t) = \dfrac{1}{L}\displaystyle\int_0^t U(t)\,\mathrm{d}t \\ i_3(t) = C\dfrac{\mathrm{d}U(t)}{\mathrm{d}t} \end{cases} \tag{2-1}$$

式中：$i_1(t),i_2(t),i_3(t)$分别为电阻 R、电感 L、电容 C 三个元件的电流。

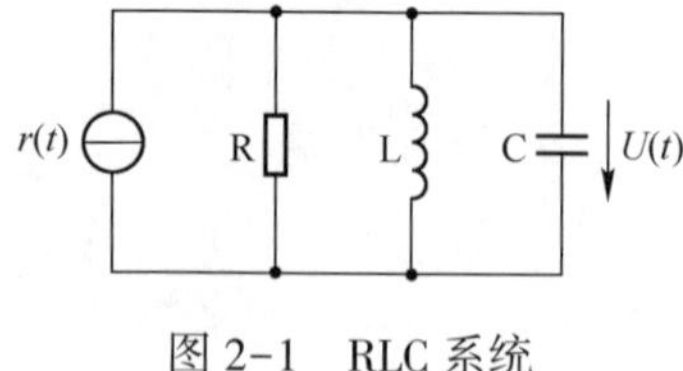

图 2-1　RLC 系统

进一步，利用基尔霍夫电流定理（节点总电流为零或节点流入电流等于流出电流）将各元件的微分方程联系起来，可得到系统微分方程模型为

$$\frac{U(t)}{R}+C\frac{\mathrm{d}U(t)}{\mathrm{d}t}+\frac{1}{L}\int_0^t U(t)\mathrm{d}t=r(t) \tag{2-2}$$

2）机械系统（弹簧-质量-阻尼器系统）

弹簧-质量-阻尼器系统受力如图2-2所示。质量块M在外力$r(t)$、弹簧弹性力F_1、摩擦力F_2和自身重力G作用下运动，设其形变量为$y(t)$。首先确定系统输入量为$r(t)$，系统输出量为$y(t)$。设F_2为黏滞摩擦，即摩擦力与位移的一阶导数成正比。根据动力学基本原理可知：

$$\begin{cases}G=mg\\F_1=-k_e[y_0+y(t)]\\F_2=-k_f\dfrac{\mathrm{d}y(t)}{\mathrm{d}t}\end{cases} \tag{2-3}$$

式中：m为M的质量；k_e为理想弹簧的弹性系数；k_f为摩擦系数；y_0为形变初始量。

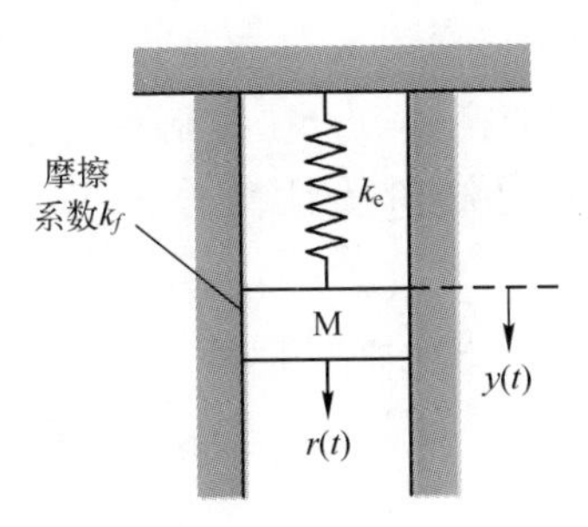

图2-2 弹簧-质量-阻尼器系统

进一步，利用牛顿第二定律可得

$$m\frac{\mathrm{d}^2y(t)}{\mathrm{d}t^2}=mg+r(t)-k_e[y_0+y(t)]-k_f\frac{\mathrm{d}y(t)}{\mathrm{d}t} \tag{2-4}$$

考虑静态条件下，有平衡关系式$mg=k_ey_0$，则式（2-4）可化为

$$m\frac{\mathrm{d}^2y(t)}{\mathrm{d}t^2}+k_f\frac{\mathrm{d}y(t)}{\mathrm{d}t}+k_ey(t)=r(t) \tag{2-5}$$

为了进一步揭示上述机械系统和电气系统微分方程之间的相似性，通过设置速度变量

$$v(t)=\frac{\mathrm{d}y(t)}{\mathrm{d}t} \tag{2-6}$$

来改写式（2-5），有

$$m\frac{\mathrm{d}v(t)}{\mathrm{d}t}+k_{\mathrm{f}}v(t)+k_{\mathrm{e}}\int_{0}^{t}v(t)\mathrm{d}t=r(t) \tag{2-7}$$

由此可见，式（2-7）与式（2-2）具有相似的结构形式，速度 $v(t)$ 与电压 $U(t)$ 在方程中是等效的变量，称为“相似变量”，上述两个系统也称为“相似系统”。在实际工程实践中，可以把机械系统和电气系统通过相似变量联系起来，以便把一个系统的分析结果推广到具有相同微分方程模型的其他系统，这样可以揭示不同物理现象之间的相似关系，从而方便地用简单系统去研究相似的复杂系统。

2. 系统微分方程模型的求解方法

建立控制系统数学模型的目的之一是用数学方法定量研究控制系统的运行特性，因此在建立系统微分方程后还需考虑其求解问题。如果已知微分方程的输入量及各变量的初始条件，通过对微分方程求解可以得到系统的输出量随时间变化的特性，并且通过绘制时域响应图可以直观地观察系统输出与输入之间的关系。线性定常微分方程的求解方法有经典法（如积分因子法、待定系数法等）和 Laplace 变换法等。在控制系统分析时常用 Laplace 变换法求解线性微分方程，尤其是高阶线性微分方程。为了分析方便，首先对 Laplace 变换的基本概念进行介绍。

设函数 $f(t)$ 当 $t>0$ 时有定义，而且积分：

$$\int_{0}^{+\infty}f(t)\mathrm{e}^{-st}\mathrm{d}t$$

在复参量 s 的某一域内收敛，则可将其积分所确定的函数：

$$F(s)=\int_{0}^{+\infty}f(t)\mathrm{e}^{-st}\mathrm{d}t$$

称为函数 $f(t)$ 的 Laplace 变换式，记为 $F(s)=L[f(t)]$，$f(t)$ 称为原函数，$F(s)$ 称为象函数。

常用 Laplace 变换对如表 2-1 所列。

表 2-1　常用 Laplace 变换对

$f(t)$	$F(s)$	$f(t)$	$F(s)$
脉冲函数 $\delta(t)$	1	单位阶跃函数 $1(t)$	$1/s$
单位斜坡函数 $t\cdot 1(t)$	$1/s^2$	指数函数 e^{-at}	$1/(s+a)$
正弦函数 $\sin(\omega t)$	$\omega/(s^2+\omega^2)$	余弦函数 $\cos(\omega t)$	$s/(s^2+\omega^2)$
$\mathrm{e}^{-at}\sin(\omega t)$	$\dfrac{\omega}{(s+a)^2+\omega^2}$	$\mathrm{e}^{-at}\cos(\omega t)$	$\dfrac{s+a}{(s+a)^2+\omega^2}$

Laplace 变换的基本性质有：

1）线性性质

$$L[a_1f_1(t)+a_2f_2(t)]=a_1F_1(s)+a_2F_2(s) \tag{2-8}$$

式中：a_1, a_2 是常数。这个性质表明函数线性组合的 Laplace 变换等于各函数 Laplace 变换的线性组合。

2）微分性质

$$L\left[\frac{\mathrm{d}}{\mathrm{d}t}f(t)\right]=sF(s)-f(0) \tag{2-9}$$

式中：$f(0)$ 为原函数 $f(t)$ 在 $t=0$ 处的值。

进一步，容易推导得

$$L[f''(t)]=s^2F(s)-sf(0)-f'(0)$$

$$L[f'''(t)]=s^3F(s)-s^2f(0)-sf'(0)-f''(0)$$

$$L[f^n(t)]=s^nF(s)-s^{n-1}f(0)-s^{n-2}f'(0)-\cdots-f^{n-1}(0)$$

3）延迟性质

设 $t<0$ 时 $f(t)=0$，则对于任一非负实数 τ，有

$$L[f(t-\tau)]=\mathrm{e}^{-s\tau}F(s) \tag{2-10}$$

4）复位移定理

$$L[\mathrm{e}^{at}f(t)]=F(s-a) \tag{2-11}$$

式中：a 为常数。

5）初值定理

设 $\lim\limits_{t\to\infty}sF(s)$ 存在，则

$$f(0)=\lim_{t\to 0}f(t)=\lim_{t\to\infty}sF(s) \tag{2-12}$$

6）终值定理

设 $sF(s)$ 的所有极点全部在 s 平面虚轴左侧，即在 s 平面虚轴右侧和虚轴上没有极点，则

$$f(\infty)=\lim_{t\to\infty}f(t)=\lim_{t\to 0}sF(s) \tag{2-13}$$

上述性质是 Laplace 变换的基本特征，也是进行系统分析的重要工具，在控制理论中具有重要的地位。

下面利用 Laplace 变换求解微分方程。其基本步骤为：

（1）考虑初始条件，对微分方程中的每一项分别进行 Laplace 变换，将微分方程转换成为以 s 变量的复数域代数方程。

（2）用代数方程求出输出量的复数域表达式。

（3）对输出量的复数域表达式进行反 Laplace 变换，求得输出量的时域表达式，即为所求微分方程的解。

仍以式（2-5）所示的系统为例，设 $m=1, k_f=3, k_e=2$，则系统微分方程可写成：

$$\frac{d^2y(t)}{dt^2}+3\frac{dy(t)}{dt}+2y(t)=r(t) \tag{2-14}$$

令 $r(t)=1(t), y(0)=0, \dot{y}(0)=0$。则根据上述步骤，首先对微分方程进行 Laplace 变换，可得

$$s^2Y(s)+3sY(s)+2Y(s)=1/s \tag{2-15}$$

由此可求得系统输出量的复数域表达式：

$$Y(s)=\frac{1}{s^2+3s+2}\cdot\frac{1}{s} \tag{2-16}$$

接下来将 $Y(s)$ 展开成部分分式：

$$Y(s)=\frac{A_1}{s}+\frac{A_2}{s+2}+\frac{A_3}{s+1} \tag{2-17}$$

利用待定系数法，可求得 $A_1=1/2, A_2=1/2, A_3=-1$。根据表 2-1，对式（2-17）进行反 Laplace 变换，可得其时域表达式为

$$y(t)=\frac{1}{2}+\frac{1}{2}e^{-2t}-e^{-t} \tag{2-18}$$

此即为系统输出量 $y(t)$ 的动态过程。

对于式（2-16），分母多项式根均为实数，当存在复数根时其求解方法与之类似，如对于

$$Y(s)=\frac{s+3}{s^2+2s+2} \tag{2-19}$$

亦可将其展开为部分分式

$$Y(s)=\frac{A_1}{s+1-j}+\frac{A_2}{s+1+j} \tag{2-20}$$

注意此时 A_1, A_2 也为复数，令 $A_1=a_1+b_1j, A_2=a_2+b_2j$，仍利用待定系数法，可求得 $a_1=1/2, b_1=-1, a_2=1/2, b_2=1$。因此：

$$Y(s)=\frac{1-2j}{2}\cdot\frac{1}{s+1-j}+\frac{1+2j}{2}\cdot\frac{1}{s+1+j} \tag{2-21}$$

进行反 Laplace 变换，可得

$$y(t)=\frac{1-2j}{2}e^{(-1+j)t}+\frac{1+2j}{2}e^{(-1-j)t}=e^{-t}\left(\frac{e^{jt}+e^{-jt}}{2}+j(e^{-jt}-e^{jt})\right)=e^{-t}(\cos t+2\sin t) \tag{2-22}$$

对于式（2-19），也可以应用 Laplace 变换的性质-复位移定理求解，将 $Y(s)$转化为

$$Y(s)=\frac{s+3}{s^2+2s+2}=\frac{s+3}{(s+1)^2+1}=\frac{s+1}{(s+1)^2+1}+2\frac{1}{(s+1)^2+1} \tag{2-23}$$

对照表 2-1，可得

$$y(t)=e^{-t}\cos t+2e^{-t}\sin t=e^{-t}(\cos t+2\sin t) \tag{2-24}$$

对于部分分式展开过程中系数的求取，除了采用待定系数法，还可以用留数定理进行求解。此处不再详述，有兴趣的读者可参考本书最后所列参考文献。

2.1.2 传递函数

在上述用 Laplace 变换法求解线性微分方程的过程中，将微分方程转化为代数方程时，事实上得到了控制系统在复数域中的数学模型，称为传递函数。它采用系统自身参数描述线性定常系统的输入量与输出量之间的关系，不仅可以表征系统内在的固有特性，而且可以用来研究系统的结构或参数改变对控制性能的影响，是线性定常系统分析设计的重要理论工具。为了分析方便，首先介绍线性定常系统的基本性质。

1. 线性系统的基本性质

前面分析的几个系统都可以用线性常微分方程来描述，均属于线性定常系统，它们是系统参数在运行过程中保持恒定不变的一类特殊的线性系统。线性系统具有可叠加性和齐次性，这也是判断一个系统是否是线性系统的基本准则。

1）可叠加性

当处于静止状态的系统被施加一个激励 $r_1(t)$时，它产生一个响应 $c_1(t)$，施加另外一个激励 $r_2(t)$时，它产生一个相对应的响应 $c_2(t)$。对于线性系统，如果施加激励为 $r_1(t)+r_2(t)$时，其响应满足 $c_1(t)+c_2(t)$，这通常称为可叠加性。

2）齐次性

考察一个施加激励 $r(t)$产生输出 $c(t)$的线性系统，当激励变化为 $k\times r(t)$时，其输出响应相应的变化为 $k\times c(t)$，这通常称为齐次性。

2. 传递函数的定义与性质

当线性定常系统结构描述为图 2-3 时，其传递函数为：在零初始条件下，系统输出量的 Laplace 变换 $C(s)$与输入量的 Laplace 变换 $R(s)$之比，即

$$G(s)=\frac{C(s)}{R(s)} \tag{2-25}$$

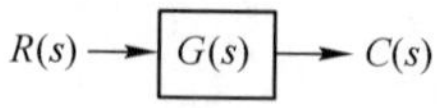

$R(s)$ → $G(s)$ → $C(s)$

图 2-3　传递函数结构

零初始条件是指：$t\leqslant 0$ 时，系统输入量、输出量及它们的各阶导数均为 0。

设线性定常系统由 n 阶线性常微分方程描述为

$$\begin{aligned}&a_n\frac{\mathrm{d}^n c(t)}{\mathrm{d}t^n}+a_{n-1}\frac{\mathrm{d}^{n-1}c(t)}{\mathrm{d}t^{n-1}}+\cdots+a_1\frac{\mathrm{d}c(t)}{\mathrm{d}t}+a_0c(t)\\&=b_m\frac{\mathrm{d}^m r(t)}{\mathrm{d}t^m}+b_{m-1}\frac{\mathrm{d}^{m-1}r(t)}{\mathrm{d}t^{m-1}}+\cdots+b_1\frac{\mathrm{d}r(t)}{\mathrm{d}t}+b_0r(t)\end{aligned} \tag{2-26}$$

式中：$n\geqslant m$，当其满足零初始条件时，进行 Laplace 变换，可得

$$(a_ns^n+a_{n-1}s^{n-1}+\cdots+a_1s+a_0)C(s)=(b_ms^m+b_{m-1}s^{m-1}+\cdots+b_1s+b_0)R(s) \tag{2-27}$$

由此，可将系统传递函数的一般形式记为

$$G(s)=\frac{C(s)}{R(s)}=\frac{b_ms^m+b_{m-1}s^{m-1}+\cdots+b_1s+b_0}{a_ns^n+a_{n-1}s^{n-1}+\cdots+a_1s+a_0} \tag{2-28}$$

以图 2-2 所示的弹簧-质量-阻尼器系统为例，根据式（2-5），系统传递函数可描述为

$$G(s)=\frac{1}{ms^2+k_\mathrm{f}s+k_\mathrm{e}} \tag{2-29}$$

对于传递函数，有如下几个常用的定义和术语：

（1）特征方程：传递函数的分母多项式方程为系统的特征方程。

（2）阶数：传递函数分母中 s 的最高阶次表示系统的阶数。例如，分母中 s 的最高阶次为 n，则称为 n 阶系统。设分子中 s 的最高阶次为 m，一般有 $n\geqslant m$。

（3）极点：传递函数分母多项式的根称为系统的极点。

（4）零点：传递函数分子多项式的根称为系统的零点。

将式（2-28）所示系统表示为

$$G(s)=\frac{C(s)}{R(s)}=\frac{b_m s^m+b_{m-1}s^{m-1}+\cdots+b_1 s+b_0}{a_n s^n+a_{n-1}s^{n-1}+\cdots+a_1 s+a_0}=K\frac{\prod_{j=1}^{m}(s+z_j)}{\prod_{i=1}^{n}(s+p_i)} \tag{2-30}$$

则 $p_i, z_j(i=1,2,\cdots,n, j=1,2,\cdots,m)$ 分别为系统的极点和零点。

传递函数具有如下几条基本性质：

（1）传递函数是由线性系统常微分方程在零初始条件下经过 Laplace 变换得到的，所以仅适用于线性定常系统，一般不用于非线性系统或时变系统分析。

（2）传递函数完全取决于系统内部的结构、参数，反映了系统的固有特性，与输入量和输出量的大小与型式无关。

（3）传递函数描述系统输入量与输出量之间的关系是外部模型，不能反映系统内部物理结构的相关信息（许多性质完全不同的系统可能具有相同的传递函数）。

（4）传递函数只表明一个特定的输入、输出关系，对于多输入、多输出系统，不同输出量对同一输入量或同一输出量对不同输入量之间的传递函数是不同的。

3. 典型环节的传递函数

组成控制系统的各个基本环节称为典型环节，从其数学模型来分类，主要包括比例环节、积分环节、理想微分环节、惯性环节、振荡环节、一阶微分环节、二阶微分环节、滞后环节（纯时滞环节）等，各典型环节的传递函数如表 2-2 所列。

表 2-2 典型环节的传递函数

典型环节	传递函数	典型环节	传递函数
比例环节	K	积分环节	$1/s$
理想微分环节	s	惯性环节	$1/(Ts+1)$
振荡环节	$1/(T^2s^2+2\zeta Ts+1)$	一阶微分环节	$\tau s+1$
二阶微分环节	$\tau^2s^2+2\zeta\tau s+1$	滞后环节	$e^{-\tau s}$

2.1.3 系统动态结构图及等效变换

前面介绍的微分方程和传递函数等数学模型主要描述的是系统输入量与输出量之间的特性，难以直观地反映系统内部各环节之间的相互作用关系及其对整个系统的性能影响。系统动态结构图是将系统中的所有环节用方框表示，图中标明各个环节自身的传递函数，并且按照系统中各环节之间的关系将各方框连接起来，从而形象、准确地表达系统各环节的数学模型及其相互作用关系，也就是图形化的系统动态模型。

1. 系统动态结构图的组成与绘制

下面以图 2-4 所示的两级 RC 滤波电路为例，分析动态结构图的绘制步骤。系统的输入量为 $r(t)$，输出量为 $c(t)$，根据电路基本原理，引入中间变量 $i_1(t), U_1(t), i_2(t)$ 可列出各环节的微分方程：

$$\begin{cases} i_1(t) = \dfrac{r(t) - U_1(t)}{R_1} \\ U_1(t) = \dfrac{1}{C_1}\displaystyle\int_0^t [i_1(t) - i_2(t)]\mathrm{d}t \\ i_2(t) = \dfrac{U_1(t) - c(t)}{R_2} \\ c(t) = \dfrac{1}{C_2}\displaystyle\int_0^t i_2(t)\mathrm{d}t \end{cases} \tag{2-31}$$

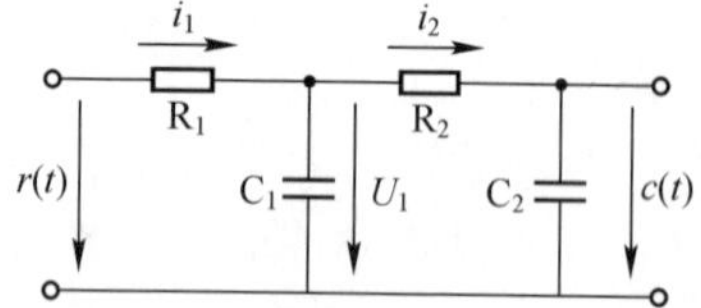

图 2-4 两级 RC 滤波电路

对式（2-31）进行 Laplace 变换，可得相应的变换方程组为

$$\begin{cases} i_1(s) = (R(s) - U_1(s))/R_1 \\ U_1(s) = (i_1(s) - i_2(s))/C_1 s \\ i_2(s) = (U_1(s) - C(s))/R_2 \\ C(s) = i_2(s)/C_2 s \end{cases} \tag{2-32}$$

根据变换方程，从输入端开始依次画出各元件的动态结构图，并连接同名信号线，可得系统的动态结构图如图 2-5 所示。

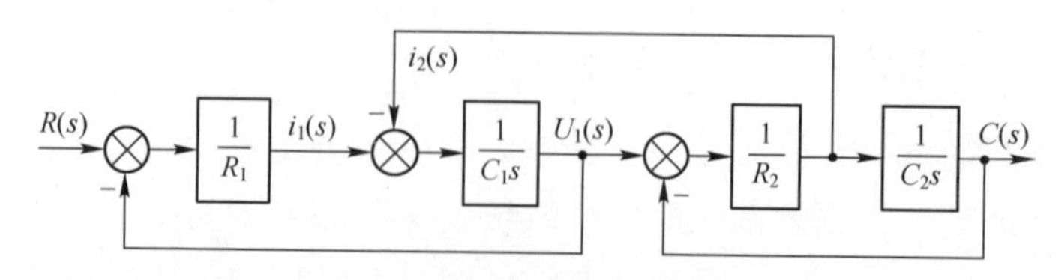

图 2-5 两级 RC 滤波电路的动态结构图

总结上述分析过程，可得绘制系统动态结构图的主要步骤有：

（1）确定系统的输入量与输出量，根据所遵循的规律，从输入端开始，依次列写出系统中各环节的微分方程。

（2）对微分方程组进行 Laplace 变换，得到相应的复数域代数方程组。

（3）根据代数方程组，从输入端开始依次画出各环节的动态结构图，并标注各环节输入量与输出量。

（4）根据信号关系，连接同名信号线得到系统的动态结构图。

从组成来看，系统动态结构图一般包括以下基本单元：

（1）信号线：为带有箭头的直线，箭头表示信号的流向，在旁边标记对应的信号。

（2）方框：表示对信号进行的数学变换，方框中写入该变换环节的传递函数。

（3）引出点：表示信号引出或测量的位置，从同一位置引出的信号在数值和性质方面完全相同。

（4）比较点：表示对两个或两个以上的信号进行加减运算，“+”号可省略不写。

2. 系统动态结构图的等效变换

为了便于分析，在建立系统动态结构图后往往需要对其进行等效变换，或者通过等效变换求取系统的传递函数，表 2-3 列出了常用的等效变换法则。

表 2-3　系统动态结构图的等效变换法则

序号	原结构图	等效结构图	等效法则
1	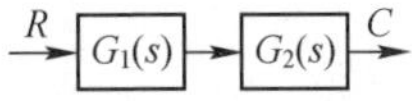 R → $G_1(s)$ → $G_2(s)$ → C	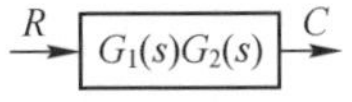 R → $G_1(s)G_2(s)$ → C	串联等效 $\frac{C(s)}{R(s)}=G_1(s)G_2(s)$
2	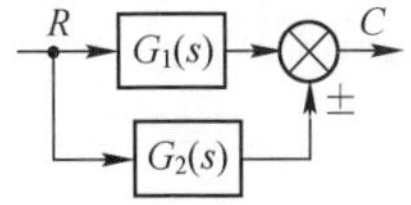 R → $G_1(s)$、$G_2(s)$ → ⊗（±）→ C	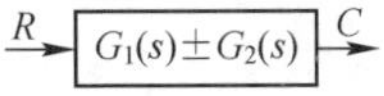 R → $G_1(s)\pm G_2(s)$ → C	并联等效 $\frac{C(s)}{R(s)}=G_1(s)\pm G_2(s)$
3	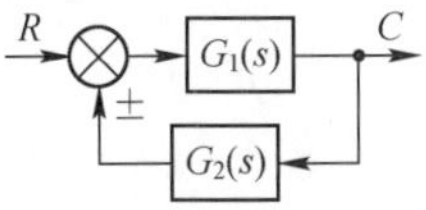 R → ⊗ → $G_1(s)$ → C，反馈 $G_2(s)$（±）	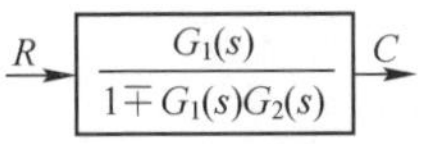 R → $\frac{G_1(s)}{1\mp G_1(s)G_2(s)}$ → C	反馈等效 $\frac{C(s)}{R(s)}=\frac{G_1(s)}{1\mp G_1(s)G_2(s)}$
4	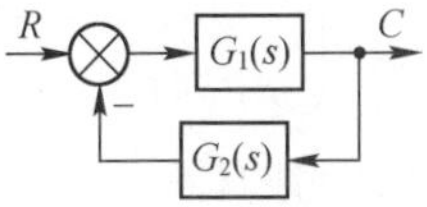 R → ⊗ → $G_1(s)$ → C，反馈 $G_2(s)$（−）	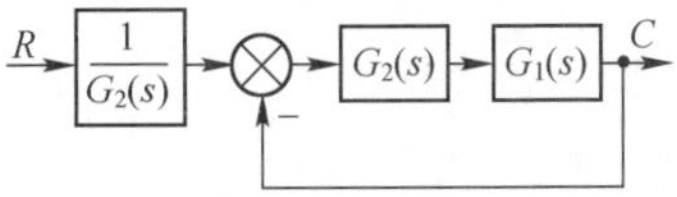 R → $\frac{1}{G_2(s)}$ → ⊗ → $G_2(s)$ → $G_1(s)$ → C，单位反馈（−）	等效单位反馈 $\frac{C(s)}{R(s)}=\frac{1}{G_2(s)}\frac{G_1(s)G_2(s)}{1+G_1(s)G_2(s)}$

续表

序号	原结构图	等效结构图	等效法则
5	R G(s) C ± D	R C G(s) ± 1/G(s) D	比较点前移 $C(s)=R(s)G(s)\pm D(s)$ $=\left[R(s)\pm\dfrac{D(s)}{G(s)}\right]G(s)$
6	R G(s) C ± D	R G(s) C ± D G(s)	比较点后移 $C(s)=[R(s)\pm D(s)]G(s)$ $=R(s)G(s)\pm D(s)G(s)$
7	R G(s) C C	R G(s) C G(s) C	引出点前移 $C(s)=R(s)G(s)$
8	R G(s) C R	R G(s) C 1/G(s) R	引出点后移 $R(s)=R(s)G(s)\dfrac{1}{G(s)}$
9	R_1 E_1 C R_3 ± ± R_2	R_3 ± R_1 E_1 C ± R_2 = R_1 R_3 ± C ± R_2	交换和合并比较点 $C(s)=R_1(s)\pm R_2(s)\pm R_3(s)$
10	R E G(s) C − H(s)	R E G(s) C + −1 H(s)	负号在支路上移动 $E(s)=R(s)-H(s)C(s)$ $=R(s)+H(s)\times(-1)C(s)$

表 2-3 中所列变换法则容易通过其数学表达式来证明，如对于并联等效变换，由原结构图可以得到 $C_1(s)=G_1(s)R(s)$，$C_2(s)=G_2(s)R(s)$，因此：

$$C(s)=C_1(s)\pm C_2(s)=[G_1(s)\pm G_2(s)]R(s) \tag{2-33}$$

根据上述等效变换法则，可对图 2-5 进行化简。首先对 $i_2(s)$ 支路利用比较点前移和引出点后移，得到图 2-6（a）；前向通道采用串联等效法则可得图 2-6（b）；前向通道再进一步采用反馈等效变换可得图 2-6（c）；最后整个系统采用串联等效和反馈等效变换可得图 2-6（d）。

3. 控制系统的典型动态结构图

控制系统通常受到两类信号的作用：一类是输入信号 $r(t)$，一般施加在控制系统的输入端；另一类是扰动信号 $d(t)$，一般作用在被控对象上，也可能出现在其他环节甚至夹杂在输入信号中，且一个系统中往往有多个扰动信号，为了分析方便，此处将其等效为一个总的扰动作用。受这两类信号作用下的闭环控制系统典型动态结构如图 2-7 所示。

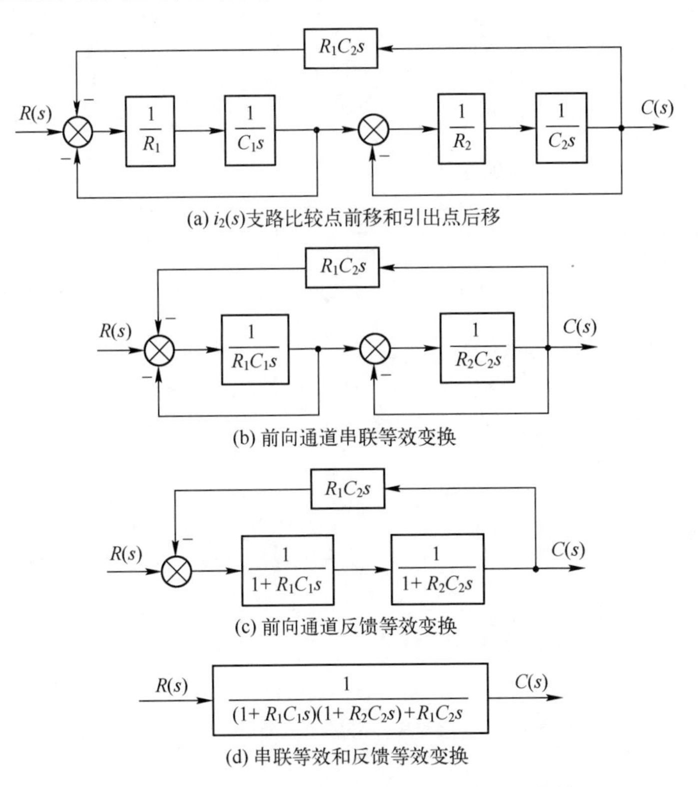

图 2-6　两级 RC 滤波电路的动态结构图化简

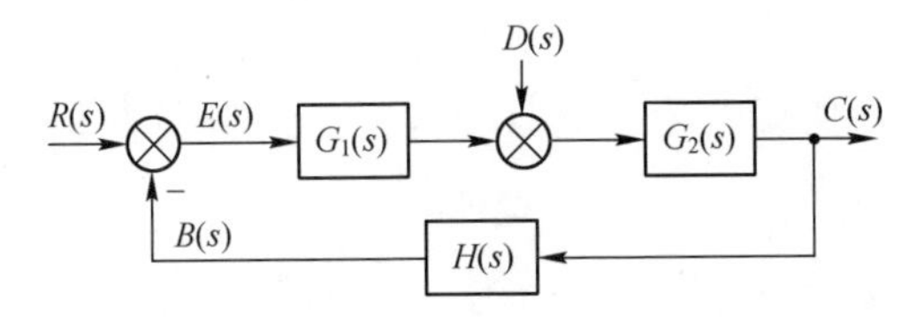

图 2-7　闭环控制系统典型动态结构

对于图 2-7 中的闭环系统，常用的几类传递函数有：

1）系统的开环传递函数

将反馈环节 $H(s)$ 的输出端切断，断开系统的反馈通道。反馈信号与 $B(s)$ 与误差信号 $E(s)$ 的比值称为系统的开环传递函数 $G_{op}(s)$，容易求得

$$G_{op}(s)=\frac{B(s)}{E(s)}=G_1(s)G_2(s)H(s)=G(s)H(s) \tag{2-34}$$

需要注意的是：式（2-34）为闭环系统的开环传递函数，当实际系统无

反馈通道时，$G_{op}(s)=G_1(s)G_2(s)=G(s)$。

2）系统的闭环传递函数

系统的闭环传递函数包括给定信号作用下的闭环传递函数 $G_{cl,r}(s)$ 和扰动信号作用下的闭环传递函数 $G_{cl,d}(s)$。当只考虑给定信号 $r(t)$ 的作用时，可设扰动信号 $d(t)=0$，则容易求得

$$G_{cl,r}(s)=\frac{C(s)}{R(s)}=\frac{G_1(s)G_2(s)}{1+G_1(s)G_2(s)H(s)}=\frac{G(s)}{1+G(s)H(s)} \tag{2-35}$$

同理，只考虑扰动信号 $d(t)$ 的作用时，可设给定信号 $r(t)=0$，此时

$$G_{cl,d}(s)=\frac{C(s)}{D(s)}=\frac{G_2(s)}{1+G_1(s)G_2(s)H(s)}=\frac{G_2(s)}{1+G(s)H(s)} \tag{2-36}$$

系统的总输出为给定信号 $r(t)$ 和扰动信号 $d(t)$ 作用引起的输出的总和，可得

$$C(s)=G_{cl,r}(s)R(s)+G_{cl,d}(s)D(s)=\frac{G(s)}{1+G(s)H(s)}R(s)+\frac{G_2(s)}{1+G(s)H(s)}D(s) \tag{2-37}$$

3）系统的误差传递函数

控制系统的误差大小反映了系统的控制精度，闭环系统的误差 $e(t)$ 是指给定信号 $r(t)$ 和反馈信号 $b(t)$ 之差，即

$$e(t)=r(t)-b(t) \tag{2-38}$$

经 Laplace 变换，可得

$$E(s)=R(s)-B(s) \tag{2-39}$$

与前类似，系统的误差传递函数也包括给定信号作用下的误差传递函数 $G_{e,r}(s)$ 和扰动信号作用下的误差传递函数 $G_{e,d}(s)$。

令 $d(t)=0$，以 $E(s)$ 为输出量，可以求得

$$G_{e,r}(s)=\frac{E(s)}{R(s)}=\frac{1}{1+G_1(s)G_2(s)H(s)}=\frac{1}{1+G(s)H(s)} \tag{2-40}$$

同理，令 $r(t)=0$，可以求得

$$G_{e,d}(s)=\frac{E(s)}{D(s)}=\frac{-G_2(s)H(s)}{1+G_1(s)G_2(s)H(s)}=\frac{-G_2(s)H(s)}{1+G(s)H(s)} \tag{2-41}$$

由此可得系统的总误差为

$$E(s)=G_{e,r}(s)R(s)+G_{e,d}(s)D(s)=\frac{R(s)-G_2(s)H(s)D(s)}{1+G(s)H(s)} \tag{2-42}$$

比较 $G_{cl,r}(s)$，$G_{cl,d}(s)$，$G_{e,r}(s)$，$G_{e,d}(s)$ 可以发现，它们都具有同样的分

母 $1+G(s)H(s)$，也即是具有同样的特征方程

$$1+G(s)H(s)=0 \tag{2-43}$$

特征方程反映了它们共同的本质，也就是闭环控制系统的极点位置。

2.1.4 非线性系统的线性化

本节前面研究的对象都是线性系统，但实际系统都不同程度地存在非线性特性，如何处理非线性特性是实际系统建模时面临的一个重要问题。为了简化问题研究难度，在一定条件下可以忽略实际系统的非线性特性，将其近似为线性系统，如 2.1.1 节中分析弹簧-质量-阻尼器系统时就认为弹簧是处在线性区，分析 RLC 电路时也认为各电路元件工作在线性区，这是一种常用的线性化方法。

对于不能在全工作范围内忽略非线性特性的情况，可在一个很小的范围内将非线性特性用一段直线代替，从而实现非线性系统的线性化，这种方法称为小偏差法（或切线法）。实际控制系统在正常工作时一般都处于一个稳定的工作状态，即平衡状态，此时被控量（实际值）与期望值通常相等，执行机构也不进行控制动作。一旦被控量偏离期望值时，便开始产生控制动作，使偏差信号减小至消失，又回到平衡状态。控制系统中偏差信号一般不会很大，是“小偏差”，并且在建立系统微分方程时通常以稳定工作状态作为起始状态，因此小偏差法常被用来研究平衡状态附近系统输入与输出之间的动态特性。

下面对小偏差法的基本原理进行分析。设连续变化的非线性函数 $y=f(x)$ 如图 2-8 所示。取 A 点为平衡工作点，且有 $y_0=f(x_0)$。设函数在 (x_0,y_0) 附近连续可微，则利用泰勒级数展开，有

$$y=f(x)=f(x_0)+\left.\frac{\mathrm{d}f(x)}{\mathrm{d}x}\right|_{x=x_0}\frac{(x-x_0)}{1!}+\left.\frac{\mathrm{d}^2f(x)}{\mathrm{d}x^2}\right|_{x=x_0}\frac{(x-x_0)^2}{2!}+\cdots \tag{2-44}$$

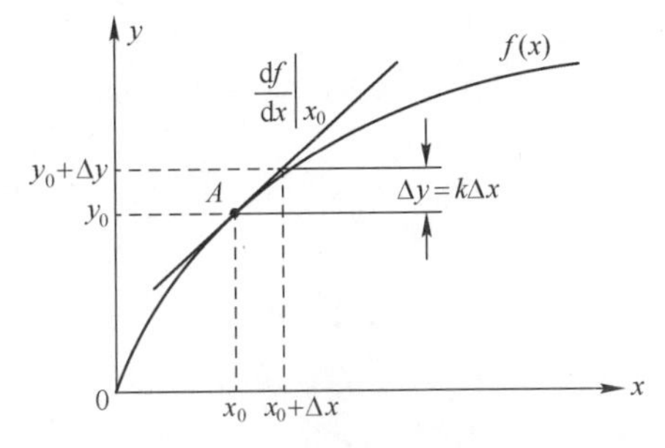

图 2-8 小偏差线性化的原理

令平衡工作点 A 处的斜率为

$$\left.\frac{\mathrm{d}f(x)}{\mathrm{d}x}\right|_{x=x_0}=k \tag{2-45}$$

当增量$(x-x_0)$很小时，可略去高阶项，则有

$$y=f(x)\approx f(x_0)+\left.\frac{\mathrm{d}f(x)}{\mathrm{d}x}\right|_{x=x_0}\frac{(x-x_0)}{1!}=y_0+k(x-x_0) \tag{2-46}$$

由此，$y(t)$的线性化方程可写为

$$(y-y_0)=k(x-x_0) \tag{2-47}$$

或

$$\Delta y=k\Delta x \tag{2-48}$$

进一步地，如果平衡工作点 A 还满足零初始条件，则函数 $y=f(x)$在其附近的线性化方程可记为

$$y=kx \tag{2-49}$$

下面以图 2-9 所示的钟摆为例分析小偏差法线性化的具体过程。根据动力学基本原理，作用在钟摆上的力矩为

$$T=mgL\sin\theta \tag{2-50}$$

式中：m 为钟摆的质量；g 为重力加速度。

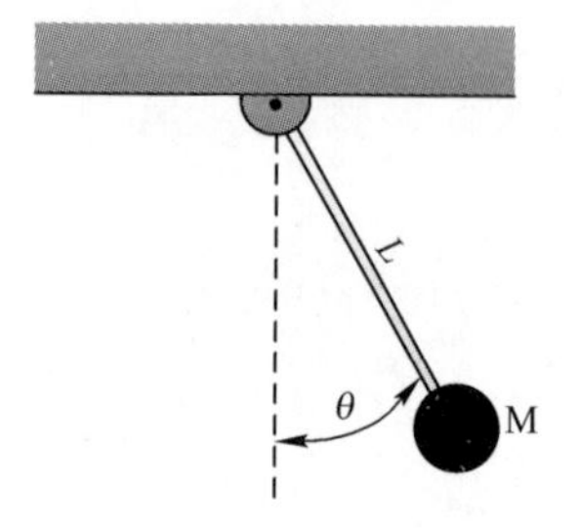

图 2-9　钟摆模型

根据式（2-46），有

$$T\approx T_0+\left.\frac{\mathrm{d}T}{\mathrm{d}\theta}\right|_{\theta=\theta_0}(\theta-\theta_0)=mgL[\sin\theta_0+(\theta-\theta_0)\cos\theta_0] \tag{2-51}$$

考虑到初始平衡点为 $\theta_0=0°$。代入式（2-51），可得该平衡点附近的线性化方程为

$$T\approx mgL(\cos0°)(\theta-0°)=mgL\theta \tag{2-52}$$

在 θ 较小时上述线性化过程产生的模型误差也比较小，如在±30°之内摆动时，线性化模型的响应误差不超过 5%。

2.2　控制系统的时域分析方法

在建立控制系统数学模型后，就可以采用相应的方法对系统进行分析和设计。经典控制理论中常用的分析方法有时域分析法、频域分析法和根轨迹分析法，本章主要讨论前两种分析方法。时域分析法是根据系统的微分方程，以 Laplace 变换为数学工具，直接求解系统的时间响应，然后根据响应表达式及其描述曲线来分析系统的性能，如稳定性、快速性、稳态误差等。1.3.1 节分析了电力传动控制系统的主要性能指标要求，本节首先分析几类典型系统的动态性能，在此基础上讨论系统稳定性判据和稳态误差的计算方法。

2.2.1　控制系统的动态性能分析

1. 一阶系统的动态性能分析

一阶系统的微分方程和传递函数可分别描述为

$$T\frac{\mathrm{d}c(t)}{\mathrm{d}t}+c(t)=r(t) \tag{2-53}$$

$$G(s)=\frac{C(s)}{R(s)}=\frac{1}{Ts+1} \tag{2-54}$$

式中：T 为惯性时间常数。

在零初始条件下，控制系统在单位阶跃信号作用下的输出，称为系统的单位阶跃响应。容易求得一阶系统的单位阶跃响应为

$$C(s)=G(s)\frac{1}{s}=\frac{1}{s(Ts+1)} \tag{2-55}$$

通过部分分式展开，可得

$$C(s)=\frac{1}{s}-\frac{1}{s+1/T} \tag{2-56}$$

进行反 Laplace 变换，可得系统的时间响应为

$$c(t)=1-\mathrm{e}^{-t/T} \tag{2-57}$$

一阶系统单位阶跃响应曲线如图 2-10 所示。不难看出，一阶系统的单位阶跃响应曲线是单调上升的，输出稳态值为 $C_{\infty}=1$，无振荡。因此在分析其动态性能时，主要分析上升时间 t_{r} 和调节时间 t_{s}。

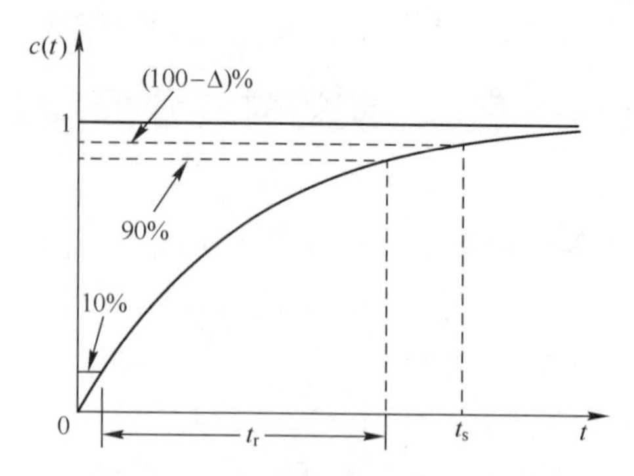

图 2-10　一阶系统单位阶跃响应曲线

（1）上升时间 t_r。根据上升时间定义，由式（2-57），可解得 $t_r = T\ln 9 \approx 2.2T$。

（2）调节时间 t_s。根据调节时间定义 $|c(t_s)-C_\infty| \leqslant \Delta\% C_\infty$，得

$$|1-e^{-t_s/T}-1| \leqslant \Delta\% \tag{2-58}$$

可解得 $t_s \geqslant T\ln(1/\Delta\%)$。当 $\Delta=5$ 时，$t_s \approx 3T$；$\Delta=2$ 时，$t_s \approx 4T$。

综上分析不难发现，为了提高一阶系统跟踪速度，缩短调节时间，应该尽可能地减小系统时间常数 T。

2. 二阶系统的动态性能分析

二阶系统的微分方程和传递函数可分别描述为

$$T^2\frac{d^2c(t)}{dt^2}+2\zeta T\frac{dc(t)}{dt}+c(t)=r(t) \tag{2-59}$$

$$G(s)=\frac{C(s)}{R(s)}=\frac{1}{T^2s^2+2\zeta Ts+1}=\frac{\omega_n^2}{s^2+2\zeta\omega_n s+\omega_n^2} \tag{2-60}$$

式中：ζ 为系统的阻尼比；ω_n 为自然振荡频率，且有 $\omega_n=1/T$。

在零初始条件下，典型二阶系统单位阶跃响应的 Laplace 变换式为

$$C(s)=G(s)\frac{1}{s}=\frac{\omega_n^2}{s^2+2\zeta\omega_n s+\omega_n^2}\frac{1}{s} \tag{2-61}$$

系统单位阶跃响应特征主要取决于特征根的分布，它与 ζ 的取值紧密相关：

（1）当 $\zeta>1$ 时，系统处于过阻尼状态，系统具有两个实数根 $s_1=(-\zeta+\sqrt{\zeta^2-1})\omega_n, s_2=(-\zeta-\sqrt{\zeta^2-1})\omega_n$，此时系统可分解为两个串联的一阶系统，其分析可采用前述一阶系统分析方法。

（2）当 $0<\zeta<1$ 时，系统处于欠阻尼状态，特征根是具有负实部的共轭复

数：$s_1=-\zeta\omega_n+j\omega_n\sqrt{1-\zeta^2}$，$s_2=-\zeta\omega_n-j\omega_n\sqrt{1-\zeta^2}$。此时式（2-61）可变换为

$$
\begin{aligned}
C(s)&=\frac{\omega_n^2}{(s+\zeta\omega_n)^2+(1-\zeta^2)\omega_n^2}\cdot\frac{1}{s}\\
&=\frac{1}{s}-\frac{s+\zeta\omega_n}{(s+\zeta\omega_n)^2+(\sqrt{1-\zeta^2}\omega_n)^2}-\frac{\frac{\zeta}{\sqrt{1-\zeta^2}}\sqrt{1-\zeta^2}\omega_n}{(s+\zeta\omega_n)^2+(\sqrt{1-\zeta^2}\omega_n)^2}
\end{aligned}
\tag{2-62}
$$

进行反 Laplace 变换，可得系统的时间响应为

$$
\begin{aligned}
c(t)&=1-e^{-\zeta\omega_n t}\cos(\sqrt{1-\zeta^2}\omega_n t)-\frac{\zeta}{\sqrt{1-\zeta^2}}e^{-\zeta\omega_n t}\sin(\sqrt{1-\zeta^2}\omega_n t)\\
&=1-\frac{1}{\sqrt{1-\zeta^2}}e^{-\zeta\omega_n t}\sin(\sqrt{1-\zeta^2}\omega_n t+\arccos\zeta)
\end{aligned}
\tag{2-63}
$$

记 $\rho=\zeta\omega_n$ 为衰减系数，表征系统暂态分量的衰减速度，$\omega_d=\sqrt{1-\zeta^2}\omega_n$ 为阻尼振荡频率，$\varphi=\arccos\zeta$，则式（2-63）可化为

$$
c(t)=1-\frac{1}{\sqrt{1-\zeta^2}}e^{-\rho t}\sin(\omega_d t+\varphi) \tag{2-64}
$$

由此可得欠阻尼二阶系统阶跃响应曲线如图 2-11 所示。下面具体分析其动态性能指标。

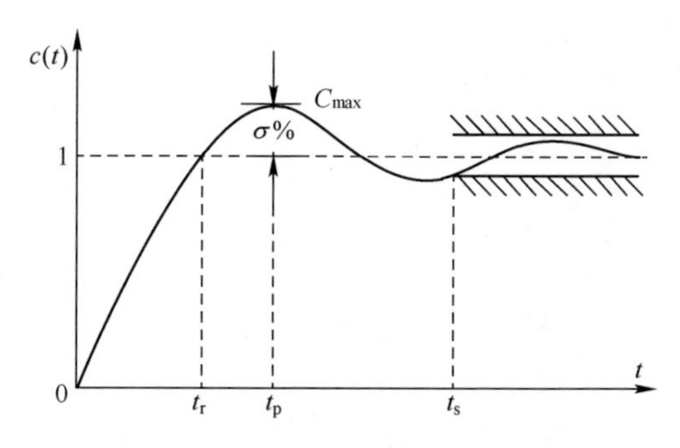

图 2-11　欠阻尼二阶系统单位阶跃响应曲线

（1）上升时间 t_r。令 $c(t)=1$，则根据式（2-64），可得

$$
\frac{1}{\sqrt{1-\zeta^2}}e^{-\rho t_r}\sin(\omega_d t_r+\varphi)=0 \tag{2-65}
$$

求解，可得

$$
t_r=(\pi-\varphi)/\omega_d \tag{2-66}
$$

（2）峰值时间 t_p。对式（2-64）求导，并令

$$\left.\frac{\mathrm{d}c(t)}{\mathrm{d}t}\right|_{t=t_p}=\frac{\rho \mathrm{e}^{-\rho t_p}}{\sqrt{1-\zeta^2}}\sin(\omega_d t_p+\varphi)-\frac{\omega_d \mathrm{e}^{-\rho t_p}}{\sqrt{1-\zeta^2}}\cos(\omega_d t_p+\varphi)=0 \tag{2-67}$$

可解得

$$t_p=\pi/\omega_d \tag{2-68}$$

（3）超调量 $\sigma\%$。因为 $C_\infty=1$，将式（2-68）代入式（2-64），可得

$$C_{max}=c(t_p)=1+\frac{1}{\sqrt{1-\zeta^2}}\mathrm{e}^{-\frac{\zeta\pi}{\sqrt{1-\zeta^2}}}\sin\varphi \tag{2-69}$$

由于 $\sin\varphi=\sqrt{1-\cos^2\varphi}=\sqrt{1-\zeta^2}$，所以

$$C_{max}=1+\mathrm{e}^{-\frac{\zeta\pi}{\sqrt{1-\zeta^2}}} \tag{2-70}$$

因此，有

$$\sigma\%=\mathrm{e}^{-\frac{\zeta\pi}{\sqrt{1-\zeta^2}}}\times100\% \tag{2-71}$$

即二阶系统超调量只与阻尼比有关，改变阻尼比就可以调节系统的超调量大小。

（4）调节时间 t_s。根据调节时间定义，有

$$|c(t_s)-C_\infty|=\frac{1}{\sqrt{1-\zeta^2}}\mathrm{e}^{-\rho t_s}\sin(\omega_d t_s+\varphi)\leqslant\Delta\% \tag{2-72}$$

式（2-72）为一个超越方程，难以求得解析解。考虑到 $\sin(\omega_d t_s+\varphi)\leqslant1$，因此采用近似处理，可取

$$\frac{1}{\sqrt{1-\zeta^2}}\mathrm{e}^{-\rho t_s}\leqslant\Delta\% \tag{2-73}$$

求解，得

$$t_s=-\frac{\ln(\sqrt{1-\zeta^2}\,\Delta\%)}{\zeta\omega_n} \tag{2-74}$$

当 $0<\zeta<0.8$ 时，可进一步近似，求得：$\Delta=5$ 时，$t_s\approx3/\zeta\omega_n$；$\Delta=2$ 时，$t_s\approx4/\zeta\omega_n$。

3. 高阶系统的动态性能分析

高阶系统的闭环传递函数可表示为

$$G(s)=\frac{C(s)}{R(s)}=\frac{b_m s^m+b_{m-1}s^{m-1}+\cdots+b_1 s+b_0}{a_n s^n+a_{n-1}s^{n-1}+\cdots+a_1 s+a_0}=K\frac{\prod_{j=1}^{m}(s+z_j)}{\prod_{i=1}^{n}(s+p_i)} \tag{2-75}$$

式中：$p_i, z_j (i=1,2,\cdots,n; j=1,2,\cdots,m)$ 分别为系统的极点和零点。

设系统是稳定的，极点中包含共轭复数极点，零点中不包含共轭复数零点，且全部极点和零点均不相同。则当输入信号为单位阶跃函数时，其输出为

$$C(s) = G(s)R(s) = \frac{K\prod_{j=1}^{m}(s+z_j)}{s\prod_{i=1}^{q}(s+p_i)\prod_{k=1}^{r}(s^2+2\zeta_k\omega_{nk}s+\omega_{nk}^2)} \tag{2-76}$$

式中：q 为实数极点的个数；r 为共轭复数极点的对数，且有 $q+2r=n$。

采用部分分式展开，可得

$$C(s) = \frac{A_0}{s} + \sum_{i=1}^{q}\frac{A_i}{s+p_i} + \sum_{k=1}^{r}\frac{B_k s + C_k}{s^2+2\zeta_k\omega_{nk}s+\omega_{nk}^2} \tag{2-77}$$

其单位阶跃响应为

$$\begin{aligned} c(t) = & A_0 + \sum_{i=1}^{q}A_i e^{-p_i t} + \sum_{k=1}^{r}B_k e^{-\zeta_k\omega_{nk}t}\cos(\sqrt{1-\zeta_k^2}\,\omega_{nk}t) + \\ & \sum_{k=1}^{r}\frac{C_k-\zeta_k\omega_{nk}B_k}{\sqrt{1-\zeta_k^2}\,\omega_{nk}}e^{-\zeta_k\omega_{nk}t}\sin(\sqrt{1-\zeta_k^2}\,\omega_{nk}t) \end{aligned} \tag{2-78}$$

由式（2-78）可以看出，高阶系统的动态响应是由一阶系统和二阶系统的动态响应组合而成，各个暂态分量由其幅值系数 A_i, B_k, C_k 及其指数衰减系数 $p_i, \zeta_k\omega_{nk}$ 决定。其中，$i=1,2,\cdots,q; k=1,2,\cdots,r$。由此可得：

（1）如果所有的闭环极点都分布在 s 平面虚轴左侧，即所有的极点都有负实部，那么随时间增加，式中的指数项都趋近于零，该高阶系统是稳定的。

（2）高阶系统动态响应各分量衰减的快慢，取决于指数衰减系数 p_i，$\zeta_k\omega_{nk}$。$p_i, \zeta_k\omega_{nk}$ 越大，即系统闭环传递函数极点的实部在 s 平面虚轴左侧离虚轴越远，则相应的分量衰减越快；反之，离虚轴越近，衰减越慢。

（3）高阶系统动态响应各分量的幅值系数不仅与极点在 s 平面的位置有关，而且与零点的位置有关。具体来说，实际系统，若某一极点远离虚轴和其他极点，相应的幅值系数往往也很小，其暂态分量对系统的动态性能影响很小；若某一极点和零点靠得很近，则其暂态分量对系统的动态性能影响也很小；若某一极点远离闭环零点，同时又与虚轴相距较近，则当相应的幅值系数很大时，其暂态分量不仅幅值大，且其衰减很慢，对系统的动态性能影响很大。

综合上述分析，如果高阶系统中距离虚轴最近的极点，其实部绝对值小于其他极点实部绝对值的1/5，且其附近没有零点，可以认为系统的动态响应主要由其决定。这些对系统动态响应起主导作用的闭环极点称为主导极点，当主导极点以共轭复数的形式出现时，高阶系统的性能可以近似地当作二阶系统来分析，并可以用二阶系统的性能指标来估计其动态特性。

2.2.2 控制系统的稳定性分析

1. 稳定的基本概念

稳定是系统最重要的性能，也是其能够正常运行的首要条件。实际运行过程中，系统通常都会受到来自内部或外部的各种干扰，如果系统不稳定，任何微小的扰动作用都会导致其偏离原来的状态，并随时间的推移而发散。以图2-12所示的小球为例：当其处于图2-12（a）所示的凹面中时，设平衡位置为A点，如果由于外力作用偏移到A'点时，一旦撤销外力，它将在重力和摩擦力的作用下经过若干次振荡回到A点，它是稳定的；但如果处于图2-12（b）所示的凸面上时，当其受外力偏离平衡位置后，即使撤销外力也不可能回到平衡位置，因此是不稳定的；还有一种介于稳定和不稳定之间的状态，即临界稳定，如图2-12（c）所示。

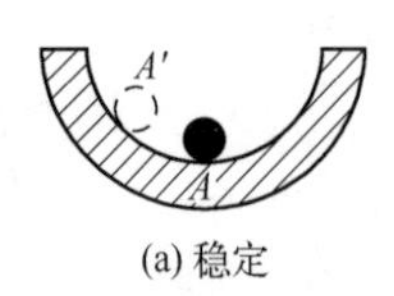

(a) 稳定

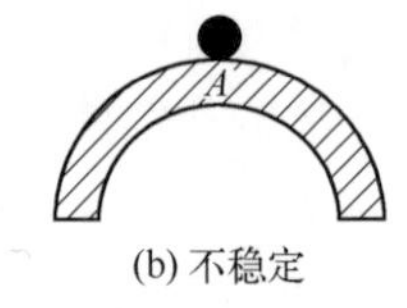

(b) 不稳定

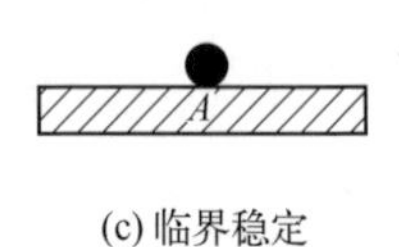

(c) 临界稳定

图2-12 系统稳定性示意图

控制系统稳定性有多种定义方法，对于线性定常系统来说，可将上述例子中小球的稳定概念推广到系统稳定性分析中。假设系统具有一个平衡运行状态，若受到外部作用偏离了平衡位置，当外部作用消失后，系统仍能回到原来的平衡状态，则认为系统稳定，反之则系统不稳定。

判别系统是否稳定的问题称为绝对稳定性分析，如果要进一步分析系统稳定或不稳定的程度，还需要进行相对稳定性分析。

2. 劳斯稳定判据

上述稳定性定义实际上描述了外部作用消失后系统本身的恢复能力，线性定常系统的稳定性与扰动信号的大小和型式无关，取决于系统本身的固有特性。因此，在分析线性定常系统稳定性时，可采用零初始条件下系统的单位理想脉冲响应来描述。对于式（2-75）所示的系统，由于单位理想脉冲函数的 Laplace 变换式为 1，因此系统的单位理想脉冲响应就是系统闭环传递函数的反 Laplace 变换式。采用 2. 2. 1 节类似的分析方法不难得到，系统响应的衰减特性取决于系统特征方程的根（即系统闭环传递函数的极点）在 s 平面的分布。若所有的闭环极点都分布在 s 平面虚轴左侧，则暂态分量将逐渐衰减为零，系统是稳定的；若有共轭极点分布在虚轴上，则暂态分量做等幅振荡，系统处于临界稳定状态；若有闭环极点分布在 s 平面虚轴右侧，则系统具有发散振荡的分量，系统不稳定。

可以证明，线性定常系统稳定的充分必要条件是：系统特征方程的根（即系统闭环传递函数的极点）全部为负实数或者是具有负实部的共轭复数，也就是所有的闭环极点都分布在 s 平面虚轴左侧。该条件可表述为

$$\mathrm{Re}[-p_i]<0,\quad i=1,2,\cdots,n \tag{2-79}$$

也即是说，要判断一个线性定常系统是否稳定，只要求解得到系统特征方程的根即可。但是实际控制系统的特征方程往往是高阶的，求解比较困难。如果不需求解特征方程就可以判定系统的稳定性，那么在工程上将具有很强的实践意义，为此形成了一系列的稳定性判据，其中劳斯（Routh）判据是一种常用的判据。

设控制系统的特征方程为

$$p(s)=a_ns^n+a_{n-1}s^{n-1}+\cdots+a_1s+a_0=0 \tag{2-80}$$

式中：$a_i(i=1,2,\cdots,n)>0$，即特征方程的所有系数均为正值。

将系统特征方程的 $n+1$ 个系数排列成如下形式，称为 Routh 表。表中的每一行系数均计算到等于零为止。

$$\begin{array}{c|ccccc}
s^n & a_n & a_{n-2} & a_{n-4} & a_{n-6} & \cdots \\
s^{n-1} & a_{n-1} & a_{n-3} & a_{n-5} & a_{n-7} & \cdots \\
s^{n-2} & b_1 & b_2 & b_3 & b_4 & \cdots \\
s^{n-3} & c_1 & c_2 & c_3 & c_4 & \cdots \\
\vdots & \vdots & \vdots & \vdots & \vdots & \\
s^2 & e_1 & e_2 & & & \\
s & f_1 & & & & \\
s^0 & g_1 & & & &
\end{array}$$

其中，除了特征方程系数外，其他系数计算公式如下：

$$b_1=-\frac{1}{a_{n-1}}\begin{vmatrix}a_n & a_{n-2}\\ a_{n-1} & a_{n-3}\end{vmatrix}=\frac{a_{n-1}a_{n-2}-a_na_{n-3}}{a_{n-1}},\quad b_2=-\frac{1}{a_{n-1}}\begin{vmatrix}a_n & a_{n-4}\\ a_{n-1} & a_{n-5}\end{vmatrix}=\frac{a_{n-1}a_{n-4}-a_na_{n-5}}{a_{n-1}},$$

$$b_3=-\frac{1}{a_{n-1}}\begin{vmatrix}a_n & a_{n-6}\\ a_{n-1} & a_{n-7}\end{vmatrix}=\frac{a_{n-1}a_{n-6}-a_na_{n-7}}{a_{n-1}},\ \cdots$$

$$c_1=-\frac{1}{b_1}\begin{vmatrix}a_{n-1} & a_{n-3}\\ b_1 & b_2\end{vmatrix}=\frac{b_1a_{n-3}-b_2a_{n-1}}{b_1},\ c_2=-\frac{1}{b_1}\begin{vmatrix}a_{n-1} & a_{n-5}\\ b_1 & b_3\end{vmatrix}=\frac{b_1a_{n-5}-b_3a_{n-1}}{b_1},$$

$$c_3=-\frac{1}{b_1}\begin{vmatrix}a_{n-1} & a_{n-7}\\ b_1 & b_4\end{vmatrix}=\frac{b_1a_{n-7}-b_4a_{n-1}}{b_1},\ \cdots$$

$$\vdots$$

$$g_1=a_0$$

Routh 判据指出：Routh 表中第一列系数全部为正时，系统稳定，否则第一列系数符号改变的次数等于系统位于 s 平面虚轴右侧极点的个数。

在应用 Routh 判据时，当 Routh 表中某一行第一项为零，而其余各项不为零或者没有余项时，可用一个小的正数 ε 代替为零的项继续计算，如对于特征方程：

$$s^4+2s^3+s^2+2s+1=0 \tag{2-81}$$

其 Routh 表可列写为

$$\begin{array}{c|ccc} s^4 & 1 & 1 & 1\\ s^3 & 2 & 2 & \\ s^2 & \varepsilon & 1 & \\ s & 2-2/\varepsilon & & \\ s^0 & 1 & & \end{array}$$

由此可得第一列各系数的符号改变两次，特征方程有两个根具有正实部。

应用 Routh 判据不难求得低阶线性定常系统的稳定性条件：

（1）一阶和二阶系统稳定的充分必要条件是特征方程所有系数均为正。

（2）三阶系统稳定的充分必要条件是特征方程所有系数均为正，且 $a_1a_2>a_0a_3$。

对于实际系统来说，只判定系统是否稳定往往是不够的，如在建模时往往会对实际系统的参数进行近似，且某些参数在实际工作过程中还会随条件的变化而改变，这就给分析带来了误差。考虑到这些因素，我们希望知道系统距离稳定边界还有多少余量，这就需要判定相对稳定性或者求取系统的稳定裕度。再如对于战斗机和客机来说，虽都是稳定的控制系统，但稳定程度不同，对应机动性和可操作性要求也不一样，因此也需要研究系统的相对稳定性。

2.2.1 节分析了 s 平面中极点位置与系统性能的关系，此处也可以用极点位置来描述系统的相对稳定性。例如，要分析系统是否具有 σ_1 的稳定裕度（图 2-13），相当于将虚轴向左位移距离 σ_1，然后判断系统是否稳定，也就是说，以

$$s=z-\sigma_1 \tag{2-82}$$

代入系统特征方程，写出变量为 z 的多项式，然后利用 Routh 判据判定变量为 z 的多项式根是否都在新的虚轴左侧。

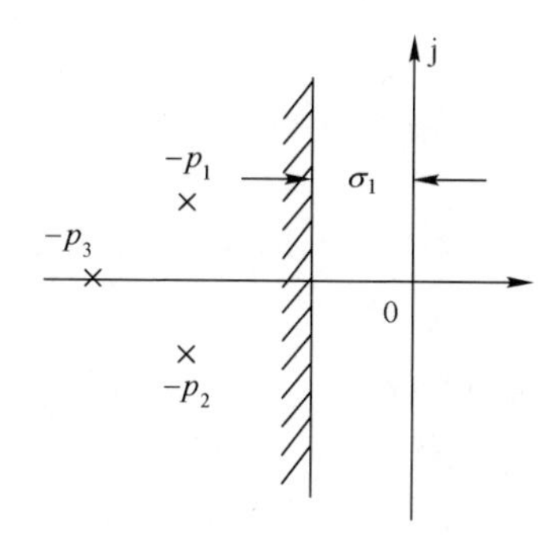

图 2-13　相对稳定性

2.2.3　控制系统的稳态误差分析

前面已经分析了当输入信号 $r(t)$ 和扰动信号 $d(t)$ 分别作用时，系统的误差传递函数分别为

$$G_{e,r}(s)=\frac{E(s)}{R(s)}=\frac{1}{1+G_1(s)G_2(s)H(s)}=\frac{1}{1+G(s)H(s)} \tag{2-83}$$

$$G_{e,d}(s)=\frac{E(s)}{D(s)}=\frac{-G_2(s)H(s)}{1+G_1(s)G_2(s)H(s)}=\frac{-G_2(s)H(s)}{1+G(s)H(s)} \tag{2-84}$$

系统的总误差为

$$E(s)=G_{e,r}(s)R(s)+G_{e,d}(s)D(s)=\frac{R(s)-G_2(s)H(s)D(s)}{1+G(s)H(s)} \tag{2-85}$$

则系统的稳态误差为

$$e_{ss}=\lim_{t\to\infty}e(t)=\lim_{t\to\infty}[L^{-1}(E(s))] \tag{2-86}$$

应用 Laplace 变换的终值定理，可进一步将系统的稳态误差描述为

$$e_{ss}=\lim_{t\to\infty}e(t)=\lim_{s\to 0}sE(s) \tag{2-87}$$

由此可见，系统的稳态误差不仅与系统自身的结构和参数有关，而且与输入信号和扰动信号的大小与型式紧密相关，这与前面分析的“系统稳定性只取决于自身的结构和参数，与输入信号等无关”的结论是不同的。需要注意的是，利用终值定理求取稳态误差时必须满足条件：$sE(s)$的全部极点都必须位于 s 平面虚轴左侧。以图 2-14 所示的系统为例，分析其在 $r(t)=t^2/2$ 和 $r(t)=\sin(\omega t)$时系统的稳态误差。

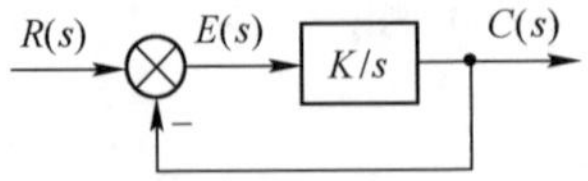

图 2-14　误差分析

（1）对于 $r(t)=t^2/2$，对应的 Laplace 变换为 $R(s)=1/s^3$，则根据式（2-85），有

$$E(s)=\frac{R(s)}{1+G(s)H(s)}=\frac{1}{s^2(s+K)}=\frac{1/K^2}{s+K}+\frac{1/K}{s^2}-\frac{1/K^2}{s} \tag{2-88}$$

采用反 Laplace 变换，可得

$$e(t)=\frac{1}{K^2}\mathrm{e}^{-Kt}+\frac{1}{K}t-\frac{1}{K^2} \tag{2-89}$$

当 $t\to\infty$ 时，$e_{ss}=\lim\limits_{t\to\infty}e(t)=\infty$。

若直接利用终值定理，则根据式（2-87），有

$$e_{ss}=\lim_{s\to0}sE(s)=\lim_{s\to0}\frac{1}{s(s+K)}=\infty \tag{2-90}$$

两种方法求解的结果是一致的，利用终值定理求取更为简便，但是它只能反映稳态误差，不能分析误差的动态变化过程。

（2）对于 $r(t)=\sin(\omega t)$，对应的 Laplace 变换为 $R(s)=\dfrac{\omega}{s^2+\omega^2}$，则

$$E(s)=\frac{R(s)}{1+K/s}=\frac{s}{s+K}\frac{\omega}{s^2+\omega^2}=-\frac{\dfrac{K\omega}{K^2+\omega^2}}{s+K}+\frac{\dfrac{K\omega}{K^2+\omega^2}s+\dfrac{\omega^3}{K^2+\omega^2}}{s^2+\omega^2} \tag{2-91}$$

采用反 Laplace 变换，可得

$$e(t)=-\frac{K\omega}{K^2+\omega^2}\mathrm{e}^{-Kt}+\frac{\omega}{K^2+\omega^2}(K\cos(\omega t)+\omega\sin(\omega t)) \tag{2-92}$$

则 $e_{ss}=\dfrac{\omega}{K^2+\omega^2}(K\cos(\omega t)+\omega\sin(\omega t))$，即是说当 $t\to\infty$ 时，e_{ss}既不趋近于

零，也不发散，处于等幅振荡状态。

若直接利用终值定理，则有

$$e_{ss}=\lim_{s\to 0} sE(s)=\lim_{s\to 0}\frac{s^2}{s+K}\frac{\omega}{s^2+\omega^2}=0 \tag{2-93}$$

其结果是错误的，原因在于此时 $sE(s)$ 在 s 平面的虚轴上有极点，终值定理不再适用。

2.3　控制系统的频域分析方法

控制系统中的信号可以表示为不同频率正弦信号的合成，因此可以通过研究不同频率正弦信号作用下系统的输出响应来分析系统特性，应用频率特性研究线性系统的方法称为频域分析法。

2.3.1　频率特性的基本概念

1. 频率响应

频率响应是分析系统对正弦信号的稳态响应。对于线性定常系统来说，其正弦响应中的瞬态响应分量不是正弦信号，稳态响应分量是与输入信号同频率的正弦信号，但是其幅值和相位有所改变。以图 2-15 所示的 RC 网络为例，当其满足零初始条件时，容易求得传递函数为

$$G(s)=\frac{U_o(s)}{U_i(s)}=\frac{1}{Ts+1} \tag{2-94}$$

式中：T 为电路时间常数，且有 $T=RC$。

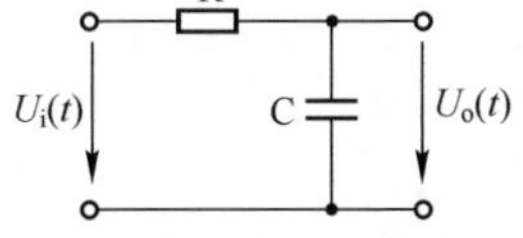

图 2-15　RC 网络

当输入电压信号 $U_i(t)=U_{im}\sin(\omega t)$ 时，其 Laplace 变换式为

$$U_i(s)=\frac{U_{im}\omega}{s^2+\omega^2} \tag{2-95}$$

因此，系统输出为

$$U_o(s)=\frac{1}{Ts+1}\frac{U_{im}\omega}{s^2+\omega^2} \tag{2-96}$$

对其进行反 Laplace 变换，可得

$$U_{o}(t)=\frac{U_{im}T\omega}{1+(T\omega)^{2}}e^{-t/T}+\frac{U_{im}}{\sqrt{1+(T\omega)^{2}}}\sin(\omega t-\arctan(T\omega)) \tag{2-97}$$

式（2-97）右边第一项为瞬态响应分量，第二项为稳态响应分量。当$t\to\infty$时，瞬态响应分量衰减到零，系统的稳态响应分量与输入信号$U_{i}(t)=U_{im}\sin(\omega t)$相比，为同频率的正弦信号，但是幅值增大$1/\sqrt{1+(T\omega)^{2}}$倍，相位延迟$\arctan(T\omega)$角度。容易发现，幅值和相位的变化量都是频率$\omega$的函数，因此可以将稳态响应幅值与输入信号幅值之比和频率的关系$A(\omega)$定义为幅频特性，稳定响应相位与输入信号相位之差和频率的关系$\varphi(\omega)$定义为相频特性，并将其指数形式$A(\omega)e^{j\varphi(\omega)}$称为系统的频率特性。这样一来，幅频特性就可以描述系统对其中通过的不同频率信号在稳态情况下幅值的衰减或放大特性，相频特性则描述了系统对其中通过的不同频率信号在稳态情况下相位的滞后或超前特性，这两个特性反映了系统的固有特性。

进一步，代入$A(\omega)=1/\sqrt{1+(T\omega)^{2}}$，$\varphi(\omega)=-\arctan(T\omega)$，可得系统频率特性

$$A(\omega)e^{j\varphi(\omega)}=\frac{1}{\sqrt{1+(T\omega)^{2}}}e^{-j\arctan(T\omega)}=\frac{1}{1+j\omega T} \tag{2-98}$$

对比式（2-94）和式（2-98），不难发现

$$A(\omega)e^{j\varphi(\omega)}=G(j\omega)=G(s)\big|_{s=j\omega} \tag{2-99}$$

即 RC 网络的频率特性可以直接由其传递函数，以$j\omega$代替s得到。

接下来，再把上述分析推广到一般情况，即

$$G(s)=\frac{C(s)}{R(s)}=\frac{b_{m}s^{m}+b_{m-1}s^{m-1}+\cdots+b_{1}s+b_{0}}{a_{n}s^{n}+a_{n-1}s^{n-1}+\cdots+a_{1}s+a_{0}}=K\frac{\prod\limits_{j=1}^{m}(s+z_{j})}{\prod\limits_{i=1}^{n}(s+p_{i})} \tag{2-100}$$

当其输入信号为式（2-95）所示的正弦信号时，其输出信号 Laplace 变换式为

$$C(s)=G(s)R(s)=K\frac{\prod\limits_{j=1}^{m}(s+z_{j})}{\prod\limits_{i=1}^{n}(s+p_{i})}\frac{U_{im}\omega}{s^{2}+\omega^{2}} \tag{2-101}$$

设所讨论的系统稳定，且其极点均不相同时，式（2-101）的部分展开

式为

$$C(s)=\frac{A_{01}}{s+\mathrm{j}\omega}+\frac{A_{02}}{s-\mathrm{j}\omega}+\frac{A_1}{s+p_1}+\frac{A_2}{s+p_2}+\cdots+\frac{A_n}{s+p_n} \tag{2-102}$$

对其进行反 Laplace 变换，有

$$c(t)=A_{01}\mathrm{e}^{-\mathrm{j}\omega t}+A_{02}\mathrm{e}^{\mathrm{j}\omega t}+A_1\mathrm{e}^{-p_1 t}+A_2\mathrm{e}^{-p_2 t}+\cdots+A_n\mathrm{e}^{-p_n t} \tag{2-103}$$

对于稳定的系统，$p_i(i=1,2,\cdots,n)$具有负实部，因此当 $t\to\infty$ 时，各指数项 $\mathrm{e}^{-p_i t}(i=1,2,\cdots,n)$均衰减到零，系统的稳态分量为

$$c_{\mathrm{s}}(t)=A_{01}\mathrm{e}^{-\mathrm{j}\omega t}+A_{02}\mathrm{e}^{\mathrm{j}\omega t} \tag{2-104}$$

可以求解得到 $A_{01}=-G(-\mathrm{j}\omega)\frac{U_{\mathrm{im}}}{2\mathrm{j}}, A_{02}=G(\mathrm{j}\omega)\frac{U_{\mathrm{im}}}{2\mathrm{j}}$。将其代入式（2-104）可得

$$\begin{aligned}c_{\mathrm{s}}(t)&=-G(-\mathrm{j}\omega)\frac{U_{\mathrm{im}}}{2\mathrm{j}}\mathrm{e}^{-\mathrm{j}\omega t}+G(\mathrm{j}\omega)\frac{U_{\mathrm{im}}}{2\mathrm{j}}\mathrm{e}^{\mathrm{j}\omega t}\\&=-\frac{U_{\mathrm{im}}}{2\mathrm{j}}|G(\mathrm{j}\omega)|\mathrm{e}^{-\mathrm{j}[\angle G(\mathrm{j}\omega)+\omega t]}+\frac{U_{\mathrm{im}}}{2\mathrm{j}}|G(\mathrm{j}\omega)|\mathrm{e}^{\mathrm{j}[\angle G(\mathrm{j}\omega)+\omega t]}\\&=|G(\mathrm{j}\omega)|U_{\mathrm{im}}\sin(\omega t+\angle G(\mathrm{j}\omega))\end{aligned} \tag{2-105}$$

根据前述定义，有幅频特性为 $A(\omega)=|G(\mathrm{j}\omega)|$，相频特性为 $\varphi(\omega)=\angle G(\mathrm{j}\omega)$，因此系统频率特性可表示为

$$A(\omega)\mathrm{e}^{\mathrm{j}\varphi(\omega)}=|G(\mathrm{j}\omega)|\mathrm{e}^{\mathrm{j}\angle G(\mathrm{j}\omega)}=G(\mathrm{j}\omega)=G(s)|_{s=\mathrm{j}\omega} \tag{2-106}$$

也即是说，对于一般的线性定常系统，其频率特性也均满足式（2-99），可以直接由该系统的传递函数，以 jω 代替 s 得到。频率特性函数、传递函数和微分方程是在不同域内对控制系统的描述，它们之间的转换关系可用图 2-16 表示。

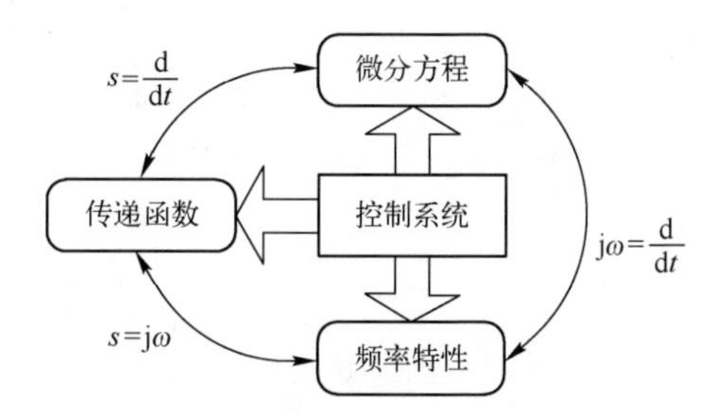

图 2-16　几种数学模型之间的转换关系

在工程实践中，系统的频率特性一般可由以下方法求取：

（1）根据已知微分方程，设定正弦信号作为输入，求取系统输出，取稳

态分量和输入正弦信号的复数比（即幅值比和相位差），得到系统频率特性。本节分析图 2-15 的 RC 网络就采用的这种方法。

（2）根据系统的传递函数，将以 $j\omega$ 代替 s 直接得到系统的频率特性。

（3）对于无法通过解析方法得到微分方程和传递函数的系统，可用不同频率的正弦信号作为系统输入，然后对其输出响应进行检测，记录稳态输出信号与输入信号的幅值比和相位差，根据其变化规律绘制曲线，得到系统的频率特性。

2. 频率特性的表示方法

常用的系统频率特性表示方法有幅相频率特性曲线（也称极坐标图或奈奎斯特（H. Nyquist）图）、对数频率特性曲线（也称伯德（Bode）图）、对数幅相频率特性曲线（也称尼克尔斯（Nichols）图）。

1）幅相频率特性曲线

频率特性 $G(j\omega)$ 是 ω 的复变函数，故 $G(j\omega)$ 可在复平面上表示，对于给定频率 ω，频率特性可由复平面上相应的 $G(j\omega)$ 来描述。如对于图 2-15 所示的 RC 网络，其频率特性为

$$G(j\omega)=\frac{1}{1+jT\omega}=\frac{1-jT\omega}{1+(T\omega)^2} \tag{2-107}$$

故有

$$\left[\mathrm{Re}[G(j\omega)]-\frac{1}{2}\right]^2+\mathrm{Im}^2[G(j\omega)]=\frac{1}{4} \tag{2-108}$$

因此，RC 网络的幅相频率特性曲线是以(0.5,j0)为圆心、半径为 0.5 的半圆，如图 2-17 所示。

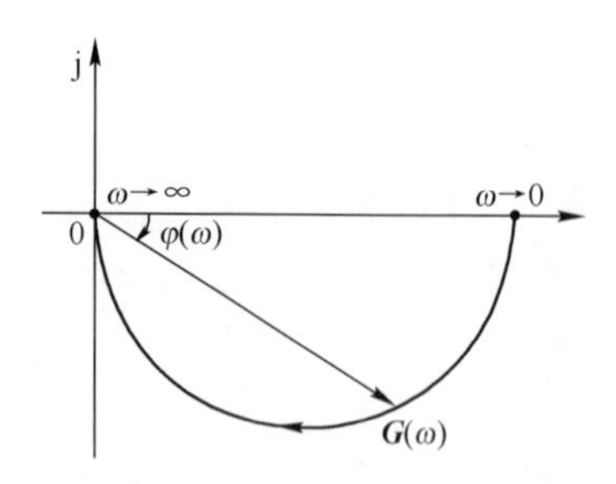

图 2-17　RC 网络幅相频率特性曲线

2）对数频率特性曲线

对数频率特性是将频率特性表示在对数坐标系中。对式（2-105）取对数，有

$$\lg[G(j\omega)]=\lg[A(\omega)]+j0.434\varphi(\omega)=\lg|G(j\omega)|+j0.434\angle G(j\omega) \tag{2-109}$$

习惯上，系数 0.434 可以不考虑。这样一来，对数频率特性就可以分别用对数幅频特性和对数相频特性两个坐标图来表示。

（1）对数幅频特性 $L(\omega)$。对数幅频特性的横坐标为角频率 ω，采用对数比例尺（即按 $\lg\omega$ 分度，ω 每变化 10 倍，横坐标变化一个单位长度，这个单位长度代表 10 倍频的距离，故称“十倍频”或“十倍频程”）。纵坐标为线性分度，单位为分贝（dB），其关系式为 $L(\omega)=20\lg|G(j\omega)|$。$|G(j\omega)|$每变化 10 倍，$L(\omega)$变化 20dB。如图 2-18 所示。

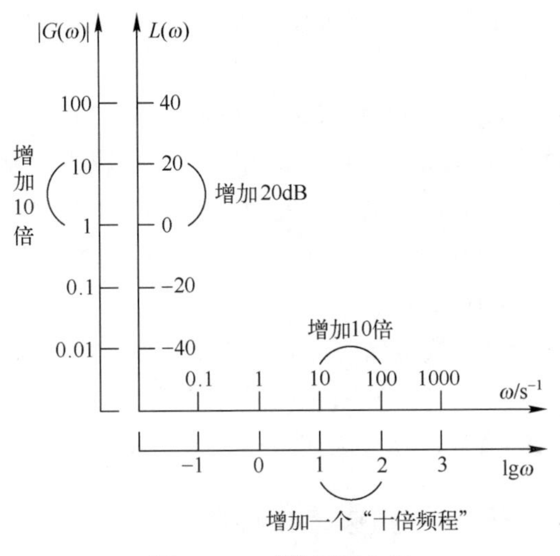

图 2-18　对数幅频坐标

（2）对数相频特性 $\varphi(\omega)$。对数相频特性的横坐标与对数幅频特性的横坐标相同，其纵坐标为 $G(j\omega)$的相位 $\varphi(\omega)$，采用线性分度，单位为度(°)或弧度（rad）。

采用对数频率特性表示法具有如下优点：一是利用 ω 的对数分度实现横坐标的非线性压缩，便于在较大频率范围内反映频率特性的变化情况，在同一张图上，既可以画出频率特性的中、高频段，又能清晰地反映其低频段特性，这些特性在系统分析和设计时是非常重要的。二是大幅简化频率特性曲线的绘制难度，因为开环系统往往是由多个环节串联构成的，设各环节的频率特性为

$$\begin{cases}G_1(j\omega)=A_1(\omega)e^{j\varphi_1(\omega)}=|G_1(j\omega)|e^{j\angle G_1(j\omega)}\\G_2(j\omega)=A_2(\omega)e^{j\varphi_2(\omega)}=|G_2(j\omega)|e^{j\angle G_2(j\omega)}\\\quad\vdots\\G_n(j\omega)=A_n(\omega)e^{j\varphi_n(\omega)}=|G_n(j\omega)|e^{j\angle G_n(j\omega)}\end{cases}\tag{2-110}$$

则串联后的开环系统频率特性为

$$\begin{aligned}G_{op}(j\omega)&=|G_1(j\omega)|e^{j\angle G_1(j\omega)}|G_2(j\omega)|e^{j\angle G_2(j\omega)}\cdots|G_n(j\omega)|e^{j\angle G_n(j\omega)}\\&=|G_{op}(j\omega)|e^{j\angle G_{op}(j\omega)}\end{aligned}\tag{2-111}$$

其中，$|G_{op}(j\omega)|=|G_1(j\omega)||G_2(j\omega)|\cdots|G_n(j\omega)|$，$\angle G_{op}(j\omega)=\angle G_1(j\omega)+\angle G_2(j\omega)+\cdots+\angle G_n(j\omega)$。在复平面中绘制幅相频率特性时比较复杂，但是采用对数幅频特性时，由于

$$L(\omega)=20\lg|G_1(j\omega)|+20\lg|G_2(j\omega)|+\cdots+20\lg|G_n(j\omega)|\tag{2-112}$$

这样就可以将乘法运算变成加法运算，由此可以先绘制出各个环节的对数幅频特性曲线，然后通过加减运算得到由串联各环节组成系统的对数幅频特性曲线。本节后续开展系统分析时也主要采用对数频率特性曲线。

3）对数幅相频率特性曲线

对数幅相频率特性曲线的特点是将对数幅频特性曲线和对数相频特性曲线绘制在一个平面上，纵坐标为 $L(\omega)$，单位为分贝（dB），横坐标为 $\varphi(\omega)$，单位为度(°)或弧度（rad）。均为线性分度，频率 ω 为参变量。

2.3.2 控制系统开环对数频率特性曲线

如前所述，开环系统往往是由多个环节串联构成的，其对数频率特性曲线可以通过各个环节的对数幅频特性曲线叠加得到，为此本节首先分析各个典型环节的开环对数频率特性，在此基础上讨论系统开环对数频率特性曲线的绘制方法。

1. 典型环节的开环对数频率特性曲线

1）比例环节

根据表 2-2，可得其频率特性表达式为

$$G(j\omega)=K,\ K>0\tag{2-113}$$

则其对数幅频特性和相频特性分别为

$$L(\omega)=20\lg|G(j\omega)|=20|\lg K|\tag{2-114a}$$

$$\varphi(\omega)=\angle G(j\omega)=0\tag{2-114b}$$

由此可见，比例环节的频率特性是一个与频率 ω 无关的常数，其对数幅频特性曲线和相频特性曲线均为水平直线，如图 2-19 所示。

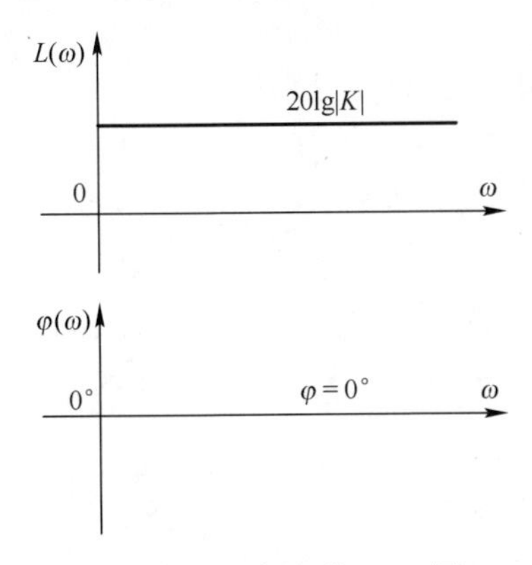

图 2-19　比例环节 Bode 图

2）积分环节

频率特性表达式为

$$G(j\omega)=\frac{1}{j\omega}=-\frac{1}{\omega}j \tag{2-115}$$

则其对数幅频特性和相频特性分别为

$$L(\omega)=20\lg|G(j\omega)|=-20\lg\omega \tag{2-116a}$$

$$\varphi(\omega)=\angle G(j\omega)=-\frac{\pi}{2} \tag{2-116b}$$

积分环节的对数幅频特性曲线是一条斜率为-20dB/dec 的直线，相频特性曲线与频率 ω 无关，是一条-90°的水平直线，如图 2-20 所示。

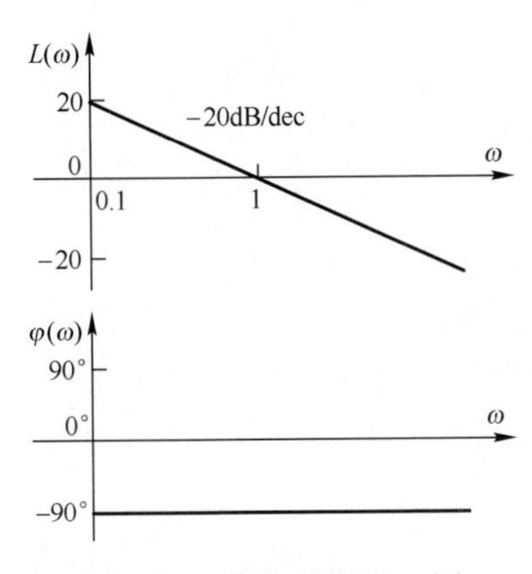

图 2-20　积分环节 Bode 图

3）微分环节

频率特性表达式为

$$G(\mathrm{j}\omega)=\mathrm{j}\omega \tag{2-117}$$

则其对数幅频特性和相频特性分别为

$$L(\omega)=20\lg|G(\mathrm{j}\omega)|=20\lg\omega \tag{2-118a}$$

$$\varphi(\omega)=\angle G(\mathrm{j}\omega)=\frac{\pi}{2} \tag{2-118b}$$

微分环节的对数幅频特性曲线是一条斜率为 20dB/dec 的直线，相频特性曲线与频率 ω 无关，是一条 90°的水平直线，如图 2-21 所示。

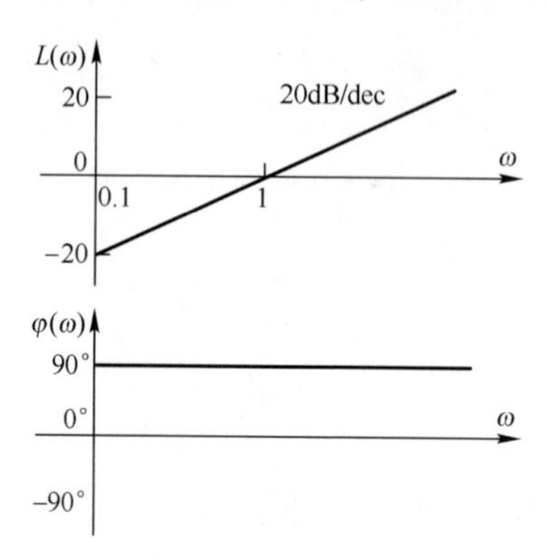

图 2-21　微分环节 Bode 图

4）惯性环节

频率特性表达式为

$$G(\mathrm{j}\omega)=\frac{1}{1+\mathrm{j}\omega T},\ T>0 \tag{2-119}$$

则其对数幅频特性和相频特性分别为

$$\begin{aligned}L(\omega)&=20\lg|G(\mathrm{j}\omega)|\\&=-20\lg\sqrt{1+\omega^2T^2}\end{aligned} \tag{2-120a}$$

$$\varphi(\omega)=\angle G(\mathrm{j}\omega)=-\arctan(\omega T) \tag{2-120b}$$

由此可得惯性环节的 Bode 图如图 2-22 所示。在用 Bode 图对系统进行初步分析和设计时，对数幅频特性曲线可以用图中虚线所示的渐近线近似，通常称为对数幅频渐进特性曲线。其近似产生的最大误差出现在转折频率 $\omega=1/T$ 处，且有

$$\Delta L(\omega)|_{\omega=1/T}=-20\lg\sqrt{1+\left(\frac{1}{T}T\right)^2}\approx-3\mathrm{dB} \tag{2-121}$$

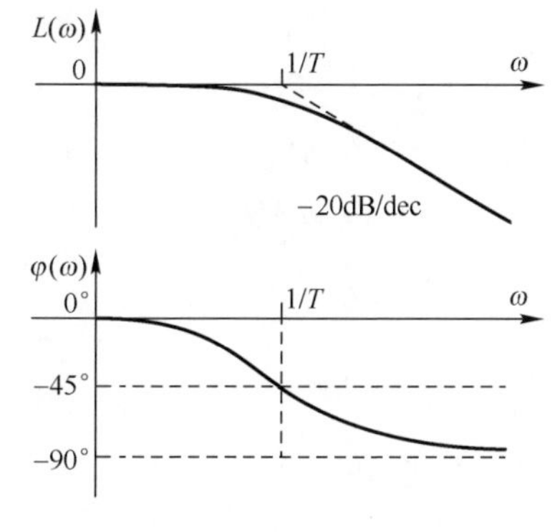

图 2-22　惯性环节 Bode 图

5）一阶微分环节

频率特性表达式为

$$G(\mathrm{j}\omega)=1+\mathrm{j}\omega\tau,\ \tau>0 \tag{2-122}$$

则其对数幅频特性和相频特性分别为

$$\begin{aligned}L(\omega)&=20\lg\left|G(\mathrm{j}\omega)\right|\\&=20\lg\sqrt{1+\omega^2\tau^2}\end{aligned} \tag{2-123a}$$

$$\varphi(\omega)=\angle G(\mathrm{j}\omega)=\arctan(\omega\tau) \tag{2-123b}$$

对比式（2-120）和式（2-123）可知，一阶微分环节和惯性环节的对数幅频特性和相频特性表达式只差一个负号，因此二者的 Bode 图对称于横轴，一阶微分环节的 Bode 图如图 2-23 所示。同样地，对数幅频特性曲线也可采用图中虚线所示的渐进特性曲线近似。

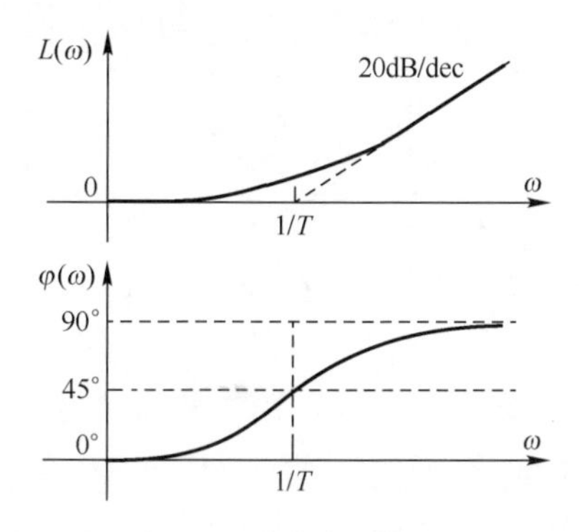

图 2-23　一阶微分环节 Bode 图

6）振荡环节

频率特性表达式为

$$G(\mathrm{j}\omega)=\frac{1}{T^2(\mathrm{j}\omega)^2+2\zeta T(\mathrm{j}\omega)+1},\quad T,\zeta>0 \tag{2-124}$$

则其对数幅频特性和相频特性分别为

$$\begin{aligned}L(\omega)&=20\lg|G(\mathrm{j}\omega)|\\&=-20\lg\sqrt{(1-\omega^2T^2)^2+(2\zeta\omega T)^2}\end{aligned} \tag{2-125a}$$

$$\varphi(\omega)=\angle G(\mathrm{j}\omega)=-\arctan\frac{2\zeta\omega T}{1-\omega^2T^2} \tag{2-125b}$$

由此可得振荡环节的 Bode 图如图 2-24 所示。令

$$\left.\frac{\mathrm{d}L(\omega)}{\mathrm{d}\omega}\right|_{\omega=\omega_r}=0 \tag{2-126}$$

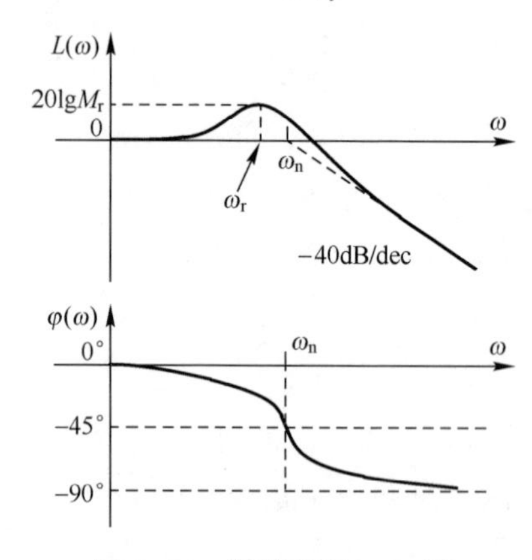

图 2-24　振荡环节 Bode 图

可得当 $\zeta<0.707$ 时，系统的谐振频率 ω_r 和谐振峰值 M_r 为

$$\begin{cases}\omega_r=\dfrac{1}{T}\sqrt{1-2\zeta^2}\\[2ex] M_r=\dfrac{1}{2\zeta\sqrt{1-\zeta^2}}\end{cases} \tag{2-127}$$

当 $\zeta>0.707$ 时无谐振频率点。下面进一步分析振荡环节的对数幅频渐进特性曲线。当 $\omega\ll 1/T$ 时，$L(\omega)\approx 0\mathrm{dB}$，即振荡环节低频段的对数幅频特性曲线的渐近线是 0dB 的水平线；当 $\omega\gg 1/T$ 时，$L(\omega)\approx -20\lg(\omega T)^2=-40\lg(\omega T)$，也即是说高频段渐近线是斜率为-40dB 的直线。两直线交于转折频率 $\omega_n=1/T$ 处，如图 2-24 中虚线所示。在转折频率处的近似误差为

$$\Delta L(\omega)\big|_{\omega=1/T}=20\lg\frac{1}{2\zeta}=-20\lg(2\zeta) \tag{2-128}$$

同时，结合式（2-127）容易得到，转折频率和谐振频率的关系为

$$\omega_r=\omega_n\sqrt{1-2\zeta^2} \tag{2-129}$$

综上分析可知，振荡环节的频率特性与其阻尼系数 ζ 的取值紧密相关。

（1）当 $\zeta<0.707$ 时，$\omega_r<\omega_n$，且 ζ 越小，谐振频率 ω_r 和谐振峰值 M_r 越高，特别的，当 $\zeta=0$ 时，$\omega_r=\omega_n$，系统处于临界稳定状态。

（2）当 $0.707\leqslant\zeta<1$ 时，不会发生谐振，$L(\omega)$ 随频率增大而单调衰减。特别的，当 $\zeta=0.707$ 时，系统阶跃响应又快又稳，比较理想，此时也称为“二阶最佳系统”，这也是工程设计中常选用的参照系统。

（3）当 $\zeta>1$ 时，幅频特性与一阶系统相似。当 ζ 足够大时，可将其近似为一阶系统。

（4）当 $0.4<\zeta<0.7$ 时，采用渐近线来近似对数幅频特性曲线的误差较小，其近似程度较好，当 ζ 过大和过小时都会导致估计误差增大。

7）二阶微分环节

频率特性表达式为

$$G(j\omega)=\tau^2(j\omega)^2+2\zeta\tau(j\omega)+1,\ \tau,\zeta>0 \tag{2-130}$$

则其对数幅频特性和相频特性分别为

$$\begin{aligned}L(\omega)&=20\lg|G(j\omega)|\\&=20\lg\sqrt{(1-\omega^2\tau^2)^2+(2\zeta\omega\tau)^2}\end{aligned} \tag{2-131a}$$

$$\varphi(\omega)=\angle G(j\omega)=\arctan\frac{2\zeta\omega\tau}{1-\omega^2\tau^2} \tag{2-131b}$$

对比式（2-125）和式（2-131）可知，二阶微分环节和振荡环节的对数幅频特性和相频特性表达式只差一个负号，因此二者的Bode图对称于横轴，二阶微分环节的Bode图如图2-25所示。同样地，对数幅频特性曲线也可采用图中虚线所示的渐进特性曲线近似。

8）不稳定环节

典型的不稳定环节如表2-4所列。

表2-4　典型的不稳定环节

典型环节	传递函数	典型环节	传递函数
不稳定惯性环节	$1/(1-Ts)$	不稳定振荡环节	$1/(T^2s^2-2\zeta Ts+1)$
不稳定一阶微分环节	$1-\tau s$	不稳定二阶微分环节	$\tau^2s^2-2\zeta\tau s+1$

根据幅频特性曲线表达式不难求得，不稳定的惯性环节、振荡环节、一阶微分环节和二阶微分环节，分别与稳定的惯性环节、振荡环节、一阶微分

环节和二阶微分环节具有相同的对数幅频特性曲线，对数相频特性曲线对称于横轴。

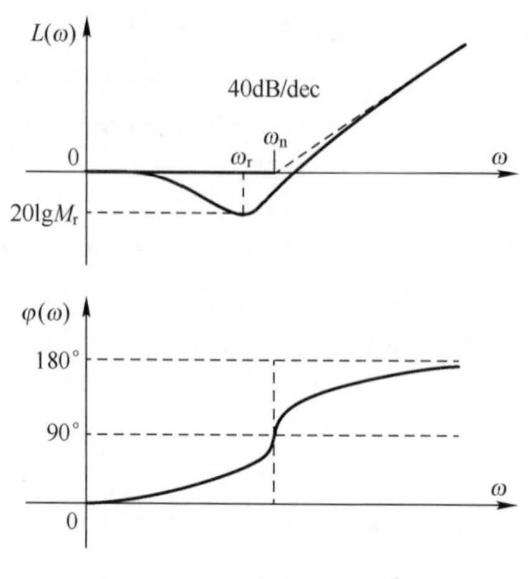

图 2-25　二阶微分环节 Bode 图

2. 最小相位环节（或系统）和非最小相位环节（或系统）

传递函数在 s 平面虚轴右侧有零点或极点的环节（或系统），称为非最小相位环节（或系统）。不难发现，表 2-4 所列的不稳定环节均为非最小相位环节。“最小相位”概念来源于网络分析，它是指具有相同幅频特性的一些环节，其中相角位移有最小可能值的，称为最小相位环节；反之，其相角位移大于最小可能值的环节称为非最小相位环节；后者传递函数中通常包含 s 平面虚轴右侧的零点或极点。

例如，有以下两个环节，其传递函数分别为

$$\begin{cases} G_1(s)=\dfrac{1-Ts}{1+10Ts} \\ G_2(s)=\dfrac{1+Ts}{1+10Ts} \end{cases} \tag{2-132}$$

其 Bode 图如图 2-26 所示。容易求得，二者的对数幅频特性为

$$L_1(\omega)=L_2(\omega)=20\lg\frac{\sqrt{1+(T\omega)^2}}{\sqrt{1+(10T\omega)^2}} \tag{2-133}$$

对于 $G_1(s)$，对数相频特性为

$$\varphi_1(\omega)=-\arctan(10T\omega)-\arctan(T\omega) \tag{2-134}$$

而对于 $G_2(s)$，对数相频特性为

$$\varphi_2(\omega)=-\arctan(10T\omega)+\arctan(T\omega) \tag{2-135}$$

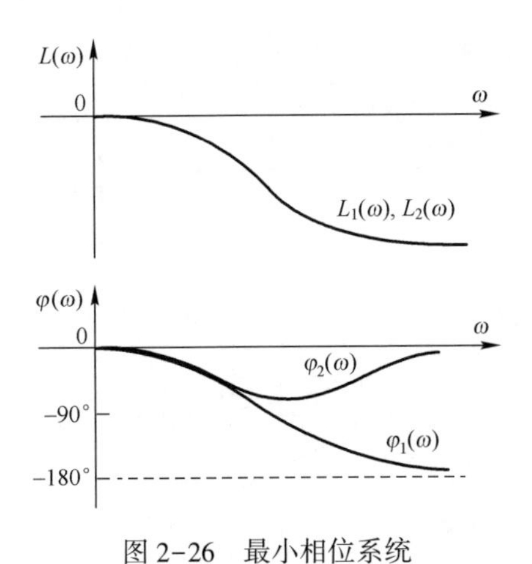

图 2-26　最小相位系统

即是说，虽然二者具有相同的幅频特性，但是 $G_2(s)$ 具有小的相角位移，称为最小相位环节；而 $G_1(s)$ 由于在 s 平面虚轴右侧有零点，产生了附加的滞后位移，为非最小相位环节。

3. 控制系统开环对数频率特性曲线的绘制方法

如前所述，绘制控制系统开环对数频率特性曲线时，可以先将开环传递函数写成各个典型环节串联形式，然后画出各个环节的对数频率特性曲线，并通过叠加得到系统的开环对数频率特性曲线，这种方法一般称为叠加法。

若某系统的开环传递函数为

$$G(s)=\frac{K}{s(T_1s+1)(T_2s+1)},\ T_1>T_2 \tag{2-136}$$

则其对数幅频特性为

$$\begin{aligned}L(\omega)&=20\lg|G(j\omega)|\\&=20\lg K-20\lg\omega-20\lg\sqrt{(T_1\omega)^2+1}-20\lg\sqrt{(T_2\omega)^2+1}\end{aligned} \tag{2-137}$$

由此可知，系统开环对数频率特性由 4 个分量组成：第一个为 $L_1(\omega)=20\lg K$，是比例环节；第二个为 $L_2(\omega)=-20\lg\omega$，是积分环节；第三个和第四个分别是 $L_3(\omega)=-20\lg\sqrt{(T_1\omega)^2+1}$ 和 $L_4(\omega)=-20\lg\sqrt{(T_2\omega)^2+1}$，均为惯性环节，其转折频率分别为 $\omega_{n1}=1/T_1$，$\omega_{n2}=1/T_2$。

根据上节分析，分别绘出各个环节的对数幅频渐进特性曲线 $L_1(\omega)$，$L_2(\omega)$，$L_3(\omega)$，$L_4(\omega)$ 和相频特性曲线 $\varphi_1(\omega)$，$\varphi_2(\omega)$，$\varphi_3(\omega)$，$\varphi_4(\omega)$，然后叠加，可得系统的开环对数幅频渐进特性曲线 $L(\omega)$ 和相频特性曲线 $\varphi(\omega)$，如图 2-27 所示。

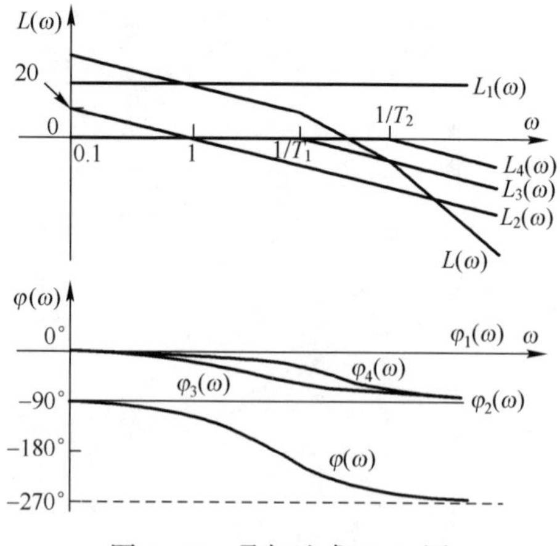

图 2-27　叠加法求 Bode 图

进一步分析图 2-27 可以发现：典型环节的对数幅频渐进特性曲线都是由斜率为$(20\times n)$dB/dec 的分段直线组成，所以叠加后仍然是由斜率为$(20\times n)$dB/dec 的分段直线组成，因此可以先确定对数幅频特性低频段渐近线，然后根据转折频率处斜率的变化，直接画出系统对数幅频渐进特性曲线。

为了分析方便，首先对系统的频带进行划分：一般地，将开环对数幅频特性曲线在第一个转折频率之前的部分称为低频段，对数幅频特性曲线和0dB线交点处的频率附近的频段称为中频段，交点频率称为开环截止频率；在最后一个转折频率以后的频段称为高频段。需要说明的是：本节进行频段划分主要是为了分析描述方便，实际系统中低频段和中频段、中频段和高频段之间往往并没有严格的界限。

1）低频段对数幅频渐进特性曲线绘制

在低频段，惯性环节、振荡环节、一阶微分环节和二阶微分环节的对数幅频渐近特性曲线均为 0dB 水平直线。也就是说，此时对数幅频渐进特性曲线主要由比例环节、积分环节和微分环节决定，其对数幅频特性可近似描述为

$$L(\omega)=20\lg\frac{K}{\omega^{n}}=20\lg K-(20\times n)\lg\omega \tag{2-138}$$

不难发现，对数幅频渐进特性曲线的斜率由积分和微分环节的个数之差 n 决定，为$-(20\times n)$dB/dec，渐进线的偏置量由比例环节的放大倍数决定，容易求得，渐近线在 $\omega=1$ 处的幅值为 $20\lg K$。这样一来，就可以容易地绘制出低频段的对数幅频渐进特性曲线。

2）中、高频段对数幅频渐进特性曲线绘制

将低频段延伸至下一个转折频率处，如果该转折频率是惯性环节的转折频率，那么对数幅频渐进特性曲线斜率下降 20dB/dec；如果该转折频率是振荡环节的转折频率，那么对数幅频渐进特性曲线斜率下降 40dB/dec；如果该转折频率是一阶微分环节的转折频率，那么对数幅频渐进特性曲线斜率增加 20dB/dec；如果该转折频率是二阶微分环节的转折频率，那么对数幅频渐进特性曲线斜率增加 40dB/dec。

然后继续延伸至下一个转折频率对渐近线斜率进行同样的处理，直到最后一个转折频率，绘制得到整个开环系统的对数幅频渐进特性曲线。绘制完成后可根据分析精度要求，对转折频率处进行适当修正，得到较为准确的对数幅频特性曲线。

仍以式（2-136）所示的系统为例，根据上述方法，首先对其典型环节进行分解，可将组成系统的典型环节分解为 $K/s, 1/(T_1s+1), 1/(T_2s+1)$，由此可确定系统低频段为 $\omega<1/T_1$，转折频率有两个，分别为 $1/T_1, 1/T_2$。低频段只有一个积分环节，因此其对数幅频渐进特性曲线斜率为−20dB/dec，再根据 $\omega=1$ 处的幅值为 $20\lg K$ 可画出低频段对数幅频渐进特性曲线。将低频段延伸至第一个转折频率 $1/T_1$ 处，由于该转折频率是惯性环节的转折频率，渐进线斜率下降 20dB/dec，变为−40dB/dec；同样地，在第二个转折频率 $1/T_2$ 处再下降 20dB/dec，变为−60dB/dec；这样也可以得到图 2-27 所示的对数幅频渐进特性曲线。

2.3.3　系统稳定性的频域判据

2.2.2 节分析指出，闭环系统稳定的充分必要条件是所有的闭环极点都分布在 s 平面虚轴左侧，但是实际控制系统的闭环特征方程往往是高阶的，分析求解比较烦琐。考虑到开环系统通常是由多个环节串联而成，其零极点容易求得，因此如果能直接用系统开环特性来分析闭环系统稳定性将可有效简化分析难度。

奈奎斯特判据和对数频率稳定判据是根据系统稳定充分必要条件导出的两种常用的频域稳定判据（二者从本质上是一致的，后者可认为是奈奎斯特判据在对数坐标图中的引申），其特点是：不仅可以直接利用开环频率特性判断对应闭环系统的稳定性，同时还可以分析系统的相对稳定性和改善稳定性的途径，因此在工程实践中得到了广泛的应用。

对数频率稳定判据：设 P 为开环系统中具有正实部极点的个数，则闭环系统稳定的充分必要条件是在对数幅频特性曲线 $L(\omega)>0$ 的所有频段内，相频特性曲线 $\varphi(\omega)$ 穿越 $-\pi$ 线的次数 $N=N_+-N_-$ 满足 $P=2N$。

其中，N_+ 表示正穿越的次数，即 ω 增大时，对数相频特性曲线由下至上穿过 $-\pi$ 线，正穿越时，相角增大；N_- 表示负穿越的次数，即 ω 增大时，对数相频特性曲线由上至下穿过 $-\pi$ 线，负穿越时，相角减小。

例如，对于图 2-28 所示的系统，设 $P=2$。在对数幅频特性曲线 $L(\omega)>0$ 的所有频段内，相频特性曲线 $\varphi(\omega)$ 正穿越 $-\pi$ 线的次数 $N_+=1$，负穿越的次数 $N_-=2$。则 $2N=2N_+-2N_-=-2\neq P$，故系统不稳定。

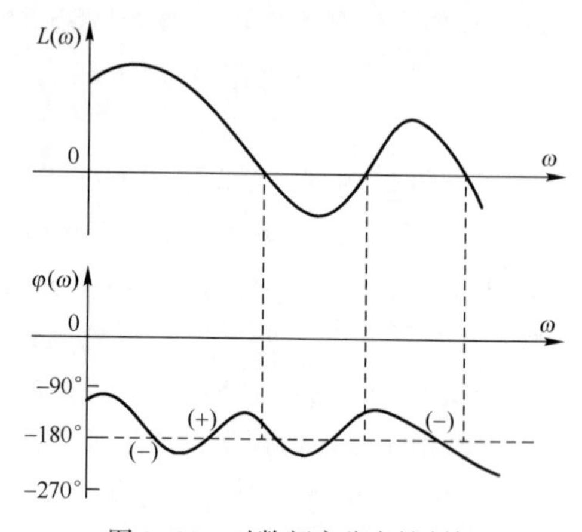

图 2-28　对数频率稳定性判据

2. 2. 2 节中已经介绍过相对稳定性的概念，在频域分析中通常用相角裕度和增益裕度来描述系统的相对稳定性，如图 2-29 所示。

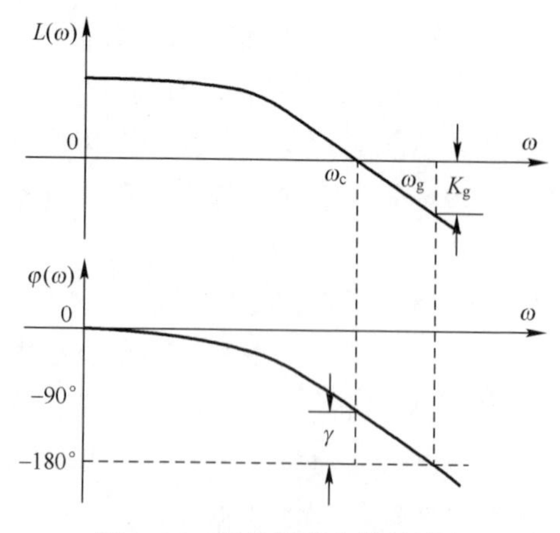

图 2-29　相角裕度和增益裕度

（1）相角裕度：设 ω_c 为系统开环对数频率特性的截止频率，有 $L(\omega_c)=0$，则定义相角裕度为 $\gamma=180°+\varphi(\omega_c)$。相角裕度 γ 的含义是：对于闭环稳定系统，如果系统的开环相频特性再滞后 γ 时，系统将处于临界稳定状态。

（2）增益裕度：设 ω_g 为系统开环对数频率特性的相角 $\varphi(\omega_g)=-180°$ 时对应的频率，则定义增益裕度为 $K_g=-L(\omega_g)$。增益裕度 K_g 的含义是：对于闭环稳定系统，如果系统的开环幅频特性再上移 K_g 时，系统将处于临界稳定状态。

一般情况下，为了使系统具有良好的性能，相角裕度应控制在 30°～60°，增益裕度大于 6dB。

2.3.4 基于开环频率特性的系统动态性能分析

1. 系统动态性能与开环频率特性的关系

采用时域分析时，系统动态性能可用超调量 $\sigma\%$ 和调节时间 t_s 等指标来描述，利用开环频率特性来研究系统的动态性能时，一般主要采用截止频率 ω_c 和相角裕度 γ 这两个特征量，本节仍以二阶系统为例，建立频率特性特征量与动态性能指标之间的关系。

1）频率特性特征量与超调量 $\sigma\%$ 之间的关系

当二阶系统的闭环传递函数为

$$G_{cl}(s)=\frac{\omega_n^2}{s^2+2\zeta\omega_n s+\omega_n^2} \tag{2-139}$$

时，容易求得对应的开环传递函数为

$$G_{op}(s)=\frac{\omega_n^2}{(s+2\zeta\omega_n)s} \tag{2-140}$$

令 $s=j\omega$，可得系统的开环频率特性为

$$G_{op}(j\omega)=\frac{\omega_n^2}{(j\omega+2\zeta\omega_n)j\omega} \tag{2-141}$$

当 $\omega=\omega_c$ 时，$|G_{op}(j\omega_c)|=1$，则根据式（2-141）可得

$$\frac{\omega_n^2}{\omega_c\sqrt{4\zeta^2\omega_n^2+\omega_c^2}}=1 \tag{2-142}$$

求解可得截止频率 ω_c 与系统阻尼系数 ζ 之间的关系为

$$\omega_c=\sqrt{\sqrt{4\zeta^4+1}-2\zeta^2}\,\omega_n \tag{2-143}$$

在 $\omega=\omega_c$ 处，系统的相角为

$$\varphi(\omega_c)=-90°-\arctan\frac{\omega_c}{2\zeta\omega_n} \tag{2-144}$$

由此可以求得其相角裕度 γ 与系统阻尼系数 ζ 之间的关系为

$$\gamma(\omega_c)=180°+\varphi(\omega_c)=\arctan\frac{2\zeta}{\sqrt{\sqrt{4\zeta^4+1}-2\zeta^2}} \tag{2-145}$$

进一步，可画出二者关系如图 2-30 中实线所示。在 $\zeta\leqslant0.7$ 的范围内，可近似地表示为 $\zeta\approx0.01\gamma$，即是说相角裕度选择在 30°~60°时，对应的阻尼比为 0.3~0.6，如图中虚线所示。有了 γ 与 ζ 之间的关系，若已知 γ，求得相应的 ζ，就可按 2.2.1 节中的式（2-71）计算超调量，其表达式为

$$\sigma\%\approx e^{-\frac{\gamma\pi}{\sqrt{10^4-\gamma^2}}}\times100\% \tag{2-146}$$

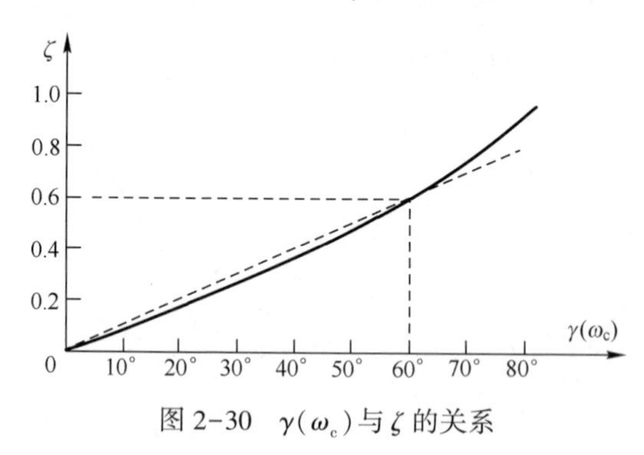

图 2-30　$\gamma(\omega_c)$ 与 ζ 的关系

2）频率特性特征量与调节时间 t_s 之间的关系

根据 2.2.1 节分析可知，当 $0<\zeta<0.8$，$\Delta=5$ 时 $t_s=3/\zeta\omega_n$。进一步结合式（2-143），有

$$t_s\omega_c=\frac{3}{\zeta}\sqrt{\sqrt{4\zeta^4+1}-2\zeta^2} \tag{2-147}$$

再代入式（2-145），可得

$$t_s=\frac{6}{\omega_c\tan\gamma} \tag{2-148}$$

上述分析可以发现：对于二阶系统来说，超调量 $\sigma\%$ 和调节时间 t_s 均与相角裕度 γ 有关，如果两个系统的相角裕度 γ 相同，它们的超调量大致相同，同时其调节时间与截止频率 ω_c 成反比，截止频率 ω_c 越大的系统，调节时间 t_s 越短，系统响应越快。因此，截止频率 ω_c 在频率特性中是一个重要的参数。

对于高阶系统来说，要得到与二阶系统类似的解析关系比较困难。但是

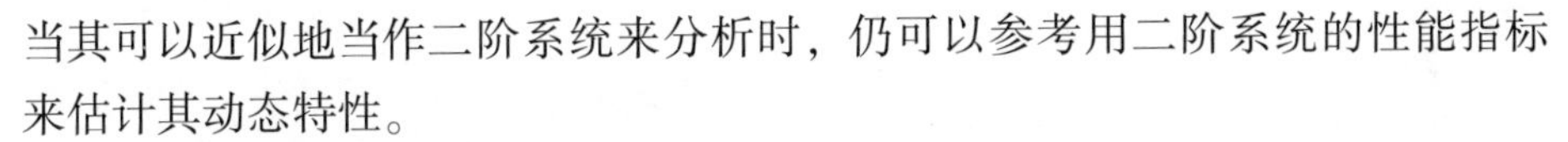

当其可以近似地当作二阶系统来分析时，仍可以参考用二阶系统的性能指标来估计其动态特性。

2. 理想的开环频率特性曲线

前面建立了频率特性特征量与动态性能指标之间的关系。在实际工程实践中，还希望进一步分析得到具有比较理想性能指标的系统开环频率特性曲线，作为系统设计的参考。分析开环对数频率特性一般是以伯德定理为基础的，这两个定理适用于最小相位系统。

伯德第一定理指出：对数幅频渐近特性曲线斜率与相角位移具有对应关系，如对数幅频特性斜率为$-(20\times n)$ dB/dec，对应的相角位移为$-(90\times n)°$。严格来说，在某一频率 ω 时的相角位移是由整个频率范围内的对数幅频特性曲线斜率来决定的，但是在这一频率 ω 时的对数幅频特性曲线斜率对其影响最大，越远离这一频率 ω 的对数幅频特性曲线斜率对其影响越小。

伯德第二定理指出：对于最小相位系统来说，当其幅频特性确定时，相频特性也随之确定；反过来，相频特性确定时，幅频特性也随之确定，即是说二者具有一一对应关系。

根据上述两个定理，在分析理想开环频率特性时，可以只给定某一频段的幅频特性或者相频特性。为了便于分析，我们仍采用前面的“三频段”分析法，将系统开环频率特性曲线分为低频段、中频段和高频段进行分析，如图 2-31 所示。

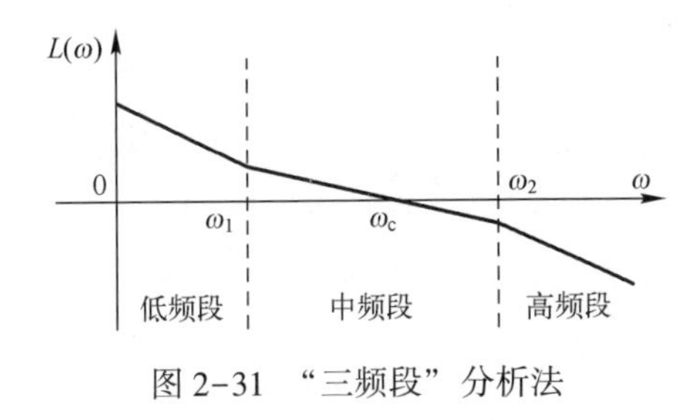

图 2-31　“三频段”分析法

1） 低频段

如前分析，低频段特性主要由系统开环传递函数中的比例环节和积分环节决定，其开环传递函数可近似地描述为 $G_{op}(s)=K/s^n$，则对应的闭环传递函数为

$$G_{cl}(s)=\frac{K}{s^n+K} \tag{2-149}$$

进一步，容易求得输入信号为单位阶跃信号时，系统的稳态误差为

$$e_{ss}=\lim_{s\to 0}sE(s)=\lim_{s\to 0}\frac{s^n}{s^n+K} \tag{2-150}$$

取 $n=0$ 时，有 $e_{ss}=1/(1+K)$；取 $n=1$ 时，有 $e_{ss}=0$。由此可见，积分环节的个数 n 和比例环节的放大倍数 K 直接影响系统跟踪准确度。

根据其对数幅频特性

$$L(\omega)=20\lg K-(20\times n)\lg\omega \tag{2-151}$$

令 $L(\omega)=0$，可求得 $K=\omega^n$。由此可得低频段对数幅频特性曲线如图 2-32 所示。由图可知，增大比例环节放大倍数或者增加积分环节的个数，从而提高低频段增益或增大其斜率，都可以提高对数幅频特性曲线的位置，以提高系统的跟踪准确度。

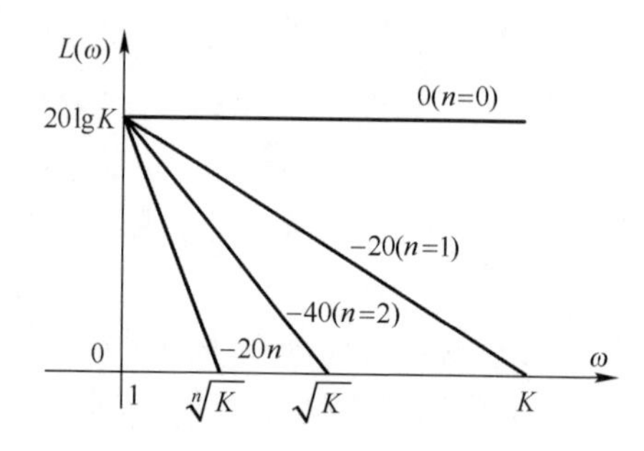

图 2-32 低频段对数幅频特性曲线

2）中频段

中频段通常包含截止频率 ω_c，它反映了系统动态响应的稳定性和快速性。此处以中频段斜率为-20dB/dec 和-40dB/dec 两种典型情况为例进行分析。首先设中频段斜率为-20dB/dec 且所占的频带区间较宽，则可近似地认为此时系统的开环传递函数为 $G_{op}(s)=K/s=\omega_c/s$。对于单位反馈系统，闭环传递函数为

$$G_{cl}(s)=\frac{1}{s/\omega_c+1} \tag{2-152}$$

此时，系统相当于一阶系统，其阶跃响应按指数规律变化，无振荡，具有良好的稳定性。根据 2.1 节分析，当 $\Delta=5$ 时，调节时间为 $t_s=3/\omega_c$。因此，截止频率越高，调节时间越短，系统快速性越好。当然，实际系统中截止频率提高，系统的相角裕度会减小，稳定性变差。

当中频段斜率为-40dB/dec 且所占的频带区间较宽时，则可近似地认为此时系统的开环传递函数为 $G_{op}(s)=K/s^2=\omega_c^2/s^2$。类似地，对于单位反馈系

统，其闭环传递函数为

$$G_{\mathrm{cl}}(s)=\frac{\omega_{\mathrm{c}}^{2}}{s^{2}+\omega_{\mathrm{c}}^{2}} \tag{2-153}$$

此时系统为无阻尼二阶系统，处于临界稳定状态，所对应的阶跃响应为等幅振荡。因此，一般希望控制系统的开环幅频特性曲线以-20dB/dec 的斜率过零分贝线，且中频段的宽度尽可能大一些，以保证系统响应的稳定性和快速性。同时，根据伯德第一定理，中频段以-20dB/dec 过零分贝线，对应的相角位移为-90°左右，能够保证系统具有足够的相角裕度。

3）高频段

高频段一般远大于截止频率 ω_{c}，其幅值较低，对系统动态响应影响不大。这部分的频率特性往往由小时间常数环节决定，且有 $L(\omega)=\lg|G_{\mathrm{op}}(\mathrm{j}\omega)|\ll 0$，也即是 $|G_{\mathrm{op}}(\mathrm{j}\omega)|\ll 1$，因此

$$|G_{\mathrm{cl}}(\mathrm{j}\omega)|=\left|\frac{G_{\mathrm{op}}(\mathrm{j}\omega)}{1+G_{\mathrm{op}}(\mathrm{j}\omega)}\right|\approx G_{\mathrm{op}}(\mathrm{j}\omega) \tag{2-154}$$

即是说，高频段开环频率特性接近闭环频率特性，它直接反映了系统对输入端高频扰动的抑制能力，高频段的幅值越低，系统抗扰能力越强。

需要说明的是：上述分析过程基于伯德第一定理进行了一定的简化，即分析某一频段时忽略其他频段的影响，如在分析中频段相角裕度时未考虑低频段和高频段特性的影响，事实上这些影响都是存在的。例如，当低频段有斜率为-40dB/dec 的线段时，会使系统相角裕度减小。如图 2-33（a）所示，当整个频带斜率均为-20dB/dec 时，其频率特性表达式为

$$G_{\mathrm{op}}(\mathrm{j}\omega)=\frac{K}{\mathrm{j}\omega} \tag{2-155}$$

相角裕度为 90°。当低频段有斜率为-40dB/dec 的线段时（图 2-33 中虚线所示），其频率特性表达式为

$$G_{\mathrm{op}}(\mathrm{j}\omega)=\frac{K(\mathrm{j}T_{1}\omega+1)}{(\mathrm{j}\omega)^{2}} \tag{2-156}$$

此时在 $\omega=\omega_{\mathrm{c}}$ 处的相角位移为

$$\varphi(\omega_{\mathrm{c}})=-180^{\circ}+\arctan(T_{1}\omega_{\mathrm{c}}) \tag{2-157}$$

相角裕度为 $\arctan(T_{1}\omega_{\mathrm{c}})$，系统稳定裕度减小，且减小的程度与 T_1 的大小有关，T_1 越大，ω_1 越小，影响越小。

同样的方法可分析当高频段有斜率为-40dB/dec 的线段时（图 2-33（b）），也会导致系统稳定裕度减小，且 T_2 越小，ω_2 越大，影响越小。也就是说，斜

率为-40dB/dec 的频段距截止频率 ω_c 越远，其影响越小，因此前面的分析中设定的条件为“中频段斜率为-20dB/dec 且所占的频带区间较宽”，这样才能保证中频段特性对系统性能影响起主导作用。

进一步考虑更为一般的情况，假设低频段和高频段都有斜率为-40dB/dec 的线段，如图 2-33（c）所示。其频率特性表达式为

$$G_{op}(j\omega)=\frac{K(jT_1\omega+1)}{(j\omega)^2(jT_2\omega+1)} \tag{2-158}$$

在 $\omega=\omega_c$ 处，有

$$\varphi(\omega_c)=-180°-\arctan\frac{\omega_c}{\omega_2}+\arctan\frac{\omega_c}{\omega_1} \tag{2-159}$$

可得系统的相角裕度为

$$\gamma(\omega_c)=\arctan\frac{\omega_c}{\omega_1}-\arctan\frac{\omega_c}{\omega_2} \tag{2-160}$$

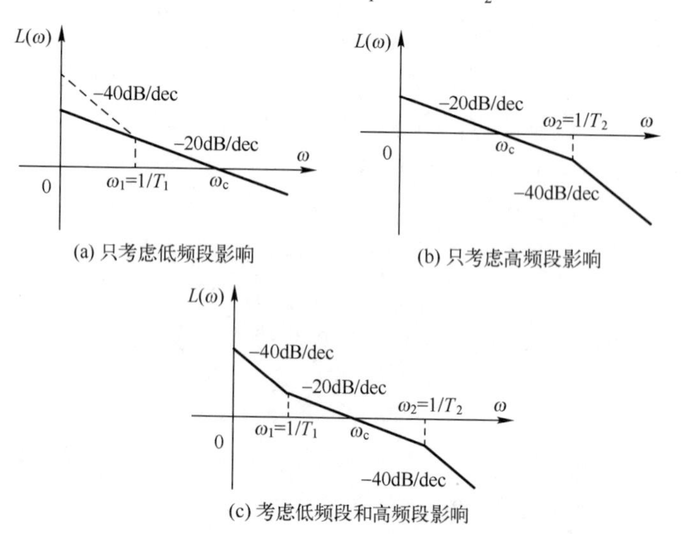

图 2-33　中频段特性及其影响因素分析

对于式（2-160），有

（1）若令 h 为中频段宽度，且有 $\omega_2=h\omega_1$，则可建立相角裕度 $\gamma(\omega_c)$ 与 h 之间的关系，h 越大，相角裕度越大，这与前面分析的结论一致。

（2）当对数幅频特性曲线上移时，截止频率 ω_c 增大，与 ω_2 距离缩小，高频段对相角裕度影响增大；对数幅频特性曲线下移时，截止频率 ω_c 减小，与 ω_1 距离缩小，低频段对相角裕度影响增大。对式（2-160）求导，并令

$$\frac{d\gamma(\omega_c)}{d\omega_c}=0 \tag{2-161}$$

进一步，取对数可求得

$$\lg\omega_2-\lg\omega_c=\lg\omega_c-\lg\omega_1 \tag{2-162}$$

即 ω_c 在对数幅频特性曲线中频段的几何中点时，相角裕度最大，此时有中频段宽度 $h=(\omega_c/\omega_1)^2$。

综上分析，可以得到一个具有比较理想的性能指标的系统开环频率特性曲线，大致满足以下要求：

（1）中频段以-20dB/dec 穿过零分贝线，且中频段的宽度尽可能大一些，以保证系统的稳定性。

（2）截止频率 ω_c 应该尽可能大一些，以提高系统响应的快速性。

（3）低频段的增益要高，斜率应该较大，以保证系统的稳态准确度。

（4）高频段要衰减得快一些，以提高系统抑制干扰的能力。

第3章

电机放大机炮塔电力传动系统

电机放大机炮塔电力传动系统是传统坦克炮控系统水平向分系统的主要结构模式，通常与采用液压传动系统的高低向分系统组合，构成电液式坦克炮控系统。作为基础，本章主要分析炮塔电力传动系统用于控制炮塔转动，但不具备空间位置稳定功能的情形，即将其作为速度控制系统进行分析，对于更为复杂的位置稳定控制将在后续章节分析。

3.1 系统基本结构与工作原理

3.1.1 系统结构组成

电机放大机炮塔电力传动系统的开环控制结构如图3-1所示，不考虑反馈环节和调节器时，系统主要由操纵台、信号放大装置、电机放大机、炮塔电动机、方向机和炮塔等组成。当需要控制炮塔转动时，操作手搬动操纵台，产生与期望转速相对应的电压信号，该信号通过放大装置后施加在电机放大机的控制绕组上，经其功率放大后驱动炮塔电动机转动，从而带动方向机控制炮塔随之转动。方向机由多级齿轮装置构成，用于实现动力传递和变速控制。

由图3-1可知，电机放大机炮塔电力传动系统是一种典型的发电机-电动机调速系统（G-M系统），电机放大机相当于两级串联工作的直流发电机，实现二次放大，以提高系统的功率放大倍数。目前，使用的电机放大机通常是交轴磁场放大机，简称交磁放大机，国产型号有ZKK系列等。

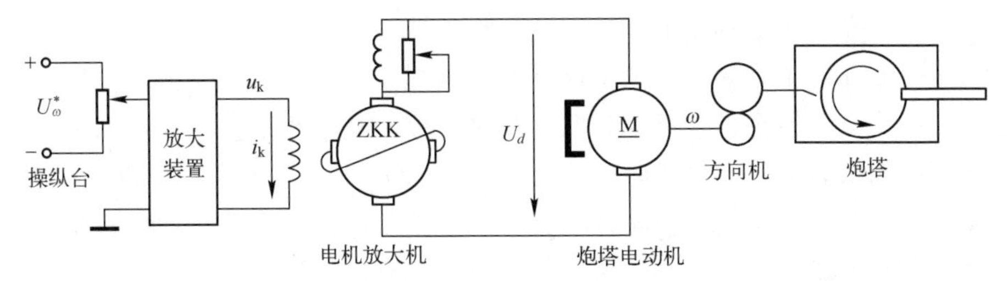

图 3-1　电机放大机炮塔电力传动系统的开环控制结构

3.1.2 系统主要性能指标

为了实现“先敌开火，首发命中”，要求坦克能在发现目标后以最大速度将坦克炮调转过来，到接近目标时又以最低速度进行精确瞄准，因此，最大调炮速度和最低瞄准速度成为描述炮塔电力传动系统性能的两个重要指标。

最大调炮速度是在规定的精度范围内，坦克炮塔稳定回转的最大角速度。最大调炮速度越快，系统的反应时间越短。

最低瞄准速度是指系统速度输出不发生“爬行”且跟踪误差满足不均匀要求的最低跟踪速度。“爬行”是指炮塔在低速转动时存在时停时转，加速度时高时低甚至出现瞬时反转的现象，这种速度脉动现象又称为低速“抖动”现象。最低瞄准速度是描述系统对运动目标精确跟踪能力的重要指标，此时目标运动关系如图 3-2 所示。

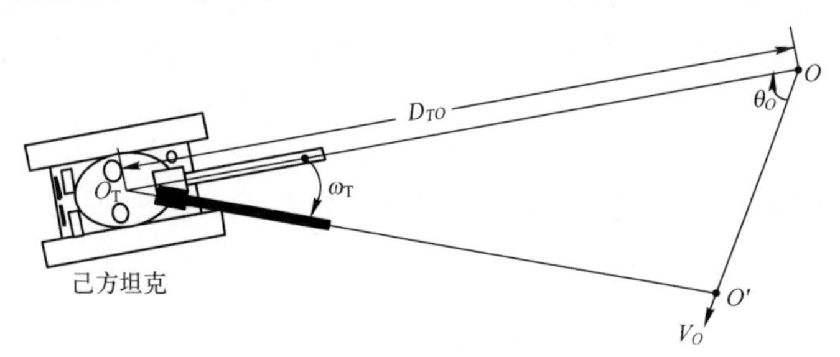

图 3-2　系统最低瞄准速度分析

图 3-2 中，O_T 为己方坦克炮塔旋转中心，O 为目标初始位置，且假设二者在同一水平面上，D_{TO}为目标距离，V_O 为目标运动速度，θ_O 为目标航向角，ω_T 为炮塔旋转角速度。则可计算得，使炮口实时跟踪目标的角速度约为

$$\omega_T = \frac{V_O \cdot \sin\theta_O}{D_{TO}} \tag{3-1}$$

式（3-1）表明，当目标距离较远且航向角较小时，需要系统具有较低的（平稳）瞄准速度。随着战场的纵深化发展以及火炮威力和打击距离的增

加，对系统低速性能的要求也会日益提高。

最大调炮速度和最低瞄准速度结合在一起，有时又统一用指标“调速范围”进行描述。如何改善低速运行时的平稳性和减小系统静差是炮塔电力传动系统部件设计和控制策略研究的一个关键问题，也是本章分析的重点。

除了上述稳态指标，在高速调炮时，还要求系统具有良好的加速/制动性能和尽可能小的超调量，使得系统在接近目标时能够迅速停下来，并稳定在目标位置。如果系统的响应速度过慢，减速阶段过长，速度曲线和时间轴所包络的面积（即位移）增大，导致火炮停止时超过目标位置（即调炮“超回”），无法实现快速精确调炮，需要再进行修正才能瞄准目标，这种来回反复修正的现象通常称为“搓炮”。

3.1.3 电机放大机的工作原理与特性

1. 电机放大机的工作原理

为了分析方便，首先回顾直流发电机的基本原理，如图 3-3 所示。在定子绕组两端施加控制电压 u_k，则会在控制绕组中产生电流 i_k，从而产生直轴磁通 Φ_k，当原动机拖动发电机转子旋转时，电枢导体切割磁通 Φ_k，在交轴电刷 q-q'间产生感应电势 E_q，如果将 E_q 引出来就可以向负载供电，这就是普通直流发电机的基本原理。从功率放大的角度来看，它将控制信号 u_k 放大为 E_q，实现了一级放大，但是其放大倍数不会太高，往往还不能满足使用要求，因此工程实践中需要对其进行适当改进，从而实现多级放大。其基本方法是不再将交轴感应电势 E_q 引出向外供电，而是将其直接短接，产生较大交轴电流 i_q，当电流 i_q 流过电枢绕组，也会产生交轴磁通 Φ_q，电枢导体旋转切割 Φ_q 产生直轴电势 E_d，实现第二级放大，其原理如图 3-4 所示。

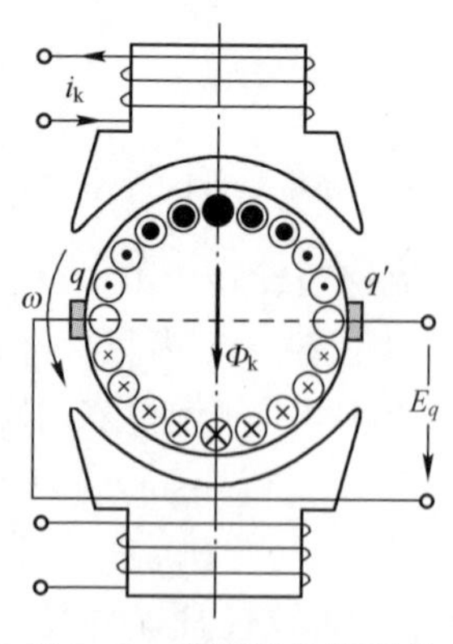

图 3-3　直流发电机原理

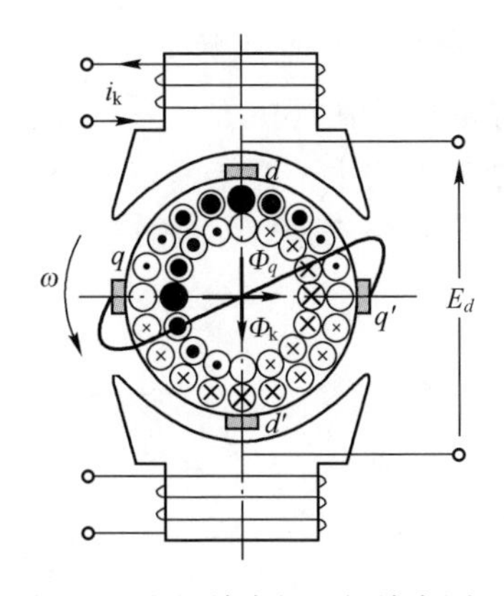

图 3-4　电机放大机两级放大原理

由上述分析可知，电机放大机的结构与普通的直流发电机类似，只是在换向器上安装有两对电刷：一对在励磁绕组的轴线上，称为直轴电刷，以 $d-d'$表示；另一对与之垂直，称为交轴电刷，以 $q-q'$表示。电机放大机的控制绕组到电刷 $q-q'$之间的交轴电路，相当于第一级发电机，实现了将控制信号 u_k 放大为 E_q。第一级发电机输出（即 $q-q'$交轴电路）同时也是第二级发电机的输入（即励磁回路），电枢 $d-d'$之间的直轴电路相当于其输出，第二级发电机实现了将交轴电势 E_q 放大为直轴电势 E_d，等效电路如图 3-5 所示。第一级发电机是在短接状态下工作的，只需要很小的控制信号 u_k 就能产生较大的电流，因此电机放大机所需的控制安匝数很小。

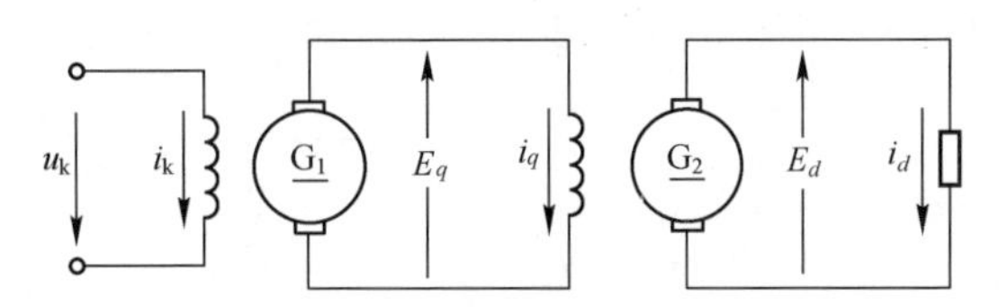

图 3-5　电机放大机等效电路

需要说明的是：上述等效电路是在不考虑直轴电枢反应去磁效应的情形下得到的。当电机放大机带载工作时，其输出电流 i_d 也将沿 $d-d'$轴产生电枢反应磁通 Φ_d，方向与直轴磁通 Φ_k 相反，形成去磁效应，如图 3-6（a）所示。反应磁通 Φ_d 的大小与输出电流 i_d 呈增函数关系，输出电流 i_d 越大，去磁作用越强，当反应磁通 Φ_d 完全抵消直轴磁通 Φ_k 时，电机放大机将无电压输出，不能正常工作，因此必须采用相应的措施抑制反应磁通 Φ_d 的影响。

既然 Φ_d 的大小与输出电流 i_d 相关，那么如果利用 i_d 再产生一个与 Φ_d 方

向相反的磁通 Φ_b，其大小也与 i_d 呈增函数关系，就可以实时地抵消 Φ_d 的影响，保证电机放大机正常工作。其具体方法是：在放大机定子上安装补偿绕组 N_b，补偿绕组串联在电枢回路中，并使输出电流 i_d 流过补偿绕组所产生的磁通 Φ_b 与直轴电枢反应磁通 Φ_d 作用方向相反，从而消除电枢反应的影响，原理如图 3-6（b）所示。

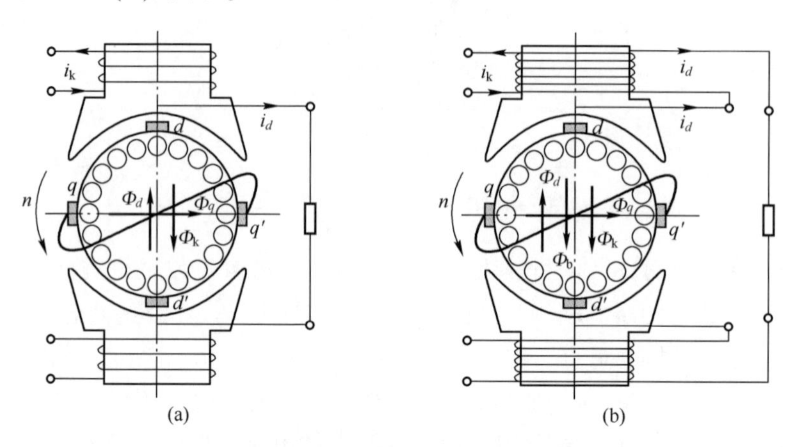

图 3-6　直轴去磁效应及其补偿原理

此外，电机放大机内部还存在由交轴回路电流 i_q 换向延时、交轴磁通 Φ_q 产生的涡流与磁滞损耗，以及交轴电刷自几何中心位置沿电枢旋转方向移动等因素引起的去磁作用。当综合考虑各种去磁效应和补偿绕组作用效果时，图 3-5 所示的电机放大机等效电路可进一步转化为图 3-7。

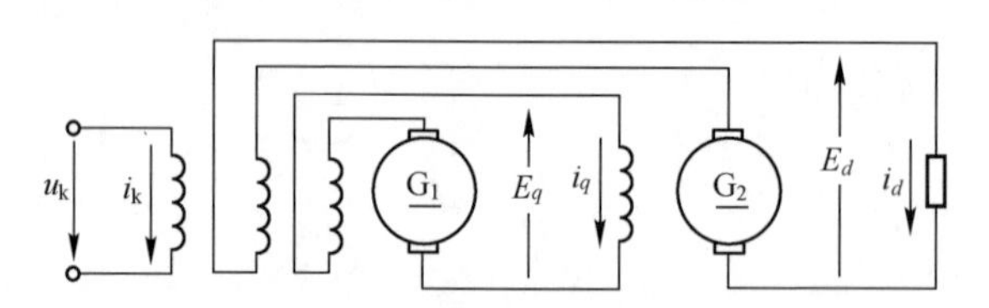

图 3-7　考虑去磁效应和补偿绕组作用效果时的电机放大机等效电路

电机放大机电气符号如图 3-8 所示。实际应用时一般会给补偿绕组并联一个可调电阻，用于调节补偿绕组的电流，以适应不同补偿程度的要求。此外，为了实现炮塔电动机的四象限运行，电机放大机需要具备输出正电压和负电压的能力。因此，一般设计有不同绕向的两组控制绕组，用以产生方向相反的控制磁通 Φ_k。

2. 电机放大机的空载特性

空载特性是指在额定转速且负载回路开路条件下，电机放大机稳定运行

时直轴感应电势与控制安匝数的关系，如图 3-9 所示。也可以将其描述为

$$E_{d0}=f(i_k N_k) \tag{3-2}$$

式中：E_{d0}为电机放大机空载电动势；N_k 为控制绕组的匝数。

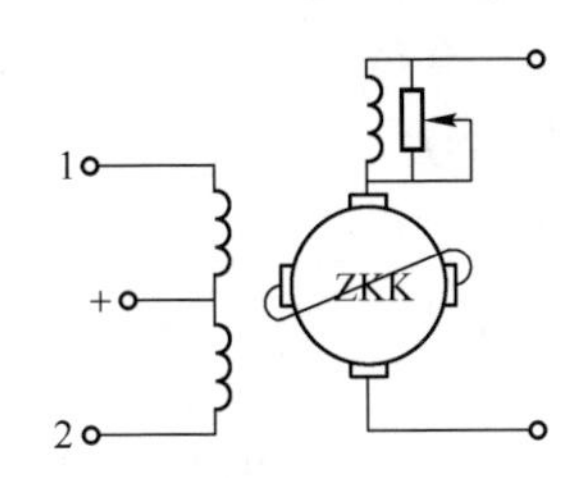

图 3-8　电机放大机电气符号

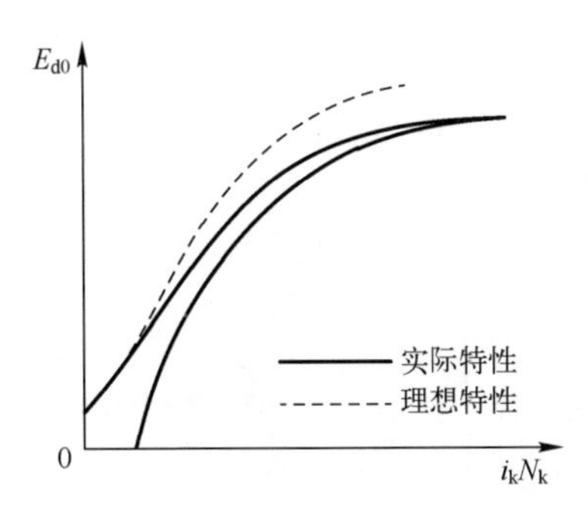

图 3-9　电机放大机空载特曲线

后续分析中将其近似为线性函数关系，即

$$E_{d0}=K_{ZKK} i_k N_k \tag{3-3}$$

式中：K_{ZKK}为电机放大机空载特性放大系数。

由于实际工作时放大机内部存在去磁作用，相同的控制安匝所得到的 E_{d0} 要比理想值小。考虑到去磁作用主要由交轴回路电流 i_q 的延迟换向、交轴磁通 Φ_q 产生的涡流和磁滞损耗以及交轴电刷自几何中心位置沿电枢旋转方向移动等原因所引起。可假设其稳态运行时，去磁作用与交轴磁通 Φ_q 成正比，比例系数为β。同时由于：

$$\begin{cases}\Phi_k=\lambda_d i_k N_k \\ \Phi_q=\lambda_q i_q N_a\end{cases} \tag{3-4}$$

式中：N_a 为电枢绕组匝数；λ_d,λ_q 分别为电机放大机 d，q 轴的磁导系数。

考虑去磁作用时，电机放大机的空载特性可表述为

$$E_{d0}=K_{ZKK}\left(i_k N_k-\beta i_q N_a \frac{\lambda_q}{\lambda_d}\right) \tag{3-5}$$

3. 电机放大机的外特性

外特性是在控制绕组电流 i_k 和转速 n 不变的情况下，电机放大机稳定运行时直轴输出电压 U_d 和电流 i_d 之间的关系，即

$$U_d = f(i_d) \tag{3-6}$$

根据前述分析可知，电机放大机外特性曲线斜率不仅取决于电枢电阻的大小，还与补偿绕组的补偿程度有关。

（1）当处于全补偿状态（即 $\Phi_b = \Phi_d$）时，其外特性可描述为

$$U_d = E_{d0} - i_d R_{dZKK} = K_{ZKK}\left(i_k N_k - \beta i_q N_a \frac{\lambda_q}{\lambda_d}\right) - i_d R_{dZKK} \tag{3-7}$$

式中：R_{dZKK}为电机放大机 d 轴电枢回路电阻。此时与普通他励发电机特性一致，外特性曲线的斜率仅决定于电枢电阻压降。

（2）当处于欠补偿状态（即 $\Phi_b < \Phi_d$）或过补偿状态（$\Phi_b > \Phi_d$）时，可得补偿剩余磁通：

$$\Delta\Phi = \Phi_d - \Phi_b = \lambda_d i_d N_a - \lambda_d i_d N_b \frac{R_B}{R_b + R_B} \tag{3-8}$$

式中：N_b 为补偿绕组的匝数；R_b, R_B 分别为补偿绕组和分流电阻的阻值。

令 ζ 为补偿系数，且：

$$\zeta = \frac{N_b}{N_a} \cdot \frac{R_B}{R_b + R_B} \tag{3-9}$$

则式（3-8）可化为

$$\Delta\Phi = \lambda_d i_d N_a (1 - \zeta) \tag{3-10}$$

如前所述，$\Delta\Phi$ 也会削弱控制磁通 Φ_k。考虑其削弱作用，在稳定运行时电机放大机的外特性可描述为

$$U_d = E_{d0} - K_{ZKK} i_d N_a (1 - \zeta) - i_d R_{dZKK} \tag{3-11}$$

进一步，设 R_{eq}为等效电阻，且 $R_{eq} = K_{ZKK} N_a (1 - \zeta)$，则外特性方程可化为

$$U_d = E_{d0} - i_d (R_{eq} + R_{dZKK}) \tag{3-12}$$

根据式（3-12），可得电机放大机在不同补偿状态时的外特性理论曲线如图 3-10（a）所示。当 $\zeta = 1$ 时为全补偿，此时等效电阻 $R_{eq} = KN_a(1 - \zeta) = 0$；当 $\zeta < 1$ 时为欠补偿，等效电阻 $R_{eq} > 0$，外特性曲线比全补偿时软；当 $\zeta > 1$ 时为过补偿，等效电阻 $R_{eq} < 0$。根据 R_{eq} 和 R_{dZKK} 的大小关系，可分为三种情况：$R_{dZKK} > -R_{eq}$时电枢等效压降为正，外特性曲线下斜；$R_{dZKK} = -R_{eq}$时电枢等效压降为零，外特性曲线为一水平线；$R_{dZKK} < -R_{eq}$时电枢等效压降为负，外特性曲线上斜。工程实践中，调整补偿程度是保证电机放大机工作性能的重要环节，

有些系统希望利用过补偿来抵消电机放大机的电枢内阻压降，获得较硬的静特性。而另一些系统则要求电机放大机调节成欠补偿状态，以提高系统的动态稳定性。

实际系统中，由于补偿绕组和电枢绕组分布不同、铁芯饱和程度不同和磁滞回线的影响，尤其是漏磁的影响，电机放大机的外特性曲线如图3-10（b）所示。

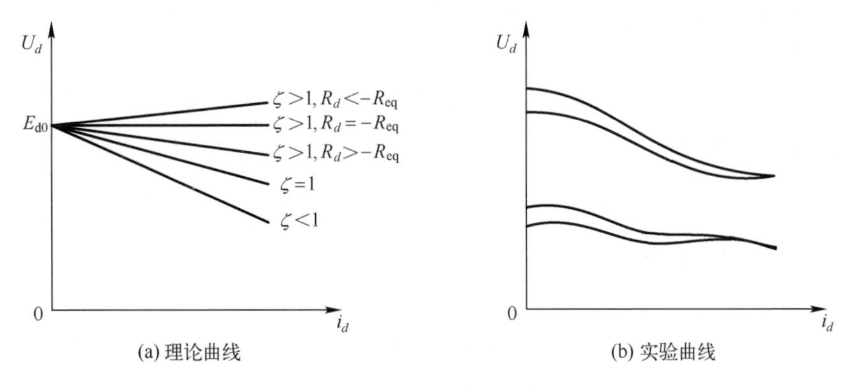

(a) 理论曲线　(b) 实验曲线

图3-10　电机放大机外特性

4. 电机放大机的主要特点

电机放大机的优点是：①功率放大倍数高。电机放大机采用两级功率放大，功率放大倍数很高（1000~10000），因而控制绕组的输入功率小。②电磁时间常数较小，动态响应较快。电机放大机的过渡过程虽受两级励磁的影响，但两级时间常数都不大，总的电磁惯性比同容量的直流电机小。③具有多个控制绕组，易于综合多种控制信号。由于电机放大机的控制绕组功率小，体积也很小，在定子上能比较容易地安装多个控制绕组，从而适应不同反馈信号的要求，控制方式设计灵活。控制绕组的最大允许电流常比额定电流大好几倍，可以实现强迫励磁，加快控制系统的过渡过程。④可靠性高，抗冲击振动能力强，环境适应性较好。

电机放大机的缺点是：①电流换向比普通直流电机困难，对维护和调整要求较高；②磁滞和剩磁电压较大，影响工作点的稳定；③体积重，噪声大，能量变换效率不高。

3.1.4　电机放大机的绕组PWM控制

前面分析了电机放大机的工作原理和特性，接下来考虑其控制绕组信号的施加方法，也即是图3-1中电机放大机前置信号放大装置的设计问题。早期的炮塔电力传动系统中的信号放大装置一般采用极化继电器，其工作原理如图 3-11 所示。极化继电器的衔铁可在电磁铁产生的磁通和永磁体磁通共同作用下运动。其中，永磁体磁通的方向和大小是固定的，电磁铁磁通的方向和大小由主线圈中电流决定，当电流方向改变时，磁铁受力方向随之改变，从而使其旋转方向改变。顺时针旋转时电机放大机的正向控制绕组 KZ_1 闭合，逆时针旋转时反向绕组 KZ_2 闭合，改变两个绕组的闭合时间长短，就可以调节电机放大机励磁电流的大小和方向，从而控制其输出电压的大小和方向。

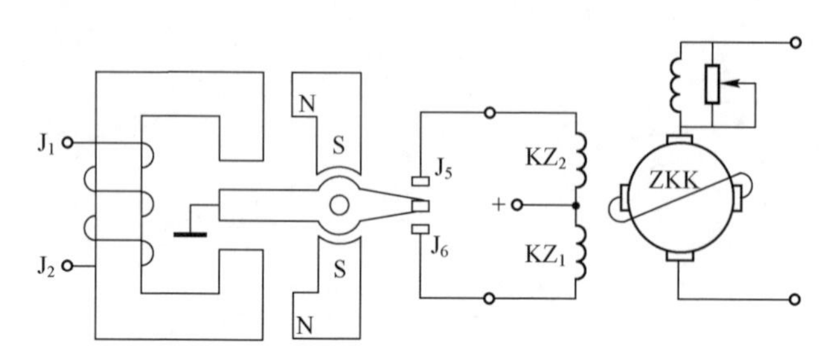

图 3-11　极化继电器的工作原理

极化继电器的灵敏度较高，吸合功率可以低至 1mW 以下，但是其采用机械式触点，振动频率比较低（一般只能达到 10^2 数量级），因此电机放大机输出电压波动较大，从而影响炮塔电力传动系统的调速平稳性，特别是系统低速运动时的平稳性，制约了系统对远距离目标的连续跟踪能力。随着电力电子技术的发展，改进型装备中采用晶体管替代极化继电器，构成电机放大机绕组 PWM 控制装置，其原理如图 3-12 所示。绕组 PWM 控制电路的原理与极化继电器类似，通过控制晶体管 VT_1、VT_2 的通断调节控制绕组 KZ_1、KZ_2 上的励磁电流。由于其开关频率高（对于小电流回路，开关频率在 $10^3 \sim 10^4$ 数量级），电机放大机输出电压平稳性可大幅提高。根据对晶体管 VT_1、VT_2 通断控制的方式，绕组 PWM 控制可分为单极性调制和双极性调制两种模式。

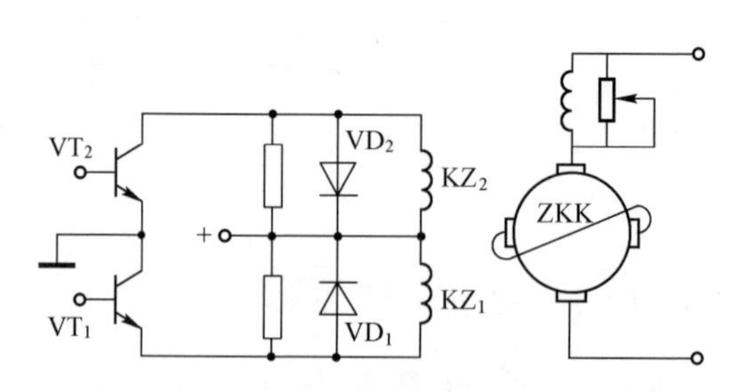

图 3-12　电机放大机绕组 PWM 控制原理

1. 单极性调制

单极性调制模式下，当需要正向励磁电压时，VT_1 处于通断切换状态，VT_2 始终处于关断状态；需要负向励磁电压时，VT_2 处于通断切换状态，VT_1 始终处于关断状态。

下面以正向励磁为例进行分析，此时 VT_2 始终处于关断状态，因此主要分析正向绕组 KZ_1 的情况，其等效电路和波形如图 3-13 所示。设控制周期为 T，在 $0 \leqslant t < t_1$ 时间内，VT_1 闭合，控制绕组 KZ_1 与电源接通，控制绕组的电压为 U_s。在 $t_1 \leqslant t < T$ 时间内，VT_1 断开，控制绕组的电压为 0，由于绕组回路存在电感 L_k，其电流 i_k 不能突变，通过二极管 VD_1 续流。当 VT_1 闭合时间较长时，电感 L_k 上储存的能量较多，续流过程可在 VT_1 断开时间内一直进行，如果 VT_1 闭合时间段较短，电感 L_k 上储存的能量少，续流电流可能很快衰减到零，造成电流不连续，影响控制性能，此处重点考虑电流连续的情形。

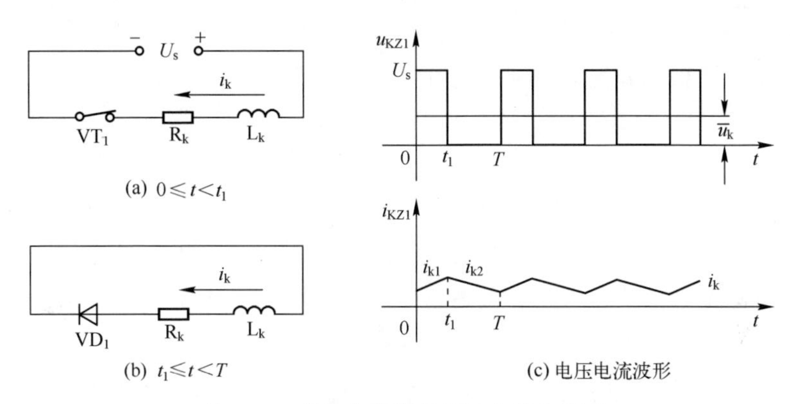

图 3-13　单极性调制的等效电路和波形

容易得到，一个控制周期内控制绕组的电压为

$$u_k = \begin{cases} U_s, & 0 \leqslant t < t_1 \\ 0, & t_1 \leqslant t < T \end{cases} \tag{3-13}$$

其平均值为

$$\bar{u}_k = \frac{t_1}{T} U_s = \rho U_s \tag{3-14}$$

式中：ρ 为控制占空比，根据系统给定量 U_ω^* 设定，调节 ρ 就可以调节绕组电压 u_k。

进一步，可得到一个控制周期内控制绕组的电流方程为

$$\begin{cases} U_s = R_k i_{k1} + L_k \dfrac{di_{k1}}{dt}, & 0 \leqslant t < t_1 \\ 0 = R_k i_{k2} + L_k \dfrac{di_{k2}}{dt}, & t_1 \leqslant t < T \end{cases} \tag{3-15}$$

式中：i_{k1}，i_{k2}分别为绕组 KZ_1 在 VT_1 开通和关断时间内的电流值。

求解可得

$$\begin{cases} i_{k1}(t) = I_{10} e^{-t/T_k} + \dfrac{U_s}{R_k}(1 - e^{-t/T_k}), & 0 \leqslant t < t_1 \\ i_{k2}(t) = I_{20} e^{-(t-t_1)/T_k}, & t_1 \leqslant t < T \end{cases} \tag{3-16}$$

式中：I_{10}, I_{20}分别为 VT_1 开通和关断时刻的初始值；$T_k = L_k / R_k$ 为电枢回路电磁时间常数。VT_1 进入通态的电流初始值也即是其断态阶段结束时的电流值，反过来，其断态初始值就是通态结束时的电流值。即

$$\begin{cases} I_{10} = i_{k2}(T) \\ I_{20} = i_{k1}(t_1) \end{cases} \tag{3-17}$$

联合式（3-16）、式（3-17）可以求得

$$\begin{cases} I_{10} = \dfrac{U_s}{R_k} \dfrac{1 - e^{t_1/T_k}}{1 - e^{T/T_k}} \\ I_{20} = \dfrac{U_s}{R_k} \dfrac{1 - e^{-t_1/T_k}}{1 - e^{-T/T_k}} \end{cases} \tag{3-18}$$

由图 3-13 可知，I_{10}, I_{20}分别为绕组电流的最小值和最大值，因此一个控制周期内的电流脉动量为

$$\Delta i_k = I_{20} - I_{10} = \frac{U_s}{R_k}\left(\frac{1 - e^{-t_1/T_k}}{1 - e^{-T/T_k}} - \frac{1 - e^{t_1/T_k}}{1 - e^{T/T_k}}\right) = \frac{U_s}{R_k} \frac{(1 - e^{-t_1/T_k})(1 - e^{-(T-t_1)/T_k})}{1 - e^{-T/T_k}} \tag{3-19}$$

当控制开关频率很高时，控制周期 T 远小于电磁时间常数 T_k。此时将指数项展开成泰勒级数，并忽略高次项后，式（3-19）简化为

$$\Delta i_k \approx \frac{U_s}{R_k} \frac{\dfrac{t_1}{T_k} \cdot \dfrac{T - t_1}{T_k}}{\dfrac{T}{T_k}} = \rho(1 - \rho) T \cdot \frac{U_s}{L_k} \tag{3-20}$$

式中：$\rho = t_1 / T$。不难看出，电流脉动量与控制占空比、回路电感量以及控制周期等因素紧密相关。为了减小电流波动，通常需要减小控制周期，也就是提高开关频率，这也是采用绕组 PWM 控制装置替代极化继电器能够提高系统控制性能的一个重要原因；当然，提高晶体管开关频率会受到器件本身的开

关过程时间、开关损耗等因素的限制。后续分析还可以看到，电机放大机本身具有惯性滤波作用，也可以对高频脉动励磁电流进行滤波，减小其波动对输出电压 U_d 的影响。在实际系统中，综合各种因素选取合适的开关频率是系统设计时的一项重要工作。

2. 双极性调制

双极性调制模式下，无论是正向励磁还是反向励磁，VT_1 和 VT_2 均处于交替导通状态，正向励磁时 VT_1 的导通时间大于 VT_2，反向励磁时与之相反。以正向励磁为例，当电流连续时各主要变量波形如图 3-14 所示。

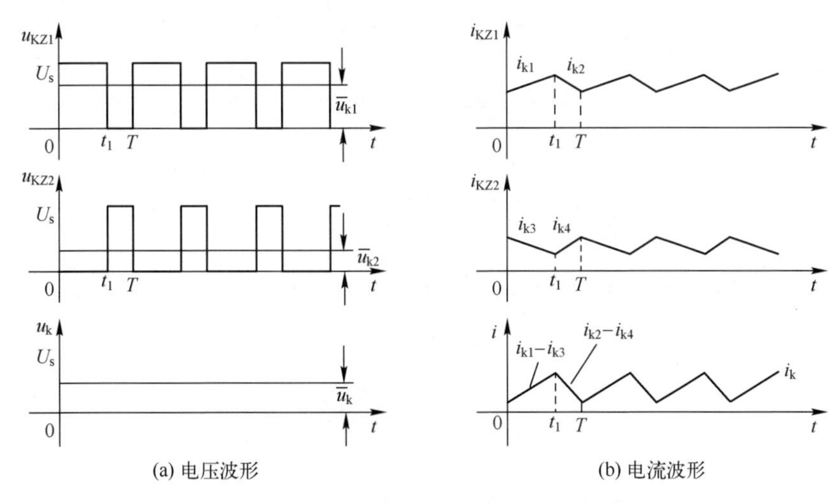

图 3-14　双极性调制时的主要变量波形

如图 3-12 所示，仍设控制周期为 T，在 $0\leqslant t<t_1$ 时间内，VT_1 闭合，VT_2 断开，正向绕组 KZ_1 与电源接通，控制绕组的电压为 U_s，在 $t_1\leqslant t<T$ 时间内，VT_1 断开，VT_2 闭合，反向绕组 KZ_2 与电源接通，控制绕组的电压为 $-U_s$。在 $0\leqslant t<t_1$ 时间内，控制绕组 KZ_2 通过二极管 VD_2 续流。在 $t_1\leqslant t<T$ 时间内，控制绕组 KZ_1 通过二极管 VD_1 续流。此可得一个控制周期内控制绕组的电压为

$$u_k=\begin{cases}U_s, & 0\leqslant t<t_1\\ -U_s, & t_1\leqslant t<T\end{cases} \tag{3-21}$$

其平均值为

$$\bar{u}_k=\frac{t_1}{T}U_s-\frac{T-t_1}{T}U_s=\frac{2t_1-T}{T}U_s=\rho U_s \tag{3-22}$$

式中：ρ 为双极性调制时的占空比，且有 $\rho=(2t_1-T)/T$。

在一个控制周期内，正向绕组 KZ_1 中的电流仍为式（3-15）。设反向控

制绕组 KZ_2 与 KZ_1 中电阻、电感等参数相同，则 KZ_2 中的电流方程可写为

$$\begin{cases} 0=R_k i_{k3}+L_k \dfrac{di_{k3}}{dt}, & 0\leqslant t<t_1 \\ U_s=R_k i_{k4}+L_k \dfrac{di_{k4}}{dt}, & t_1\leqslant t<T \end{cases} \tag{3-23}$$

式中：i_{k3}，i_{k4}分别为绕组 KZ_2 在 VT_2 开通和关断时间内的电流值。

求解，可得

$$\begin{cases} i_{k3}(t)=I_{30}e^{-t/T_k}, & 0\leqslant t<t_1 \\ i_{k4}(t)=I_{40}e^{-(t-t_1)/T_k}+\dfrac{U_s}{R_k}(1-e^{-(t-t_1)/T_k}), & t_1\leqslant t<T \end{cases} \tag{3-24}$$

式中：I_{30}，I_{40}分别为 VT_2 开通和关断时刻的初始值。与前分析类似，当电流连续时有

$$\begin{cases} I_{30}=i_{k4}(T) \\ I_{40}=i_{k3}(t_1) \end{cases} \tag{3-25}$$

联合式（3-24）、式（3-25）可以求得

$$\begin{cases} I_{30}=\dfrac{U_s}{R_k}\dfrac{1-e^{-(T-t_1)/T_k}}{1-e^{-T/T_k}} \\ I_{40}=\dfrac{U_s}{R_k}\dfrac{1-e^{(T-t_1)/T_k}}{1-e^{T/T_k}} \end{cases} \tag{3-26}$$

式中：I_{30}，I_{40}分别为绕组 KZ_2 电流的最小值和最大值。综合考虑绕组 KZ_1 电流，一个控制周期内的电流脉动量为

$$\Delta i_k=(I_{20}-I_{10})+(I_{30}-I_{40})=\frac{2U_s}{R_k}\cdot\frac{(1-e^{-t_1/T_k})(1-e^{-(T-t_1)/T_k})}{1-e^{-T/T_k}} \tag{3-27}$$

据前分析，当控制开关频率很高时可简化为

$$\Delta i_k\approx\frac{2U_s}{R_k}\frac{\dfrac{t_1}{T_k}\cdot\dfrac{T-t_1}{T_k}}{\dfrac{T}{T_k}}=0.5(1-\rho^2)T\cdot\frac{U_s}{L_k} \tag{3-28}$$

式中：$\rho=(2t_1-T)/T$。对比式（3-20）和式（3-28）可知，当控制周期 T 和电路参数相同时，双极性调制的最大电流脉动量是单极性调制时最大脉动量的 2 倍，但这并不意味着单极性调制方法优于双极性调制，特别是在炮塔电力传动系统低速运行时，需要电机放大机输出的电压较低，采用单极性调制时，VT_1 或 VT_2 的开通时间较短，受晶体管动态特性影响大，且会出现电流

不连续的情况。而采用双极性调制时，VT_1 和 VT_2 的开通时间均较长（在控制周期的 50%左右变化），有利于晶体管的可靠导通，且可避免单极性调制存在电流不连续情况的发生，因此其低速运行时的控制性能较好。同时采用双极性调制还可在一定程度上防止因电机放大机绕组正、负向励磁过程不对称造成的偏磁现象。

3.2　系统建模与开环特性分析

3.2.1　他励直流电动机建模方法

1. 基于直流电动机基本方程的建模

如 1.2.3 节分析，他励直流电动机结构相对简单，电路变量较少，可直接根据直流电动机的基本方程建模。为分析方便，规定各物理量的参考正方向如图 3-15（a）所示。图中，U_d 为电枢电压，i_d 为电枢电流，U_f 为励磁电压，i_f 为励磁电流，T_e 为电动机的电磁转矩，T_L 为负载阻转矩，n 为电动机转速。

当不考虑补偿绕组作用时，他励直流电动机等效为图 3-15（b）所示的电枢回路和励磁回路两个独立电路。对于电枢回路，有

$$U_d=R_d i_d+L_d\frac{\mathrm{d}i_d}{\mathrm{d}t}+E_a \tag{3-29}$$

式中：L_d 为电动机电枢回路电感；E_a 为反电势，且有

$$E_a=C_e\Phi n=\frac{30}{\pi}C_e\Phi\omega \tag{3-30}$$

式中：ω 为角速度。

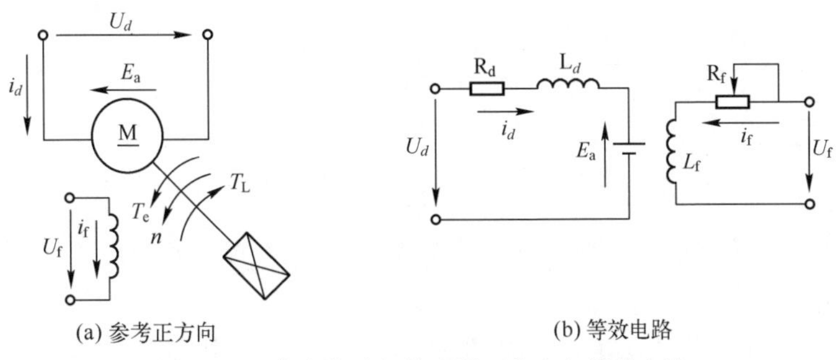

(a) 参考正方向　　(b) 等效电路

图 3-15　直流电动机物理量正方向与等效电路

励磁回路电压平衡方程为

$$U_f = R_f i_f + L_f \frac{di_f}{dt} \tag{3-31}$$

为了分析方便，设定磁通 Φ 与励磁电流呈线性关系，即

$$\Phi = k_f i_f \tag{3-32}$$

式中：k_f 为励磁系数，忽略空载阻转矩（包括黏性摩擦和机械弹性转矩等），电动机动力学方程可写为

$$T_e - T_L = J \frac{d\omega}{dt} \tag{3-33}$$

式中：J 为旋转部分转动惯量；T_e 为电磁转矩，且有 $T_e = C_T \Phi i_d$。

设各变量初始值均为零，对式（3-29）~式（3-33）进行 Laplace 变换，可得

$$\begin{cases} U_d = (R_d + L_d s) i_d + E_a \\ E_a = \dfrac{30}{\pi} C_e \Phi \omega \\ T_e - T_L = Js\omega \\ T_e = C_T \Phi i_d \\ U_f = (R_f + L_f s) i_f \\ \Phi = k_f i_f \end{cases} \tag{3-34}$$

根据式（3-34）可建立他励直流电动机的动态结构，如图 3-16 所示。

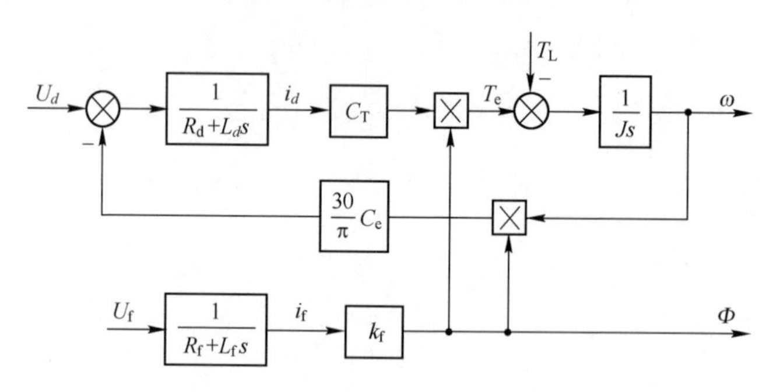

图 3-16　他励直流电动机动态结构

在实际系统使用时，通常采用固定电流励磁或者永磁体产生磁通 Φ，此时 Φ 为常数，上述模型可进一步简化为图 3-17。

图 3-17 中，$K_T = C_T \Phi, K_e = 30 C_e \Phi / \pi$。事实上，由于 $C_T = 30 C_e / \pi$，故有 $K_T = K_e$。

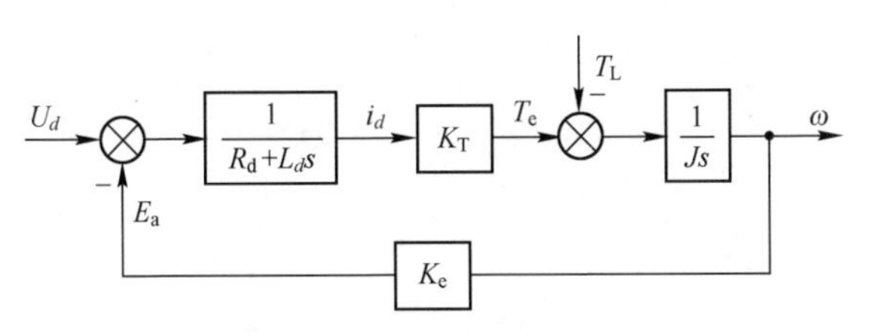

图 3-17　磁通为常数时的直流电动机简化模型

2. 基于统一电机理论的直流电动机建模

直流电动机的数学模型比较简单，一般可直接根据电动机基本方程建模。但对于交流电动机来说，其状态变量多，耦合性强，如直接根据电动机原理建立电路和磁路方程，过程烦琐，且建立的数学模型往往比较复杂，分析应用不方便，因此需要寻求新的、更为简洁的电动机建模方法。事实上，各种电机的结构和工作原理虽然有所不同，但在电磁本质上都是一种具有相对运动的耦合电路，因此其数学模型的建立也应具有一定的相似性或者统一性。基于这一思路，G. Kron 提出了原型电机的概念，并系统地分析了原型电机的基本电磁关系以及原型电机与其他各种电机之间的联系。研究结果表明，任何电机模型都可以从原型电机中导出，并用统一的方法求解，原型电机又称为一般化电机，这一理论称为统一电机理论或者一般化电机理论，它是电机理论发展过程中的一个重大进步。根据统一电机理论，分析各种电机时就不再需要从电机基本方程出发，而是可以通过统一的原型电机模型，经过一定的坐标变换，直接得到所研究电机的数学模型。作为拓展内容，本节探讨基于统一电机理论的直流电动机建模方法，关于统一电机的理论模型可查阅参考文献［11］。

G. Kron 所提出的原型电机有两种：一种是定子、转子绕组的轴线在空间均为固定不动的原型电机，称为第一种原型电机；另一种是转子绕组轴线在空间旋转的原型电机，称为第二种原型电机。他励直流电动机与第一种原型电机比较接近，如图 3-18 所示。定子上有励磁绕组 F 和补偿绕组 C，励磁绕组 F 位于 d_s 轴方向上，补偿绕组 C 位于 q_s 轴方向上；转子上只有电枢绕组 D，并且是换向器绕组，即伪静止绕组，其轴线位于 q_s 轴方向上。

根据第一种原型电机模型，可以直接得到其电压平衡方程

$$\boldsymbol{U}=(\boldsymbol{R}+\boldsymbol{L}s+\boldsymbol{G}\omega)\boldsymbol{i}=\boldsymbol{Z}\boldsymbol{i} \tag{3-35}$$

式中：$\boldsymbol{U}=(U_f \quad U_C \quad U_d)^T$；$\boldsymbol{i}=(i_f \quad i_C \quad i_d)^T$；$U_C, i_C$ 分别为补偿绕组电压和电流。

$$\boldsymbol{R}=\begin{bmatrix} R_{\mathrm{f}} & 0 & 0 \\ 0 & R_{\mathrm{C}} & 0 \\ 0 & 0 & R_{\mathrm{d}} \end{bmatrix},\ \boldsymbol{L}=\begin{bmatrix} L_{\mathrm{f}} & 0 & 0 \\ 0 & L_{\mathrm{C}} & L_{\mathrm{Cd}} \\ 0 & L_{\mathrm{dC}} & L_{\mathrm{d}} \end{bmatrix},\ \boldsymbol{G}=\begin{bmatrix} 0 & 0 & 0 \\ 0 & 0 & 0 \\ G_{\mathrm{df}} & 0 & 0 \end{bmatrix},$$

$$\boldsymbol{Z}=\begin{bmatrix} R_{\mathrm{f}}+L_{\mathrm{f}}s & 0 & 0 \\ 0 & R_{\mathrm{C}}+L_{\mathrm{C}}s & L_{\mathrm{Cd}}s \\ G_{\mathrm{df}}\boldsymbol{\omega} & L_{\mathrm{dC}}s & R_{\mathrm{d}}+L_{d}s \end{bmatrix}。$$

式中：$R_{\mathrm{C}}, L_{\mathrm{C}}$ 分别为补偿绕组的电阻和电感；$L_{\mathrm{Cd}}, L_{\mathrm{dC}}$ 分别为补偿绕组和电枢绕组与对方之间的互感；G_{df} 为电枢绕组在励磁磁场中旋转产生的运动电动势系数。

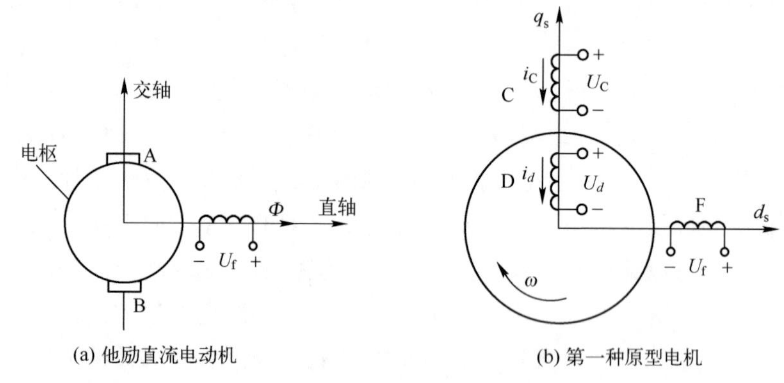

图 3-18　他励直流电动机及其等效的第一种原型电机模型

电磁转矩 T_{e} 为

$$T_{\mathrm{e}}=\boldsymbol{i}^{\mathrm{T}}\boldsymbol{G}\boldsymbol{i}=G_{\mathrm{df}}i_{\mathrm{f}}i_{d} \tag{3-36}$$

式中：$G_{\mathrm{df}}=C_{\mathrm{T}}k_{\mathrm{f}}=30C_{\mathrm{e}}k_{\mathrm{f}}/\pi$。

当不考虑补偿绕组 C 的作用时，有

$$\begin{cases} U_{d}=(R_{\mathrm{d}}+L_{d}s)i_{d}+G_{\mathrm{df}}\omega i_{\mathrm{f}} \\ U_{\mathrm{f}}=(R_{\mathrm{f}}+L_{\mathrm{f}}s)i_{\mathrm{f}} \\ T_{\mathrm{e}}=G_{\mathrm{df}}i_{\mathrm{f}}i_{d} \\ T_{\mathrm{e}}-T_{\mathrm{L}}=Js\omega \end{cases} \tag{3-37}$$

与式（3-34）一致。

3.2.2 电机放大机建模

按照由简到难的分析思路，首先分析空载理想情形的数学模型，然后再进一步讨论考虑涡流、磁滞等去磁作用和带负载情形。

1. 空载理想情形

当不考虑涡流和磁滞损耗、延迟换向以及电刷移动对直轴的去磁作用时，电机放大机相当于两个直流发电机串联运行。根据直流发电机基本方程，结合3.1.3节分析，可得空载动态方程为

$$\begin{cases} u_k = R_k i_k + L_k \dfrac{di_k}{dt} \\ \Phi_k = \lambda_d N_k i_k \\ E_q = C_e \Phi_k n \\ E_q = R_q i_q + L_q \dfrac{di_q}{dt} \\ \Phi_q = \lambda_q N_a i_q \\ E_d = C_e \Phi_q n \end{cases} \tag{3-38}$$

式中：λ_d, λ_q 分别为电机放大机 d、q 轴的磁导；N_k, N_a 分别为控制绕组和电枢绕组匝数；R_k, R_q, L_k, L_q 分别为控制绕组和电机放大机 q 轴的电阻和电感值。

在零初始条件下，对式（3-38）进行Laplace变换，得

$$\begin{cases} i_k(s) = \dfrac{u_k(s)}{R_k(T_k s+1)} \\ \Phi_k(s) = \lambda_d N_k i_k(s) \\ E_q(s) = C_e n \Phi_k(s) \\ i_q(s) = \dfrac{E_q(s)}{R_q(T_q s+1)} \\ \Phi_q(s) = \lambda_q N_a i_q(s) \\ E_d(s) = C_e n \Phi_q(s) \end{cases} \tag{3-39}$$

式中：T_k, T_q 分别为控制回路和电机放大机 q 轴回路时间常数，且有 $T_k = L_k/R_k, T_q = L_q/R_q$。

根据式（3-39），可得电机放大机空载时的动态结构，如图3-19所示。

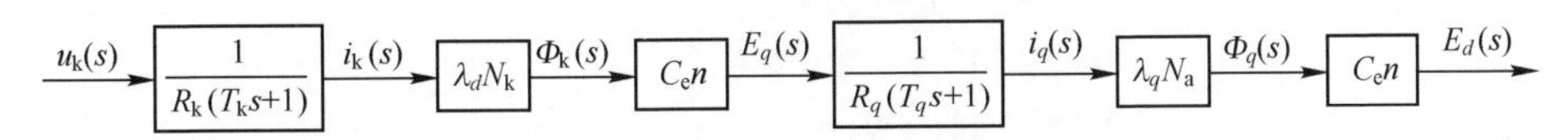

图3-19　电机放大机空载时的动态结构

进一步，可以将其简化为图 3-20。

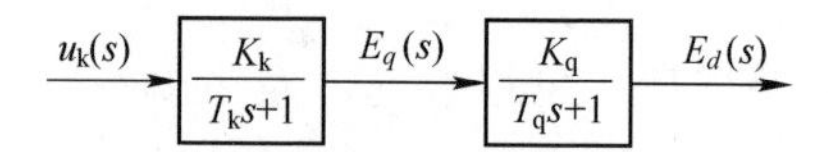

图 3-20 简化后的空载动态结构

式中：K_k，K_q 分别为两级电压放大倍数，且有 $K_k=\lambda_d N_k C_e n/R_k$，$K_q=\lambda_q N_a C_e n/R_q$。

由此，电机放大机的传递函数可写为

$$\frac{E_d(s)}{u_k(s)}=\frac{K_k K_q}{(T_k s+1)(T_q s+1)} \tag{3-40}$$

式（3-40）相当于两个惯性环节相串联，具有惯性滤波作用，可以对绕组 PWM 控制中的高频脉动励磁电流进行滤波，且时间常数 T_k，T_q 越大，滤波效果越好，但同时造成的响应延时也就越大。

2. 计及涡流和磁滞损耗、延迟换向以及电刷移动对直轴去磁作用的空载情形

如 3.1.3 节所述，当电机放大机稳态运行时，上述去磁作用可以近似地看成与 Φ_q 成正比，用 β 表示比例系数。其影响除了削弱控制磁通 Φ_k，在动态变化时还会与控制绕组 N_k 相交链，在控制绕组内感应电势，其方向为抑制去磁磁通变化的方向，亦即与 u_k 变化方向相一致，相当于加入输入电压的正反馈。因此，考虑去磁作用的结构如图 3-21 所示。

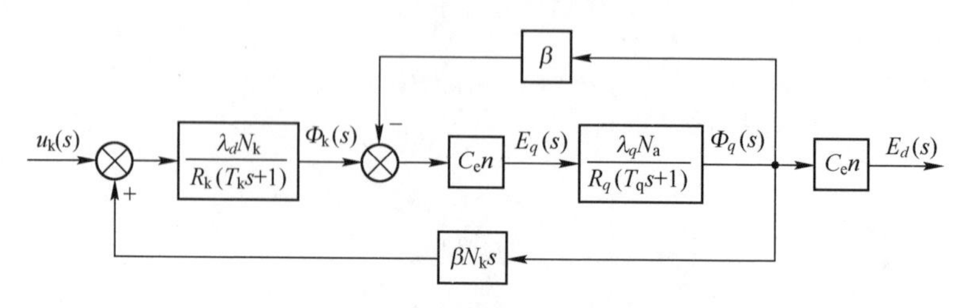

图 3-21 计及去磁作用时的系统结构

化简可得图 3-22。

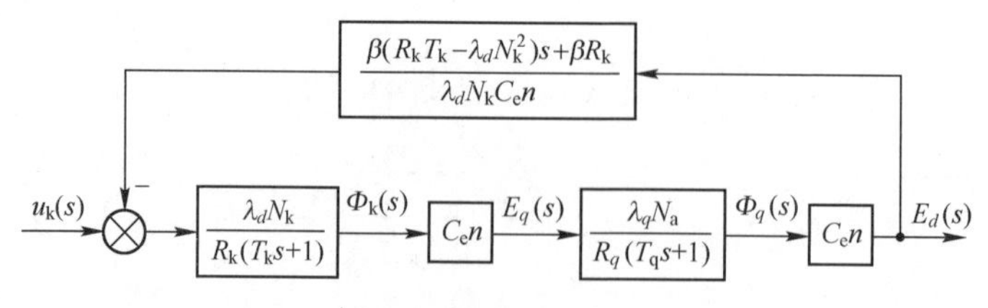

图 3-22 计及去磁作用时的系统简化结构一

因为 $R_k T_k=\lambda_d N_k^2=L_k$，故图 3-22 可进一步简化为图 3-23。

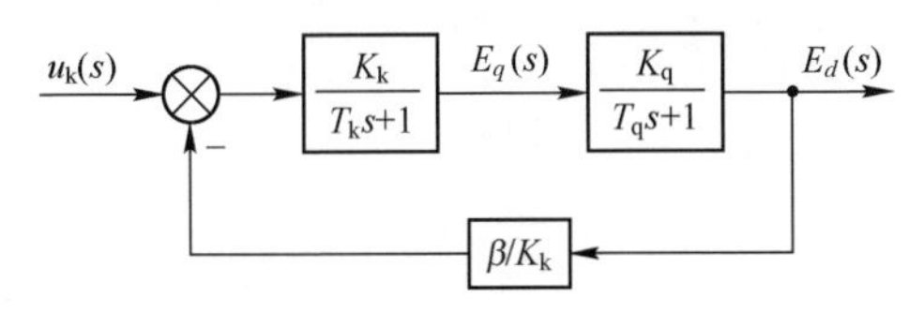

图 3-23　计及去磁作用时的系统简化结构二

由图 3-23 可知，去磁效应相当于加入输出电压的负反馈，可求得此时电机放大机的传递函数为

$$\frac{E_d(s)}{u_k(s)}=\frac{\dfrac{K_k K_q}{(T_k s+1)(T_q s+1)}}{1+\dfrac{\beta K_q}{(T_k s+1)(T_q s+1)}}=\frac{\dfrac{K_k K_q}{\alpha'}}{\dfrac{T_k T_q}{\alpha'}s^2+\dfrac{T_k+T_q}{\alpha'}s+1} \tag{3-41}$$

式中：$\alpha'=1+\beta K_q$。

对比式（3-40）和式（3-41）可知，理想状态下电机放大机的静态放大倍数为 $K_k K_q$，且由于其特征方程具有两个负实根，过渡过程无振荡。考虑去磁效应时静态放大系数减少为 $K_k K_q/\alpha'$，当 β 较大时，其特征方程根为复数，过渡过程具有衰减振荡性质。

空载时，补偿绕组与分流电阻 R_B 并联成一闭合回路，在动态过程中也会与控制绕组磁通互相交联，影响控制绕组磁通的变化。同样，当几个控制绕组同时工作也有类似的影响。假定各绕组为全耦合，绕组间的互感作用相当于将直轴时间常数 T_k 变化为 T_k'。这时电机放大机的空载传递函数为

$$\frac{E_d(s)}{u_k(s)}=\frac{\dfrac{K_k K_q}{\alpha'}}{\dfrac{T_k' T_q}{\alpha'}s^2+\dfrac{T_k'+T_q}{\alpha'}s+1} \tag{3-42}$$

3. 带负载情形

为了分析方便，此处以阻性负载为例。如 3.1.3 节中分析，当电机放大机接上负载电阻 R_L 时，负载电流会在磁路中产生直轴电枢反应磁通 Φ_d 和补偿绕组磁通 Φ_b。其偏差 $\Delta\Phi$ 除了削弱控制磁通 Φ_k，当动态变化时还会控制绕组 N_k 相交联，在控制绕组中感应电势。与前分析类似，可得负载电流 i_d 对控制电压 u_k 的影响相当于增加一个电流负反馈 $R_k N_a(1-\zeta)i_d/N_k$，此时电机放大机的结构如图 3-24 所示。

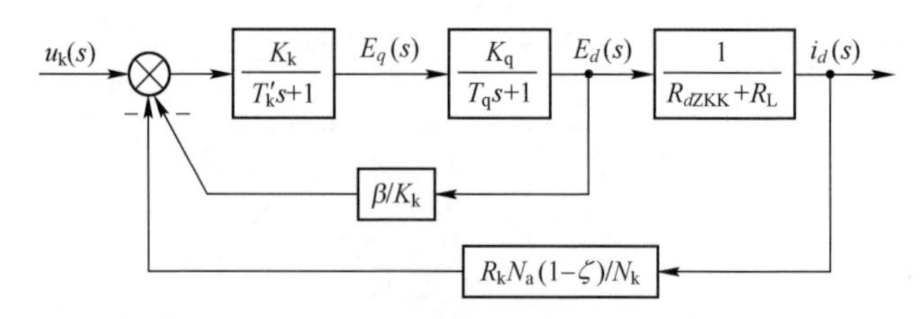

图 3-24　带阻性负载情况下电机放大机的结构

可以求得，此时电机放大机的传递函数为

$$\frac{i_d(s)}{u_k(s)}=\frac{\frac{K_kK_q}{\alpha''}\frac{1}{R_{dZKK}+R_L}}{\frac{T_k'T_q}{\alpha''}s^2+\frac{T_k'+T_q}{\alpha''}s+1} \tag{3-43}$$

式中：$\alpha''=1+\beta K_q+\frac{R_k(1-\zeta)K_kK_qN_a}{N_k(R_{dZKK}+R_L)}$。

电机放大机接入负载后，还有补偿绕组的漏磁通和电枢绕组端接漏磁通等影响。但电机放大机中各种补偿措施采取得当时，上述去磁和交联等影响可以控制在较小范围内，因此后续分析中将电机放大机视为理想状态，即在图 3-24 中，$\beta=0,\zeta=1$。

3.2.3　系统开环静特性分析

综合上述分析，可建立图 3-1 所示的开环电机放大机炮塔电力传动系统的模型，如图 3-25 所示。

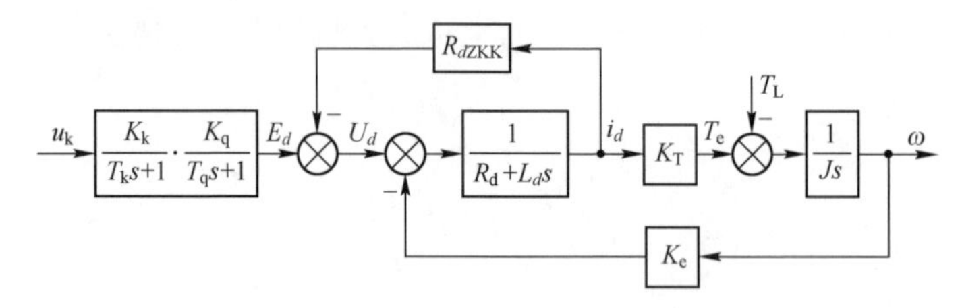

图 3-25　开环电机放大机炮塔电力传动系统模型

据其可以求得系统的传递函数为

$$\omega(s)=\frac{K_TK_kK_q}{((R_d+R_{dZKK}+L_ds)Js+K_TK_e)(T_ks+1)(T_qs+1)}u_k(s)-\frac{R_d+R_{dZKK}+L_ds}{(R_d+R_{dZKK}+L_ds)Js+K_TK_e}T_L(s) \tag{3-44}$$

令 $s=0$，可以求得系统的开环静特性方程为

$$\omega=\frac{K_{\mathrm{k}}K_{\mathrm{q}}}{K_{\mathrm{e}}}u_{\mathrm{k}}-\frac{R_{\mathrm{d}}+R_{dZKK}}{K_{\mathrm{T}}K_{\mathrm{e}}}T_{\mathrm{L}} \tag{3-45}$$

当控制量 u_{k} 可以线性平滑调节时，电动机的转速 ω 也可以平滑调节，从而实现对炮塔灵活的转动。但是对比式（3-45）与直流电动机的机械特性式（1-2）可知，采用电机放大机作为功率变换装置时，由于直轴电枢电阻影响，其开环静特性曲线的斜率增大，即相同负载阻转矩造成的动态速降增大，系统的调速稳定性变差，这种较大的动态速降会导致系统的调速范围和静差率等稳态指标降低，无法满足使用要求。因此，实际系统中必须采用适当的控制方法提高系统控制性能。

3.3 单闭环反馈控制的基本方法

单闭环反馈控制是自动控制系统最基本的控制方式，其基本原理是：将被调节量作为反馈量引入系统，与给定量进行比较，用比较后的偏差值对系统进行控制，从而抑制甚至消除扰动造成的影响，维持被调节量很少变化或者不变化。根据反馈量选取的不同，炮塔电力传动系统中常用的反馈控制方法有电压负反馈控制、转速负反馈控制、软反馈控制等，本节首先对这几种典型的反馈控制方法进行分析，在此基础上引出无静差控制系统的概念及其设计方法。

3.3.1 电压负反馈控制

1. 基本原理

前述分析可知，导致电机放大机炮塔电力传动系统静特性变软的原因是：负载转矩增大时，需要的电枢电流增加，受电机放大机直轴电枢电阻影响，电流增大时电机放大机内部电压降增大，致使其输出端电压 U_d 降低，从而导致系统静特性变软。根据反馈原理，要消除扰动影响，维持输出端电压 U_d 很少变化或者不变化，可以选取其作为反馈量，构成反馈控制系统，也即是电压负反馈控制系统，其基本原理如图 3-26 所示。

图 3-26 中，在电机放大机输出端（或炮塔电动机输入端）并联反馈电位计，则电位计 $\mathrm{r_1r_2}$ 两端的电压为 U_d，改变滑臂 g 的位置可以调节反馈电压 U_{fd} 的大小，设反馈系数为 α，则有 $U_{\mathrm{fd}}=\alpha U_d$。

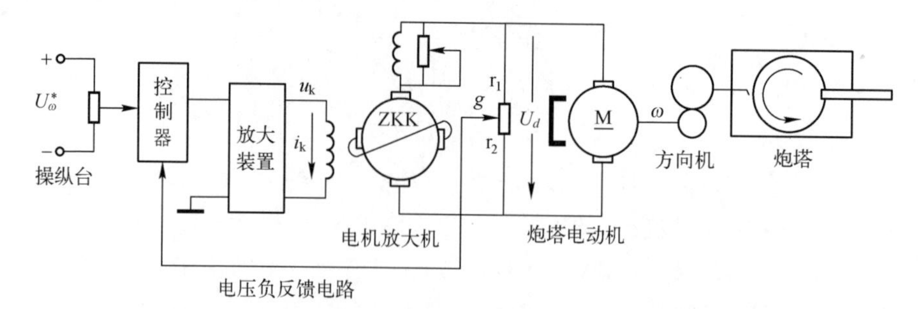

图 3-26　采用电压负反馈的电机放大机传动系统原理

反馈电压 U_{fd} 与操纵台给定量 U_ω^* 比较产生偏差量，由控制器运算后生成控制量，经放大装置放大后产生控制电压 u_k，施加到电机放大机控制绕组上。当控制器采用比例控制时，有

$$u_k = K_p e = K_p(U_\omega^* - U_{fd}) = K_p(U_\omega^* - \alpha U_d) \tag{3-46}$$

式中：K_p 为比例系数。

此时，系统的数学模型可描述为图 3-27。

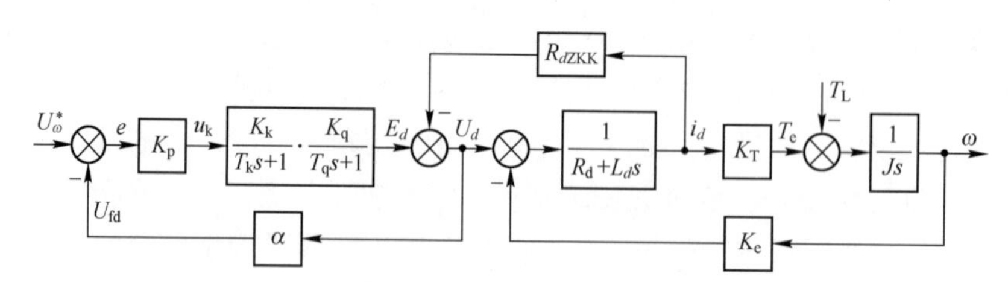

图 3-27　采用电压负反馈的电机放大机传动系统模型

2. 系统性能分析

如前所述，设计电压负反馈控制的基本目的是抑制扰动对电机放大机输出电压 U_d 的影响，进而提高系统性能。为此下面首先分析反馈控制对稳定电压的作用，当只考虑电压反馈控制环节时，其数学模型可简化为图 3-28，此时电机放大机直轴电枢电阻影响可等效为外部扰动量 ΔU_d。

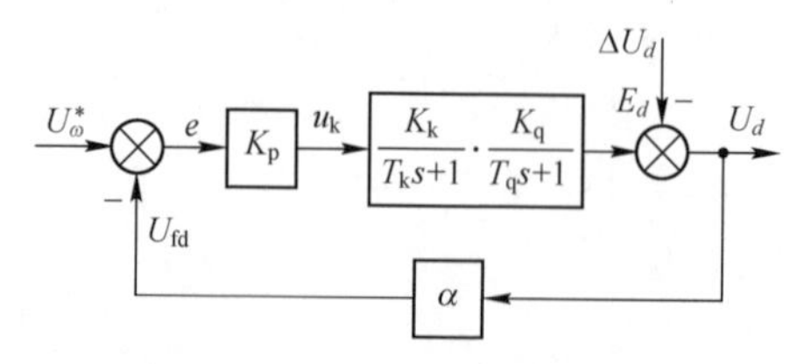

图 3-28　电压反馈控制环节模型

容易求得其传递函数为

$$U_d(s)=\frac{K_pK_kK_q}{(T_ks+1)(T_qs+1)+K_pK_kK_q\alpha}U_\omega^*(s)-\frac{(T_ks+1)(T_qs+1)}{(T_ks+1)(T_qs+1)+K_pK_kK_q\alpha}\Delta U_d(s) \tag{3-47}$$

令 $s=0$，可以求得电压负反馈系统的静特性方程为

$$U_d=\frac{K_pK_kK_q}{1+K_pK_kK_q\alpha}U_\omega^*-\frac{1}{1+K_pK_kK_q\alpha}\Delta U_d \tag{3-48}$$

当反馈系数 $\alpha=0$ 时失去反馈控制作用，其静特性方程可写为

$$U_d=K_pK_kK_qU_\omega^*-\Delta U_d \tag{3-49}$$

对比式（3-48）和式（3-49）可知：

（1）抗扰性能。采用电压负反馈控制可以抑制扰动 ΔU_d 的影响，使得其引起的输出电压波动量由 ΔU_d 降低到 $\Delta U_d/(1+K_pK_kK_q\alpha)$。控制器比例系数 K_p 越大，扰动抑制能力越好。但是受系统稳定性和动态特性等限制，比例系数不能无限制增大，外部扰动对电压 U_d 的影响无法完全消除，因此被调节量仍然是有静差的。

（2）跟随性能。采用电压负反馈控制使得输出量 U_d 相对于给定量 U_ω^* 的放大倍数由 $K_pK_kK_q$ 降低到了 $K_pK_kK_q/(1+K_pK_kK_q\alpha)$。同时，根据式（3-47），可得

$$\frac{U_d(s)}{U_\omega^*(s)}=\frac{K_pK_kK_q}{(T_ks+1)(T_qs+1)+K_pK_kK_q\alpha}=\frac{\dfrac{K_pK_kK_q}{1+K_pK_kK_q\alpha}}{\dfrac{T_kT_q}{1+K_pK_kK_q\alpha}s^2+\dfrac{T_k+T_q}{1+K_pK_kK_q\alpha}s+1} \tag{3-50}$$

由此可知，系统的时间常数减小，过渡过程加快，炮塔电动机的启动和制动性能变好。其具体过程是：

启动时，控制操纵台电位计的滑臂由中点移到给定位置，此时电机放大机尚未工作，反馈电压 $U_{fd}=0$。根据式（3-46），加到电机放大机控制绕组上的电压为 $u_k=K_pU_\omega^*$。采用反馈控制时系统放大倍数减小，因此要使电机放大机输出同样的端电压 U_d，系统给定电压 U_ω^* 需要比开环状态下大一些。这样一来，电机放大机控制绕组电流上升很快，使电机放大机迅速激磁。随着电压的上升，反馈电压逐渐增大，加到控制绕组上的电压减小，直到 U_d 达到稳定值为止。由于电压上升快，炮塔电动机的电枢电流和电磁转矩迅速增大，其转速也能够很快达到期望值。

制动时，控制操纵台电位计滑臂退回到中点，电压给定 U_{ω}^{*} 减小到零，此时炮塔电动机由于惯性作用仍在旋转，反馈电位计仍然承受与原来方向相同的电压，根据式（3-46），当 $U_{\omega}^{*}=0$ 时，电机放大机控制绕组电压仅由反馈电压产生，即

$$u_{\mathrm{k}}=K_{\mathrm{p}}(U_{\omega}^{*}-\alpha U_{d})=-\alpha K_{\mathrm{p}}U_{d} \tag{3-51}$$

由于 u_{k} 为负，电机放大机反向励磁，产生制动转矩，使炮塔电动机迅速制动。

接下来分析整个电力传动系统的静特性。根据图 3-27 可求得系统传递函数为

$$\omega(s)=\frac{K(s)}{N(s)+D(s)}U_{\omega}^{*}(s)-\frac{N(s)/Js}{N(s)+D(s)}T_{\mathrm{L}}(s) \tag{3-52}$$

式中：

$$N(s)=Js[[(T_{\mathrm{k}}s+1)(T_{\mathrm{q}}s+1)+\alpha K_{\mathrm{p}}K_{\mathrm{k}}K_{\mathrm{q}}](R_{\mathrm{d}}+L_{d}s)+(T_{\mathrm{k}}s+1)(T_{\mathrm{q}}s+1)R_{d\mathrm{ZKK}}]$$

$$K(s)=K_{\mathrm{p}}K_{\mathrm{k}}K_{\mathrm{q}}K_{\mathrm{T}},D(s)=K_{\mathrm{T}}K_{\mathrm{e}}[(T_{\mathrm{k}}s+1)(T_{\mathrm{q}}s+1)+\alpha K_{\mathrm{p}}K_{\mathrm{k}}K_{\mathrm{q}}]$$

令 $s=0$，可以求得采用电压负反馈的电机放大机传动系统静特性方程为

$$\omega=\frac{1}{K_{\mathrm{e}}}\left(\frac{K_{\mathrm{p}}K_{\mathrm{k}}K_{\mathrm{q}}}{1+\alpha K_{\mathrm{p}}K_{\mathrm{k}}K_{\mathrm{q}}}U_{\omega}^{*}-\left(\frac{R_{\mathrm{d}}}{K_{\mathrm{T}}}+\frac{R_{d\mathrm{ZKK}}}{K_{\mathrm{T}}(1+\alpha K_{\mathrm{p}}K_{\mathrm{k}}K_{\mathrm{q}})}\right)T_{\mathrm{L}}\right) \tag{3-53}$$

对比式（3-45），采用电压负反馈可在一定程度上减小扰动力矩引起的转速降落，改善系统的机械特性。但是进一步分析不难发现，这种控制方法只对转速降落中与电机放大机直轴电枢电阻相关联的部分有抑制作用，对炮塔电动机电枢电阻 R_{d} 关联部分没有抑制作用，因此其抑制能力是有限的。这是由控制基本原理决定的，反馈控制只对闭环内的扰动量有抑制作用，R_{d} 在电压反馈闭环之外，因此对其没有抑制作用。反过来，如果要想抑制 R_{d} 的影响，就应该将其包含在闭环之内，也就是将反馈量由电压改为转速，构成转速负反馈控制系统。

3.3.2 转速负反馈控制

1. 基本原理

转速负反馈选取炮塔电动机转速作为反馈量构成反馈控制系统，转速的测量可采用测速发电机、光电编码器等传感器，转速负反馈电机放大机传动系统原理如图 3-29 所示。

图 3-29 中，在炮塔电动机转轴上安装测速发电机，其转速与炮塔电动机同步，因此输出电压 U_{ω} 与炮塔电动机转速 ω 成正比，设其比例系数为 α，即

$U_{\omega}=\alpha\omega$。与电压负反馈控制原理相似，测速发电机电压 U_{ω} 与操纵台给定量 U_{ω}^{*} 进行比较，并由控制器运算后生成控制量，经放大装置放大后产生控制电压 u_{k}，当控制器采用比例控制时，有

$$u_{k}=K_{p}e=K_{p}(U_{\omega}^{*}-U_{\omega})=K_{p}(U_{\omega}^{*}-\alpha\omega) \tag{3-54}$$

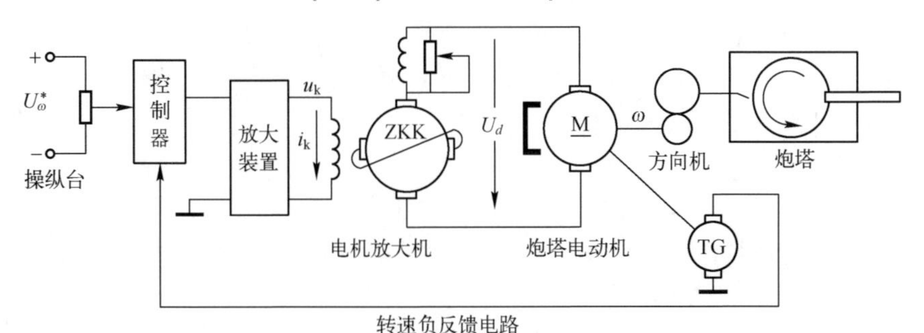

图3-29 转速负反馈电机放大机传动系统原理

此时系统的数学模型见图3-30。

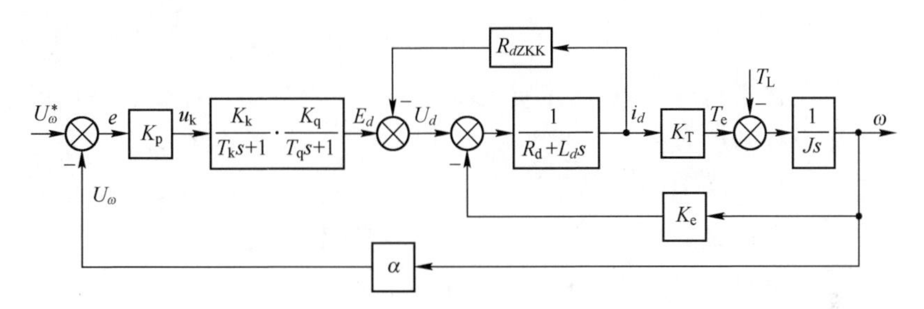

图3-30 转速负反馈电机放大机传动系统模型

2. 系统性能分析

根据图3-30，可求得系统的传递函数为

$$\omega(s)=\frac{K_{p}K_{T}K_{k}K_{q}}{((R_{d}+L_{d}s+R_{dZKK})Js+K_{T}K_{e})(T_{k}s+1)(T_{q}s+1)+\alpha K_{p}K_{T}K_{k}K_{q}}U_{\omega}^{*}(s)-\frac{(R_{d}+L_{d}s+R_{dZKK})(T_{k}s+1)(T_{q}s+1)}{((R_{d}+L_{d}s+R_{dZKK})Js+K_{T}K_{e})(T_{k}s+1)(T_{q}s+1)+\alpha K_{p}K_{T}K_{k}K_{q}}T_{L}(s) \tag{3-55}$$

令 $s=0$，可以求得转速负反馈电机放大机传动系统静特性方程为

$$\omega=\frac{K_{p}K_{k}K_{q}}{K_{e}+\alpha K_{p}K_{k}K_{q}}U_{\omega}^{*}-\frac{R_{d}+R_{dZKK}}{K_{T}K_{e}+\alpha K_{p}K_{T}K_{k}K_{q}}T_{L} \tag{3-56}$$

对比式（3-45）和式（3-56）可知，采用转速负反馈可以很好地减小扰

动力矩引起的转速降落，使得系统的静特性变硬。在同样的负载扰动情况下，开环系统和转速负反馈系统的角速度降落分别为

$$\begin{cases}\Delta\omega_{op}=\dfrac{R_d+R_{dZKK}}{K_T K_e}T_L\\ \Delta\omega_{cl}=\dfrac{R_d+R_{dZKK}}{K_T K_e+\alpha K_p K_T K_k K_q}T_L\end{cases}\tag{3-57}$$

不难求得，它们的关系是

$$\Delta\omega_{cl}=\frac{\Delta\omega_{op}}{1+\alpha K_p K_k K_q/K_e}\tag{3-58}$$

当理想空载角速度相同时，开环系统和转速负反馈系统的静差率满足

$$s_{cl}=\frac{s_{op}}{1+\alpha K_p K_k K_q/K_e}\tag{3-59}$$

进一步，若炮塔电动机的最高转速相同，而对于最低转速要求的静差率也相同，则开环系统和转速负反馈系统的调速范围满足：

$$D_{cl}=(1+\alpha K_p K_k K_q/K_e)D_{op}\tag{3-60}$$

由此可见，当比例系数 K_p 足够大时，采用比例控制转速负反馈可以获得比开环控制系统硬得多的静特性，从而保证在一定静差率要求下，提高系统的调速范围。接下来的问题是：与开环控制系统相比，转速闭环控制系统并没有改变炮塔电动机的电枢回路电阻、电动势系数等固有参数，也即是说炮塔电动机的固有机械特性并没有改变，那么它是如何降低稳态速度降落的呢？为了回答这个问题，可以先画出开环系统的机械特性和转速负反馈系统的静特性，如图 3-31 所示。

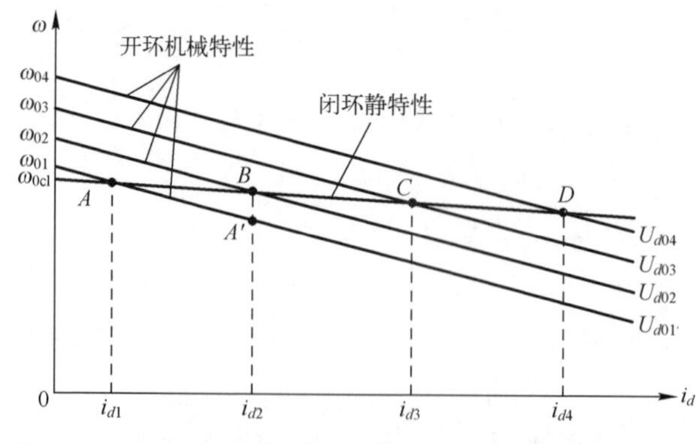

图 3-31　开环系统的机械特性和转速负反馈系统的静特性

在开环系统中，当负载转矩增大时，炮塔电动机电枢电流增大，电枢压降也随之增大，电动机转速沿固有机械特性曲线往下降。闭环系统由于设置有转速反馈装置，转速稍有降落，反馈装置立即就能检测出来，输出的反馈电压信号减小。反馈电压与给定量比较，得到偏差值增大，因此施加到电机放大机控制绕组上的控制量增大，电机放大机输出电压提高，以补偿电枢电阻降落部分的影响，使系统工作在新的机械特性曲线上，因而转速又有所回升。例如，在图3-31中，设原始工作点为A，负载电流为i_{d1}，当负载电流增大到i_{d2}时，开环系统的转速会降至A'点。采用转速负反馈后，由于反馈调节作用，电机放大机输出电压升高到U_{d02}，使工作点转移到B点，稳态速降比开环系统小很多。这样一来，在闭环系统中，增加（或减小）负载时，相应的电枢电压提高（或减小），使得炮塔电动机在新的机械特性下工作。闭环系统的静特性就是这样在多条开环机械特性曲线上各取一个相应的工作点，见图3-31中的点$A,B,C,D,\cdots$，再由这些点连接而成的。由此可见，采用比例控制的转速负反馈系统能够减小稳态速降的实质在于它的自动调节作用，使其能在负载变化时相应地改变电枢电压，以补偿电枢回路电阻压降的影响。

进一步，根据式（3-57），比例系数K_p越大，反馈控制系统的静差率越小。因此，为了减小静差，希望将比例系数设计得足够大，那么能不能无限增大比例系数，不断缩小甚至完全消除静差，实现无静差控制呢？事实上，比例系数的大小除了与稳态误差有关，还会影响系统的稳定性。

当直流电动机电感L_d较小，将其忽略时，根据式（3-55），可得闭环系统的特征方程为

$$((R_d+R_{dZKK})Js+K_TK_e)(T_ks+1)(T_qs+1)+\alpha K_pK_TK_kK_q=0 \tag{3-61}$$

整理可得

$$a_0s^3+a_1s^2+a_2s+a_3=0 \tag{3-62}$$

式中：$a_0=(R_d+R_{dZKK})T_kT_qJ$；$a_1=(R_d+R_{dZKK})(T_k+T_q)J+K_TK_eT_kT_q$；$a_2=(T_k+T_q)K_TK_e+(R_d+R_{dZKK})J$；$a_3=K_TK_e+\alpha K_pK_TK_kK_q$。

根据三阶系统的Routh判据，系统稳定的充分必要条件是：

（1）$a_0>0,a_1>0,a_2>0,a_3>0$。

（2）$\Delta=a_1a_2-a_0a_3>0$。

容易看出，各项系数均为正，条件（1）满足。因此系统稳定条件为

$$\begin{aligned}\Delta &=a_1a_2-a_0a_3\\ &=[(R_d+R_{dZKK})(T_k+T_q)J+K_TK_eT_kT_q][(T_k+T_q)K_TK_e+(R_d+R_{dZKK})J]\\ &\quad-(R_d+R_{dZKK})(K_TK_e+\alpha K_pK_TK_kK_q)T_kT_qJ>0\end{aligned}$$

求解可得

$$K_p < K_{p\_cr} = \frac{[(R_d+R_{dZKK})(T_k+T_q)J+K_T K_e T_k T_q][(R_d+R_{dZKK})J+(T_k+T_q)K_T K_e]}{\alpha(R_d+R_{dZKK})T_k T_q K_T K_k K_q J} - \frac{K_e}{\alpha K_k K_q} \tag{3-63}$$

式中：K_{p_cr}称为系统的临界比例系数。当 $K_p > K_{p_cr}$时，系统不稳定。

上述分析表明，比例控制的转速负反馈炮塔电力传动系统的稳态精度和系统稳定性是相互制约的。比例系数越大，系统稳态误差越小，但是稳定性越差。反过来，减小比例系数会提高系统稳定性，但是其稳态误差也会随之增大。

3. 比例反馈控制规律

回顾前述分析过程不难看出，当转速负反馈系统采用比例控制时，具有以下基本特征：

1）比例反馈控制对系统内部不同通道物理量具有不同的响应特征

为了分析方便，根据系统各环节相互作用关系，可将比例反馈控制系统分为以下三个通道，即反馈闭环内的前向通道和反馈通道，以及反馈闭环外的给定通道，如图 3-32 所示。

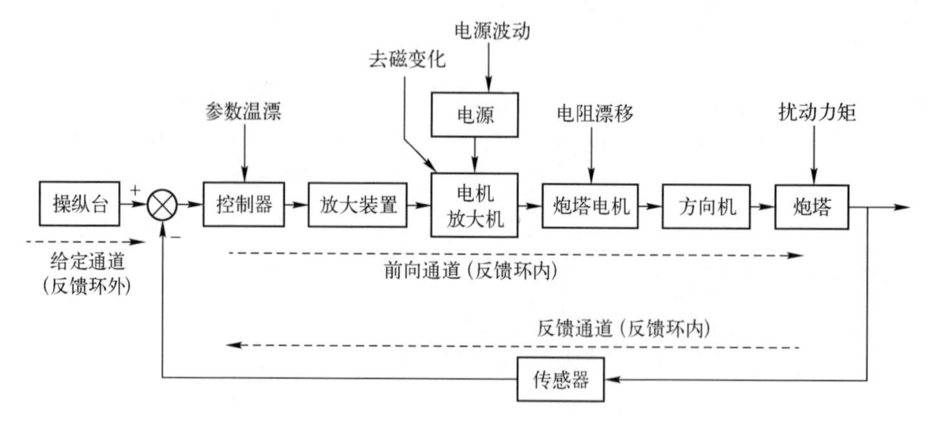

图 3-32　反馈控制对不同通道物理量的响应特征

首先分析反馈闭环内的前向通道，对于作用在前向通道各环节中的所有会引起输出量变化的因素通常都称为“扰动作用”。在前面的分析中，只讨论了扰动力矩这一种扰动作用，除此之外，车载电源的波动、电机放大机的去磁作用变化、炮塔电动机的电枢电阻漂移以及控制器的参数温漂等，都会影响电动机转速，也都会被转速传感器测量出来，再通过反馈控制作用，减小其影响，亦即是反馈控制对反馈环内前向通道的扰动作用具有很好的抑制能力，使得系统呈现出良好的抗扰性能。但是对于反馈通道的误差，则具有完全不同的响应特征，如果传感器受到某种干扰而使得测速信号出现偏差，它非但不能通过反馈控制得到抑制，反而会造成系统控制量波动，恶化控制性能，因此检测装置的精度是保证系统控制性能的重要因素。对于反馈环外的给定信号，它的细微变化都会引起控制量的变化，而不会受到反馈作用的抑制。因此，总的来看，反馈控制的主要功能是：抑制包围在负反馈环内前向通道的扰动作用，同时又紧紧跟随给定作用。

2）比例控制的转速负反馈控制系统是一个有转速静差的控制系统

从前述分析可知，比例控制系统的控制器放大倍数越大，系统的转速控制精度越高，但是放大倍数不能达到无穷大，因此系统的误差始终不能完全消除，这种控制系统称为有静差控制系统。事实上，从式（3-54）可知，系统的控制量是与转速偏差成正比的，而要使系统正常运行，就必须有控制量，要产生控制量，就必须有偏差。因此，从这个角度来看，静差是比例控制的转速负反馈系统的本质特征。

3）比例控制的转速负反馈控制系统的控制精度与稳定性是相互制约的

从前述分析可知，比例控制的转速负反馈炮塔电力传动系统中，比例系数越大，系统稳态误差越小，但是稳定性越差。反过来，减小比例系数会提高系统稳定性，但是其稳态误差也会随之增大。因此，在实际系统中需要根据系统性能要求折中选取比例系数，或者采用其他控制方法，如软反馈控制可以在一定程度上解决上述矛盾。

3.3.3 软反馈控制

含软反馈控制的炮塔电力传动系统原理如图3-33所示。电机放大机上除了控制绕组KZ，还有一套辅助绕组FZ，FZ与电容C相连，电容为软反馈元件。

当电枢电压 U_d 没有变化时，软反馈电路没有电流，即 $i_C=0$。当 U_d 变化时，通过电容C的电流为

$$i_C = C\frac{\mathrm{d}U_d}{\mathrm{d}t} \tag{3-64}$$

此时施加到辅助绕组FZ上的电压为

$$U_F = R_F i_F = R_F C\frac{\mathrm{d}U_d}{\mathrm{d}t} = T_F\frac{\mathrm{d}U_d}{\mathrm{d}t} \tag{3-65}$$

式中：R_F 为辅助绕组的电阻；T_F 为辅助绕组的时间常数，且有 $T_F=R_FC$。

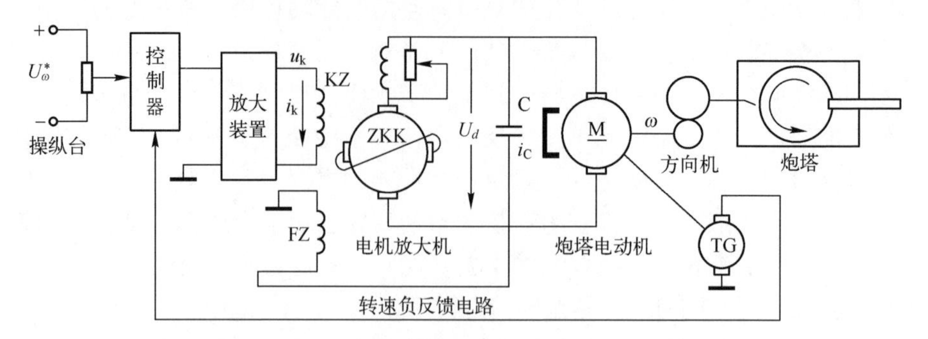

图 3-33　含软反馈控制的炮塔电力传动系统原理

此时，系统的数学模型见图 3-34。

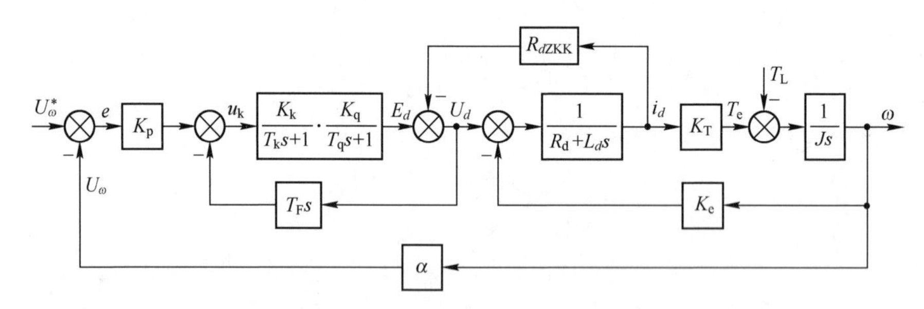

图 3-34　带软反馈的炮塔电力传动系统模型

为了简化分析难度，设电机放大机内阻 R_{dZKK} 和直流电动机的电感 L_d 都很小且可忽略时，系统的传递函数为

$$\omega(s)=\frac{K_pK_kK_qK_T}{[(T_ks+1)(T_qs+1)+K_kK_qT_Fs](R_dJs+K_TK_e)+\alpha K_pK_kK_qK_T}U_\omega^*(s)-\frac{R_d[(T_ks+1)(T_qs+1)+K_kK_qT_Fs]}{[(T_ks+1)(T_qs+1)+K_kK_qT_Fs](R_dJs+K_TK_e)+\alpha K_pK_kK_qK_T}T_L(s)\tag{3-66}$$

令 $s=0$，可以求得带软反馈的炮塔电力传动系统静特性方程为

$$\omega=\frac{K_pK_kK_q}{K_e+\alpha K_pK_kK_q}U_\omega^*-\frac{R_d}{K_TK_e+\alpha K_pK_kK_qK_T}T_L\tag{3-67}$$

进一步，令式（3-66）中 $T_F=0$，可以求得未采用软反馈时系统的传递函数为

$$\omega(s)=\frac{K_pK_kK_qK_T}{(T_ks+1)(T_qs+1)(R_dJs+K_TK_e)+\alpha K_pK_kK_qK_T}U_\omega^*(s)-\frac{R_d(T_ks+1)(T_qs+1)}{(T_ks+1)(T_qs+1)(R_dJs+K_TK_e)+\alpha K_pK_kK_qK_T}T_L(s) \tag{3-68}$$

同样地，令 $s=0$，可以求得未采用软反馈的炮塔电力传动系统静特性方程为

$$\omega=\frac{K_pK_kK_q}{K_e+\alpha K_pK_kK_q}U_\omega^*-\frac{R_d}{K_TK_e+\alpha K_pK_kK_qK_T}T_L \tag{3-69}$$

对比式（3-67）和式（3-69）可以发现：采用软反馈控制不会影响系统的静特性方程，亦即是软反馈控制不影响系统的稳态准确度，它仅在调整过程中起作用，过程完毕后就不再起作用了。

接下来分析系统的稳定性。根据式（3-66），可得系统的闭环特征方程为

$$[(T_ks+1)(T_qs+1)+K_kK_qT_Fs](R_dJs+K_TK_e)+\alpha K_pK_kK_qK_T=0 \tag{3-70}$$

整理可得

$$a_0s^3+a_1s^2+a_2s+a_3=0 \tag{3-71}$$

式中：$a_0=R_dT_kT_qJ$；$a_1=T_kT_qK_TK_e+(T_k+T_q+K_kK_qT_F)R_dJ$；$a_2=(T_k+T_q+K_kK_qT_F)K_TK_e+R_dJ$；$a_3=K_TK_e+\alpha K_pK_TK_kK_q$。

容易看出，$a_0>0,a_1>0,a_2>0,a_3>0$，因此系统稳定条件为

$$\begin{aligned}\Delta&=a_1a_2-a_0a_3\\&=[T_kT_qK_TK_e+(T_k+T_q+K_kK_qT_F)R_dJ][(T_k+T_q+K_kK_qT_F)K_TK_e+R_dJ]\\&\quad-(K_e+\alpha K_pK_kK_q)K_TT_kT_qR_dJ>0\end{aligned}$$

求解可得

$$K_p<K_{p\_cr}=\frac{1}{\alpha K_kK_qK_TT_kT_qJR_d}[(T_k+T_q+K_kK_qT_F)JR_d+T_kT_qK_TK_e]\cdot[JR_d+(T_k+T_q+K_kK_qT_F)K_TK_e]-\frac{K_e}{\alpha K_kK_q} \tag{3-72}$$

同样的方法，可求得未采用软反馈的炮塔电力传动系统稳定条件为

$$K_p<K_{p\_cr}=\frac{[(T_k+T_q)JR_d+T_kT_qK_TK_e][JR_d+(T_k+T_q)K_TK_e]}{\alpha K_kK_qK_TT_kT_qJR_d}-\frac{K_e}{\alpha K_kK_q} \tag{3-73}$$

对比式（3-72）和式（3-73）容易得知，采用软反馈控制可使得系统所允许的比例系数增大，从而为进一步减小系统稳态误差，提高稳态精度提供了可能。

需要说明的是：增加 T_F 虽然使得系统控制器允许的比例系数临界值增

大，但 T_F 过大会使调整时间拖长，因此在选择软反馈控制的参数时，除了系统稳定性和稳态误差等因素，还需考虑其对系统过渡过程的影响。同时看到，采用软反馈控制虽然可以使得系统控制器允许的极限比例系数增大，但是其调节范围仍然是有限的，即比例系数还是不能达到无穷大，因此系统仍然是一个有静差控制系统，如果要实现无静差控制，必须进一步研究新的控制方法，比例积分控制（PI）就是一种典型的无静差控制方法。

3.3.4 比例积分控制规律与无静差控制系统

1. 积分控制规律

如前所述，在采用比例控制的转速负反馈系统中，系统的控制量是与偏差成正比的，而要使系统正常运行，就必须有控制量，要产生控制量，就必须有偏差，这是比例控制系统存在静差的根本原因。反过来，如果要做到无差控制，关键是要做到在偏差消除之后系统还能保持一定的控制量，也就是说，控制量的大小不能只取决于偏差的现状，还要包含偏差的历史积累，应增加积分控制环节。这样一来，当偏差消除时，系统的控制量不会随之变为零，而是保持在一个稳定值，从而驱动炮塔电动机稳定运行，这样就有可能实现转速无静差控制。

对于 3.3.2 节中的转速负反馈系统，若采用积分控制器，则控制量 u_k 是系统偏差 e 的积分，即

$$u_k = \frac{K_p}{\tau_I}\int_0^t e\mathrm{d}t = \frac{K_p}{\tau_I}\int_0^t (U_\omega^* - U_\omega)\mathrm{d}t \tag{3-74}$$

式中：τ_I 为积分项时间常数。

当 e 是阶跃函数时，u_k 按线性规律增长，每一时刻 u_k 的大小是和 e 与横轴所包围的面积成正比的，如图 3-35（a）中斜线框所示。图中，u_{k_cr}是控制器的输出限幅值。对于闭环系统中的积分控制器，e 不是阶跃函数，而是随转速不断变化的。当炮塔电动机启动后，随着转速的不断升高，e 不断减小，但是积分作用使得 u_k 仍然继续增加，只不过其增长不再是线性的，每一时刻 u_k 的大小仍和 e 与横轴所包围的面积成正比，如图 3-35（b）中斜线框所示。在动态过程中，当 e 变化时，只要其极性不变，即只要满足 $U_\omega^* > U_\omega$，积分控制器输出 u_k 就一直增长，直到 $U_\omega^* = U_\omega, e = 0$ 时，u_k 才停止增长而达到其终值 u_{k_cf}。需要说明的是，此时 u_k 不为零，而是终值 u_{k_cf}。如果 $e = 0$ 能够保持下去不再变化，u_k 也就保持在终值 u_{k_cf}而不再变化，这样就实现了无静差控制。

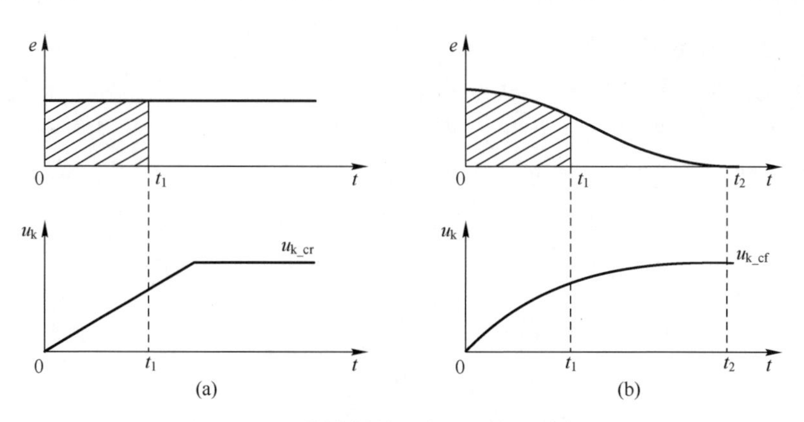

图 3-35 积分控制器的输入和输出动态过程

接下来分析积分控制器的抗扰性能。对于图 3-30 所示的系统，假定其初始状态为稳定运行状态，且有 $U_\omega^*=U_\omega, e=0$，当采用积分控制器时，系统产生稳定的、且不为零的控制量 u_k，驱动炮塔电动机运行，此时有 $T_e=T_L$。当负载转矩 T_L 突然增大时，导致 $T_e<T_L$，电动机转速 ω 下降，U_ω 减小，产生 $e>0$。根据式（3-74），积分控制器输出 u_k 增大，电枢电压 U_d 上升，从而使得转速 ω 在下降一定程度后又回升，直到恢复到初始转速时，误差 e 又重新归零。在新的稳态下，系统控制量和电枢电压均已上升，以克服负载转矩增加，导致电枢电流增大带来的压降，其动态过程如图 3-36 所示。

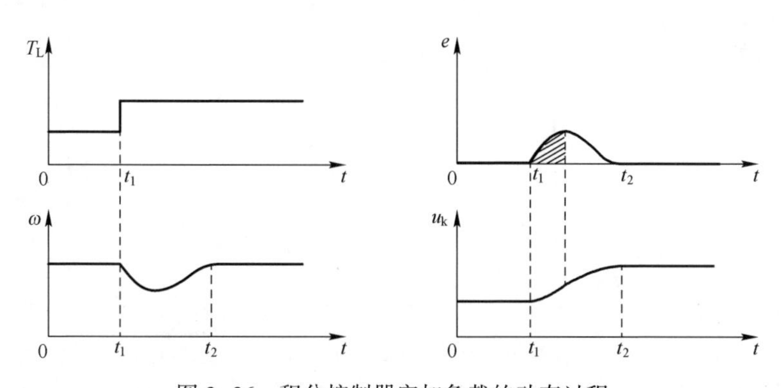

图 3-36 积分控制器突加负载的动态过程

总结上述分析可知，比例控制器的输出只取决于输入偏差量的现状，而积分控制器的输出则包含输入偏差量的全部历史。这样一来，虽然到稳态时 $e=0$，但只要历史上有过偏差 e，其积分就有一定数值，以产生稳态运行所需要的控制电压 u_k，这是积分控制器和比例控制器的根本区别。

2. 比例积分控制规律

积分控制器能够实现无静差控制，但是其控制的快速性不及比例控制器，在同样的阶跃输入作用下，比例控制器可以立即产生响应，而积分控制器的输出则只能逐渐地变化。因此，如果要兼顾稳态精度和动态响应速度，就需要将二者结合起来，构成比例积分控制器，简称 PI 控制器，其表达式为

$$u_{\mathrm{k}}=K_{\mathrm{p}}\left(e+\frac{1}{\tau_{\mathrm{I}}}\int_{0}^{t}e\mathrm{d}t\right)=K_{\mathrm{p}}\left((U_{\omega}^{*}-U_{\omega})+\frac{1}{\tau_{\mathrm{I}}}\int_{0}^{t}(U_{\omega}^{*}-U_{\omega})\mathrm{d}t\right) \tag{3-75}$$

PI 控制器在偏差为方波输入时的输出特性如图 3-37 所示。在 $t=0$ 时刻，突然产生偏差量 e。由于比例部分作用，控制器输出量立即响应，上升至 $u_{\mathrm{k}}=K_{\mathrm{p}}e_0$，实现快速响应，随后按积分规律增长，$u_{\mathrm{k}}=K_{\mathrm{p}}e_0(1+t/\tau_{\mathrm{I}})$。在 $t=t_1$ 时刻，偏差 e 突然降为零，控制器输出为一固定值 $u_{\mathrm{k}}=K_{\mathrm{p}}e_0t_1/\tau_{\mathrm{I}}$，驱动电动机运行，实现无静差控制。由此可见，PI 控制器结合了比例控制和积分控制两种规律的优点，比例部分实现迅速响应，积分部分则最终消除偏差。

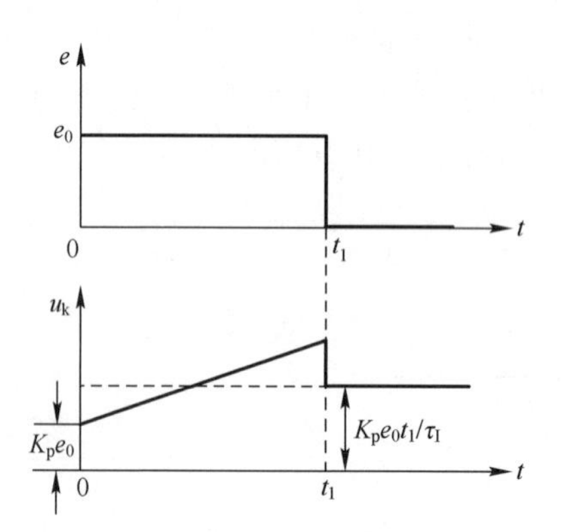

图 3-37　PI 控制器输入-输出特性

接下来考虑其抗扰性能。负载扰动引起偏差 e 变化，设其变化波形如图 3-38 所示，则输出波形中曲线①所示的比例部分与偏差 e 成正比，曲线②所示的积分部分与偏差 e 的积分成正比。而 PI 控制器的输出量是这两部分之和，即①+②。可见，PI 控制器兼具了快速响应和高稳定精度等优点，在电力传动系统中得到了广泛的应用。当然其性能好坏与参数的选取紧密相关，PI 控制参数的工程设计方法将在第 6 章中进行分析。

3. PI 控制的炮塔电力传动系统性能分析

将图 3-30 中比例控制变为 PI 控制器，可得系统的数学模型为图 3-39。

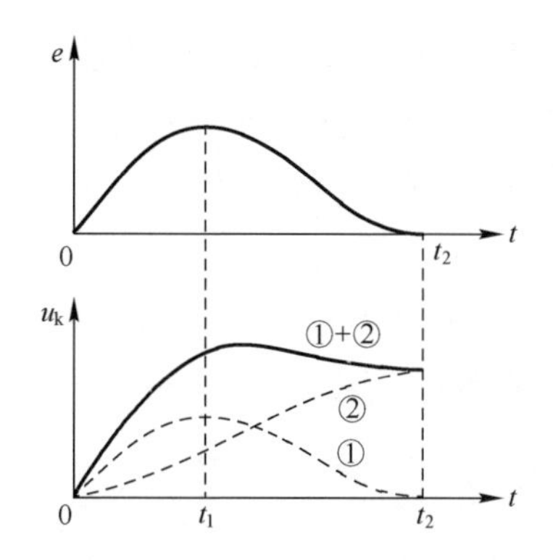

图 3-38　PI 控制器突加负载的响应

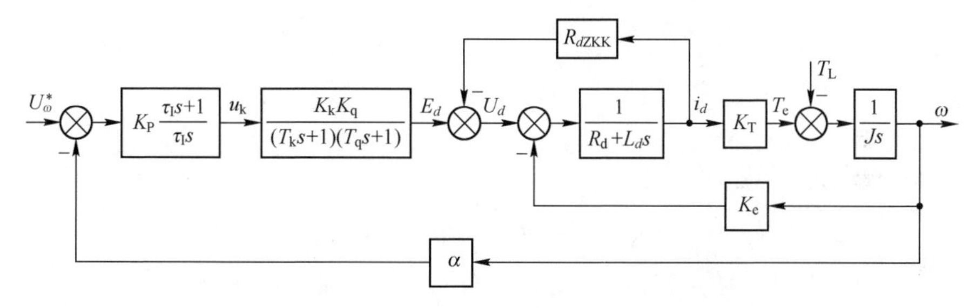

图 3-39　基于 PI 控制的炮塔电力传动系统模型

根据图 3-39，可求得系统的传递函数为

$$\omega(s)=\frac{K_p(\tau_I s+1)K_T K_k K_q U_\omega^*(s)-(R_d+L_d s+R_{dZKK})(T_k s+1)(T_q s+1)\tau_I s T_L(s)}{((R_d+L_d s+R_{dZKK})Js+K_T K_e)(T_k s+1)(T_q s+1)\tau_I s+\alpha K_p(\tau_I s+1)K_T K_k K_q} \tag{3-76}$$

令 $s=0$，可以求得 PI 控制的炮塔电力传动系统静特性方程为

$$\omega=\frac{1}{\alpha}U_\omega^* \tag{3-77}$$

由此可见，系统稳定状态下炮塔电动机转速输出与给定量成正比，比例系数为反馈系数的倒数，即系统输出只与反馈系数相关，与系统参数无关，同时还可以完全抑制扰动力矩影响，实现无静差调速。

系统稳态误差也可以用终值定理进行分析。下面进一步对比分析比例控制器、积分控制器和 PI 控制器的跟随性能与抗扰性能。

可以求得，采用比例控制器时系统的传递函数为

$$\omega(s)=\frac{K_p K_T K_k K_q U_\omega^*(s)-(R_d+L_d s+R_{dZKK})(T_k s+1)(T_q s+1)T_L(s)}{((R_d+L_d s+R_{dZKK})Js+K_T K_e)(T_k s+1)(T_q s+1)+\alpha K_p K_T K_k K_q} \tag{3-78}$$

同样地，采用积分控制器时系统的传递函数为

$$\omega(s)=\frac{K_{p}K_{T}K_{k}K_{q}U_{\omega}^{*}(s)-(R_{d}+L_{d}s+R_{dZKK})(T_{k}s+1)(T_{q}s+1)\tau_{I}sT_{L}(s)}{((R_{d}+L_{d}s+R_{dZKK})Js+K_{T}K_{e})(T_{k}s+1)(T_{q}s+1)\tau_{I}s+\alpha K_{p}K_{T}K_{k}K_{q}} \tag{3-79}$$

首先考虑跟随性能，设式（3-76）、式（3-78）、式（3-79）中 $T_{L}(s)=0$，则可求得采用比例控制器时系统的误差传递函数

$$\begin{aligned}e(s)&=U_{\omega}^{*}(s)-U_{\omega}(s)=U_{\omega}^{*}(s)-\alpha\omega(s)\\&=U_{\omega}^{*}(s)-\frac{\alpha K_{p}K_{T}K_{k}K_{q}U_{\omega}^{*}(s)}{((R_{d}+L_{d}s+R_{dZKK})Js+K_{T}K_{e})(T_{k}s+1)(T_{q}s+1)+\alpha K_{p}K_{T}K_{k}K_{q}}\\&=\frac{((R_{d}+L_{d}s+R_{dZKK})Js+K_{T}K_{e})(T_{k}s+1)(T_{q}s+1)}{((R_{d}+L_{d}s+R_{dZKK})Js+K_{T}K_{e})(T_{k}s+1)(T_{q}s+1)+\alpha K_{p}K_{T}K_{k}K_{q}}U_{\omega}^{*}(s)\end{aligned} \tag{3-80}$$

采用积分控制器时，有

$$e(s)=\frac{((R_{d}+L_{d}s+R_{dZKK})Js+K_{T}K_{e})(T_{k}s+1)(T_{q}s+1)\tau_{I}s}{((R_{d}+L_{d}s+R_{dZKK})Js+K_{T}K_{e})(T_{k}s+1)(T_{q}s+1)\tau_{I}s+\alpha K_{P}K_{T}K_{k}K_{q}}U_{\omega}^{*}(s) \tag{3-81}$$

采用 PI 控制器时，有

$$e(s)=\frac{((R_{d}+L_{d}s+R_{dZKK})Js+K_{T}K_{e})(T_{k}s+1)(T_{q}s+1)\tau_{I}s}{((R_{d}+L_{d}s+R_{dZKK})Js+K_{T}K_{e})(T_{k}s+1)(T_{q}s+1)\tau_{I}s+\alpha K_{p}(\tau_{I}s+1)K_{T}K_{k}K_{q}}U_{\omega}^{*}(s) \tag{3-82}$$

在阶跃给定输入时，$U_{\omega}^{*}(s)=U_{\omega}^{*}/s$。当系统稳定时，利用终值定理，根据式（3-80），可得采用比例控制器时系统的稳态误差为

$$\begin{aligned}e&=\lim_{s\to0}s\cdot e(s)=\lim_{s\to0}s\cdot\frac{((R_{d}+L_{d}s+R_{dZKK})Js+K_{T}K_{e})(T_{k}s+1)(T_{q}s+1)}{((R_{d}+L_{d}s+R_{dZKK})Js+K_{T}K_{e})(T_{k}s+1)(T_{q}s+1)+\alpha K_{p}K_{T}K_{k}K_{q}}\cdot\frac{U_{\omega}^{*}}{s}\\&=\frac{U_{\omega}^{*}}{1+\alpha K_{p}K_{k}K_{q}/K_{e}}\end{aligned} \tag{3-83}$$

同样地，采用积分控制器时，有

$$e=\lim_{s\to0}s\cdot\frac{((R_{d}+L_{d}s+R_{dZKK})Js+K_{T}K_{e})(T_{k}s+1)(T_{q}s+1)\tau_{I}s}{((R_{d}+L_{d}s+R_{dZKK})Js+K_{T}K_{e})(T_{k}s+1)(T_{q}s+1)\tau_{I}s+\alpha K_{P}K_{T}K_{k}K_{q}}\cdot\frac{U_{\omega}^{*}}{s}=0 \tag{3-84}$$

采用PI控制器时，有

$$e=\lim_{s\to 0} s\cdot\frac{((R_{\mathrm{d}}+L_{d}s+R_{d\mathrm{ZKK}})Js+K_{\mathrm{T}}K_{\mathrm{e}})(T_{\mathrm{k}}s+1)(T_{\mathrm{q}}s+1)\tau_{\mathrm{I}}s}{((R_{\mathrm{d}}+L_{d}s+R_{d\mathrm{ZKK}})Js+K_{\mathrm{T}}K_{\mathrm{e}})(T_{\mathrm{k}}s+1)(T_{\mathrm{q}}s+1)\tau_{\mathrm{I}}s+\alpha K_{\mathrm{p}}(\tau_{\mathrm{I}}s+1)K_{\mathrm{T}}K_{\mathrm{k}}K_{\mathrm{q}}}\cdot\frac{U_{\omega}^{*}}{s}=0 \tag{3-85}$$

综上分析，在稳态情况下，采用比例控制时，炮塔电力传动系统是一个有静差系统，静差大小与比例系数有关，提高比例系数可减小稳态误差，但是允许的最大比例系数受系统稳定性制约，采用积分控制和PI控制可使其成为无静差系统。

接下来分析抗扰性能。令$U_{\omega}^{*}(s)=0$，可求得采用比例控制器时系统的误差传递函数为

$$e(s)=\frac{(R_{\mathrm{d}}+L_{d}s+R_{d\mathrm{ZKK}})(T_{\mathrm{k}}s+1)(T_{\mathrm{q}}s+1)}{((R_{\mathrm{d}}+L_{d}s+R_{d\mathrm{ZKK}})Js+K_{\mathrm{T}}K_{\mathrm{e}})(T_{\mathrm{k}}s+1)(T_{\mathrm{q}}s+1)+\alpha K_{\mathrm{p}}K_{\mathrm{T}}K_{\mathrm{k}}K_{\mathrm{q}}}T_{\mathrm{L}}(s) \tag{3-86}$$

同样地，采用积分控制器时，有

$$e(s)=\frac{(R_{\mathrm{d}}+L_{d}s+R_{d\mathrm{ZKK}})(T_{\mathrm{k}}s+1)(T_{\mathrm{q}}s+1)\tau_{\mathrm{I}}s}{((R_{\mathrm{d}}+L_{d}s+R_{d\mathrm{ZKK}})Js+K_{\mathrm{T}}K_{\mathrm{e}})(T_{\mathrm{k}}s+1)(T_{\mathrm{q}}s+1)\tau_{\mathrm{I}}s+\alpha K_{\mathrm{p}}K_{\mathrm{T}}K_{\mathrm{k}}K_{\mathrm{q}}}T_{\mathrm{L}}(s) \tag{3-87}$$

采用PI控制器时，有

$$e(s)=\frac{(R_{\mathrm{d}}+L_{d}s+R_{d\mathrm{ZKK}})(T_{\mathrm{k}}s+1)(T_{\mathrm{q}}s+1)\tau_{\mathrm{I}}s}{((R_{\mathrm{d}}+L_{d}s+R_{d\mathrm{ZKK}})Js+K_{\mathrm{T}}K_{\mathrm{e}})(T_{\mathrm{k}}s+1)(T_{\mathrm{q}}s+1)\tau_{\mathrm{I}}s+\alpha K_{\mathrm{p}}(\tau_{\mathrm{I}}s+1)K_{\mathrm{T}}K_{\mathrm{k}}K_{\mathrm{q}}}T_{\mathrm{L}}(s) \tag{3-88}$$

当扰动力矩为阶跃信号时，$T_{\mathrm{L}}(s)=T_{\mathrm{L}}/s$。利用终值定理，可得采用比例控制器时系统的稳态误差为

$$\begin{aligned}e&=\lim_{s\to 0} s\cdot e(s)=\lim_{s\to 0} s\cdot\frac{(R_{\mathrm{d}}+L_{d}s+R_{d\mathrm{ZKK}})(T_{\mathrm{k}}s+1)(T_{\mathrm{q}}s+1)}{((R_{\mathrm{d}}+L_{d}s+R_{d\mathrm{ZKK}})Js+K_{\mathrm{T}}K_{\mathrm{e}})(T_{\mathrm{k}}s+1)(T_{\mathrm{q}}s+1)+\alpha K_{\mathrm{p}}K_{\mathrm{T}}K_{\mathrm{k}}K_{\mathrm{q}}}\cdot\frac{T_{\mathrm{L}}}{s}\\&=\frac{(R_{\mathrm{d}}+R_{d\mathrm{ZKK}})T_{\mathrm{L}}}{K_{\mathrm{T}}K_{\mathrm{e}}+\alpha K_{\mathrm{p}}K_{\mathrm{T}}K_{\mathrm{k}}K_{\mathrm{q}}}\end{aligned} \tag{3-89}$$

同样地，采用积分控制器时，有

$$e=\lim_{s\to 0} s\cdot\frac{(R_{\mathrm{d}}+L_{d}s+R_{d\mathrm{ZKK}})(T_{\mathrm{k}}s+1)(T_{\mathrm{q}}s+1)\tau_{\mathrm{I}}s}{((R_{\mathrm{d}}+L_{d}s+R_{d\mathrm{ZKK}})Js+K_{\mathrm{T}}K_{\mathrm{e}})(T_{\mathrm{k}}s+1)(T_{\mathrm{q}}s+1)\tau_{\mathrm{I}}s+\alpha K_{\mathrm{p}}K_{\mathrm{T}}K_{\mathrm{k}}K_{\mathrm{q}}}\cdot\frac{T_{\mathrm{L}}}{s}=0 \tag{3-90}$$

采用PI控制器时，有

$$e=\lim_{s\to 0} s\cdot\frac{(R_{\mathrm{d}}+L_d s+R_{d\mathrm{ZKK}})(T_{\mathrm{k}}s+1)(T_{\mathrm{q}}s+1)\tau_{\mathrm{I}}s}{((R_{\mathrm{d}}+L_d s+R_{d\mathrm{ZKK}})Js+K_{\mathrm{T}}K_{\mathrm{e}})(T_{\mathrm{k}}s+1)(T_{\mathrm{q}}s+1)\tau_{\mathrm{I}}s+\alpha K_{\mathrm{p}}(\tau_{\mathrm{I}}s+1)K_{\mathrm{T}}K_{\mathrm{k}}K_{\mathrm{q}}}\cdot\frac{T_{\mathrm{L}}}{s}$$
$$=0 \tag{3-91}$$

综上分析，对于比例控制的炮塔电力传动系统，存在扰动引起的稳态误差，采用积分控制和PI控制时，阶跃扰动引起的稳态误差为零。

3.4 电机放大机炮塔电力传动系统的应用

3.4.1 某炮塔电力传动系统结构组成

某坦克炮塔电力传动系统由炮塔电动机、电机放大机、配电盒（控制盒）、目标指示器、操纵台等组成，各部件在炮塔内部的安装位置如图3-40所示。

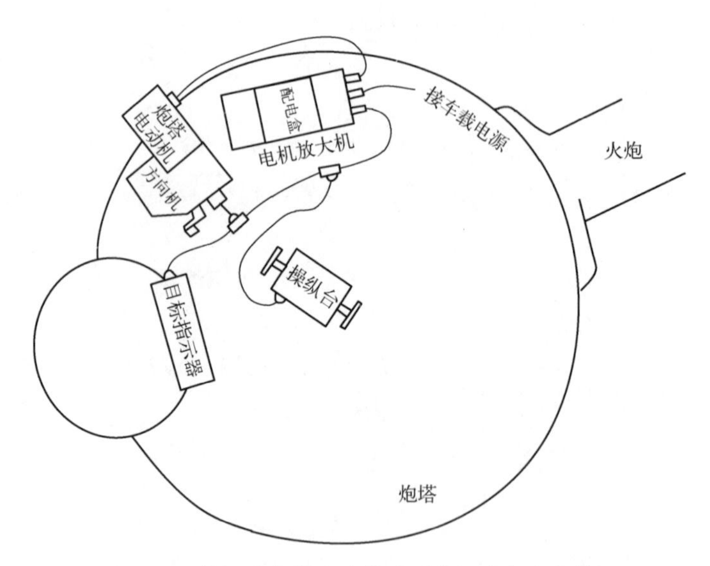

图3-40 某坦克炮塔电力传动系统组成与安装位置

配电盒（控制盒）用于实现系统的状态采集、反馈控制以及系统通电和启动等逻辑控制。目标指示器、操纵台用于实现系统的操纵，当炮塔电传装置接通电源后，炮长和车长都能对其进行操纵，炮长可以用操纵台控制电力传动装置，使炮塔以相应的速度在水平向旋转，用以转移火力和瞄准目标。车长则可以通过目标指示器控制系统，使炮塔以最大速度旋转，转移火力，给炮长指示目标。

3.4.2 系统工作原理与反馈控制

某型炮塔电力传动系统原理如图3-41所示。图中，M为炮塔电动机，ZKK为电机放大机，JJ为极化继电器，KD为操纵台滑臂。当操纵台转动时，控制滑臂在电位计上移动，可产生给定电压 U_{ω}^{*} 施加到极化继电器ZX绕组上，其等效电路如图3-42（a）所示。容易求得

$$U_{\omega}^{*}=\frac{R_{\mathrm{kd}}-r_{x}}{2R_{\mathrm{kd}}}U \tag{3-92}$$

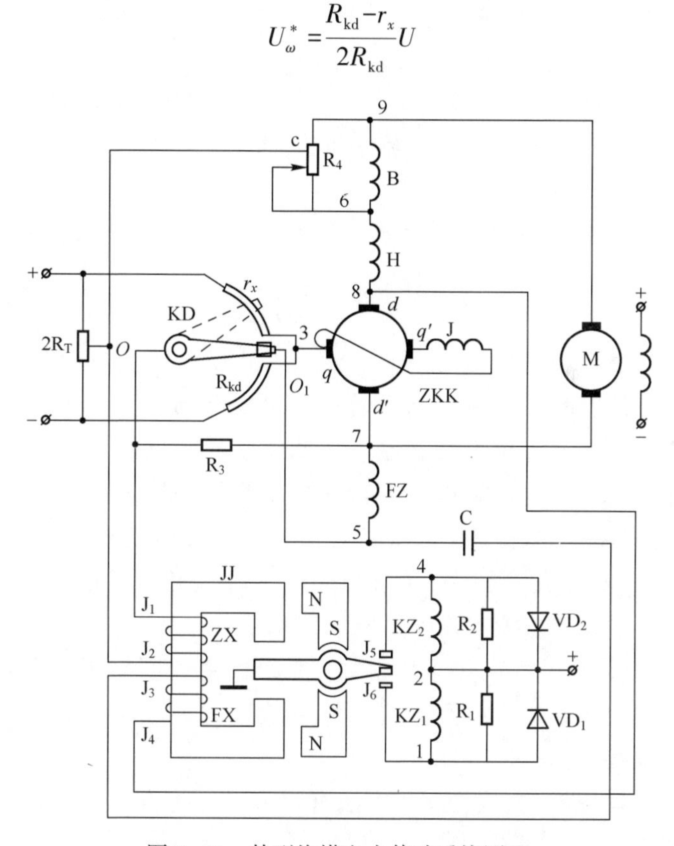

图3-41　某型炮塔电力传动系统原理

为了提高控制性能，系统综合采用了转速负反馈、电压负反馈和软反馈控制。转速反馈控制系统中通常都需要有转速反馈信号构成闭环控制，以提

高系统控制性能。但该坦克炮塔电力传动系统的炮塔电动机中无测速机构，因此图 3-41 中炮塔电动机的转速反馈信号并不是通过转速传感器获取的，而是采用测量电机放大机交轴电刷 q 点与补偿调整电阻 R_4 上 c 点之间的电压差 U_{cq} 估算的方法得到的。当 c 点选取合适时，U_{cq} 可以与炮塔电动机转速成正比，故 U_{cq} 有时也称为转速反馈电压。

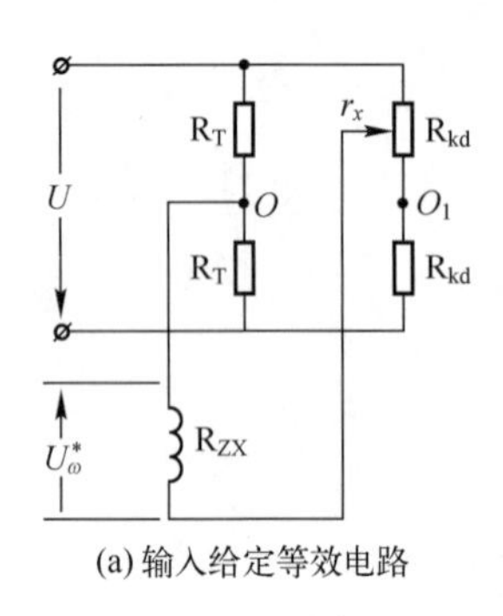

(a) 输入给定等效电路

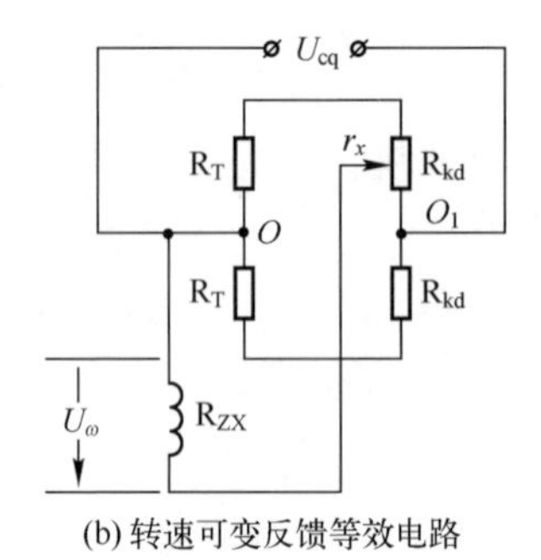

(b) 转速可变反馈等效电路

图 3-42　系统控制环节等效电路

进一步，考虑到转速负反馈等效电路如图 3-42（b）所示，可计算得

$$U_{\omega}=\alpha U_{cq}=-\frac{R_T+r_x}{R_T+R_{kd}}U_{cq} \tag{3-93}$$

式中：r_x 随操纵台转动角度大小而变化，因此反馈系数 α 也是一个随给定大小不断变化的变量，这种反馈通常称为可变反馈，其作用是使得系统更加易于操作。从前述分析可知，炮塔转动速度的高低是由操纵台转动角度的大小来控制的，因此希望操纵台转动角度与炮塔给定速度之间的关系满足易于操作的要求，根据一般操纵的习惯，希望其按照图 3-43 所示的非线性“操/瞄”曲线变化。图中，θ_{CZT} 为操纵台转动角度，U_{ω}^* 为系统给定速度，为了防止误动作，图中设置了 OA 段死区，AC 段为操控区，CD 段为给定饱和区。当转动角度 θ_{CZT} 在 AC 段时，系统给定速度与转动角度为非线性关系，低速时比例系数小，高速时比例系数增大，这样在低速段就能够容易地实现精确跟踪操作。

非线性“操/瞄”曲线的实现方法有很多，最为直接的就是将操纵台的电位器按照理想曲线设计、制造，但是其工序复杂，成本较高，因此在实际炮塔电力传动系统中，操纵台的电位器仍采用普通线性电位器，即利用图 3-42（b）所示的可变反馈电路来实现。

电压负反馈是通过 R_3 构成的回路来实现的，它可以将电机放大机电压反馈到ZX绕组上，与转速负反馈不同的是：电压负反馈的反馈系数是固定的。软反馈回路是由电容C和辅助绕组FZ组成的，其工作原理在3.3.3节进行了详细分析，此处不再赘述。

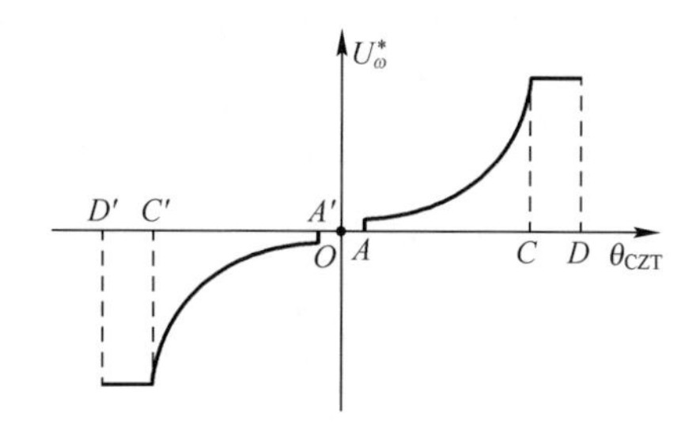

图3-43　操纵台转角与炮塔给定速度之间的关系

需要补充说明的是：由于辅助绕组FZ和控制绕组KZ_1、KZ_2都位于电机放大机直轴方向的磁极上，产生直轴方向的磁通，各绕组之间存在互感作用，这种互感作用有利于提高极化继电器触点振动频率。例如，当极化继电器ZX绕组中通过J_1到J_2方向的电流时，触点J_6闭合，控制绕组KZ_1中的电流增大，由于互感作用，辅助绕组FZ中产生感应电势，这个电势加到极化继电器FX绕组上，产生的磁通方向与ZX绕组电流产生的磁通方向相反，极化继电器铁芯迅速退磁，因而使触点J_6分离。分离后，控制绕组KZ_1中的电流减小，与前类似，由于互感作用，又会使得极化继电器铁芯迅速增磁，触点J_6再次闭合。这种互感作用可以使得触点振动频率由原来的10Hz左右提高到100Hz以上。

3.4.3　炮塔电力传动系统的改进设计

如前所述，采用辅助绕组可有效地提高极化继电器触点振动频率，但仍然难以满足系统低速运动平稳性要求，因此其改进型炮塔电力传动系统采用绕组PWM控制装置，系统结构原理如图3-44所示。其中，绕组PWM控制器由滤波放大电路、可变反馈电路、PI运算电路、三角波发生电路、比较电路、脉冲分配电路和功率放大电路组成，其原理如图3-45所示。对比图3-41可以发现，改进型炮塔电力传动系统在系统转速信号获取方式、可变反馈电路、反馈控制器结构等方面都发生了根本变化。

1. 电压/电流测速反馈原理

在改进型炮塔电力传动系统中，转速信号的获取是利用炮塔电动机反电势E_a与转速ω成正比的关系，即$E_a = C_e \Phi n = 30 C_e \Phi \omega / \pi$，构建了电压测速反馈电路，即利用反电势 E_a 作为反馈量，从而免去了加装测速机构的困难。反电势 E_a 等于炮塔电动机的端电压 U_d 减去电枢电路的电阻压降 $R_d i_d$，即 $E_a = U_d - R_d i_d$，因此通过检测电压 U_d 电枢电流 i_d 可以计算获得反电势 E_a，从而估算转速 ω。这就是电压/电流测速反馈电路的基本原理，当然这种估算方法的精度会受到电枢电阻等参数变化的影响，因此转速反馈控制的性能也会受到一定程度的制约。这种控制结构也可以看作电压负反馈加上电流扰动前馈构成的复合控制。

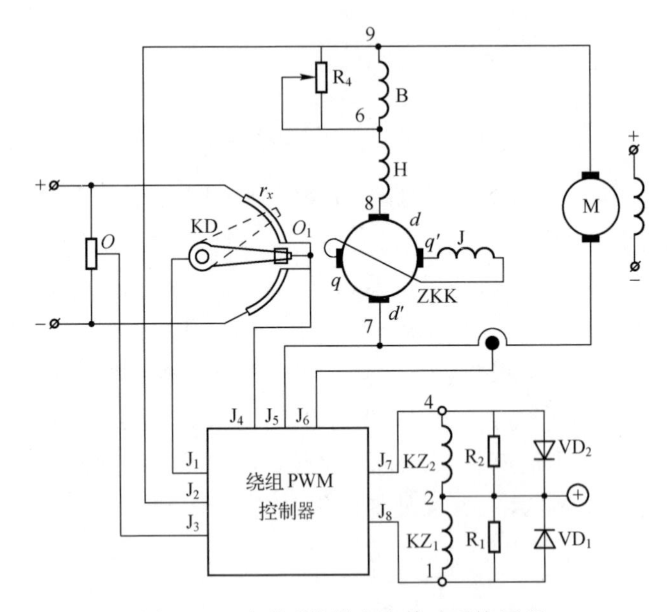

图 3-44 改进型炮塔电力传动系统原理

2. 可变反馈电路

改进型炮塔电力传动系统的可变反馈电路由集成运算放大器 U_4、U_5、三极管 T_1、T_2，以及相关电阻构成的电路实现，其输入-输出关系可近似为指数函数。

3. 控制电路

从前述分析可知，图 3-41 中采用的转速负反馈、电压负反馈和软反馈控制均属于有静差控制。为了进一步提高控制性能，改进型炮塔电力传动系统采用了集成运算放大器 U_3 及其外围电路构成的 PI 运放电路，改变 W_2 和 C_{21} 的大小可以调整系统的比例系数 K_p 和积分时间常数 τ_1，从而调节系统控制性能。

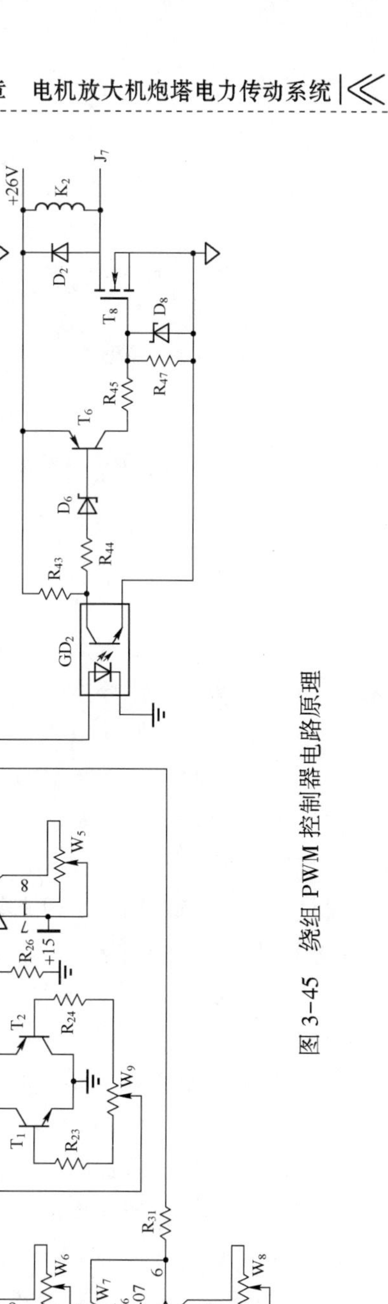

图 3-45　绕组 PWM 控制器电路原理

第 4 章

直流 PWM 控制武器驱动系统

电机放大机炮塔电力传动系统可靠性高，环境适应性好，适合装甲车辆内部空间小、工作环境恶劣、冲击振动严重等应用条件，因此在传统坦克中得到广泛应用，但是电机放大机的体积质量大，变换效率低，且工作过程中存在很大的噪声。随着电力电子技术的发展，特别是大功率全控型电力电子器件的问世和量产，采用电力电子器件构成的静止功率变换装置逐渐替代了旋转功率变换装置，直流 PWM 变换器-直流电动机系统（简称直流 PWM 控制系统）陆续应用于装甲车辆的武器驱动控制领域，且一般高低向和水平向均采用直流 PWM 控制系统，实现全电驱动控制，从而很好地克服了电液式驱动控制系统存在的效率低、噪声大、容易发热、维修困难，以及容易引发“二次效应”等问题。

从系统结构看，本章涉及的“PWM 控制”与第 3 章中的“绕组 PWM 控制”的区别在于：“绕组 PWM 控制”是施加在电机放大机控制绕组端的，控制的功率较小，而本章的 PWM 控制是施加在直流电动机电枢两端的，控制的功率大，因此器件功率损耗、电流脉动、电动机转矩波动及其效率等问题凸显出来，成为系统分析设计的重要工作；此外，电机放大机控制绕组可以用电阻和电感等效，即可看作无源负载，直流电动机电枢中除了电阻和电感，还有电动势，是有源负载，因此其设计还需考虑能量的双向流动问题。

本章首先对直流 PWM 控制武器驱动系统的基本结构、脉宽调制器设计以及系统建模进行分析；在此基础上讨论转速-电流双闭环控制原理，这种控制结构是第 3 章单闭环控制的进一步深入；最后探讨系统的转矩脉动和低速“爬行”问题，并介绍直流 PWM 控制系统的应用及其数字控制相关技术。

4.1 系统基本结构与工作原理

4.1.1 系统结构组成

直流 PWM 控制武器驱动系统的开环控制结构如图 4-1 所示，包括水平向和高低向两个分系统。两个分系统共用操纵台和武器控制组合（即控制器），不考虑反馈环节作用时，水平向分系统还有调制装置、直流脉宽调制变换器、水平向电动机、方向机等装置，用来实现功率转换和动力传递，控制炮塔按照期望给定转动；高低向分系统原理与水平向相似，只是驱动功率相对较小，同时其动力传动采用高低机或丝杠等装置，用以驱动武器组运动。

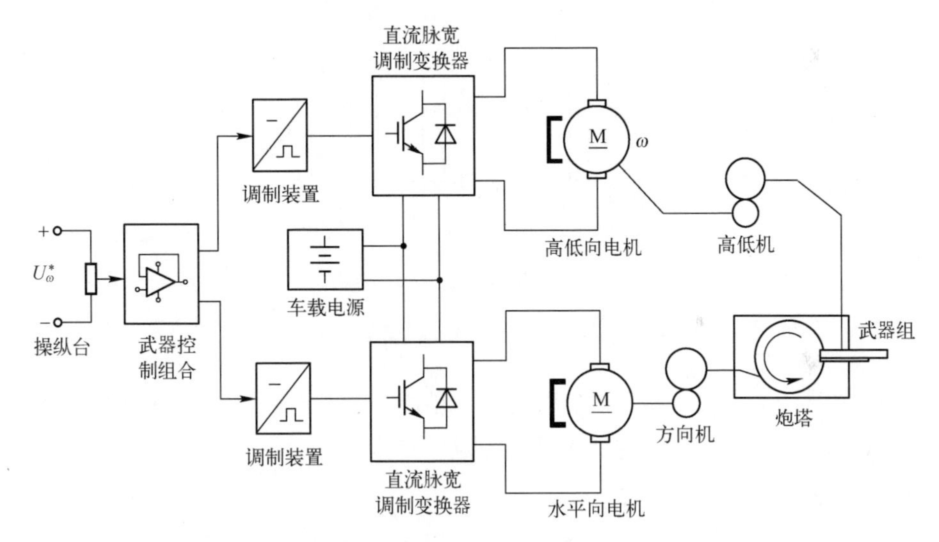

图 4-1　直流 PWM 控制武器驱动系统的开环控制结构

系统主要性能指标与第 3 章相似，主要由最大调炮速度、最低瞄准速度等稳态指标和上升时间、调节时间、超调量等动态指标组成，本章将围绕如何进一步改善控制性能，降低最低平稳速度和优化系统动态响应过程，开展武器驱动系统部件设计与控制方法分析。

4.1.2 直流脉宽调制变换器

直流脉宽调制变换器（有时也简称直流 PWM 变换器）的作用是：用脉冲宽度调制的方法控制直流斩波器，将恒定的直流电源电压调制成频率一定、宽度可变的脉冲电压序列，从而改变平均输出电压的大小，以调节电动机转速。PWM 变换器的电路有多种形式，总体上可分为不可逆变换器和可逆变换器两大类，第 1 章图 1-12（a）中采用的就是降压斩波器构成的不可逆 PWM 变换器。当电力电子器件选用 IGBT 时，其结构如图 4-2（a）所示。

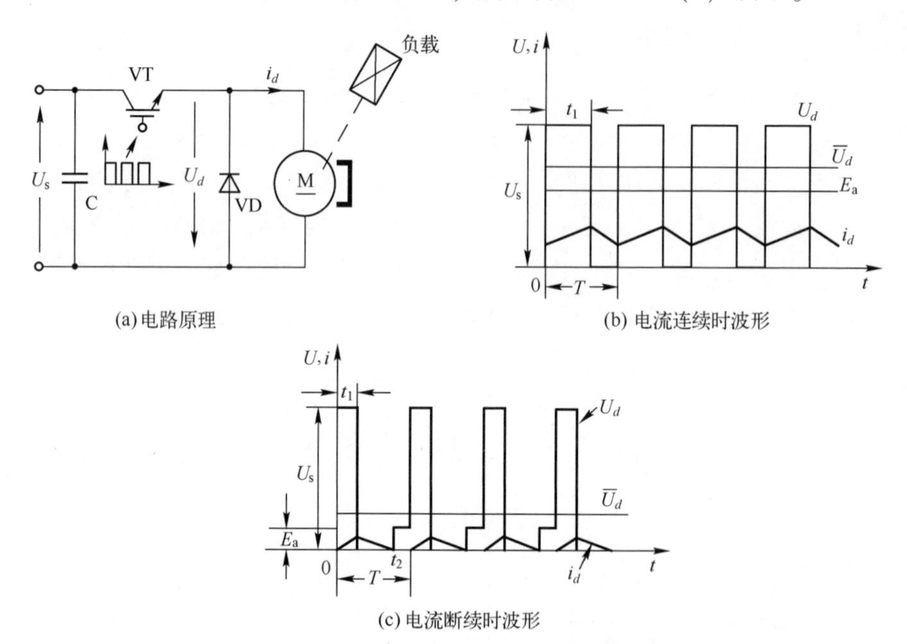

图 4-2　不可逆 PWM 变换器-直流电动机系统

如图 4-2 所示，VT 在一个周期内有导通和关断两种状态，在 $0 \leqslant t < t_1$ 阶段，VT 导通，车载电源 U_s 加到电动机上，电流 i_d 上升（以图中标示的方向为正方向），且有

$$U_d = U_s = R_d i_d + L_d \frac{di_d}{dt} + E_a \tag{4-1}$$

在 $t_1 \leqslant t < T$ 阶段，VT 关断，电源 U_s 与电动机断开，电动机电枢端电压为零，电流 i_d 通过 VD 续流，幅值不断下降。且有

$$U_d = 0 = R_d i_d + L_d \frac{di_d}{dt} + E_a \tag{4-2}$$

当控制占空比较大时，变换器输出平均电压较高，一个周期内电流连续，其波形如图 4-2（b）所示。此时电动机电压平均值为

$$\overline{U}_d = \frac{t_1}{T} U_s = \rho U_s \tag{4-3}$$

当控制占空比较小时，在 VT 断开期间续流电流很小，可能出现断流现象，如图 4-2（c）中的 $t_2 \sim T$ 时刻 $i_d=0$。此时

$$U_d=E_{\mathrm{a}} \tag{4-4}$$

因此，一个周期内电动机电压平均值为

$$\overline{U}_d=\frac{t_1}{T}U_{\mathrm{s}}+\frac{T-t_2}{T}E_{\mathrm{a}}=\rho U_{\mathrm{s}}+\frac{T-t_2}{T}E_{\mathrm{a}} \tag{4-5}$$

对比式（4-3），电流断续会导致电动机两端的平均电压被抬高，这是图 4-2（a）所示的变换器结构的缺点之一。此外，这种结构中电枢电流 i_d 始终为正方向，不能反向流动，因此不能产生反向制动力矩，电动机只能工作在电动状态（即工作在第一象限），而无法实现回馈制动（即工作在第二象限），难以满足武器驱动控制要求。

反过来，要实现回馈制动，就需要提供反向电流通道，将电动机侧能量传递到电源侧，此时电动机的电势 E_{a} 低于电源电压 U_{s}，因此一般需要采用升压斩波电路实现能量变换，采用升压斩波器构成的反向电流 PWM 变换器拓扑如图 4-3（a）所示。

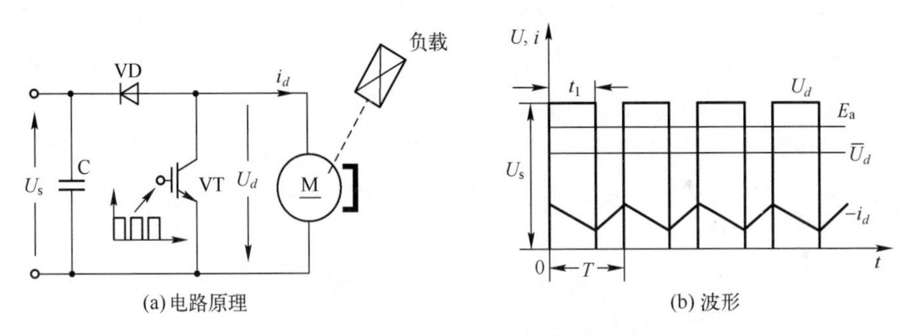

图 4-3　反向电流 PWM 变换器-直流电动机系统

同样地，VT 在一个周期内有导通和关断两种状态，当 i_d 以图 4-3（a）中标示的方向为正方向时，在 VT 导通阶段（即 $t_1 \leqslant t<T$ 阶段），电流 i_d 幅值增大，且有

$$0=R_{\mathrm{d}}i_d+L_d\frac{\mathrm{d}i_d}{\mathrm{d}t}+E_{\mathrm{a}} \tag{4-6}$$

在 VT 断开阶段（即 $0 \leqslant t<t_1$ 阶段），电枢电流通过 VD 向电源反馈能量，电流 i_d 幅值下降，且有

$$U_{\mathrm{s}}=R_{\mathrm{d}}i_d+L_d\frac{\mathrm{d}i_d}{\mathrm{d}t}+E_{\mathrm{a}} \tag{4-7}$$

一个周期内电流连续时的波形如图 4-3（b）所示，当控制占空比较小时也会出现断流现象，其原理与降压斩波器类似。

综合上述分析，如果要电动机能够同时工作在电动和制动状态，可以将升压斩波器和降压斩波器组合起来，构成电流可逆 PWM 变换器-直流电动机系统，如图 4-4 所示。

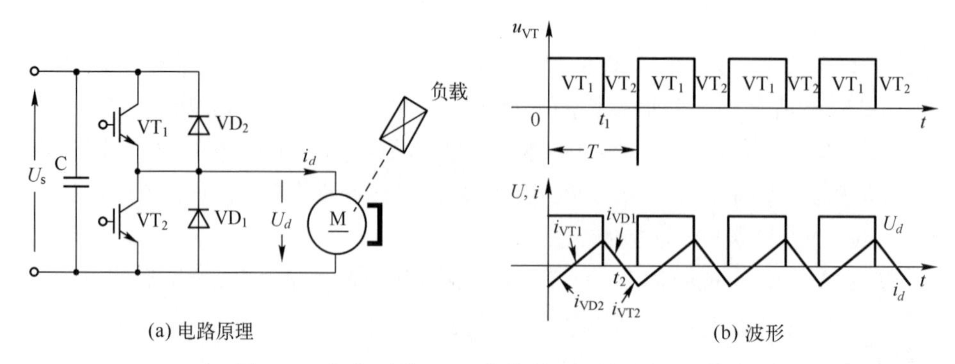

(a) 电路原理　　(b) 波形

图 4-4　电流可逆 PWM 变换器-直流电动机系统

在图 4-4 中，VT_1 和 VD_1 构成降压斩波电路，由车载电源向直流电动机供电，此时电动机工作在电动状态（即工作在第一象限）；VT_2 和 VD_2 构成升压斩波电路，把直流电动机的能量回馈到车载电源，此时电动机处于再生制动状态（即工作在第二象限）。需要注意的是：如果 VT_1 和 VT_2 同时导通，将导致电源短路，损坏电路中的开关器件或者电源，因此在实际系统中需防止出现“直通”现象。

在控制电动机运行时，可以在电动状态时始终保持 VT_2 处于关断状态，通过控制 VT_1 的通断实现转速调节，制动状态时始终保持 VT_1 处于关断状态，控制 VT_2 的通断实现转速调节。这种控制方式原理简单，系统工作状态与前面分析的独立降压斩波电路和升压斩波电路相同，因此仍然不能克服控制占空比较小时系统存在的“断流”问题。

为此，实际工程实践中，通过控制 VT_1 和 VT_2，使其在一个周期内交替地作为降压斩波电路和升压斩波电路工作。如图 4-4（b）所示，在 $0 \sim t_1$ 时刻 VT_1 驱动电压为正，VT_2 驱动电压为负，在 $t_1 \sim T$ 时刻 VT_2 驱动电压为正，VT_1 驱动电压为负。在这种控制方式下，当处于电动状态时：

（1）如果需要的转速较高，控制占空比较大，在 $0 \sim t_1$ 期间，VT_1 导通，VT_2 断开，当 i_d 以图 4-4（a）中标示的方向为正方向时，电流为正，在 $t_1 \sim T$ 时刻 VT_1 断开，VT_2 虽然施加的驱动电压为正，但是却不能立即导通（因为

电流 i_d 经 VD_1 续流，若不出现断流，则会通过在 VD_1 两端产生的压降给 VT_2 施加反压，使其不导通)，即是说工作过程中 VT_1 和 VD_1 交替导通，电流、电压波形与图4-2（b）一致。

（2）如果需要的转速较低时，控制占空比较小，电流 i_d 经 VD_1 续流时出现断流（如图4-4（b）中 t_2 时刻），此时 VD_1 两端的压降为零，VT_2 导通，使电流反向，产生局部时间的制动作用。这样一来，当电动机低速运行时，电流可以在正负之间脉动。从而避免图4-2（a）结构中因“断流”造成的电动机两端的平均电压被抬高的问题，提高控制精度。对于制动情形分析与之类似。

电流可逆PWM变换器虽然可使电动机的电枢电流双方向流动，但是其所能提供的电压极性仍然是单向的，因此电动机仍不能反向运行。对于武器驱动系统来说，要求电动机能够灵活地实现正反转，为此，可按前面类似的方法，将两个电流可逆PWM变换器再组合起来，分别向电动机提供正向和反向电压，即构成桥式可逆PWM变换器（或称为H型变换器），其结构如图4-5所示。为了分析方便，U_d,i_d 取图中标示方向为正方向。

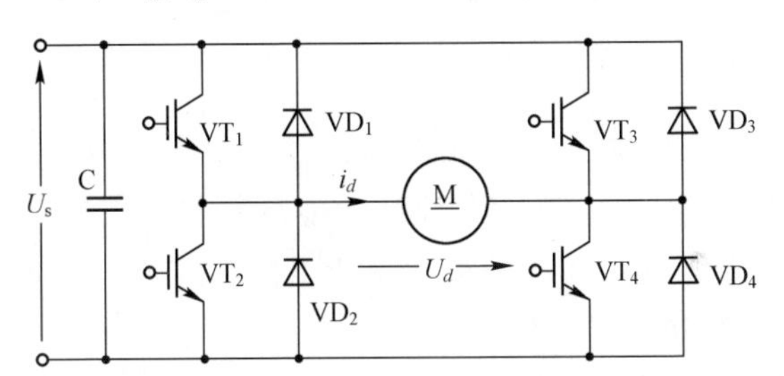

图4-5　桥式可逆PWM变换器-直流电动机系统的结构

4.1.3 系统PWM控制方法

1. 单极式可逆PWM控制

对于图4-5所示的桥式可逆PWM变换器，如果使 VT_4 始终导通，VT_3 始终关断，该电路就可等效为图4-4（a）中的电流可逆PWM变换器，向电动机提供正电压，通过控制 VT_1 和 VT_2 的通断，实现正向电动或制动运行。在 $0\sim t_1$ 时刻，电动机两端的电压为 U_s，且有

$$U_d=U_s=R_d i_d+L_d\frac{di_d}{dt}+E_a \tag{4-8}$$

在 $t_1\sim T$ 时刻，电动机两端的电压为0，且有

$$U_d=0=R_\mathrm{d}i_d+L_d\frac{\mathrm{d}i_d}{\mathrm{d}t}+E_\mathrm{a} \tag{4-9}$$

其输出平均电压为

$$\overline{U}_d=\rho U_\mathrm{s} \tag{4-10}$$

式中：$\rho=t_1/T$。反过来，要使电动机反向运行时，可使 VT_3 始终导通，VT_4 始终关断，向电动机提供负电压，通过控制 VT_1 和 VT_2 的通断（即在 $0\sim t_1$ 时刻 VT_1 驱动电压为正，VT_2 驱动电压为负，在 $t_1\sim T$ 时刻 VT_3 驱动电压为正，VT_1 驱动电压为负），可实现电动机反向运行。同样地，在 $0\sim t_1$ 时刻，电动机两端的电压为 0，且有

$$U_d=0=R_\mathrm{d}i_d+L_d\frac{\mathrm{d}i_d}{\mathrm{d}t}+E_\mathrm{a} \tag{4-11}$$

在 $t_1\sim T$ 时刻，电动机两端的电压为 $-U_\mathrm{s}$，且有

$$U_d=-U_\mathrm{s}=R_\mathrm{d}i_d+L_d\frac{\mathrm{d}i_d}{\mathrm{d}t}+E_\mathrm{a} \tag{4-12}$$

其输出平均电压仍可记为

$$\overline{U}_d=\rho U_\mathrm{s} \tag{4-13}$$

式中：$\rho=(t_1-T)/T$。采用上述控制方法，当电动机单方向运行时，PWM 变换器在一个控制周期内只输出一个极性的电压，如正向运行时输出 U_s 和 0，反向运行时输出 $-U_\mathrm{s}$ 和 0，因此通常称为“单极性调制”。

2. 双极式可逆 PWM 控制

与单极性调制不同，双极性调制一个控制周期内，在 VT_1 和 VT_4 上施加一组相同的驱动电压，在 VT_2 和 VT_3 上施加另一组相同的驱动电压，这两组驱动电压极性相反，这样一来，无论电动机是正向运行还是反向运行，PWM 变换器在一个控制周期内都会输出正、负两个极性的电压，因此称为“双极性调制”。

当电动机负载较重，电枢电流较大时，双极性调制的电压和电流波形如图 4-6（a）所示。在 $0\sim t_1$ 时刻，VT_1 和 VT_4 驱动电压为正，VT_1 和 VT_4 导通，VT_2 和 VT_3 驱动电压为负，VT_2 和 VT_3 关断，此时，电动机两端的电压为 U_s，电枢电流沿“U_s 正极→VT_1→电动机→VT_4→U_s 负极”流动，电动机处于正向电动状态，且有

$$U_d=U_\mathrm{s}=R_\mathrm{d}i_d+L_d\frac{\mathrm{d}i_d}{\mathrm{d}t}+E_\mathrm{a} \tag{4-14}$$

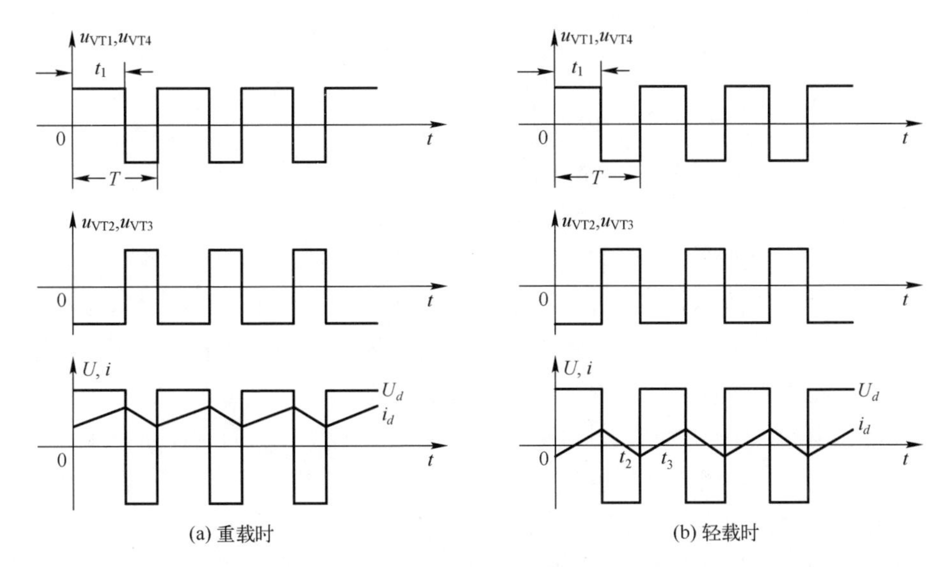

(a) 重载时　　(b) 轻载时

图 4-6　双极式可逆 PWM 变换器电压和电流波形

在 $t_1 \sim T$ 时刻，VT_1 和 VT_4 驱动电压为负，VT_1 和 VT_4 关断，VT_2 和 VT_3 驱动电压为正，在电枢电感作用下，电枢电流经过二极管 VD_2 和 VD_3 续流，VD_2 和 VD_3 的压降使得 VT_2 和 VT_3 承受负电压而不能导通。此时，电动机两端的电压为 $-U_s$，电枢电流沿“U_s 负极→VD_2→电动机→VD_3→U_s 正极”流动，电动机仍处于电动状态，且有

$$U_d = -U_s = R_d i_d + L_d \frac{di_d}{dt} + E_a \tag{4-15}$$

如果电动机负载较轻，电枢电流较小，此时电压和电流波形如图 4-6（b）所示。在续流阶段，电枢电流在 t_2 时刻衰减至零，于是 $t_2 \sim T$ 时刻，VT_2 和 VT_3 的两端失去反向电压而导通，此时，电动机两端的电压仍有 $U_d = -U_s$，电枢电流 i_d 反向，沿“U_s 正极→VT_3→电动机→VT_2→U_s 负极”流动，电动机处于再生制动状态，$t_2 \sim T$ 时刻电流方程仍满足式（4-15）。

在 $T \sim t_3$ 时刻，VT_2 和 VT_3 驱动电压为负，VT_2 和 VT_3 关断，因电枢电感作用，电流经 VD_1 和 VD_4 续流，使得 VT_1 和 VT_4 的两端承受反压，因此 VT_1 和 VT_4 的驱动电压虽然为正，但仍不能导通。此时，电动机两端的电压为 U_s，电枢电流 i_d 沿“U_s 负极→VD_4→电动机→VD_1→U_s 正极”流动，电动机处于制动状态，直到当 t_3 时刻，电枢电流衰减至 0，VT_1 和 VT_4 才导通，电流沿“U_s 正极→VT_1→电动机→VT_4→U_s 负极”流动，电流方程满足式（4-14）。

一个控制周期内的输出平均电压为

$$\overline{U}_d=\frac{t_1}{T}U_s-\frac{T-t_1}{T}U_s=\rho U_s \tag{4-16}$$

且有 $\rho=(2t_1-T)/T$，变化范围为 $-1\leqslant\rho\leqslant 1$。

对于前述单极式可逆 PWM 变换器来说，电动机正向运行时输出电压只在 U_s 和 0 之间变换，反向运行时输出电压只在 $-U_s$ 和 0 之间变换。而对于双极式可逆 PWM 变换器，无论电动机是正向运行还是反向运行，其输出电压都在 U_s 和 $-U_s$ 之间变换。稳态工作时，电动机的运行方向由正、负驱动电压的控制占空比 ρ 决定，当 $\rho>0$ 时，输出平均电压 $\overline{U}_d$ 为正，电动机正转；反之，当 $\rho<0$ 时，输出平均电压 $\overline{U}_d$ 为负，电动机反转。特别地，$\rho=0$ 时，正负脉冲宽度相等，电动机停转，但此时电枢电压瞬时值并不为零，而是正负脉宽相等的交变脉冲电压，因而电枢电流也是交变的，这个交变电流使电动机产生高频微振，可以消除电动机正、反向切换时的静摩擦死区，起到“动力润滑”作用，从而抑制低速运行时“爬行”现象的发生，改善系统的低速平稳性，其具体原理将在 4.4 节中进行分析。

通过上述分析不难发现，双极式可逆 PWM 变换器具有如下特点：①电枢电流连续；②可使电动机四象限运行；③电动机停转时有微振电流，能消除静摩擦死区；④电动机低速平稳性好，系统的调速范围大；⑤低速时每个开关器件的驱动脉冲仍然较宽，有利于保证器件的可靠导通。其缺点是：工作过程中 4 个开关器件都处于开关切换状态，开关损耗大，且在切换时可能发生同一桥臂“直通”现象。为了防止“直通”，同一桥臂两个开关器件的驱动脉冲需要设置逻辑延时。相比而言，单极式可逆 PWM 变换器部分器件处于常通或常断状态，开关损耗相对较小，可靠性高，但系统的低速性能和其他动、静态性能会有所降低。在装甲车辆武器驱动等高性能控制系统中，通常采用双极式可逆 PWM 变换器。

4.1.4 预充与泵升保护

为了滤除输入侧纹波，在 PWM 变换器设计时一般都会在其前端并联滤波电容。这样一来，在需要 PWM 变换器工作时，如果直接将其接入电源，将会在线路上产生很大的充电电流，损坏线路和器件，为此一般需要设计前置预充电路，如图 4-7 所示。预充电路由 R_1、K_1、K_2 组成，当需要将 PWM 变换器接入电源时，首先闭合 K_1，电源通过 R_1 向电容 C 充电，当充电基本完成时，再闭合 K_2。

此外，对于第 3 章中的电机放大机电力传动系统，当电动机制动时，制动电流可以通过电机放大机和炮塔电动机电枢构成回路，产生制动力矩。本章中的直流 PWM 控制系统中，电动机制动时需要通过 PWM 变换器将制动能量回馈至车载电源，当车载电源不能完全吸收回馈能量时，就会导致滤波电容 C 两端电压升高，一般称为泵升电压。当泵升电压过高，超过电路中各部件允许限值时，将会造成部件损毁。因此，电路中一般还需要设计能量释放回路，由图 4-7 中 R_2 和 VT 构成。当泵升电压高于设定值时，开关器件 VT 导通，制动能量消耗在电阻 R_2 上，此时系统处于能耗制动状态。

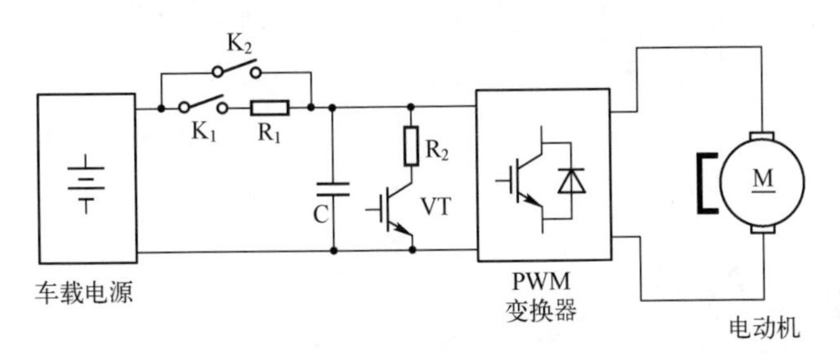

图 4-7　预充与泵升保护电路

4.2　系统建模与开环特性分析

4.2.1　直流 PWM 变换器建模

在实际系统中，图 4-1 中的调制装置和直流 PWM 变换器（含调制装置）往往是集成在一起的，调制装置的作用是根据 4.1.3 节中分析的调制方法，将控制量转换为脉冲信号序列，然后施加到开关器件的驱动端，控制其通断。以双极式可逆 PWM 变换器为例，其调制基本原理如图 4-8 所示。

当系统控制量 u_k 变化时，开关器件驱动电压 $u_{VT_1}, u_{VT_2}, u_{VT_3}, u_{VT_4}$ 随之改变，从而控制 PWM 变换器输出电压 U_d 变化。当假设开关器件是理想器件（即忽略器件的开通和关断过程影响）时，U_d 变化与驱动电压 $u_{VT_1}, u_{VT_2}, u_{VT_3}, u_{VT_4}$ 是同步的。但是 $u_{VT_1}, u_{VT_2}, u_{VT_3}, u_{VT_4}$ 与控制量 u_k 之间存在延时，控制量 u_k 改变时，驱动电压 $u_{VT_1}, u_{VT_2}, u_{VT_3}, u_{VT_4}$ 要到下一个开关周期才能随之改变，最大延时是一个开关周期 T。取延时的统计平均值为 0.5 个开关周期，并记为 T_{PWM}，则直流 PWM 变换器的输入–输出关系可写为

$$U_d = \rho U_s \cdot 1(t - T_{PWM}) = K_{PWM} u_k \cdot 1(t - T_{PWM}) \tag{4-17}$$

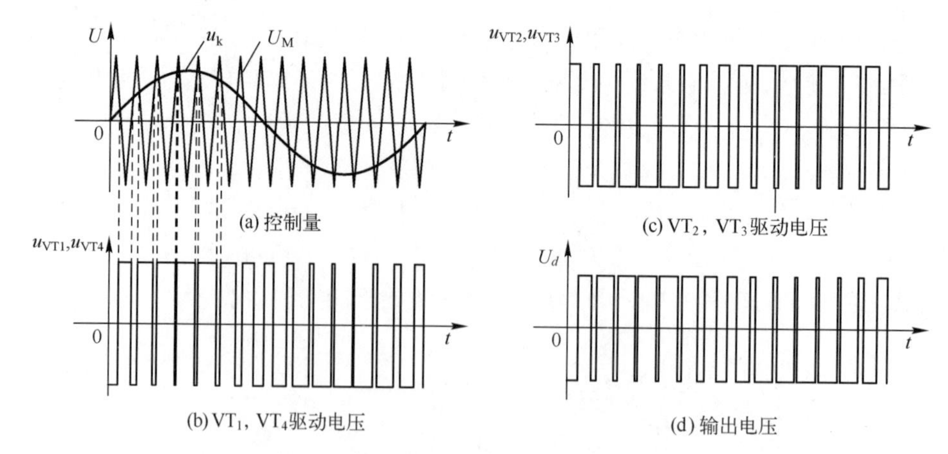

图 4-8　双极式可逆 PWM 变换器调制原理

式中：K_{PWM}为 PWM 变换器放大倍数，且有 $K_{PWM}=\rho U_s/u_k$。通常，当控制量达到限幅值（即 $u_k=u_{k\_cr}$）时，$\rho=1$。此时，有 $K_{PWM}=U_s/u_{k\_cr}$。

利用 Laplace 变换的位移定理，可得 PWM 变换器的传递函数为

$$\frac{U_d(s)}{u_k(s)}=K_{PWM}\cdot e^{-T_{PWM}\cdot s} \tag{4-18}$$

式（4-18）中包含指数函数，分析和设计比较麻烦。为简化分析难度，可将其按泰勒级数展开，得到：

$$\frac{U_d(s)}{u_k(s)}=K_{PWM}\cdot e^{-T_{PWM}\cdot s}=\frac{K_{PWM}}{e^{T_{PWM}\cdot s}}=\frac{K_{PWM}}{1+T_{PWM}s+\frac{1}{2}T_{PWM}^2s^2+\frac{1}{3!}T_{PWM}^3s^3+\cdots} \tag{4-19}$$

当其满足一定条件时，可化简为惯性环节：

$$G_{PWM}(s)=\frac{K_{PWM}}{T_{PWM}s+1} \tag{4-20}$$

采用后续第 6 章分析方法可以得到，简化条件为

$$\omega_c\leqslant\frac{1}{3T_{PWM}} \tag{4-21}$$

式中：ω_c 为系统开环频率特性曲线的截止频率。

4.2.2 系统模型与开环静特性分析

综合图 3-17 以及直流 PWM 变换器传递函数式（4-20），可建立直流 PWM 控制武器驱动系统的开环模型如图 4-9 所示。

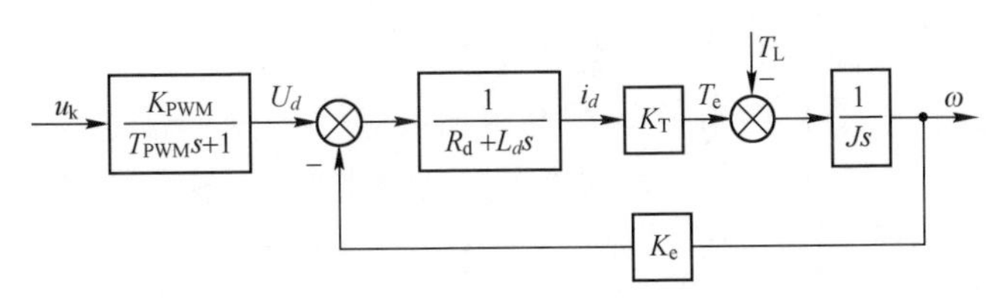

图 4-9　直流 PWM 控制武器驱动系统的开环模型

据此，可以求得系统的传递函数为

$$\omega(s)=\frac{K_{PWM}K_T}{(T_{PWM}s+1)[(R_d+L_d s)Js+K_T K_e]}u_k(s)-\frac{R_d+L_d s}{(R_d+L_d s)Js+K_T K_e}T_L(s) \tag{4-22}$$

令 $s=0$，可以求得系统的开环静特性方程为

$$\omega=\frac{K_{PWM}}{K_e}u_k-\frac{R_d}{K_T K_e}T_L \tag{4-23}$$

控制量 u_k 可以线性平滑调节，因此电动机的转速 ω 也可以平滑调节，从而实现对武器组的灵活控制。从式（4-23）来看，直流 PWM 控制系统与第 3 章分析的电机放大机电力传动系统的静特性相似。但是需要说明的有两点：

（1）直流 PWM 控制系统中，即使在稳态情况下，电动机电枢两端所承受的电压仍是脉冲电压，其电枢电流和转矩也是脉动的。稳态只是指电动机平均电磁转矩与负载转矩相平衡的状态，因此只能算作“准稳态”。

（2）对于双极式可逆 PWM 变换器，无论负载轻重，电枢电流都是连续的，因此可以保证 U_d 与占空比 ρ 成正比例关系，其静特性曲线如图 4-10（a）所示。对于其他可能出现电流断续的直流 PWM 变换器，如图 4-2 所示的不可逆 PWM 变换器，当负载较轻，电流断续时，电动机两端的平均电压将会被抬

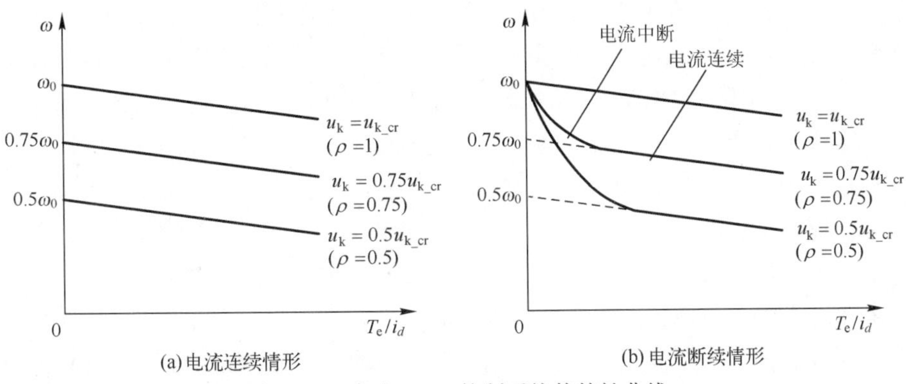

图 4-10　直流 PWM 控制系统静特性曲线

高，反映到静特性曲线上，曲线会上翘。且负载越轻，平均电流越小，电流中断时间越长，电动机两端的平均电压抬高越多，静特性曲线上翘越严重。特别地，当理想空载时，电流始终为零，无论控制占空比如何变化，理想空载转速都会上翘到 $\omega_0=U_s/K_e$，如图 4-10（b）所示。

4.3 转速-电流双闭环控制及其特性分析

4.3.1 系统过电流问题及其限流控制

第 3 章分析的采用 PI 控制的转速负反馈控制系统可以在保证系统稳定的前提下实现无静差调速，但是单独采用转速负反馈不能实现对电枢电流的控制，因此如直接将其应用到直流 PWM 控制系统，可能会在电动机启动、制动和堵转状态时出现过电流问题。以水平向武器驱动分系统为例，根据第 3 章方法，可以构建其转速负反馈控制系统结构如图 4-11 所示。

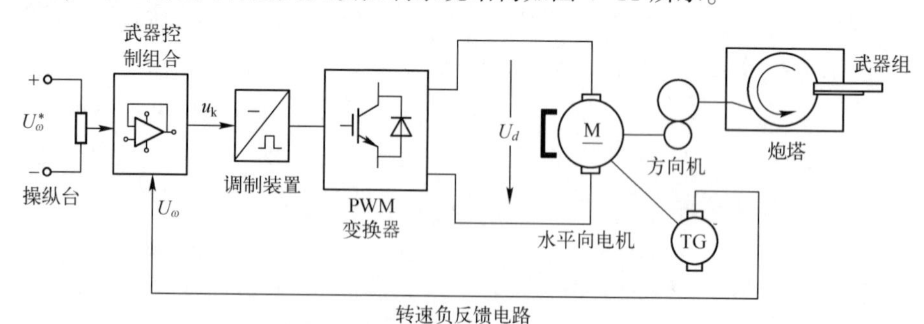

图 4-11 转速负反馈直流 PWM 控制系统结构

当操纵台给定转速 U_ω^* 突然增大时，由于惯性作用，电动机转速不可能立即建立起来，反馈电压 U_ω 为零。根据式（3-75），PI 控制器初始输出 $u_k=K_pU_\omega^*$，该控制量经 PWM 变换器放大，电枢电压 U_d 立即达到最高值，对于电动机来说，相当于全压启动，容易造成过电流。此外，根据系统静特性可知，电动机堵转时电枢电流也会超过允许值。因此，为了保证系统安全工作，必须加入控制电流的环节。

在电机放大机电力传动系统中，可以将电机放大机调整到欠补偿状态，当电流过大时通过电机放大机的电枢内阻压降实现限流。对于直流 PWM 控制系统来说，无法通过 PWM 变换器自身实现限流，因此需要引入电流限制环节。根据反馈控制原理，要保持某个物理量基本不变，就应该引入该物理量的负反馈，即可以引入电流负反馈，使得电枢电流不超过允许值。但是这种作用只应在启动、制动和堵转等情况下，电流超过允许值时存在，电动机正常运行，且电流未超过允许值时需要取消，让电流随着负载的增减而变化。这种当电流大到一定程度时才起作用的电流负反馈可称为电流截止负反馈，在图 4-11 中加入电流截止负反馈，可得系统结构如图 4-12 所示。

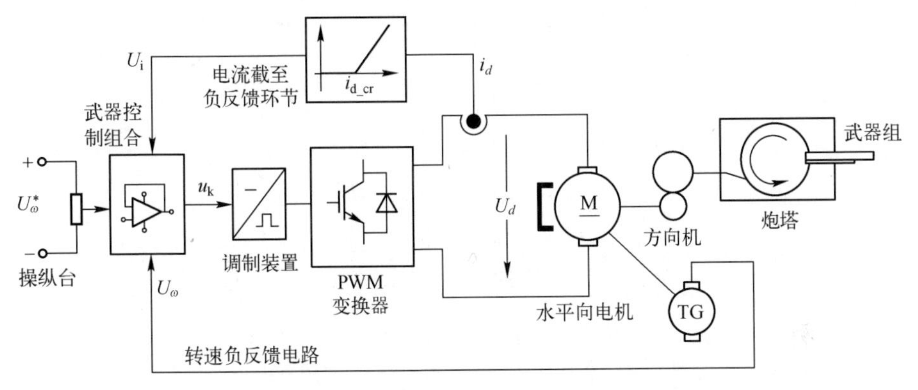

图 4-12　带电流截止负反馈的直流 PWM 控制系统结构

电流截止负反馈环节的输入-输出特性可描述为

$$U_i=\begin{cases}0, & i_d \leqslant i_{d\_cr} \\ k_{if}(i_d-i_{d\_cr}), & i_d>i_{d\_cr}\end{cases} \tag{4-24}$$

式中：i_{d_cr}为电流截止负反馈作用阈值；k_{if}为电流截止负反馈系数。

结合图 4-9，当转速控制器采用比例控制器时，可得带电流截止负反馈的直流 PWM 控制系统模型如图 4-13 所示。

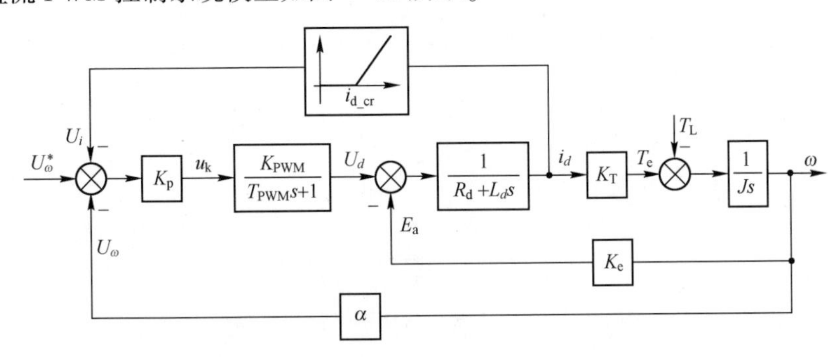

图 4-13　电流截止负反馈系统模型

系统处于平衡状态时，有 $T_L=T_e=i_d K_T$。进一步将系统模型化简，并令 $s=0$，可得系统稳态模型如图 4-14 所示。

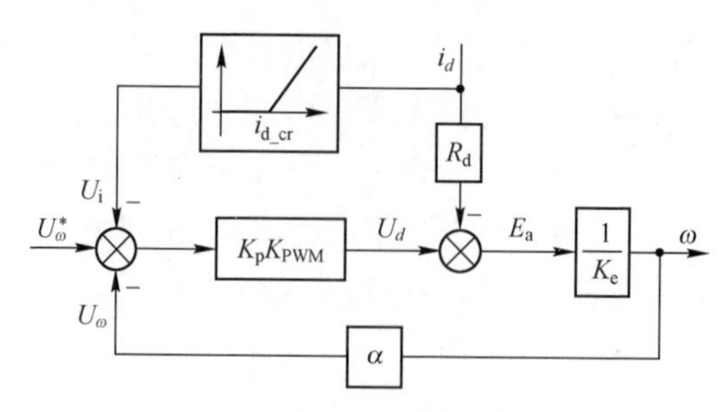

图 4-14　电流截止负反馈系统稳态模型

当 $i_d \leqslant i_{d\_cr}$ 时，电流负反馈不起作用，系统静特性方程为

$$\omega=\frac{K_pK_{PWM}U_\omega^*}{K_e+\alpha K_pK_{PWM}}-\frac{R_di_d}{K_e+\alpha K_pK_{PWM}} \tag{4-25}$$

当 $i_d > i_{d\_cr}$ 时，电流负反馈起作用，此时系统静特性方程转化为

$$\omega=\frac{K_pK_{PWM}}{K_e+\alpha K_pK_{PWM}}(U_\omega^*+k_{if}i_{d\_cr})-\frac{R_d+K_pK_{PWM}k_{if}}{K_e+\alpha K_pK_{PWM}}i_d \tag{4-26}$$

综合式（4-25）和式（4-26），可得系统的静特性曲线如图 4-15 所示。当电动机电枢电流比较小时，电流截止负反馈不起作用，此时系统呈现出较硬的静特性，如图中 AB 段所示。当电枢电流增大超过阈值 i_{d_cr} 时，电流截止负反馈起作用，其作用类似于在主电路中串入一个大电阻 $K_pK_{PWM}K_{if}$，使得系统静特性急剧下垂，如图中 BC 段所示。这样的两段式静特性常称为下垂特性或挖土机特性。

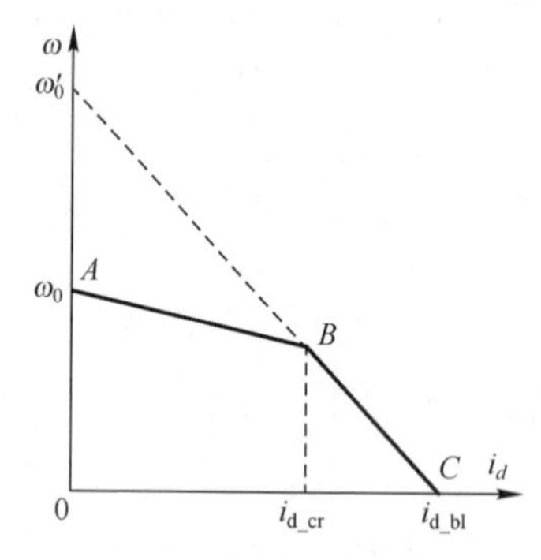

图 4-15　电流截止负反馈系统静特性

进一步，令 $\omega=0$，根据式（4-26）可得

$$i_{d\_bl}=\frac{K_pK_{PWM}(U_\omega^*+k_{if}i_{d\_cr})}{R_d+K_pK_{PWM}k_{if}} \tag{4-27}$$

式中：i_{d_bl} 为堵转电流。当 k_{if} 取值较大，使得 $K_pK_{PWM}k_{if} \gg R_d$ 时，式（4-27）

可简化为

$$k_{\mathrm{if}} \approx U_{\omega}^{*} / (i_{\mathrm{d\_bl}} - i_{\mathrm{d\_cr}}) \tag{4-28}$$

$i_{\mathrm{d_bl}}$应不超过电动机允许的最大电流 i_{dm}，一般为$(1.5\sim2)i_{\mathrm{N}}$。另外，从调速系统的稳态性能来看，希望 AB 段的运行范围足够大，截止电流 $i_{\mathrm{d_cr}}$应大于电动机的额定电流，如取为$(1.1\sim1.2)i_{\mathrm{N}}$，这样一来，就可以根据 $i_{\mathrm{d_cr}}, i_{\mathrm{d_bl}}$确定电流截止负反馈系数 k_{if}。

4.3.2　双闭环控制系统的基本结构

电流截止负反馈虽然能够起到限制保护作用，但是不能充分按照理想要求控制电流的动态过程。以启动过程为例，电流截止负反馈系统启动电流波形如图 4-16 所示，由图可见，电枢电流只在很短时间接近最大允许电流，其他时间均小于该值，即是说启动过程中电动机的过载能力没有被充分利用，这样也就限制了系统的动态性能，使其难以满足快速调炮和高精度目标跟踪等要求。为了解决上述问题，应该在电动机最大允许电流和转矩限制下，充分利用电动机的过载能力，最好是在过渡过程中始终保持电流（和转矩）为允许的最大值，使系统以最大的加速度启动，达到稳态转速时，再立即让电流降下来，同时使转矩与负载相平衡，从而转入稳态运行，理想启动过程的电流和转速波形如图 4-17 所示。当然，实际系统由于电枢回路电感作用，电枢电流不能突变，图中的理想波形只能近似逼近，难以准确实现。

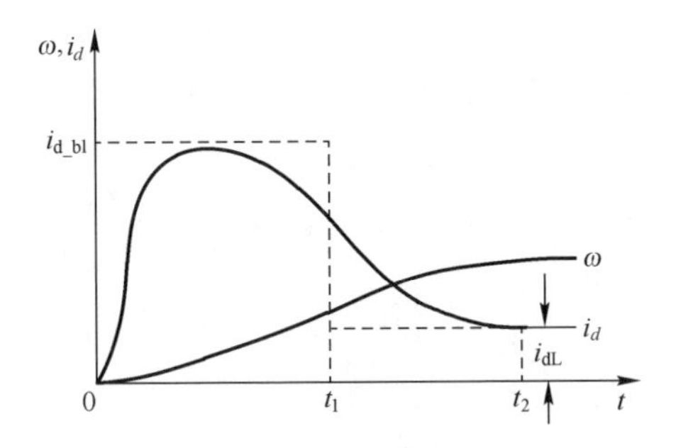

图 4-16　电流截止负反馈系统启动电流波形

分析图 4-17，为了实现在允许条件下的最快启动，关键是要获得一段使电流保持为最大值的恒流过程。因此通常希望启动过程中只有电流负反馈起作用，以实现恒流控制，转速反馈最好不要起作用；在达到稳态后又希望转速负反馈起作用，实现速度的精确控制。为了实现上述目标，可在系统中分

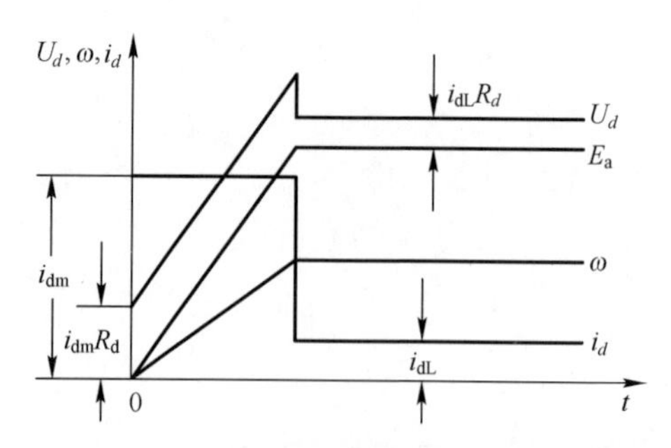

图 4-17 理想启动过程的电流和转速波形

别设计电流调节器和转速调节器，并将二者进行嵌套（或称串级）连接，构成图 4-18 所示的转速-电流双闭环控制系统。

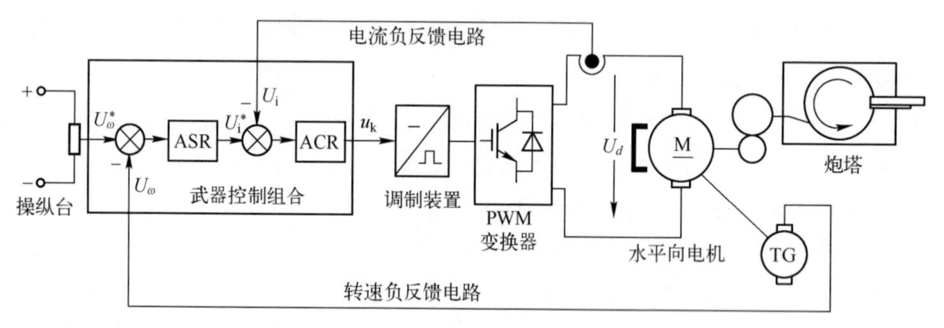

图 4-18 转速-电流双闭环控制系统结构

图 4-18 中，ASR 为转速调节器，ACR 为电流调节器。转速调节器工作原理与前相同，其输出作为电流调节器的输入，同时由电流传感器检测电流并形成电流反馈信号 U_i，再由电流调节器的输出 u_k 去控制 PWM 变换器。从闭环结构来看，电流环在里面，称为内环，转速环在外面，称作外环。这样就形成了转速-电流双闭环控制系统。

为了获得良好的静、动态性能，转速调节器和电流调节器一般均采用 PI 调节器，两个调节器可以采用模拟运算放大电路构成，也可采用数字控制器实现，无论采用何种方式，两个调节器的输出都是有限幅作用的，转速调节器的输出限幅值决定了电流调节器给定电压的最大值 U_{im}^*，电流调节器输出限幅值决定了 PWM 变换器的最大输出电压 U_{dm}。

4.3.3 双闭环控制系统建模与特性分析

根据上述分析，可建立双闭环控制系统的数学模型，如图 4-19 所示。

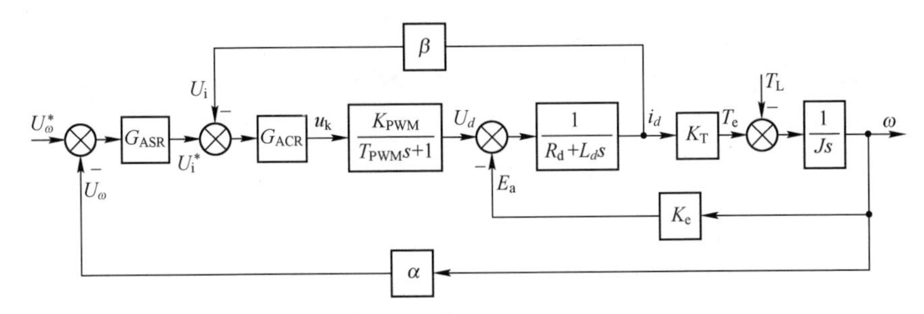

图 4-19　转速-电流双闭环控制系统数学模型

图 4-19 中，G_{ASR} 和 G_{ACR} 分别表示转速调节器和电流调节器的传递函数；α 和 β 分别为转速和电流反馈系数。

1. 稳态特性分析与参数计算

当系统处于平衡状态时，有 $T_L=T_e=i_dK_T$。将其代入系统模型，化简并令 $s=0$，同时考虑到转速调节器和电流调节器饱和特性时，可将系统稳态模型描述为图 4-20。

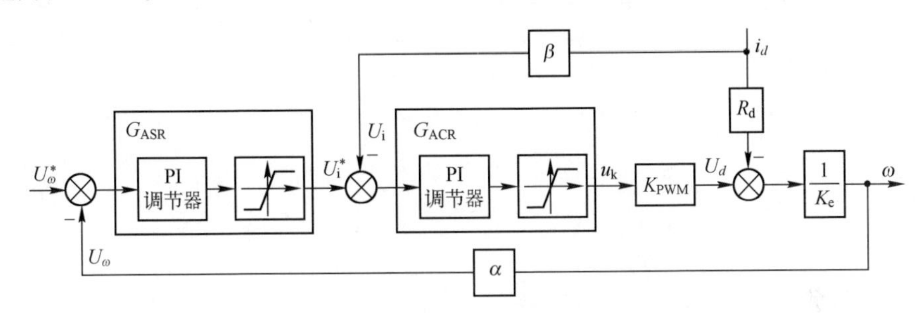

图 4-20　双闭环控制系统稳态模型

对于转速调节器和电流调节器来说，均存在两种状态：饱和—输出达到限幅值；不饱和—输出未达到限幅值。当调节器饱和时，输出为恒定值，不再受输入量影响，除非有反向输入信号使得调节器退出饱和。换句话说，饱和的调节器暂时隔断了输入和输出之间的关联，相当于使调节回路处于开路状态。当调节器不饱和时，PI 调节器工作使得输入偏差量在稳态时始终保持为零。

为了实现电流的实时控制与快速跟踪，一般希望电流调节器不要进入饱和状态，因此对于系统的稳态特性来说，主要分析转速调节器饱和与不饱和两种情况。仍以启动过程为例，转速调节器输出上限幅值设定为电流调节器给定允许的最大值 U_{im}^*。

1）转速调节器不饱和情形

此时两个调节器均不饱和，由于 PI 调节器作用，稳态时它们的输入偏差均为零。因此有

$$\begin{cases} U_{\omega}^{*}=U_{\omega}=\alpha\omega \\ U_{\mathrm{i}}^{*}=U_{\mathrm{i}}=\beta i_{d} \end{cases} \tag{4-29}$$

由第一个方程可得

$$\omega=U_{\omega}^{*}/\alpha=\omega_{0} \tag{4-30}$$

式（4-30）表明，系统稳态时的静特性是与理想空载转速 ω_0 相平行的水平直线。同时，转速调节器不饱和，$U_{\mathrm{i}}^{*}<U_{\mathrm{im}}^{*}$，根据式（4-29）第二个方程有 $i_d<i_{\mathrm{dm}}$，因此该水平直线一直从 $i_d=0$ 延续至 $i_d=i_{\mathrm{dm}}$，这就是静特性曲线的稳定运行段，如图 4-21 中的 AB 段所示。如果改变转速给定，将得到不同的转速运行静特性，它们为一组平行水平线。

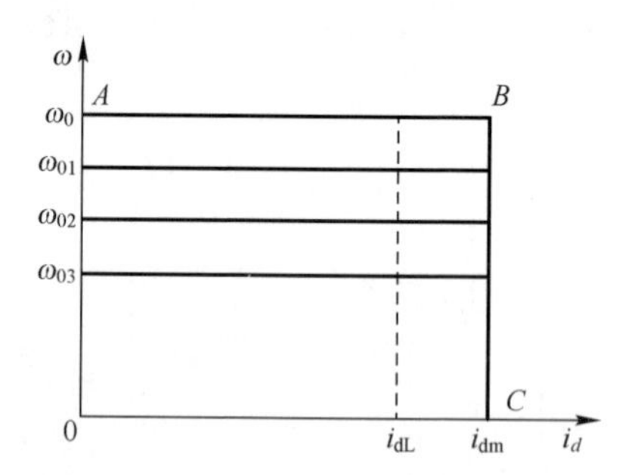

图 4-21 双闭环控制系统的静特性

2）转速调节器饱和情形

此时，转速调节器输出达到限幅值 U_{im}^{*}，转速外环呈开环状态，转速变化对系统不再产生影响，系统变成无静差的电流单闭环调节系统，稳态时有

$$i_d=U_{\mathrm{im}}^{*}/\beta=i_{\mathrm{dm}} \tag{4-31}$$

此时系统静特性呈现出垂直特性，如图 4-21 中的 BC 段所示。若负载电流减小，$i_{\mathrm{dL}}<i_{\mathrm{dm}}$，使转速上升，当其上升至 $\omega>U_{\omega}^{*}/\alpha$ 时，转速调节器反向积分，退出饱和，回到线性调节状态，使系统回到静特性的 AB 段。

综上分析，双闭环控制系统的静特性曲线可分为两段：在负载电流小于 i_{dm}时表现为转速无静差，此时转速负反馈起主要调节作用；当负载电流达到 i_{dm}时，对应的转速调节器饱和，输出 U_{im}^{*}。此时，电流调节器起主要调节作用，系统表现为电流无静差，起到过电流自动保护作用。这样，采用两个 PI 调节器分别形成内、外两个闭环控制的效果。对比图 4-15 和图 4-21 可以发

现，双闭环控制系统的静特性比采用电流截止负反馈控制更理想。

进一步，当两个调节器均不饱和时，容易得到：系统在稳态工作时满足

$$\begin{cases} U_{\omega}^{*}=U_{\omega}=\alpha\omega=\alpha\omega_{0} \\ U_{\mathrm{i}}^{*}=U_{\mathrm{i}}=\beta i_{d}=\beta i_{\mathrm{dL}}=\beta T_{\mathrm{L}}/K_{\mathrm{T}} \\ u_{\mathrm{k}}=U_{d}/K_{\mathrm{PWM}}=(K_{\mathrm{e}}\omega+i_{d}R_{\mathrm{d}})/K_{\mathrm{PWM}}=(U_{\omega}^{*}K_{\mathrm{e}}/\alpha+i_{\mathrm{dL}}R_{\mathrm{d}})/K_{\mathrm{PWM}} \end{cases} \tag{4-32}$$

式（4-32）表明，在稳定状态时，转速 ω 的大小由给定电压 U_{ω}^{*} 和转速反馈系数 α 决定，转速调节器的输出 U_{i}^{*} 由负载电流 i_{dL} 和电流反馈系数 β 决定，而控制量的大小取决于给定电压 U_{ω}^{*} 和负载电流 i_{dL}，以及转速反馈系数 α。这些关系反映了 PI 调节器不同于 P 调节器的特点，P 调节器的输出始终正比于输入量，而 PI 调节器的饱和输出量为限幅值，非饱和输出量稳态值取决于输入量的积分，它最终将使控制对象的输出达到期望值，从而使得调节器输入误差信号为零。进一步，反馈系数可根据各调节器的给定与实际状态的限幅值设定

$$\begin{cases} \alpha=U_{\omega\mathrm{m}}^{*}/\omega_{\max} \\ \beta=U_{\mathrm{im}}^{*}/i_{dm} \end{cases} \tag{4-33}$$

式中：$U_{\omega\mathrm{m}}^{*}, U_{\mathrm{im}}^{*}$ 的选取通常会受到控制电路允许输入电压和供电电源幅值的限制。

2. 启动过程特性分析

从前面分析可知，双闭环控制系统设计的一个重要目的就是获得接近图 4-17 所示的理想启动过程。假定系统在突加给定电压作用下由静止状态启动，其转速和电流波形如图 4-22 所示。图中，ω^{*} 为期望转速，且有 $\omega^{*}=U_{\omega}^{*}/\alpha$。

如图 4-22 所示，启动过程中，电流 i_d 从零增长到 i_{dm}，然后在一段时间内维持在 i_{dm} 附近不变，之后下降并经调节后达到稳态值 i_{dL}。转速波形先是缓慢上升，然后以恒定加速度上升，经过超调后稳定到给定值 ω^{*}。根据电流和转速变化过程可将启动过程分为电流上升、恒流升速和转速调节三个阶段，转速调节器在此过程中经历了不饱和、饱和以及退饱和三个过程。

第 I 阶段，即电流上升阶段（$t\leqslant t_1$）：电动机初始处于静止状态，在突加给定电压 U_{ω}^{*} 后，由于两个调节器的跟随作用，u_{k}, U_d, i_d 均逐渐上升，但在 t_0 时刻前，i_d 未达到负载电流 i_{dL}，电动机仍保持静止。t_0 时刻后，$i_d>i_{\mathrm{dL}}$，电动机开始转动，但是由于机电惯性作用，转速不会很快增长，因而转速调节器的输入偏差电压（$\Delta U_{\omega}=U_{\omega}^{*}-U_{\omega}$）数值仍然较大，转速调节器由于积分作用，其输出电压很快达到限幅值 U_{im}^{*}，强迫电枢电流 i_d 迅速上升。直到 $i_d\approx i_{\mathrm{dm}}$，

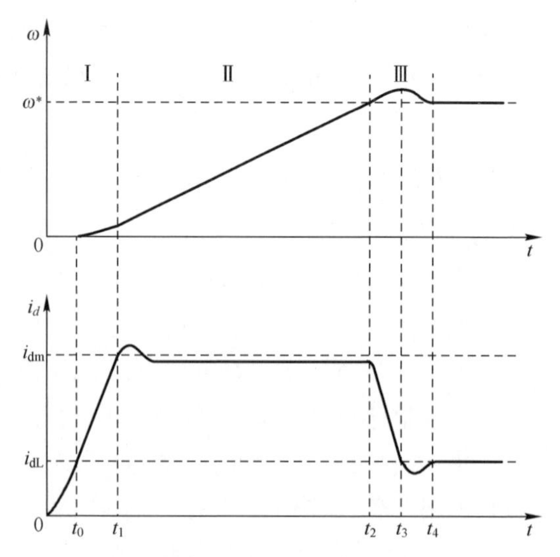

图 4-22　双闭环控制系统启动过程转速和电流波形

$U_i \approx U_{im}^*$，电流调节器的控制作用使其保持在稳定值（这个值略小于 i_{dm}），第一阶段结束。在这一阶段中，转速调节器很快进入并保持在饱和状态，电流调节器一般不饱和。

第Ⅱ阶段，即恒流升速阶段（$t_1<t\leqslant t_2$）：此阶段中，转速调节器始终处于饱和状态，转速环处于开环状态，系统成为在恒值电流给定 U_{im}^* 作用下的电流调节系统。由于电流 i_d 恒定，系统加速度恒定，转速线性增长，电动机的反电势 E_a 随之线性增长。根据图 4-19，对于电流环来说，电动机的反电势 E_a 是一个线性渐增的扰动量，为了克服它的影响，U_d 和 u_k 也必须基本上按照线性增长，i_d 才能保持恒定。当电流调节器采用 PI 调节器时，要使其输出量按线性增长，其输入偏差电压（$\Delta U_i=U_{im}^*-U_i$）必须维持在一定的恒值。也就是说，i_d 应略低于 i_{dm}。需要说明的是，为了保证电流环这种调节作用，在启动过程中除了电流调节器不饱和，PWM 变换器的最大输出电压也需要留有余地，这些都是设计时必须注意的。恒流升速阶段是启动过程的主要阶段。

第Ⅲ阶段，即转速调节阶段（$t>t_2$）：当转速上升至给定值 ω^* 时，转速调节器输入偏差为零，但由于积分作用其输出还维持在限幅值 U_{im}^*，电动机继续加速，致使转速出现超调。此时，转速调节器输入偏差电压为负，使它开始退出饱和状态，U_i^* 和 i_d 很快下降。直到 $i_d=i_{dL}$，即 $t=t_3$ 时刻，转矩 $T_e=T_L$，转速 ω 达到峰值。此后，在 $t_3\sim t_4$ 时间内，$i_d<i_{dL}$，电动机开始在负载的阻力矩下减速，直到达到稳态。如果调节器的参数选取得不够好，该阶段还会有

一段振荡过程。

在转速调节阶段内，转速调节器和电流调节器都不饱和，转速调节器起主导调节作用，而电流调节器则力图使 U_{i} 尽快地跟随其给定值 U_{i}^{*}，因此，电流内环可看作一个电流随动子系统。

综上所述，转速-电流双闭环控制系统的启动过程有以下三个特点：

(1) 饱和非线性控制。随着转速调节器在饱和与不饱和状态之间转化，系统呈现出完全不同的结构特征，需要作为不同结构的线性系统，采用分段线性化的方法来分析，不能简单地用线性控制理论来分析整个启动过程和笼统的设计双闭环控制器。

(2) 转速超调。当转速调节器采用 PI 调节器时，转速必然会有超调。对于完全不允许超调的情况，应采用相应的控制措施。

(3) 准时间最优控制。在设备物理条件允许下，采用最短时间使系统从给定的初始条件转移到最终平衡状态的控制称为"时间最优控制"，对于速度控制系统，要实现时间最优控制，需要电动机在允许的最大过载能力限制下实现恒流启动。实际系统中由于电流不能突变，启动过程的第Ⅰ阶段和第Ⅲ阶段与理想启动过程相比还存在一定差异，但这两段的时间很短，占整个启动过程的比例很小，因而称为"准时间最优控制"。采用饱和非线性控制方法实现准时间最优控制是一种工程实用价值很强的控制策略，广泛地应用于电力传动控制系统。

需要说明的是：当采用不可逆 PWM 变换器时，双闭环控制只能保证良好的启动性能，却不能产生回馈制动，在制动过程中，当电流下降到零后，只能自由停车。如果要加快制动过程，需要另外采取相应的措施。

3. 动态抗扰特性分析

此处重点讨论抗负载扰动 T_{L} 和抗电网电压扰动 ΔU_{d} 的性能，如图 4-23 所示。对于负载扰动 T_{L}，其作用点在电流环之外，主要靠转速调节器抑制其影响。也就是说，双闭环控制系统和单闭环控制系统的抗负载扰动原理相同，都需要依靠转速调节器来实现。

对于电网电压变化产生的扰动，当采用单闭环控制时，ΔU_{d} 和 T_{L} 都是作用在被转速负反馈环包围的前向通道上，但是由于扰动作用点不一样，其动态过程存在差别。负载扰动距系统输出较近，其影响能够比较快地反映到转速上来，使调节器作用；而电网电压扰动的作用点距系统输出稍远，调节作用会受到迟滞，因此单闭环系统的抗电压扰动性能要差一些。在双闭环控制系统中，由于增设了电流内环，电压波动可以通过电流反馈得到及时调节，

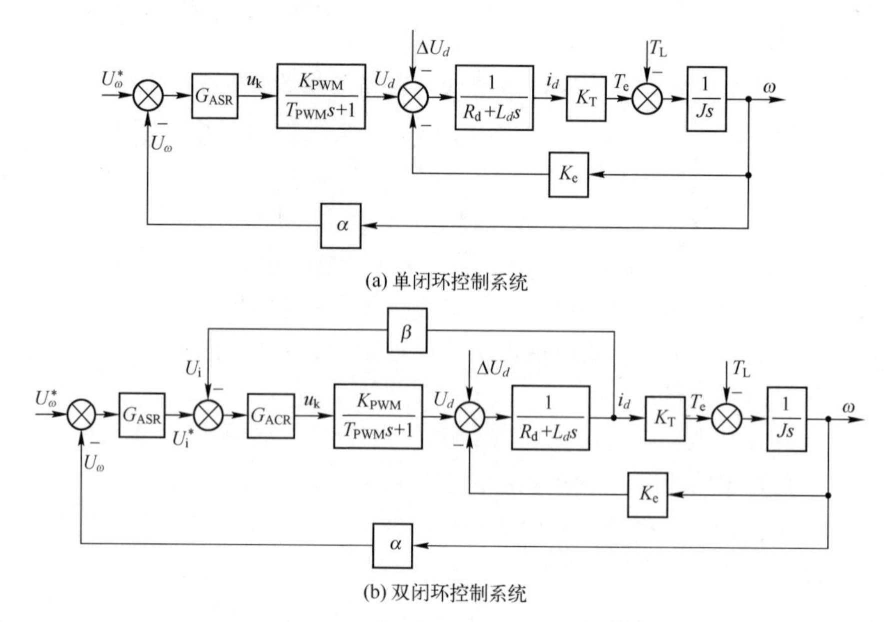

图 4-23　闭环控制系统的动态抗扰作用

不必等到它影响转速后再反馈回来，抗扰性能能够大幅提升。因此，一般来说，双闭环控制系统中由电网电压波动引起的转速动态变化比单闭环控制系统小。

综上分析，可将双闭环控制系统中转速调节器和电流调节器的作用概括如下：

（1）转速调节器是双闭环控制系统的主导调节器，它使得转速 ω 很快地跟踪给定电压 U_ω^* 的变化，当采用 PI 调节器时可实现无静差，其输出限幅值一般取决于电动机允许的最大电流。同时，转速调节器还能对负载扰动变化起到抑制作用。

（2）电流调节器作为内环调节器，其作用是在转速外环调节的过程中使电枢电流跟随其给定电压 U_i^*（即外环调节器输出）的变化；在转速动态过程中，保证获得电动机允许的最大电流，从而加快动态过程；当电动机过载甚至堵转时，限制电枢电流的最大值，起到快速的自动保护作用。同时，电流调节器还能对电网电压起到及时的抑制作用。

4.3.4　转速超调的抑制-微分负反馈

从前述分析可以发现，导致系统必然存在超调的原因是：转速环采用的 PI 调节器只有在转速上升超过给定值 ω^*，使得其输入偏差为负时才开始退出饱和。也就是说，要抑制超调，就必须使得转速调节器退出饱和的时间提前。为此，可在转速环引入微分负反馈，此时系统数学模型可描述为图 4-24。

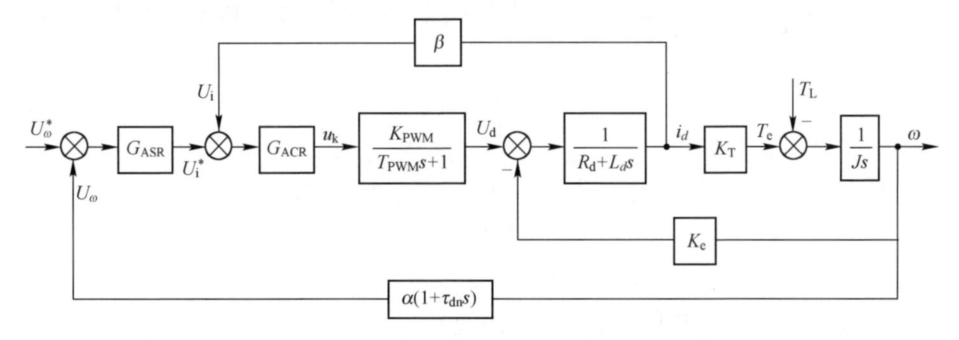

图 4-24 带微分负反馈的双闭环控制系统数学模型

图 4-24 中，τ_{dn}为转速微分负反馈系数。下面结合图 4-25 分析微分负反馈对系统启动过程的影响。未引入微分负反馈时，系统启动过程如曲线①所示，t_2 时刻系统达到给定转速 ω^*，转速调节器退出饱和。引入微分负反馈后系统启动过程如曲线②所示，转速调节器退出饱和的时间提前至 t_2' 时刻。

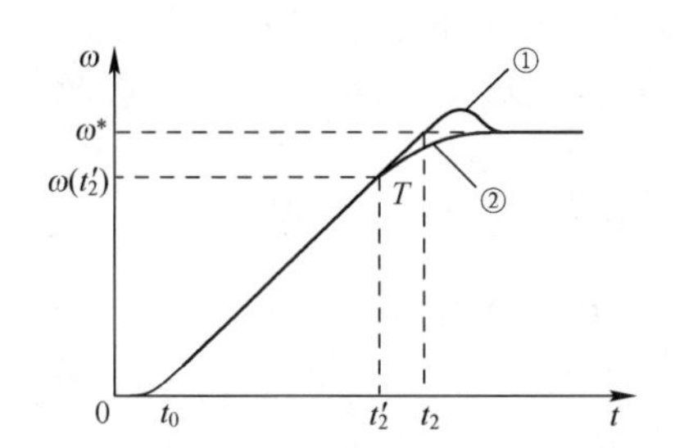

图 4-25 微分负反馈对启动过程影响

当 $t \leqslant t_2'$ 时，转速调节器 G_{ASR} 饱和，设电枢电流 $i_d = i_{dm}$，转速可近似为按线性规律增长。根据图 4-24，系统转速可描述为

$$\omega(t)=\frac{K_T}{J}(i_{dm}-i_{dL})(t-t_0)\cdot 1(t-t_0) \tag{4-34}$$

式中：$1(t-t_0)$ 为从 t_0 开始的单位阶跃函数。

容易求得 $t=t_2'$ 时，有

$$\omega(t_2')=\frac{K_T}{J}(i_{dm}-i_{dL})(t_2'-t_0) \tag{4-35}$$

求导，可得

$$\left.\frac{\mathrm{d}\omega(t)}{\mathrm{d}t}\right|_{t=t_2'}=\frac{K_{\mathrm{T}}}{J}(i_{\mathrm{dm}}-i_{\mathrm{dL}}) \tag{4-36}$$

又当 $t=t_2'$ 时，转速调节器 G_{ASR} 开始退出饱和，因此其输入量为零，根据图 4-24，有

$$U_{\omega}^{*}=\alpha\left[\omega(t_2')+\tau_{\mathrm{dn}}\left.\frac{\mathrm{d}\omega(t)}{\mathrm{d}t}\right|_{t=t_2'}\right] \tag{4-37}$$

考虑到 $U_{\omega}^{*}/\alpha=\omega^{*}$。综合式（4-35）、式（4-36）、式（4-37）可得

$$\omega^{*}=\frac{K_{T}}{J}(i_{\mathrm{dm}}-i_{\mathrm{dL}})(t_2'-t_0+\tau_{\mathrm{dn}}) \tag{4-38}$$

由此，可求得转速调节器 G_{ASR} 退出饱和的时刻为

$$t_2'=\frac{J\omega^{*}}{K_{\mathrm{T}}(i_{\mathrm{dm}}-i_{\mathrm{dL}})}+t_0-\tau_{\mathrm{dn}} \tag{4-39}$$

将式（4-39）代入式（4-35），可得退出饱和时刻的转速为

$$\omega(t_2')=\omega^{*}-\frac{K_{\mathrm{T}}\tau_{\mathrm{dn}}}{J}(i_{\mathrm{dm}}-i_{\mathrm{dL}}) \tag{4-40}$$

由此可见，改变微分负反馈系数 τ_{dn} 就可以相应地调整转速调节器退出饱和时刻和转速。分析表明，当 τ_{dn} 选取合适时可基本上消除转速超调，对其选取方法有兴趣的读者可参阅本书最后所列相关参考文献。

4.3.5 双闭环控制系统的弱磁控制

本章前述分析中电动机均采用调节电枢电压的调速方法，调速范围一般是从电动机的额定转速向下调速，对于调速范围要求更宽的控制系统，往往还需要在系统中加入弱磁控制，即在额定转速以下，保持磁通为额定值不变，通过调节电枢电压实现调速；在额定转速以上时，保持电枢电压基本不变，通过减小磁通实现进一步升速，此时的控制特性如图 4-26 所示。为了充分利用电动机，当其长期运行时，允许的电枢电流 i_d 通常设定为额定电流 i_{N}，这样一来，采用不同的调速方式时电动机具有的转矩特性和功率特性也不一样。

（1）恒转矩调速。在调压调速范围内，根据 $T_e=C_T\Phi i_d$，当保持主磁通 Φ 为额定值 Φ_{N}，且 $i_d=i_{\mathrm{N}}$ 时，T_{e} 为常数，故称为“恒转矩调速”方式。此时，由于功率 $P=T_{\mathrm{e}}\omega$，当转速升高时，功率增大。

（2）恒功率调速。在弱磁调速范围内，当 $i_d=i_{\mathrm{N}}$ 时，主磁通 Φ 减小，T_{e} 减小，角速度 ω 增大，且有功率 $P=T_{\mathrm{e}}\omega$ 保持不变，故称为“恒功率调速”方式。受机械结构限制，弱磁调速的范围有限。

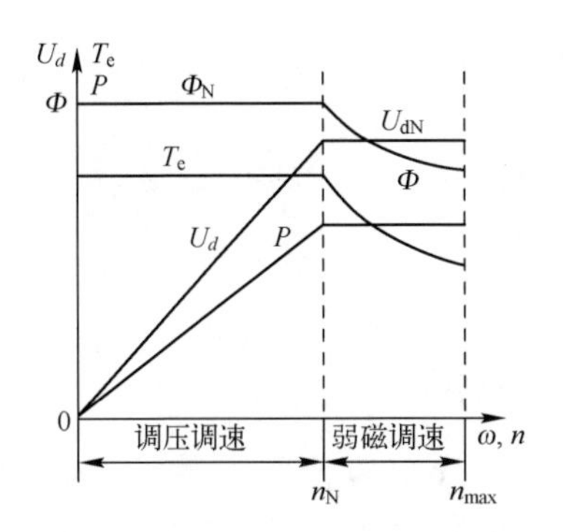

图 4-26　弱磁与调压配合控制特性

根据上述分析，在图 4-18 所示的转速-电流双闭环控制系统中，加入弱磁控制环节，可得其控制结构如图 4-27 所示。

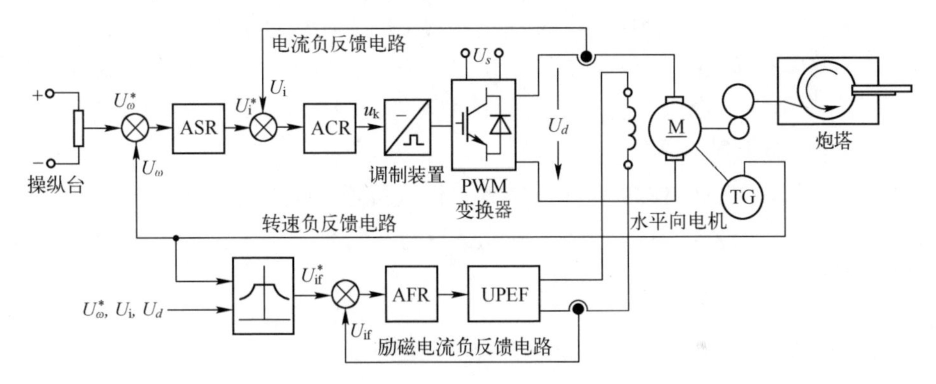

图 4-27　带有励磁电流闭环的弱磁与调压配合控制系统结构

图 4-27 中，AFR 为励磁电流调节器，UPEF 为励磁电流变换装置。电枢回路仍采用常规的转速-电流双闭环控制结构，励磁回路采用电流负反馈控制，由励磁电流调节器进行调节。当电动机转速低于额定转速时，励磁电流给定 U_{if}^* 为常数，使其磁通 Φ 稳定在额定磁通，电动机转速调节依靠电枢回路转速-电流双闭环控制实现；当电动机转速高于额定转速时，由于系统供电电源电压 U_s 和电流调节器输出限幅环节的限制，PWM 变换器输出电压不变，励磁回路根据电动机转速反馈信号 U_ω（实际系统中有时还综合利用 U_ω^*，U_i，U_d 等信号），按照感应电势 E_a 不变的原则，逐步减小 U_{if}^*，在励磁电流调节器的作用下，磁通 Φ 减小，电动机工作在弱磁状态，实现额定转速以上的调速。

采用弱磁与调压配合控制时，电动机为两输入-单输出对象，分析其控制性能时可采用图 3-16 所示的数学模型，限于篇幅，此处不再赘述。

4.4 直流 PWM 控制系统的特殊问题

4.4.1 电流脉动和转速脉动

4.1 节已经提到，直流 PWM 变换器的输出电流是脉动的，这种脉动会引起转矩波动，本节将对转矩波动的大小及其影响因素进行具体分析。为了分析方便，作如下假设：

（1）电力电子器件是无惯性的理想开关元件，其开通和关断过程时间均可忽略。

（2）忽略电枢回路电阻 R_d 变化，认为不同工作状态下 R_d 为常值。

（3）PWM 变换器开关频率足够高，开关周期 T 远小于系统的机电时间常数，在一个开关周期内，转速 ω 和反电势 E_a 均可认为不变。

1. 电枢电流脉动量

首先考虑不可逆 PWM 变换器或者单极式可逆 PWM 变换器工作在电机正向运行，且电流连续变化的情况。4.1 节已分析得到一个开关周期内变换器的电压方程为

$$\begin{cases} U_s = R_d i_d + L_d \dfrac{\mathrm{d}i_d}{\mathrm{d}t} + E_a, & 0 \leqslant t < t_1 \\ 0 = R_d i_d + L_d \dfrac{\mathrm{d}i_d}{\mathrm{d}t} + E_a, & t_1 \leqslant t < T \end{cases} \tag{4-41}$$

为了求解描述方便，后续分析中进一步将 $0 \leqslant t < t_1$ 阶段（或称第一阶段）的电流记为 i_{d1}，$t_1 \leqslant t < T$ 阶段（或称第二阶段）的电流记为 i_{d2}，即将式（4-41）记为

$$\begin{cases} U_s = R_d i_{d1} + L_d \dfrac{\mathrm{d}i_{d1}}{\mathrm{d}t} + E_a, & 0 \leqslant t < t_1 \\ 0 = R_d i_{d2} + L_d \dfrac{\mathrm{d}i_{d2}}{\mathrm{d}t} + E_a, & t_1 \leqslant t < T \end{cases} \tag{4-42}$$

由于回路中电流不能突变，第一阶段电流的终了值与第二阶段电流的初始值相等，第二阶段电流的终了值也与第一阶段电流的初始值相等，即

$$\begin{cases} i_{d1}(t_1) = i_{d2}(t_1) \\ i_{d1}(0) = i_{d2}(T) \end{cases} \tag{4-43}$$

根据该条件，可求得方程（4-42）的解为

$$\begin{cases} i_{d1}(t)=I_1-I_s\left[\dfrac{1-e^{-(T-t_1)/T_1}}{1-e^{-T/T_1}}\right]e^{-t/T_1}, & 0\leqslant t<t_1 \\ i_{d2}(t)=I_s\left[\dfrac{1-e^{-t_1/T_1}}{1-e^{-T/T_1}}\right]e^{-(t-t_1)/T_1}-I_2, & t_1\leqslant t<T \end{cases} \tag{4-44}$$

式中：$I_1=(U_s-E_a)/R_d$ 为平均负载电流；$I_2=E_a/R_d$ 为电枢回路短接时的平均制动电流；$I_s=U_s/R_d$ 为电源短路电流；$T_1=L_d/R_d$ 为电动机的电磁时间常数。

据此，可得一个开关周期内电流波形如图 4-28 所示。由图可知，电流脉动的最大值和最小值分别是

$$\begin{cases} i_{d\max}=i_{d1}(t_1)=i_{d2}(t_1)=I_1-\dfrac{e^{-t_1/T_1}-e^{-T/T_1}}{1-e^{-T/T_1}}I_s=\dfrac{1-e^{-t_1/T_1}}{1-e^{-T/T_1}}I_s-I_2 \\ i_{d\min}=i_{d1}(0)=i_{d2}(T)=I_1-\dfrac{1-e^{-(T-t_1)/T_1}}{1-e^{-T/T_1}}I_s=\dfrac{e^{-(T-t_1)/T_1}-e^{-T/T_1}}{1-e^{-T/T_1}}I_s-I_2 \end{cases} \tag{4-45}$$

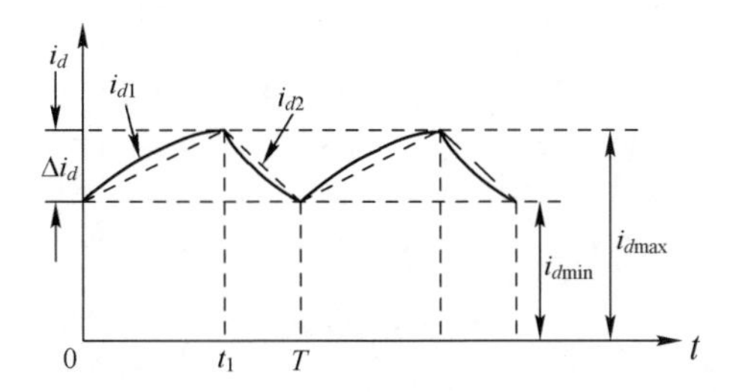

图 4-28　直流 PWM 控制系统电枢电流波形

式（4-45）中两式相减，可得电流脉动量为

$$\Delta i_d=i_{d\max}-i_{d\min}=I_s\left[\frac{(1-e^{-t_1/T_1})(1-e^{-(T-t_1)/T_1})}{1-e^{-T/T_1}}\right] \tag{4-46}$$

求当控制开关频率很高时，控制周期 T 远小于电磁时间常数 T_1。可将指数项展开成泰勒级数，并忽略高次项后，式（4-46）简化为

$$\Delta i_d=I_s\frac{\dfrac{t_1}{T_1}\dfrac{T-t_1}{T_1}}{\dfrac{T}{T_1}}=\rho(1-\rho)T\frac{U_s}{L_d} \tag{4-47}$$

式（4-47）中的电流脉动量也可用另一种方法求得，即当开关频率较高时，忽略一个周期内电阻压降 $R_d i_d$ 的变化，同时考虑到 E_a 也基本不变，可令

$$R_d i_d+E_a=\overline{U}_d \tag{4-48}$$

式中：$\overline{U}_d$ 为平均端电压，也近似地认为是常数。

则式（4-42）可近似地写为

$$\begin{cases} U_s=\overline{U}_d+L_d\dfrac{di_{d1}}{dt}, & 0\leqslant t<t_1 \\ 0=\overline{U}_d+L_d\dfrac{di_{d2}}{dt}, & t_1\leqslant t<T \end{cases} \tag{4-49}$$

亦即是

$$\begin{cases} \dfrac{di_{d1}}{dt}=\dfrac{U_s-\overline{U}_d}{L_d}, & 0\leqslant t<t_1 \\ \dfrac{di_{d2}}{dt}=\dfrac{-\overline{U}_d}{L_d}, & t_1\leqslant t<T \end{cases} \tag{4-50}$$

又根据式（4-10），可得

$$\begin{cases} \dfrac{di_{d1}}{dt}=\dfrac{(1-\rho)U_s}{L_d}, & 0\leqslant t<t_1 \\ \dfrac{di_{d2}}{dt}=\dfrac{-\rho U_s}{L_d}, & t_1\leqslant t<T \end{cases} \tag{4-51}$$

不难发现，di_{d1}/dt 和 di_{d2}/dt 都是常数，图 4-28 中的电流指数曲线（如图中实线所示）可近似为直线（如图中虚线所示）。对式（4-51）求解可得

$$\begin{cases} i_{d1}(t)=i_{d\min}+\dfrac{(1-\rho)U_s}{L_d}t, & 0\leqslant t<t_1 \\ i_{d2}(t)=i_{d\max}-\dfrac{\rho U_s}{L_d}(t-t_1), & t_1\leqslant t<T \end{cases} \tag{4-52}$$

进一步，可有

$$\begin{cases} i_{d\max}=i_{d1}(t_1)=i_{d\min}+\dfrac{(1-\rho)U_s}{L_d}t_1 \\ i_{d\min}=i_{d2}(T)=i_{d\max}-\dfrac{\rho U_s}{L_d}(T-t_1) \end{cases} \tag{4-53}$$

求解式（4-53）容易得到与式（4-47）同样的结论。

综上分析可知，电流脉动量大小是随占空比改变而变化的，令 $d(\Delta i_d)/d\rho=0$ 可以求得，当 $\rho=0.5$ 时，电流脉动量达到最大值

$$\Delta i_{d\max}=\frac{U_sT}{4L_d}=\frac{U_s}{4L_df} \tag{4-54}$$

式（4-54）表明，电流最大脉动量与电源电压 U_s 成正比，与电枢电感

L_d 和开关频率 f 成反比。

对于双极式可逆 PWM 变换器，一个周期内变换器的在开通和关断两个阶段的电压方程为

$$\begin{cases} U_{\mathrm{s}}=R_{\mathrm{d}}i_{d1}+L_d\dfrac{\mathrm{d}i_{d1}}{\mathrm{d}t}+E_{\mathrm{a}}, & 0\leqslant t<t_1 \\ -U_{\mathrm{s}}=R_{\mathrm{d}}i_{d2}+L_d\dfrac{\mathrm{d}i_{d2}}{\mathrm{d}t}+E_{\mathrm{a}}, & t_1\leqslant t<T \end{cases} \tag{4-55}$$

采用前述同样的求解方法，可得电枢电流的脉动量为

$$\Delta i_d=2t_1(T-t_1)\frac{U_{\mathrm{s}}}{TL_d} \tag{4-56}$$

根据式（4-16），代入双极式调制的占空比 $\rho=(2t_1-T)/T$，有

$$\Delta i_d=(1-\rho^2)\frac{U_{\mathrm{s}}T}{2L_d} \tag{4-57}$$

当 $\rho=0$ 时，求得最大电流脉动量为

$$\Delta i_{d\max}=\frac{U_{\mathrm{s}}T}{2L_d}=\frac{U_{\mathrm{s}}}{2L_df} \tag{4-58}$$

对比式（4-58）和式（4-54）可知，双极性调制的电流最大脉动量是单极性调制的 2 倍。

2. 转速脉动量

仍先考虑不可逆 PWM 变换器或者单极式可逆 PWM 变换器工作在电动机正向运行，且电流连续变化的情况。联合式（4-47）和式（4-52）可得

$$\begin{cases} i_{d1}(t)=i_{d\min}+\dfrac{\Delta i_d}{t_1}t, & 0\leqslant t<t_1 \\ i_{d2}(t)=i_{d\max}-\dfrac{\Delta i_d}{T-t_1}(t-t_1), & t_1\leqslant t<T \end{cases} \tag{4-59}$$

又因为电动机的转矩平衡方程式为

$$\begin{cases} J\dfrac{\mathrm{d}\omega_1}{\mathrm{d}t}=K_{\mathrm{T}}i_{d1}(t)-T_{\mathrm{L}}, & 0\leqslant t<t_1 \\ J\dfrac{\mathrm{d}\omega_2}{\mathrm{d}t}=K_{\mathrm{T}}i_{d2}(t)-T_{\mathrm{L}}, & t_1\leqslant t<T \end{cases} \tag{4-60}$$

式中：ω_1,ω_2 分别为 $0\leqslant t<t_1$ 阶段（或称第一阶段）和 $t_1\leqslant t<T$ 阶段（或称第二阶段）中电动机的角速度。

将式（4-59）代入式（4-60），可得

$$\begin{cases} J\dfrac{\mathrm{d}\omega_1}{\mathrm{d}t}=K_{\mathrm{T}}\left(i_{d\min}+\dfrac{\Delta i_d}{t_1}t\right)-T_{\mathrm{L}}, & 0\leqslant t<t_1 \\ J\dfrac{\mathrm{d}\omega_2}{\mathrm{d}t}=K_{\mathrm{T}}\left(i_{d\max}-\dfrac{\Delta i_d}{T-t_1}(t-t_1)\right)-T_{\mathrm{L}}, & t_1\leqslant t<T \end{cases} \tag{4-61}$$

在准稳态条件下，电动机的平均电磁转矩$\bar{T}_e$与负载转矩 T_L 相平衡，即

$$T_{\mathrm{L}}=\bar{T}_{\mathrm{e}}=K_{\mathrm{T}}\bar{i}_d \tag{4-62}$$

将其代入式（4-61），可得

$$\begin{cases} J\dfrac{\mathrm{d}\omega_1}{\mathrm{d}t}=K_{\mathrm{T}}\left(i_{d\min}+\dfrac{\Delta i_d}{t_1}t-\bar{i}_d\right), & 0\leqslant t<t_1 \\ J\dfrac{\mathrm{d}\omega_2}{\mathrm{d}t}=K_{\mathrm{T}}\left(i_{d\max}-\dfrac{\Delta i_d}{T-t_1}(t-t_1)-\bar{i}_d\right), & t_1\leqslant t<T \end{cases} \tag{4-63}$$

电枢电流已假设是线性变化的，因此有

$$\begin{cases} i_{d\max}-\bar{i}_d=\dfrac{\Delta i_d}{2} \\ i_{d\min}-\bar{i}_d=-\dfrac{\Delta i_d}{2} \end{cases} \tag{4-64}$$

将其代入式（4-63），可得

$$\begin{cases} \dfrac{\mathrm{d}\omega_1}{\mathrm{d}t}=\left(\dfrac{t}{t_1}-\dfrac{1}{2}\right)\dfrac{K_{\mathrm{T}}\Delta i_d}{J}, & 0\leqslant t<t_1 \\ \dfrac{\mathrm{d}\omega_2}{\mathrm{d}t}=\left(\dfrac{1}{2}-\dfrac{t-t_1}{T-t_1}\right)\dfrac{K_{\mathrm{T}}\Delta i_d}{J}, & t_1\leqslant t<T \end{cases} \tag{4-65}$$

对其积分，可得电动机的角速度表达式为

$$\begin{cases} \omega_1(t)=\left(\dfrac{t^2}{t_1}-t\right)\dfrac{K_{\mathrm{T}}\Delta i_d}{2J}+C_1, & 0\leqslant t<t_1 \\ \omega_2(t)=\left((t-t_1)-\dfrac{(t-t_1)^2}{T-t_1}\right)\dfrac{K_{\mathrm{T}}\Delta i_d}{2J}+C_2, & t_1\leqslant t<T \end{cases} \tag{4-66}$$

式中：$C_1=\omega_1(0), C_2=\omega_2(t_1)$。

在稳定运行时，电动机的转速也是周期变化的，因此有

$$\begin{cases} \omega_1(t_1)=\omega_2(t_1) \\ \omega_1(0)=\omega_2(T) \end{cases} \tag{4-67}$$

将式（4-67）代入式（4-66），可得积分常数 C_1 和 C_2 相等，且等于每一段转速初始值和终止值。由此可得电动机的转速曲线如图 4-29 所示。

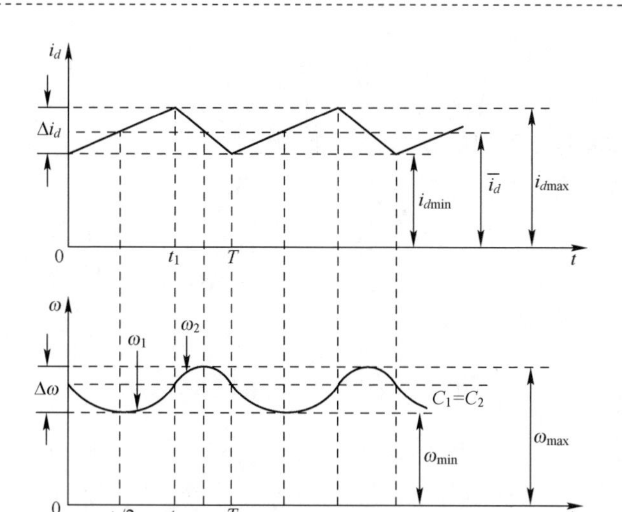

图 4-29　直流 PWM 控制系统的转速波形

令 $d\omega_1/dt=0, d\omega_2/dt=0$，可以分别求得转速达到最小值 $\omega_{\min}$ 和最大值 $\omega_{\max}$ 的时间分别为 $t_1/2, t_1+(T-t_1)/2$。将其代入式（4-66）可得

$$\begin{cases}\omega_{\min}=-\dfrac{K_T}{8J}\Delta i_d t_1+C_1\\ \omega_{\max}=\dfrac{K_T}{8J}\Delta i_d(T-t_1)+C_1\end{cases} \tag{4-68}$$

进一步，可求得转速脉动量为

$$\Delta\omega=\omega_{\max}-\omega_{\min}=\frac{K_T}{8J}\Delta i_d T \tag{4-69}$$

代入式（4-47），可得

$$\Delta\omega=\rho(1-\rho)T^2\cdot\frac{K_T U_s}{8JL_d} \tag{4-70}$$

当 $\rho=1/2$ 时，得到最大转速脉动量为

$$\Delta\omega=\frac{K_T U_s T^2}{32JL_d} \tag{4-71}$$

对于双极性可逆 PWM 变换器，根据上述方法，也可求得其转速脉动量为

$$\Delta\omega=(1-\rho^2)T^2\cdot\frac{K_T U_s}{16JL_d} \tag{4-72}$$

当 $\rho=0$ 时，得到最大转速脉动量为

$$\Delta\omega=\frac{K_{\mathrm{T}}U_{\mathrm{s}}T^{2}}{16JL_{d}} \tag{4-73}$$

上述分析表明，当把电枢电流近似地看成线性变化时，电动机转速的脉动量与开关周期的平方成正比（或与开关频率的平方成反比），因此为了减小电流波动，通常需要减小控制周期，也就是提高开关频率。在一些系统中还采用串联平波电抗器的办法增大 L_d，以减小转矩波动，但是这种方法会导致系统延时增大，响应变慢。

4.4.2 系统低速“爬行”的产生与抑制

如前所述，“爬行”现象是炮塔在低速转动时存在时停时转，加速度时高时低甚至出现瞬时反转的现象，摩擦力矩是造成低速“爬行”的重要因素，本节对其影响机理和抑制方法进行分析。

1. 摩擦非线性系统建模

具有相对运动或相对运动趋势的两物体接触面会产生摩擦，摩擦力矩的大小受接触面的几何形状、接触面材质、接触面间的相对速度和位移、润滑条件、环境温湿度等因素影响，是一种复杂、高度非线性且具有不确定性的现象。

在润滑条件下，摩擦力矩可以近似地看作接触面间相对运动速度的函数，接触面从相对静止到相对运动过程，摩擦力矩大致经过弹性形变、边界润滑、部分润滑和完全润滑 4 个阶段的变化，其特性如图 4-30 所示。

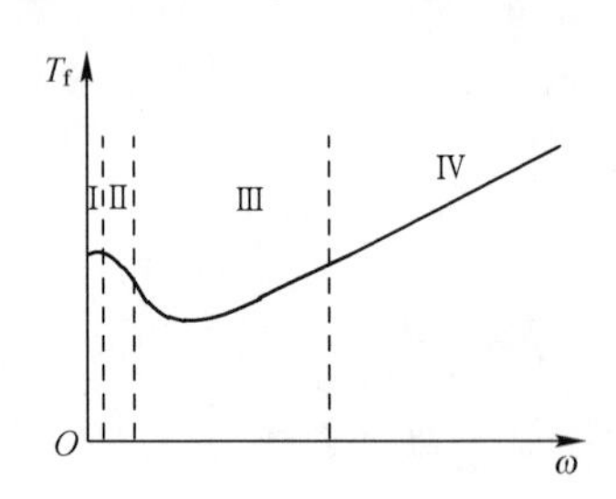

图 4-30　摩擦力矩与相对速度关系

（1）弹性形变阶段（第Ⅰ阶段）。此阶段的摩擦力矩也称静摩擦力矩，它不依赖于速度，可以认为由弹性形变产生，此时的弹性形变也称为“预滑位移”。

（2）边界润滑阶段（第Ⅱ阶段）。由于接触面间的相对速度很低，未在表面建立液体黏膜，摩擦力矩主要由固体间的剪切作用引起。

（3）部分润滑阶段（第Ⅲ阶段）。两物体相对运动使得接触面形成液体黏膜，同时因法向力作用，部分液体被挤出接触表面，因此还有部分区域仍是固体接触。

（4）完全润滑阶段（第Ⅳ阶段）。此阶段液体黏膜完全形成，没有固体接触区域，静摩擦力矩减小。随着相对运动速度的增大，黏滞作用越发明显。

需要指出的是：上述分析主要反映的是摩擦的静特性，深入研究发现，摩擦还具有对时间的依赖性，呈现出“静摩擦力增加”和“摩擦记忆”等特性。“静摩擦力增加”是指在一定条件下，最大静摩擦力不恒定，会随接触面间停滞时间增加而增大。“摩擦记忆”是指表面间相对速度变化时，摩擦力滞后一段时间才发生变化。

建立准确的摩擦模型是开展系统分析和控制的基础，在实际工程实践中，常用的几种摩擦模型如图4-31所示。

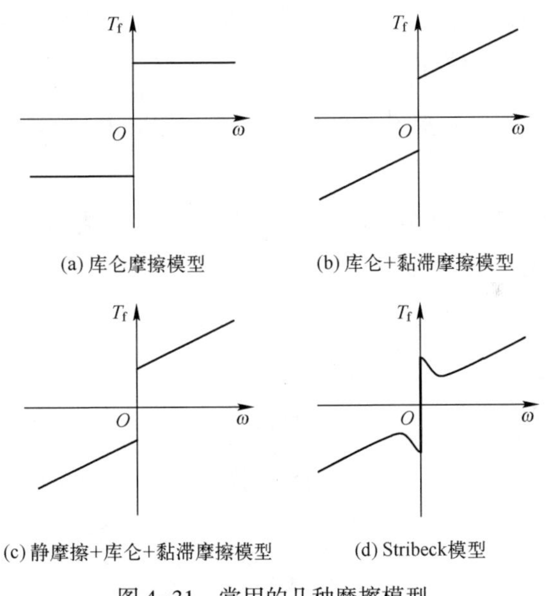

图4-31　常用的几种摩擦模型

（1）库仑摩擦模型：库仑摩擦模型如图4-31（a）所示。它未考虑零速度时刻摩擦力矩，其数学表达式为

$$T_f = T_c \cdot \mathrm{sgn}(\omega) \tag{4-74}$$

式中：T_f 为摩擦力矩；T_c 为库仑摩擦力矩幅值。

（2）库仑+黏滞摩擦模型：进一步研究发现，润滑液体的黏性也会影响摩擦力矩的大小，据此提出了黏滞摩擦模型，其数学表达式为

$$T_f = k_f\omega \tag{4-75}$$

式中：k_f 为黏滞摩擦系数。综合考虑库仑摩擦和黏滞摩擦的模型如图 4-31（b）所示，库仑+黏滞摩擦模型的数学表达式为

$$T_f = T_c \cdot \mathrm{sgn}(\omega) + k_f\omega \tag{4-76}$$

（3）静摩擦+库仑+黏滞摩擦模型：如前所述，两物体间有相对运动趋势但没有相对运动时也会存在静摩擦力矩，静摩擦力矩的数学表达式为

$$T_{\mathrm{static}} = \begin{cases} T_e, & \omega = 0 \& |T_e| < T_s \\ T_s \mathrm{sgn}(T_e), & \omega = 0 \& |T_e| \geqslant T_s \end{cases} \tag{4-77}$$

式中：T_e 为驱动力矩；T_s 为最大静摩擦力矩。

静摩擦力矩模型与前面的库仑+黏滞摩擦模型结合，可得静摩擦+库仑+黏滞摩擦模型，如图 4-31（c）所示。

（4）Stribeck 模型：静摩擦+库仑+黏滞摩擦模型基本反映了图 4-30 所示的过程，但是其模型是一个分段函数，Stribeck 等通过实验总结，提出了图 4-31（d）所示的摩擦连续模型，称为 Stribeck 模型，其数学表达式为

$$T_f = f(\omega) = \left[T_c + (T_s - T_c)\mathrm{e}^{-\left(\frac{\omega}{\omega_s}\right)^2}\right]\mathrm{sgn}(\omega) + k_f\omega \tag{4-78}$$

式中：ω_s 为临界 Stribeck 速度。

对于图 4-19 所示的转速-电流双闭环控制系统，考虑摩擦非线性影响时，其数学模型可描述为图 4-32。

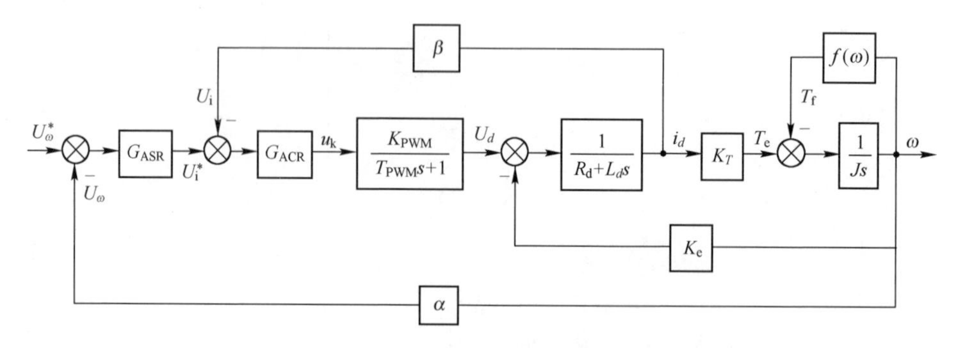

图 4-32　考虑摩擦非线性的系统数学模型

2. 系统低速运动特性与“爬行”分析

系统的运动性能与转速调节器和电流调节器的设计紧密相关，摩擦力矩作用在电流环外，因此电流调节器设计时可暂不考虑其影响。当电流调节器采用第 6 章中的经典工程设计方法设计时，电流环可等效为一个惯性环节，传递函数可写为

$$\frac{i_d(s)}{U_{\mathrm{i}}^*(s)} \approx \frac{1/\beta}{2T_{\sum i}s+1} \tag{4-79}$$

式中：$T_{\sum i}$为电流环小惯性环节时间常数之和。

进一步，当转速调节器采用 PI 控制，且有

$$G_{\mathrm{ASR}}(s) = K_{\mathrm{p}}\frac{\tau_{\mathrm{I}}s+1}{\tau_{\mathrm{I}}s} \tag{4-80}$$

时，图 4-32 可转化为图 4-33。

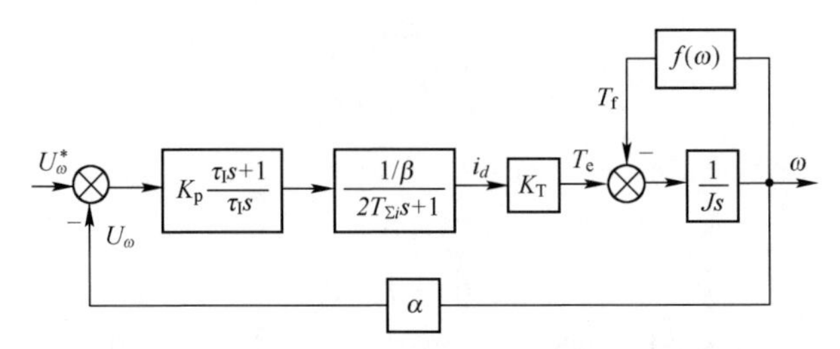

图 4-33　考虑摩擦非线性的系统简化数学模型

为了分析方便，对系统进行如下两点简化：

（1）设电流环的响应速度较快，其时间常数可忽略，即 $T_{\sum i}=0$。

（2）将摩擦力矩模型式（4-78）简化为分段函数，其表达式为

$$T_{\mathrm{f}}=\begin{cases}\min(T_{\mathrm{e}},T_{\mathrm{s}}\mathrm{sgn}(T_{\mathrm{e}})), & \omega=0\\ T_{\mathrm{c}}\mathrm{sgn}(\omega), & 0<\omega\leqslant\omega_0\\ k_{\mathrm{f}}\omega, & \omega>\omega_0\end{cases} \tag{4-81}$$

设 $x_1(t)=\omega(t),x_2(t)=i_d(t)$，系统初始状态为静止状态，即

$$\begin{cases}x_1(0)=0\\ x_2(0)=0\end{cases} \tag{4-82}$$

在系统输入端施加阶跃给定 $U_{\omega}^*(s)=U_{\omega}^*/s$，此时驱动电动机尚未转动，转速反馈电压 U_{ω} 为零，PI 控制器开始积分，$x_2(t)$从零开始逐渐增加，驱动力矩 T_{e} 随之增大，当 T_{e} 小于最大静摩擦力矩 T_{s} 时，电动机仍不转动，系统输出角速度 $x_1(t)$为零。设电动机保持静止不动的时间段为 $0<t\leqslant t_0$，则该时间段内，有

$$\begin{cases}x_1(t)=0\\ x_2(t)=\dfrac{1}{\beta\tau_{\mathrm{I}}}U_{\omega}^*K_{\mathrm{p}}(\tau_{\mathrm{I}}+t)\end{cases} \tag{4-83}$$

由此，驱动力矩

$$T_{\mathrm{e}}(t)=\frac{1}{\beta\tau_{\mathrm{I}}}U_{\omega}^*K_{\mathrm{T}}K_{\mathrm{p}}(\tau_{\mathrm{I}}+t) \tag{4-84}$$

当 $t=t_0$ 时，驱动力矩 T_e 增加到与最大静摩擦力矩 T_s 相等，因此有

$$T_e(t_0)=\frac{1}{\beta\tau_I}U_\omega^* K_T K_p(\tau_I+t_0)=T_s \tag{4-85}$$

可求得

$$t_0=\frac{\beta\tau_I T_s}{U_\omega^* K_T K_p}-\tau_I \tag{4-86}$$

将式（4-86）代入式（4-83），可得

$$\begin{cases}x_1(t_0)=0\\x_2(t_0)=T_s/K_T\end{cases} \tag{4-87}$$

令 $x_1'(t)=x_1(t-t_0),x_2'(t)=x_2(t-t_0)$，则有

$$\begin{cases}x_1'(0)=0\\x_2'(0)=T_s/K_T\end{cases} \tag{4-88}$$

当 $t>t_0$ 时，系统运动方程可描述为

$$\begin{cases}\dot{x}_1'=\dfrac{1}{J}(K_T x_2'-T_c)\\\dot{x}_2'=-\dfrac{\alpha K_p}{\beta\tau_I}x_1'-\dfrac{\alpha K_p K_T}{\beta J}x_2'+\dfrac{K_p}{\beta\tau_I}U_\omega^*+\dfrac{\alpha K_p}{BJ}T_c\end{cases} \tag{4-89}$$

将其写为向量形式，有

$$\dot{\boldsymbol{X}}'=\boldsymbol{AX}'+\boldsymbol{BV} \tag{4-90}$$

式中，$\boldsymbol{X}'=[x_1' \quad x_2']^{\mathrm{T}},\boldsymbol{V}=[U_\omega^* \quad T_c]^{\mathrm{T}}$。

$$\boldsymbol{A}=\begin{bmatrix}0 & \dfrac{K_T}{J}\\-\dfrac{\alpha K_p}{\beta\tau_I} & -\dfrac{\alpha K_p K_T}{\beta J}\end{bmatrix},\boldsymbol{B}=\begin{bmatrix}0 & -\dfrac{1}{J}\\\dfrac{K_p}{\beta\tau_I} & \dfrac{\alpha K_p}{\beta J}\end{bmatrix}$$

对式（4-90）两边取 Laplace 变换，解得 $\boldsymbol{X}'(s)$ 为

$$\boldsymbol{X}'(s)=[s\boldsymbol{I}-\boldsymbol{A}]^{-1}\boldsymbol{X}'(0)+[s\boldsymbol{I}-\boldsymbol{A}]^{-1}\boldsymbol{BV}(s) \tag{4-91}$$

式中：$[s\boldsymbol{I}-\boldsymbol{A}]^{-1}=\dfrac{\begin{bmatrix}s+\dfrac{\alpha K_p K_T}{\beta J} & \dfrac{K_T}{J}\\-\dfrac{\alpha K_p}{\beta\tau_I} & s\end{bmatrix}}{s^2+\dfrac{\alpha K_p K_T}{\beta J}s+\dfrac{\alpha K_p K_T}{\beta J\tau_I}}$。

由此可求得

$$x_1'(s)=\frac{\left(s+\frac{\alpha K_p K_T}{\beta J}\right)\left(x_1'(0)-\frac{1}{J}\frac{T_c}{s}\right)+\frac{K_T}{J}\left(x_2'(0)+\frac{K_p}{\beta\tau_I}\frac{U_\omega^*}{s}+\frac{\alpha K_p}{J\beta}\frac{T_c}{s}\right)}{s^2+\frac{\alpha K_p K_T}{\beta J}s+\frac{\alpha K_p K_T}{\beta J\tau_I}} \tag{4-92}$$

将式（4-88）代入式（4-92），可得

$$x_1'(s)=\frac{K_T K_p}{\beta J\tau_I s^2+\alpha\tau_I K_p K_T s+\alpha K_p K_T}\frac{U_\omega^*}{s}+\frac{\beta\tau_I(T_s-T_c)}{\beta J\tau_I s^2+\alpha\tau_I K_p K_T s+\alpha K_p K_T} \tag{4-93}$$

令 $2\zeta\omega_n=\frac{\alpha K_p K_T}{\beta J},\omega_n^2=\frac{\alpha K_p K_T}{\beta J\tau_I}$，则式（4-93）可化为

$$x_1'(s)=\frac{K_T K_p}{\beta J\tau_I(s^2+2\zeta\omega_n s+\omega_n^2)}\frac{U_\omega^*}{s}+\frac{\Delta T}{J(s^2+2\zeta\omega_n s+\omega_n^2)} \tag{4-94}$$

式中：$\Delta T=T_s-T_c$。

对式（4-94）取反 Laplace 变换，可得

$$\begin{aligned}x_1'(t)=x_{11}'(t)+x_{12}'(t)=&\frac{U_\omega^*}{\alpha}\left[1-\frac{e^{-\zeta\omega_n t}}{\sqrt{1-\zeta^2}}\sin(\omega_n\sqrt{1-\zeta^2}t+\varphi)\right]+\\&\sqrt{\frac{\beta\tau_I}{\alpha J K_p K_T}}\Delta T\left[\frac{e^{-\zeta\omega_n t}}{\sqrt{1-\zeta^2}}\sin(\omega_n\sqrt{1-\zeta^2}t)\right]\end{aligned} \tag{4-95}$$

式中：$\varphi=\arctan\sqrt{1-\zeta^2}/\zeta$。

因此，有

$$\begin{aligned}x_1(t-t_0)&=x_{11}(t-t_0)+x_{12}(t-t_0)\\&=\frac{U_\omega^*}{\alpha}\left[1-\frac{e^{-\zeta\omega_n(t-t_0)}}{\sqrt{1-\zeta^2}}\sin(\omega_n\sqrt{1-\zeta^2}(t-t_0)+\varphi)\right]+\\&\quad\sqrt{\frac{\beta\tau_I}{\alpha J K_p K_T}}\Delta T\left[\frac{e^{-\zeta\omega_n(t-t_0)}}{\sqrt{1-\zeta^2}}\sin(\omega_n\sqrt{1-\zeta^2}(t-t_0))\right]\end{aligned} \tag{4-96}$$

由式（4-96）可得，当 $t>t_0$ 时，系统的输出速度包含两部分，即 $x_{11}(t-t_0)$和 $x_{12}(t-t_0)$。要使系统低速运行时不出现“爬行”现象，则要求 $x_{11}(t-t_0)$与 $x_{12}(t-t_0)$之和始终大于零。

（1）$x_{11}(t-t_0)$是一个与给定有关的变量，当参数调整得当时 $x_{11}(t-t_0)$一般为正值，给定量 U_ω^* 较大时 $x_{11}(t-t_0)$也会很大，若其足够大（始终大于 $|x_{12}(t-t_0)|$），则 $x_1(t-t_0)$大于零。也就是说，当系统给定速度较大时，一般不会出现“爬行”现象。低速时，若 $x_1(t-t_0)$等于零，则驱动电动机再次处于

静止状态。而后重复前面分析的运动过程，开始新一轮的运动，这样周而复始，系统时停时转，即发生“爬行”现象。

（2）$x_{12}(t-t_0)$是由于静摩擦力矩和动摩擦力矩之差而引起的速度瞬态分量，其幅值与静动摩擦力矩差值 ΔT 成正比。$x_{12}(t-t_0)$是一个正负交替的函数，当系统的给定速度很小时，$x_{12}(t-t_0)$将在 $x_1(t-t_0)$中占到较大的比例，导致 $x_1(t-t_0)$出现等于零甚至小于零的情况，此时系统将会出现“爬行”现象。由此可见，静-动摩擦力矩之差是引起系统低速“爬行”的主要原因。且 ΔT 越大，要求不出现“爬行”现象的给定量 U_ω^* 幅值将会越大；当 ΔT 较小时，相应的最低平稳运行速度也会减小。

综上分析，可得如下几点结论：

（1）系统在低速时的“爬行”现象主要是由静、动摩擦力矩差所造成的。

（2）系统的“爬行”现象只在系统运动速度较低时才会发生，在速度较高时一般不会发生。

（3）闭环系统的阻尼比对低速的“爬行”现象有较大的影响，加大阻尼比 ζ 可使得暂态分量衰减速度加快，对改善系统的低速平稳性有积极的意义。

3. 系统低速“爬行”的抑制方法

基于系统低速“爬行”现象产生的机理，在实际工程实践中一般有以下几类抑制方法：

（1）从机械结构入手，减小动力传动过程中的摩擦影响。例如，在设计系统机械传动部分时，选用合适的传动形式、材料，改善摩擦表面的光洁度以及润滑条件等，使得系统的摩擦力矩尽可能小。

（2）从改变运动模式入手，克服静-动摩擦力矩跳变。如前分析，静-动摩擦力矩之差是引起系统低速“爬行”的主要原因，因此若让传动环节始终工作在运动状态，则可消除 $x_{12}(t-t_0)$的影响，从而保证系统低速平稳运行。采用双极式可逆 PWM 变换器时产生的脉动力矩，可使得电动机轴产生微振，从而使电动机承受的摩擦力矩始终为动摩擦力矩，抑制低速“爬行”的发生。为此，一般希望电动机脉振力矩大于最大静摩擦力矩 T_s。根据式（4-58），有

$$\frac{U_s K_T}{2L_d f} \geqslant T_s \tag{4-97}$$

由此求得

$$f \leqslant \frac{U_s K_T}{2L_d T_s} \tag{4-98}$$

也就是说，为了抑制低速“爬行”，PWM 变换器的开关频率不能太高，而为了减小系统速度脉动，需要开关频率尽可能高。同时开关频率还会受到功率器件本身的开关时间、功率损耗等因素的限制，因此在工程实践中需要综合上述因素合理选择开关频率。

（3）从控制策略入手，抑制摩擦力矩影响。如前分析，闭环系统的阻尼比对低速的“爬行”现象有较大的影响，通过转速调节器设计，调整系统的阻尼，可降低输入响应的振荡性，提高系统低速平稳跟踪的范围。这种补偿控制方法不依赖于摩擦力矩的模型，因此称为不依赖模型的摩擦补偿，与之相对应的是基于模型的补偿控制，即根据摩擦模型和参数，设计相应的补偿控制器来抑制其影响。若采用离线辨识得到的摩擦模型进行补偿，则称为固定模型补偿；若采用在线辨识的动态摩擦模型进行补偿，则称为自适应补偿。对上述非线性补偿控制技术有兴趣的读者可以参考本书最后所列的相关参考文献。

4.5　直流 PWM 控制系统的应用及其数字控制

4.5.1　某装甲车辆武器驱动控制系统的结构组成

某装甲车辆武器驱动控制系统由方向机、水平向电动机测速机组、水平向功率放大器、高低机、高低向电动机测速机组、高低向功率放大器、武器控制组合以及操纵台等组成，其主要部件在炮塔内部的安装位置如图 4-34 所示。

其中，高低向电动机测速机组固定在高低机上，水平向电动机测速机组固定在方向机上，水平向功率放大器和高低向功率放大器安装在支架上，支架固定在吊篮上，武器控制组合安装在炮塔右侧相应的附座上，操纵台安装在炮长操纵台支臂上。

4.5.2　数字式直流 PWM 控制系统工作原理

装甲车辆直流 PWM 控制武器驱动系统除了在结构组成上与第 3 章电机放大机炮塔电力传动系统存在明显差异，控制方式也发生了显著变化，即采用了基于单片机/DSP 的数字控制技术。为不失一般性，本节以 TI 公司

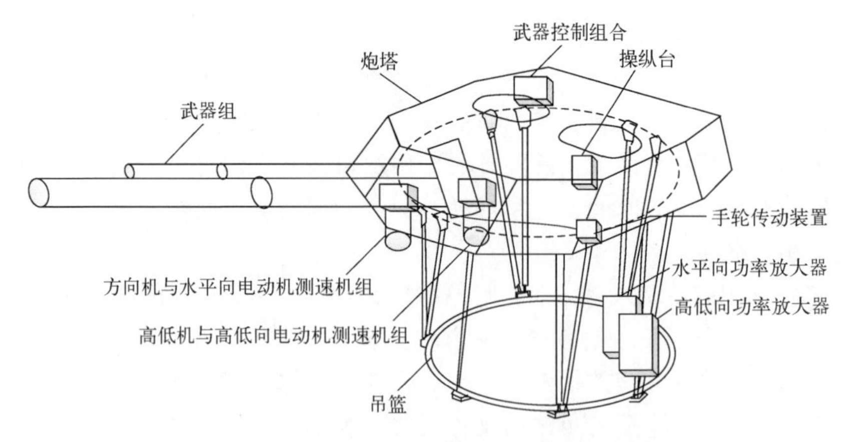

图 4-34　某装甲车辆武器驱动控制系统组成与安装位置

TMS320LF2407 为例，结合图 4-35，对数字式直流 PWM 控制系统一般工作原理进行分析，以作为读者开展相关分析设计的参考。

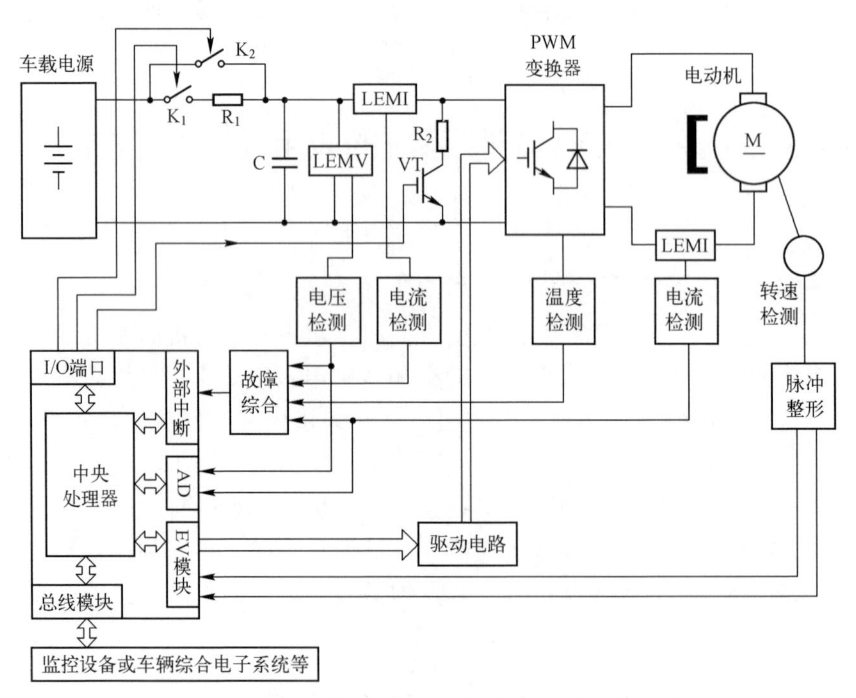

图 4-35　数字式直流 PWM 控制系统的一般结构

如图 4-35 所示，系统由主电路、检测电路、驱动/保护电路和数字控制器及其外围电路组成。主电路在 4.1.4 节已经进行了分析，这里不再赘述；

检测电路包括电压检测、电流检测、温度检测和转速检测。电压和电流检测信号经过滤波等处理后，送入 DSP 的 A/D 转换模块，当转速检测采用基于光电编码器的数字测速时，其输出脉冲信号可通过整形调理后直接送入 DSP 的专用光电编码器接口（QEP）；驱动/保护电路根据数字控制器指令驱动主电路中各电力电子器件、接触器等动作，实现系统运行控制和故障保护；数字控制器是系统的核心，TMS320LF2407 具有 2 个电机控制专用模块——事件管理器（EV），图 4-36 所示为事件管理器 A 的结构图，包含两个定时器、三个比较单元、三个捕获单元和一个增量式光电编码器接口。

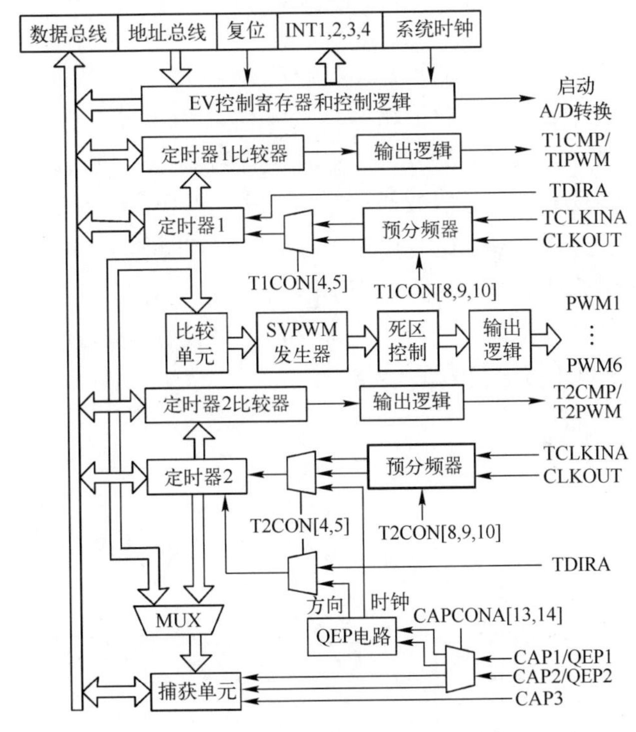

图 4-36　事件管理器 A（EV）结构

定时器是事件管理器的核心模块，可设置为连续增计数方式、定向增/减计数方式、连续增/减计数方式。计数基准时钟可采用内部时钟或来自 TCLKINA 引脚的外部时钟。如图 4-36 所示，定时器 1 伴随有一个比较寄存器，两者可共同工作产生 PWM 波，定时器 1 也可以与三个比较单元共同工作，在 PWM1～PWM6 上产生带死区的 PWM 控制信号。利用定时器比较寄存器生成的对称 PWM 波形如图 4-37 所示。

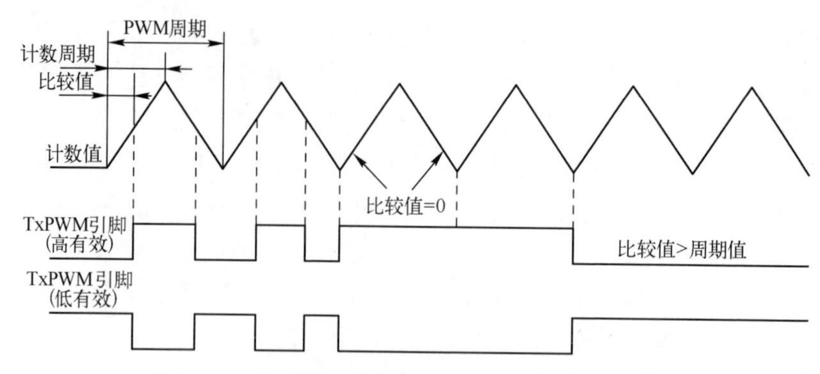

图 4-37 定时器比较寄存器生成的对称 PWM 波形

如图 4-37 所示，定时器计数方式设置为连续增/减计数方式，计数器从 0 开始增计数，当计数到与比较值相等时，TxPWM 引脚发生跳变，继续计数到与周期值相等时，计数器开始减计数，再次计数到与比较值相等时，TxPWM 引脚发生二次跳变，当计数器减到 0 时，完成一个 PWM 周期，计数器开始新一轮的增计数。这样一来，改变比较值就可以方便地改变 PWM 波的占空比。

利用比较单元产生 PWM 波与利用定时器比较寄存器生成 PWM 波的方法基本相同，但它可以通过配置相应的寄存器可以设置 PWM 波形的死区时间，其生成的对称 PWM 波形如图 4-38 所示。

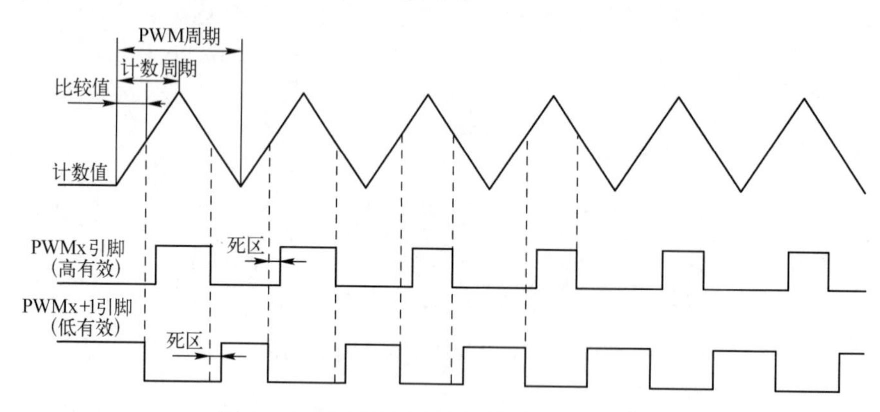

图 4-38 比较单元生成的带死区 PWM 波形

定时器 2 也可以与定时器 2 比较寄存器共同工作，在 T2PWM 引脚上生成 PWM 波，其原理与定时器 1 相同，但是它不能与比较单元共同工作，因此无法生成具有死区的 PWM 波形。此外，定时器 2 和定时器 1 还有一个区别，即它可以与增量式光电编码器接口共同工作，测量编码器输出的转向和角位移，其工作原理如图 4-39 所示。编码脉冲通过引脚 QEP_1 和引脚 QEP_2 输入，定时器 2 根据输入编码脉冲的 4 个边沿加工构成的 4 倍频计数脉冲信号和计数方向信号进行计数。当引脚 QEP_1 输入的编码脉冲超前引脚 QEP_2 输入的编码脉冲 90°相位时，定时器 2 增计数，当引脚 QEP_2 输入的编码脉冲超前引脚 QEP_1 输入的编码脉冲 90°相位时，定时器 2 减计数。这样一来就可以通过计数大小反映电动机输出的角位移和转速等信息。

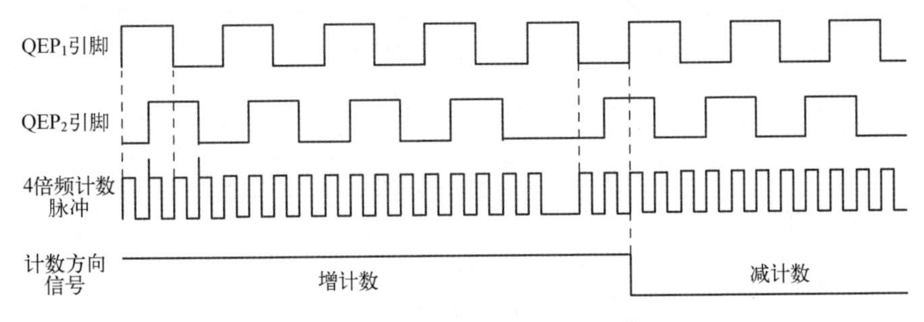

图 4-39　增量式光电编码器接口工作原理

4.5.3　数字控制系统算法的软件实现

区别于模拟控制系统采用电路实现各种运算，数字控制系统中的控制算法是通过写入 DSP 中的软件代码来实现的，DSP 的 CPU 单元只能接收数字量，因此要在 DSP 中实现 PID 控制，还需要把 PID 算法数字化，即改进为数字 PID 控制器。

1. 数字 PID 控制算法

在模拟系统中，PID 算法的表达式可记为

$$u(t)=K_{\mathrm{p}}\left[e(t)+\frac{1}{\tau_{\mathrm{I}}}\int_{0}^{t}e(t)\mathrm{d}t+T_{\mathrm{D}}\frac{\mathrm{d}e(t)}{\mathrm{d}t}\right] \tag{4-99}$$

式中：$u(t)$为控制器输出量；$e(t)$为控制器的输入偏差信号；K_{p} 为比例系数；τ_{I} 为积分项时间常数；T_{D} 为微分项系数。

对式（4-99）进行离散化处理，用数字形式的差分方程替代连续系统的微分方程，此时积分项与微分项可用求和与增量式表示。

$$\begin{cases} t\approx kT,k=0,1,2,\cdots \\ \int_{0}^{t}e(t)\mathrm{d}t\approx T\sum_{j=0}^{k}e(jT)=T\sum_{j=0}^{k}e(j) \\ \frac{\mathrm{d}e(t)}{\mathrm{d}t}\approx\frac{e(kT)-e[(k-1)T]}{T}=\frac{e(k)-e(k-1)}{T} \end{cases} \tag{4-100}$$

式中：T 为采样周期。

将式（4-100）代入式（4-99），可得到位置式PID算法的表达式为

$$u(k)=K_{p}e(k)+K_{I}\sum_{j=0}^{k}e(j)+K_{D}[e(k)-e(k-1)] \tag{4-101}$$

式中：K_I 为积分系数；K_D 为微分系数，且有 $K_I=K_pT/\tau_I, K_D=K_pT_D/T$。

位置式PID算法程序框图如图4-40所示。由图可知，在控制量 $u(k)$ 计算过程中，需要对 $e(k)$ 进行累加，运算工作量大，且会存在较大的累积误差，影响系统控制性能。为此，可利用递推原理，将其改进为增量式PID算法。根据式（4-101），可递推出第 $k-1$ 次采样时的表达式为

$$u(k-1)=K_{p}e(k-1)+K_{I}\sum_{j=0}^{k-1}e(j)+K_{D}[e(k-1)-e(k-2)] \tag{4-102}$$

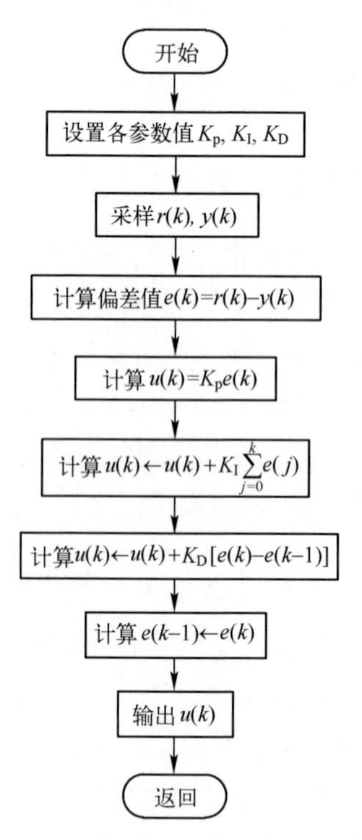

图4-40　位置式PID算法程序框图

综合式（4-101）和式（4-102），可得增量式PID算法表达式为

$$u(k)=u(k-1)+K_{p}[e(k)-e(k-1)]+K_{I}e(k)+K_{D}[e(k)-2e(k-1)+e(k-2)] \tag{4-103}$$

增量式PID算法程序框图如图4-41所示。较之位置式PID算法，计算过

程中不需要进行累加，增量只与最近几次采样值有关，运算量小，且容易通过加权处理获得较好的控制效果。

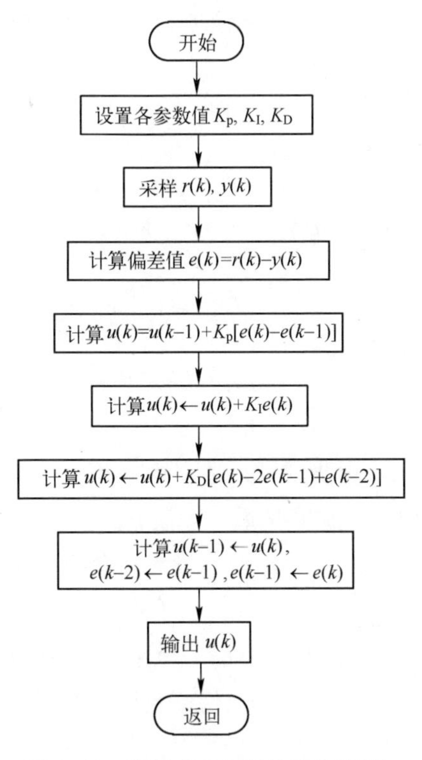

图 4-41　增量式 PID 算法程序框图

2. 数字 PID 控制算法的改进

较之采用电路运算实现的模拟 PID 控制，数字 PID 控制算法设计的灵活性大大增加。在实际控制系统中，可以方便地对数字 PID 控制算法进行改进，以满足不同系统控制性能的要求，下面对几种常用的改进算法进行分析。

1）积分分离 PID 控制算法

从前述章节分析可知，在 PID 控制器中引入积分环节的主要目的是消除静差，提高控制精度。但是在电动机启动、制动或者大幅增减给定值时，短时间内系统输出会有很大的偏差，引起 PID 运算的积分累积，造成较大的超调，甚至产生严重的振荡。为了解决上述问题，可在控制量开始跟踪时取消积分作用，直至系统输出接近给定值时再恢复积分作用，这种改进算法称为积分分离 PID 控制算法。其具体规则如下：

（1）根据系统控制需求，设定积分分离阈值 $\varepsilon_I>0$。

（2）当$|e(k)|>\varepsilon_I$时，也即是偏差值$|e(k)|$值比较大时，采用 PD 控制，以避免过大的超调，并使系统具有较快的响应。

（3）当$|e(k)|\leqslant\varepsilon_I$时，也即是偏差值$|e(k)|$值比较小时，采用 PID 控制，以保证系统的控制精度。

以位置式 PID 算法为例，可根据上述规则将其改进为积分分离位置式 PID 控制算法，即

$$u(k)=K_p e(k)+\beta K_I\sum_{j=0}^{k}e(j)+K_D[e(k)-e(k-1)] \tag{4-104}$$

式中：β为积分项权值系数，且有

$$\beta=\begin{cases}0, & |e(k)|>\varepsilon_I\\ 1, & |e(k)|\leqslant\varepsilon_I\end{cases} \tag{4-105}$$

2）遇限削弱积分 PID 控制算法

区别于积分分离 PID 算法规则，遇限削弱积分 PID 控制算法在开始跟踪时允许积分，当控制量进入饱和区后再限制积分，其具体规则是：

（1）根据系统控制需求，设定控制量允许最大值u_{max}和允许最小值u_{min}。

（2）当$u(k-1)\geqslant u_{max}$且$e(k)>0$时，采用 PD 控制。

（3）当$u(k-1)\leqslant u_{min}$且$e(k)<0$时，也采用 PD 控制。

（4）其他情况采用 PID 控制，以保证系统的控制精度。

采用上述规则，可以避免控制量长时间停留在饱和区。仍以位置式 PID 算法为例，改进后的遇限削弱积分 PID 控制算法与式（4-103）相同，只需将其积分项权值系数β取值表达式修改为

$$\beta=\begin{cases}0, & (u(k-1)\geqslant u_{max}\ \&\ e(k)>0)\,\|\,(u(k-1)\leqslant u_{max}\ \&\ e(k)<0)\\ 1, & \text{其他}\end{cases} \tag{4-106}$$

3）不完全微分 PID 控制算法

PID 控制中的微分作用容易引入高频噪声，因此通常需要在其中串联低通滤波器，构成不完全微分 PID 控制，以提高控制器的抗干扰能力。以采用一阶惯性环节作为低通滤波器为例，滤波环节可加在微分环节上，也可加在 PID 控制器后，这样就构成了两种结构的不完全微分 PID 控制，如图 4-42 所示。

对于图 4-42（a）所示的结构，比例环节和积分环节输出量与普通 PID 一样，微分环节输出量为

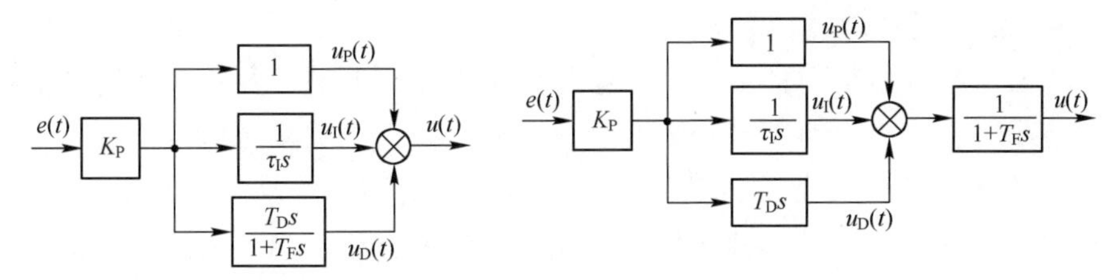

图 4-42　不完全微分 PID 控制算法

$$u_D(s)=\frac{K_pT_Ds}{1+T_Fs}e(s) \tag{4-107}$$

式中：T_F 为滤波器时间常数。

写成微分方程，可得

$$u_D(t)+T_F\frac{du_D(t)}{dt}=K_pT_D\frac{de(t)}{dt} \tag{4-108}$$

将其离散化，可得

$$u_D(k)+T_F\frac{u_D(k)-u_D(k-1)}{T}=K_pT_D\frac{e(k)-e(k-1)}{T} \tag{4-109}$$

整理可得

$$u_D(k)=\frac{T_F}{T+T_F}u_D(k-1)+\frac{K_pT_D}{T+T_F}[e(k)-e(k-1)] \tag{4-110}$$

式中：令 $\alpha=T_F/(T+T_F)$，则式（4-110）可简化为

$$u_D(k)=K_D(1-\alpha)[e(k)-e(k-1)]+\alpha u_D(k-1) \tag{4-111}$$

式中：$K_D=K_pT_D/T$。

仍以位置式 PID 算法为例，可改进为不完全微分 PID 控制算法，其表达式为

$$u(k)=K_pe(k)+K_I\sum_{j=0}^{k}e(j)+K_D(1-\alpha)[e(k)-e(k-1)]+\alpha u_D(k-1) \tag{4-112}$$

采用同样的分析方法，可得图 4-42（b）所示的结构不完全微分 PID 控制算法表达式为

$$u(k)=(1-\alpha)\left[K_pe(k)+K_I\sum_{j=0}^{k}e(j)+K_D[e(k)-e(k-1)]\right]+\alpha u_D(k-1) \tag{4-113}$$

3. 数字滤波算法

在数字控制系统中，除了PID控制算法中需要滤波，各种采样信号本身也带有噪声，也需要对其进行滤波。较之采用模拟电路实现滤波，数字滤波具有无须增加硬件设备、可靠性高、可多通道复用、修改参数方便等优点。前述一阶惯性环节就是一种典型的低通数字滤波方法，除此之外，数字控制系统中常用的滤波算法还有程序判断滤波、中值滤波、平均值滤波和低通数字滤波等。

1）程序判断滤波

一般地，物理量的变化都需要一定的时间，相邻两次采样值之间的变化也具有一定的限度。由此，可以根据物理量变化规律确定两次采样信号可能出现的最大偏差，若在允许偏差之内，则可将新的采样值作为样本值；若超过允许范围，则需要对其进行处理，根据处理方法，程序判断滤波可分为限幅滤波和限速滤波两种。

限幅滤波的规则是：

（1）根据实际物理量的变化规律，设定限幅阈值Δy_{max}。

（2）当前采样值$y(k)$与前次样本值$x(k-1)$差值$|y(k)-x(k-1)|\leqslant\Delta y_{max}$时，采用本次采样值$y(k)$更新样本值$x(k)$，即$x(k)=y(k)$。

（3）当$|y(k)-x(k-1)|>\Delta y_{max}$时，样本值$x(k)$不更新，即$x(k)=x(k-1)$。

当数字控制器采样频率不能达到足够高时，这种滤波方法主要适用于变化比较缓慢的变量，如温度或者大惯性对象的速度、位置等物理量。影响滤波效果的关键是限幅阈值设定，如果阈值设定过大，难以有效地滤除噪声信号，设置过小又会使得有效信号被屏蔽，这就相当于变相地降低了系统的采样频率。

为了克服上述问题，限速滤波采用3次采样值来决定采样结果。其规则是：

（1）根据实际物理量的变化规律，设定限幅阈值Δy_{max}。

（2）当前采样值$y(k)$与前次样本值$x(k-1)$差值$|y(k)-x(k-1)|\leqslant\Delta y_{max}$时，采用本次采样值$y(k)$更新样本值$x(k)$，即$x(k)=y(k)$。

（3）当$|y(k)-x(k-1)|>\Delta y_{max}$时，继续采样$y(k+1)$，如果$|y(k+1)-y(k)|\leqslant\Delta y_{max}$时，采用最新采样值$y(k+1)$更新样本值$x(k)$，即$x(k)=y(k+1)$；如果$|y(k+1)-y(k)|>\Delta y_{max}$时，采用$[y(k+1)+y(k)]/2$更新样本值$x(k)$，即$x(k)=[y(k+1)+y(k)]/2$。

限速滤波采用折中处理，既在一定程度上保持了采样的实时性，又兼顾

了被测量变化的连续性。但是也存在明显的缺点，如这种方式得到的样本值一般都不是等时间间隔序列。同时，限幅阈值 Δy_{max} 的确定必须根据现场情况不断更新。在实际使用中，可将 Δy_{max} 设定为 $[|y(k+1)-y(k)|+|y(k)-y(k-1)|]/2$。

2）中值滤波

中值滤波的基本规则是：对某一变量连续采样 N（一般为奇数）次，然后按大小排序，取中间值作为样本值。这种方法对去掉由于偶然因素引起的波动或采样器不稳定而造成的误差干扰比较有效，但是其相当于人为地将采样频率降低到了原频率的 $1/N$，当数字控制器采样频率不能达到足够高时，这种方法只适用于变化比较缓慢的变量。

3）平均值滤波

平均值滤波的基本规则是：求取连续 N 次采样值的平均值作为样本值。根据平均值的计算方法和采样值选取方法，平均值滤波一般可分为算术平均滤波、加权平均滤波和滑动平均滤波。

算术平均滤波对某一变量连续采样 N 次，并采用 $\frac{1}{N}\sum_{i=1}^{N} y(i)$ 作为样本值。这种方法适用于对周期脉动信号进行滤波，但是对脉冲性干扰滤波效果有限。

加权平均滤波在算术平均滤波的基础上给采样值赋以权重，即采用 $\sum_{i=1}^{N} c_i y(i)$ 作为样本值 $\left(权重系数\ c_i\ 满足\ \sum_{i=1}^{N} c_i = 1\right)$。

上述两种平均滤波算法都需要连续采样 N 次，同样存在人为降低采样频率的问题。为此，可采用滑动平均滤波算法，即每采样一次，就将原来 N 个采样数据中最早的那个数据去掉，然后求取包括新采样数据在内的 N 个采样数据的算术平均值或加权平均值。

4）低通数字滤波（一阶惯性环节）

根据前述分析，直接将一阶惯性环节 $1/(T_F s+1)$ 离散化，可得

$$x(k)=(1-\alpha)x(k-1)+\alpha y(k) \tag{4-114}$$

式中：α 为滤波平滑系数。

为了提高滤波效果，在实际系统中，也可将两种或两种以上的不同滤波功能的数字滤波器组合起来，构成复合数字滤波器，有时也称多级数字滤波器。此外，实际系统中还经常用到其他非线性微分与滤波算法，有兴趣的读者可参考本书最后所列参考文献。

第5章

交流全电式坦克炮控系统

第3章和第4章中电力传动控制系统均采用直流电动机作为驱动装置，属于直流传动控制系统。直流电动机的转速控制和调节容易，调速性能好，因此在很长一段时间内，直流传动控制系统一直占据电力传动领域主导地位，早期的装甲车辆中武器电力传动控制系统也主要采用这种结构模式。但是，由于直流电动机本身结构上存在机械式换向器和电刷，使其进一步开发应用受到诸多限制，如机械式换向器表面线速度和换向电流、电压均有极限容许值，使得其难以向高转速、高电压、高功率方向发展。在新型坦克炮控系统中，为了减小炮塔电动机的体积和质量，炮塔电动机转速往往都比较高，采用直流电动机容易造成因换向器表面线速度太高而引起换向火花过大、电刷磨损过快等一系列问题。再如，机械式换向器和电刷必须经常检查与维修，特别是在高潮湿、高盐雾的沿海地区，其维护工作量大，费用高，且会对战备产生不良影响。

随着电机控制理论和数字控制技术的发展，交流传动技术逐渐成熟，20世纪90年代我国开始探索应用交流传动技术研制交流全电式炮控系统，其多项性能指标较传统炮控系统有了大幅提升，同时系统质量、体积、成本、效率、工作可靠性和可维修性也均明显改善，本章将就这类系统开展分析。

除了系统结构模式不同，本章涉及的炮控系统与第3章和第4章中电力传动控制系统还有一个重要区别。前述章节的炮塔电力传动系统和武器驱动控制系统虽然实现了武器驱动的自动控制，但都是速度控制系统，即其控制的武器系统不具备空间稳定功能，在坦克机动过程中无法保持射角和射向不变，难以实现行进间的精确瞄准和射击，这就限制了坦克武器威力的发挥，同时也降低了自身的战场生存能力。因此，如何在前述转速-电流双闭环调速控制系统的基础上，构建位置控制系统，实现武器系统空间稳定也是本章着重探讨的一个问题。

5.1 交流双向全电炮控系统的基本结构与原理

5.1.1 系统结构组成

全电交流炮控系统开环控制结构如图5-1所示，当不考虑反馈环节时，其组成原理与第4章中的直流PWM控制系统相似。包括水平向和高低向两个分系统，两个分系统均主要由调制装置、PWM逆变器、驱动电动机、动力传动装置（如方向机、丝杠等）组成。

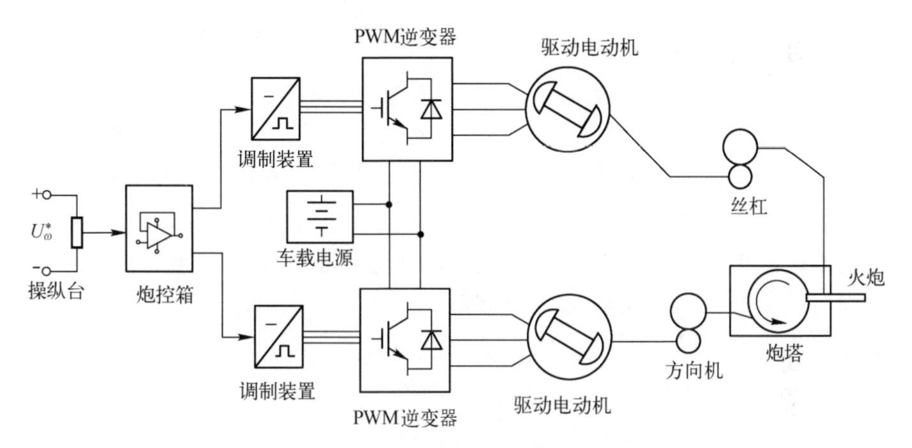

图5-1　全电交流炮控系统开环控制结构

交流全电炮控系统中的驱动电动机一般选用永磁同步电动机，其定子结构与电励磁三相同步电动机基本相同，转子采用永磁体代替电励磁系统，省去了励磁绕组、集电环和电刷，从而消除了励磁铜耗，具有效率高、功率密度高、转子惯量小且结构坚固等优点。永磁体材料对电动机结构和性能影响很大，目前采用较多的主要有铁氧体、稀土钴和钕铁硼等。

从永磁体安装形式来看，一般主要有表面式和内装式两种转子结构，表面式转子一般又包括面装式和插入式两种，内装式转子一般有径向式和切向式两种，结构如图5-2所示。

面装式转子结构中的永磁体为环形，直接安装在转子铁芯表面，由于永磁材料的磁导率与气隙磁导率接近，其有效气隙长度是气隙和永磁体径向厚

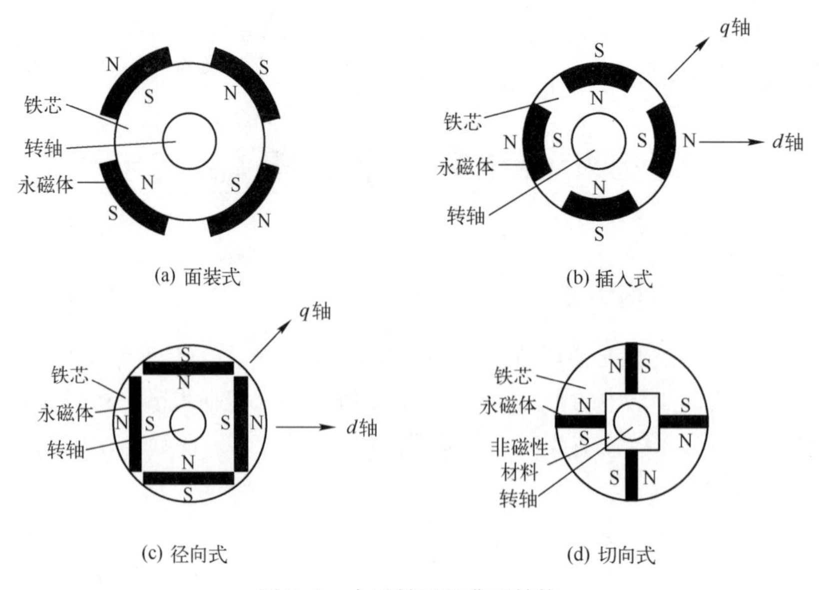

图 5-2　永磁转子的典型结构

度的总和，交、直轴磁路基本对称，电动机的凸极率 $\rho=L_q/L_d\approx1$，因此其特性与隐极电动机相似，无凸极效应和磁阻转矩。面装式转子的直径可以做得很小，惯量低，有利于改善动态性能，且其建模控制相对较为简单；但是由于其等效气隙回路包含永磁体径向厚度，气隙较大，电枢反应电抗小，弱磁能力较差，电动机恒功率扩速运行范围通常较小。

区别于面装式结构，插入式转子结构将永磁体嵌入转子表面下，内装式转子将永磁体埋于转子铁芯内部，机械强度比面装式高，适用于高速运行场合。同时有效气隙小，弱磁能力好。d 轴等效气隙比 q 轴等效气隙大，电动机凸极率 $\rho=L_q/L_d>1$，因此其特性与凸极式电动机类似（但与电励磁同步电动机 q 轴等效气隙比 d 轴等效气隙大的特性正好相反）。转子交、直轴磁路不对称的凸极效应所产生的磁阻转矩有助于提高电动机的转矩密度和过载能力，且易于实现弱磁扩速，提高电动机的恒功率运行范围。

为了进一步增大电动机的凸极率，还可以采用多层磁钢转子结构，图 5-3 给出了不同转子结构的永磁电动机凸极率情况，其中面装式电动机的凸极率最小，其次是表面插入式，径向式单层磁钢结构的凸极率可以达到 3，双层磁钢和三层磁钢结构的凸极率可以达到 10~12，三层以上磁钢的永磁电动机通常采用轴向叠片结构，凸极率可以达到 12 以上。增加磁钢层数可以提高电动机的凸极率，增加气隙磁通密度，但是其结构复杂程度和制造成本也会随之

增加。

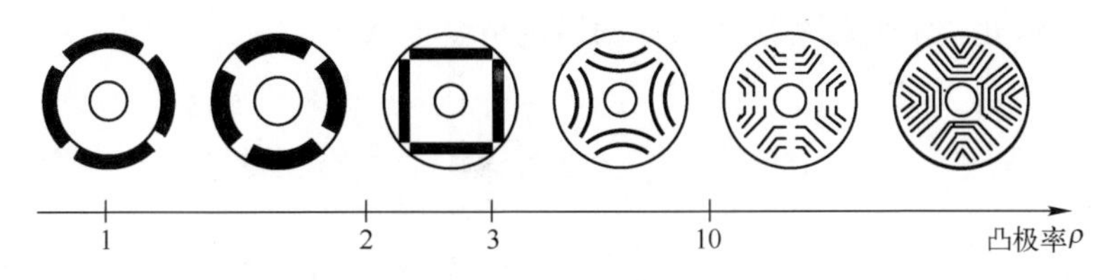

图 5-3　不同转子结构永磁电动机的凸极率

5.1.2 系统主要性能指标

如前所述，本章讨论的坦克炮控系统除了实现坦克炮驱动的自动控制，提高系统反应速度和瞄准精度，还需克服坦克机动过程中路面颠簸的影响，实现火炮在高低和水平两个方向的空间位置稳定，为行进间机动射击提供技术支撑。因此，坦克炮控系统的性能指标除了前述章节中的最大调炮速度、最低瞄准速度等稳态指标和上升时间、调节时间、超调量等动态指标，还有一个重要的指标——稳定精度。

系统稳定精度反映的是坦克在起伏路面上机动时，炮控系统使火炮对目标保持瞄准的能力。以水平向炮控分系统为例，其射击目标关系可描述为图 5-4。

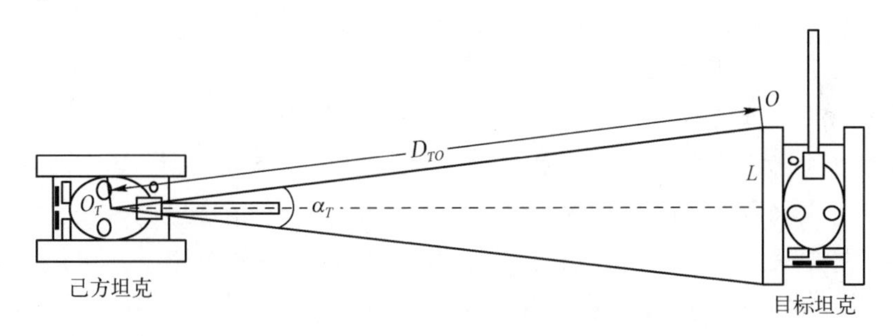

图 5-4　系统稳定精度分析

图 5-4 中，目标坦克车体长度为 L，己方坦克与目标坦克距离为 D_{TO}。假定射击时瞄准目标坦克中心位置，为了击中目标，火炮射击误差不能大于 $L/2$，则在不考虑火炮漂移时，要求炮控系统控制炮塔的稳定精度 α_T 满足

$$\alpha_T \leqslant \frac{6000}{2\pi}\frac{L}{2D_{TO}}(\text{mil}) \tag{5-1}$$

假定目标坦克车长 6m，射击距离 2km，则根据式（5-1）可知，系统稳定误差小于 1.5mil 时才能够击中目标，当二者正面格斗时，设目标坦克车宽

3.5m，则要击中目标，系统的稳定精度需要至少达到0.9mil。坦克的车高尺寸更小，因此要求炮控系统高低向的稳定精度更高。

5.2 永磁同步电动机建模与矢量控制

如第1章所述，永磁同步电动机的调速一般有他控式调速和自控式调速两种方式，对于坦克炮控系统来说，他控式调速的控制精度、低速平稳性以及抗扰动冲击能力都很难满足系统指标要求，因此通常采用自控式调速，控制方式大多采用矢量控制，该方法由德国学者在20世纪70年代初提出。其基本思想是：针对交流电动机这样一个多变量、非线性、强耦合的控制对象，采用基于参数重构和状态重构的现代控制理论解耦原理，进行矢量变换，将交流电动机转化为等效直流电动机，仿照直流调速原理对其进行控制，使交流调速系统的静、动态性能达到直流调速的水平。当然，这一控制原理的工程实现依赖于电力电子技术水平的不断提高和数字控制技术的快速发展。

5.2.1 矢量控制的基本原理

考虑到面装式永磁同步电动机交、直轴磁路基本对称，且 $L_q=L_d$，建模分析相对简单，本节以其为例分析矢量控制的基本原理。

1. 空间矢量的定义

永磁同步电动机绕组的电压、电流、磁链等物理量都是随时间变化的，如果考虑到它们所在绕组的空间位置，可以定义为空间矢量。在图5-5中，A,B,C 分别表示在空间静止的永磁同步电动机定子三相绕组的轴线，它们在空间互差 $2\pi/3$，三相定子电压 U_A,U_B,U_C 分别加在三相绕组上，可定义对应的电压空间矢量为 $\boldsymbol{u}_A,\boldsymbol{u}_B,\boldsymbol{u}_C$。当 $U_A>0$ 时，$\boldsymbol{u}_A$ 与 A 轴同向，当 $U_A<0$ 时，$\boldsymbol{u}_A$

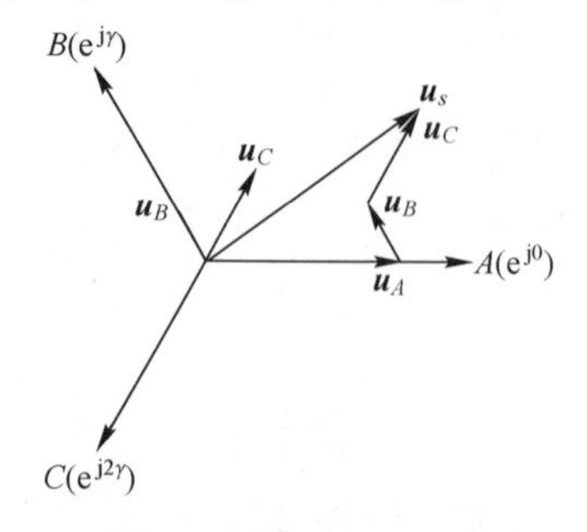

图5-5 电压空间矢量

与 A 轴反向，B,C 两相与之类似。由此可得

$$\begin{cases}\boldsymbol{u}_A = kU_A \\ \boldsymbol{u}_B = kU_B e^{j\gamma} \\ \boldsymbol{u}_C = kU_C e^{j2\gamma}\end{cases} \tag{5-2}$$

式中：$\gamma = 2\pi/3$；k 为待定系数。

进一步，图 5-5 中三相合成矢量 $\boldsymbol{u}_s$ 可表示为

$$\boldsymbol{u}_s = \boldsymbol{u}_A + \boldsymbol{u}_B + \boldsymbol{u}_C = kU_A + kU_B e^{j\gamma} + kU_C e^{j2\gamma} \tag{5-3}$$

与定子电压空间矢量类似，可定义定子电流和磁链空间矢量 $\boldsymbol{i}_s$ 和 $\boldsymbol{\psi}_s$ 分别为

$$\boldsymbol{i}_s = \boldsymbol{i}_A + \boldsymbol{i}_B + \boldsymbol{i}_C = ki_A + ki_B e^{j\gamma} + ki_C e^{j2\gamma} \tag{5-4}$$

$$\boldsymbol{\psi}_s = \boldsymbol{\psi}_A + \boldsymbol{\psi}_B + \boldsymbol{\psi}_C = k\psi_A + k\psi_B e^{j\gamma} + k\psi_C e^{j2\gamma} \tag{5-5}$$

式中：i_A, i_B, i_C 为三相定子绕组的电流；ψ_A, ψ_B, ψ_C 为三相定子绕组的磁链。磁链是电流回路所交链的磁通量，大小为磁通与线圈匝数的乘积，如对于 A 相绕组，有

$$\psi_A = \Phi_A N_A \tag{5-6}$$

式中：N_A 为 A 相绕组线圈的匝数。

由式（5-3）和式（5-4）可以得到空间矢量的功率表达式为

$$\begin{aligned} p' &= Re(\boldsymbol{u}_s \boldsymbol{i}'_s) = Re[k^2(U_A + U_B e^{j\gamma} + U_C e^{j2\gamma})(i_A + i_B e^{-j\gamma} + i_C e^{-j2\gamma})] \\ &= \frac{3}{2}k^2(U_A i_A + U_B i_B + U_C i_C) = \frac{3}{2}k^2 P \end{aligned} \tag{5-7}$$

式中：$\boldsymbol{i}'_s$ 和 $\boldsymbol{i}_s$ 为共轭矢量；p' 为矢量功率；P 为三相瞬时功率。

按照矢量功率与三相瞬时功率相等的原则，取 $k = \sqrt{2/3}$。则电压、电流与磁链的空间矢量表达式为

$$\begin{cases}\boldsymbol{u}_s = \sqrt{\dfrac{2}{3}}(U_A + U_B e^{j\gamma} + U_C e^{j2\gamma}) \\ \boldsymbol{i}_s = \sqrt{\dfrac{2}{3}}(i_A + i_B e^{j\gamma} + i_C e^{j2\gamma}) \\ \boldsymbol{\psi}_s = \sqrt{\dfrac{2}{3}}(\psi_A + \psi_B e^{j\gamma} + \psi_C e^{j2\gamma})\end{cases} \tag{5-8}$$

当定子相电压 U_A, U_B, U_C 为三相对称正弦电压，且其幅值为 U_m，角速度为 ω_s 时，三相合成矢量

$$
\begin{aligned}
\boldsymbol{u}_s &= \boldsymbol{u}_A+\boldsymbol{u}_B+\boldsymbol{u}_C \\
&= \sqrt{\frac{2}{3}}\left[U_m\cos\omega_s t+U_m\cos\left(\omega_s t-\frac{2}{3}\pi\right)e^{j\gamma}+U_m\cos\left(\omega_s t+\frac{2}{3}\pi\right)e^{j2\gamma}\right] \\
&= \sqrt{\frac{2}{3}}\times\frac{3}{2}U_m e^{j\omega_s t}=\sqrt{\frac{3}{2}}U_m e^{j\omega_s t}=U_s e^{j\omega_s t}
\end{aligned}
\tag{5-9}
$$

由此可见，此时电压空间矢量 $\boldsymbol{u}_s$ 是一个以 ω_s 为角速度作恒速旋转的空间矢量，其幅值 U_s 为相电压幅值 U_m 的$\sqrt{3/2}$倍，当某一相电压为最大值时，合成电压矢量 $\boldsymbol{u}_s$ 就落在该相轴线上。在三相平衡正弦电压供电且电动机稳态运行时，定子电流和磁链的空间矢量 $\boldsymbol{i}_s$ 和 $\boldsymbol{\psi}_s$ 的幅值也恒定，且以角速度 ω_s 做恒速旋转。

2. 面装式永磁同步电动机的矢量方程

为了简化难度，分析之前首先做如下假设：

（1）忽略定、转子铁芯磁阻，不计涡流和磁滞损耗。

（2）永磁材料的电导率为零，永磁体内部的磁导率与空气相同。

（3）转子上没有阻尼绕组。

（4）永磁体产生的等效励磁磁场和三相绕组产生的电枢反应磁场在气隙中均为正弦分布。

（5）稳态运行时，相绕组中的感应电动势为正弦波。

由此，可构建二极面装式永磁同步电动机的物理模型，如图 5-6 所示。

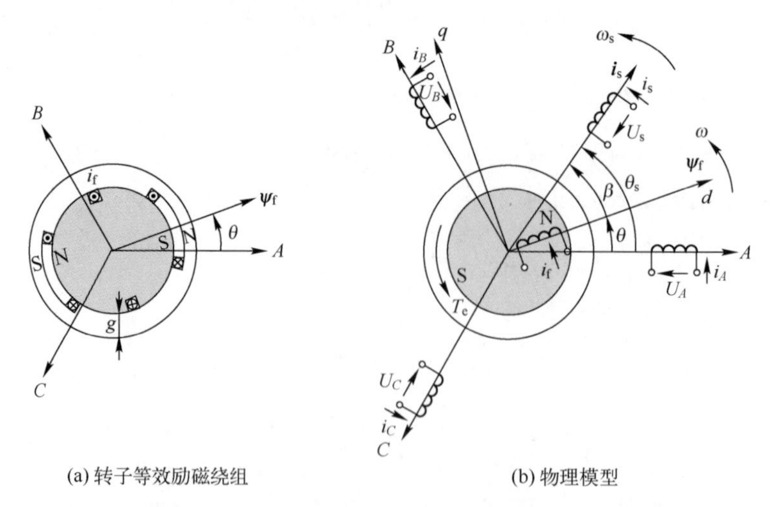

(a) 转子等效励磁绕组　　(b) 物理模型

图 5-6　二极面装式永磁同步电动机的物理模型

图 5-6 中，g 为气隙长度，假设永磁体内部磁导率与空气相同，因此可认为 g 是均匀的；$\boldsymbol{\psi}_{\mathrm{f}}$ 为转子永磁体等效励磁磁链矢量（通常将 $\boldsymbol{\psi}_{\mathrm{f}}$ 轴线方向定义为 d 轴，沿旋转方向超前 d 轴 90°电角度方向定义为 q 轴）；$\theta_{\mathrm{s}},\theta$ 分别为 $\boldsymbol{i}_{\mathrm{s}}$ 和 $\boldsymbol{\psi}_{\mathrm{f}}$ 相对于 A 相的旋转角度；β 为负载角，且有 $\beta=\theta_{\mathrm{s}}-\theta$；$\omega_{\mathrm{s}},\omega$ 分别 $\boldsymbol{i}_{\mathrm{s}}$ 和 $\boldsymbol{\psi}_{\mathrm{f}}$ 的旋转角速度。不难发现，θ,ω 亦为电动机转子的角位移和角速度。

为了分析方便，在永磁同步电动机建模时，通常将转子永磁体产生的励磁磁场等效为电励磁同步电动机的励磁绕组产生的磁场。其等效过程为：首先考虑到永磁体内部磁导率很小，转子表面的永磁体可等效为两个励磁线圈，转子永磁体产生的正弦分布磁场可认为与两个线圈在气隙中产生的正弦分布励磁磁场相同，见图 5-6（a）。再进一步，将两个励磁线圈等效为置于转子槽内的励磁绕组，其有效匝数为相绕组的 $\sqrt{3/2}$ 倍，则通入等效励磁电流 i_{f} 后，产生的磁链为 $\boldsymbol{\psi}_{\mathrm{f}}=L_{\mathrm{f}}i_{\mathrm{f}}$，$L_{\mathrm{f}}$ 为等效励磁电感，见图 5-6（b）。当然，由于永磁体产生的磁场不能调节，如忽略温度变化对永磁体的影响，可认为电动机运行过程中 $\boldsymbol{\psi}_{\mathrm{f}},i_{\mathrm{f}}$ 均为常值。与式（5-9）类似地，转子永磁体等效励磁磁链矢量 $\boldsymbol{\psi}_{\mathrm{f}}$ 可记为

$$\boldsymbol{\psi}_{\mathrm{f}}=\psi_{\mathrm{f}}\mathrm{e}^{\mathrm{j}\theta} \tag{5-10}$$

转子励磁磁场称为转子磁场，又称为主极磁场。除此之外，在电动机运行过程中，当其三相定子绕组通入三相对称电流时，还会产生电枢反应磁场和漏磁场，对应的磁链矢量可分别记为 $\boldsymbol{\psi}_{\mathrm{m}}$ 和 $\boldsymbol{\psi}_{\sigma}$，且有 $\boldsymbol{\psi}_{\mathrm{m}}=L_{\mathrm{m}}\boldsymbol{i}_{\mathrm{s}},\boldsymbol{\psi}_{\sigma}=L_{\mathrm{s}\sigma}\boldsymbol{i}_{\mathrm{s}}$，其中，$L_{\mathrm{m}},L_{\mathrm{s}\sigma}$ 分别为相绕组的等效励磁电感和漏电感。通常，定子电流矢量产生的电枢反应磁场和漏磁场之和称为电枢磁场，对应的电枢磁链矢量为 $\boldsymbol{\psi}_{\mathrm{a}}=\boldsymbol{\psi}_{\mathrm{m}}+\boldsymbol{\psi}_{\sigma}=L_{\mathrm{m}}\boldsymbol{i}_{\mathrm{s}}+L_{\mathrm{s}\sigma}\boldsymbol{i}_{\mathrm{s}}=L_{\mathrm{s}}\boldsymbol{i}_{\mathrm{s}}$，其中 L_{s} 为同步电感。

电动机稳定运行时，电枢磁场和转子磁场同速同向旋转，相对静止，其矢量和为定子磁场。由此可得定子磁链为

$$\boldsymbol{\psi}_{\mathrm{s}}=L_{\mathrm{s}}\boldsymbol{i}_{\mathrm{s}}+\boldsymbol{\psi}_{\mathrm{f}} \tag{5-11}$$

由此定子绕组电压矢量方程可写为

$$\boldsymbol{u}_{\mathrm{s}}=R_{\mathrm{s}}\boldsymbol{i}_{\mathrm{s}}+\frac{\mathrm{d}\boldsymbol{\psi}_{\mathrm{s}}}{\mathrm{d}t}=R_{\mathrm{s}}\boldsymbol{i}_{\mathrm{s}}+L_{\mathrm{s}}\frac{\mathrm{d}\boldsymbol{i}_{\mathrm{s}}}{\mathrm{d}t}+\frac{\mathrm{d}\boldsymbol{\psi}_{\mathrm{f}}}{\mathrm{d}t} \tag{5-12}$$

又根据式（5-10），可得

$$\frac{\mathrm{d}\boldsymbol{\psi}_{\mathrm{f}}}{\mathrm{d}t}=\frac{\mathrm{d}(\psi_{\mathrm{f}}\mathrm{e}^{\mathrm{j}\theta})}{\mathrm{d}t}=\frac{\mathrm{d}\psi_{\mathrm{f}}}{\mathrm{d}t}\mathrm{e}^{\mathrm{j}\theta}+\psi_{\mathrm{f}}\mathrm{e}^{\mathrm{j}\theta}\cdot\mathrm{j}\omega=\frac{\mathrm{d}\psi_{\mathrm{f}}}{\mathrm{d}t}\mathrm{e}^{\mathrm{j}\theta}+\mathrm{j}\omega\boldsymbol{\psi}_{\mathrm{f}} \tag{5-13}$$

由于 ψ_{f} 为常值，$\mathrm{d}\psi_{\mathrm{f}}/\mathrm{d}t=0$，有

$$\frac{\mathrm{d}\boldsymbol{\psi}_{\mathrm{f}}}{\mathrm{d}t}=\mathrm{j}\omega\boldsymbol{\psi}_{\mathrm{f}} \tag{5-14}$$

根据上节分析，在正弦稳态下，$\boldsymbol{i}_{\mathrm{s}}$ 的幅值恒定，且以电源角速度 ω_{s} 做恒速旋转，可记为

$$\boldsymbol{i}_{\mathrm{s}}=i_{\mathrm{s}}\mathrm{e}^{\mathrm{j}\theta_{\mathrm{s}}}=i_{\mathrm{s}}\mathrm{e}^{\mathrm{j}\omega_{\mathrm{s}}t} \tag{5-15}$$

因此

$$\frac{\mathrm{d}\boldsymbol{i}_{\mathrm{s}}}{\mathrm{d}t}=\frac{\mathrm{d}(i_{\mathrm{s}}\mathrm{e}^{\mathrm{j}\theta_{\mathrm{s}}})}{\mathrm{d}t}=\frac{\mathrm{d}i_{\mathrm{s}}}{\mathrm{d}t}\mathrm{e}^{\mathrm{j}\theta_{\mathrm{s}}}+i_{\mathrm{s}}\mathrm{e}^{\mathrm{j}\theta_{\mathrm{s}}}\cdot\mathrm{j}\omega_{\mathrm{s}}=\mathrm{j}\omega_{\mathrm{s}}\boldsymbol{i}_{\mathrm{s}} \tag{5-16}$$

将式（5-14）、式（5-16）代入式（5-12），可得

$$\boldsymbol{u}_{\mathrm{s}}=R_{\mathrm{s}}\boldsymbol{i}_{\mathrm{s}}+L_{\mathrm{s}}\frac{d\boldsymbol{i}_{\mathrm{s}}}{\mathrm{d}t}+\frac{\mathrm{d}\boldsymbol{\psi}_{\mathrm{f}}}{\mathrm{d}t}=R_{\mathrm{s}}\boldsymbol{i}_{\mathrm{s}}+\mathrm{j}L_{\mathrm{s}}\omega_{\mathrm{s}}\boldsymbol{i}_{\mathrm{s}}+\mathrm{j}\omega\boldsymbol{\psi}_{\mathrm{f}} \tag{5-17}$$

对于二极式永磁同步电动机来说，当其稳态运行时，转子与定子磁场同步旋转，有 $\omega_{\mathrm{s}}=\omega$。根据式（5-11）和式（5-17）可得二极面装式永磁电动机的稳态矢量图，如图 5-7（a）所示。图中，$\boldsymbol{E}_{\mathrm{a}}=\mathrm{j}\omega\boldsymbol{\psi}_{\mathrm{f}}$。根据电机学原理，同步电动机在正弦稳态下，（空间）矢量和（时间）相量具有时空对应关系，若仍取 A 轴作为时间参考轴，可以将矢量图直接转换为 A 相绕组的相量图，如图 5-7（b）所示，图中，$\dot{E}_{\mathrm{a}}=\mathrm{j}\omega\dot{\boldsymbol{\psi}}_{\mathrm{f}}$。

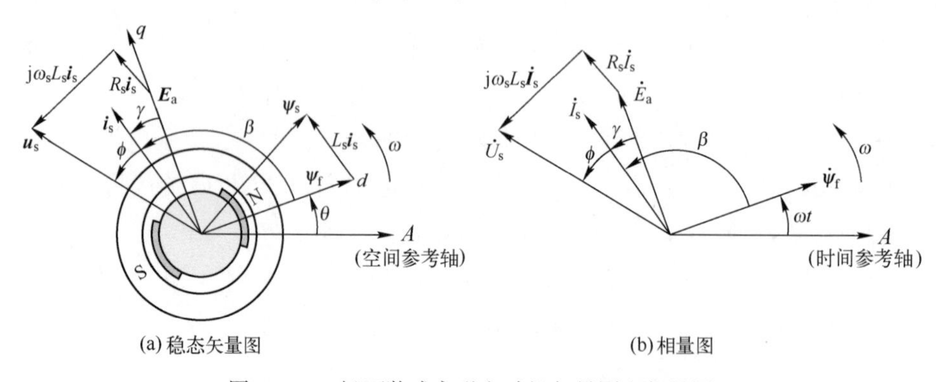

(a) 稳态矢量图　　(b) 相量图

图 5-7　二极面装式永磁电动机矢量图和相量图

需要说明的是，将矢量图转换为 A 相绕组的相量图时，转换前各矢量之间的相互关系与转换后对应的各相量之间相互关系虽未发生变化，但对各矢量自身来说，其幅值与转换后对应相量的幅值是不同的。以电压矢量 $\boldsymbol{u}_{\mathrm{s}}$ 为例，见式（5-9），其幅值 U_{s} 是相电压幅值 U_{m} 的$\sqrt{3/2}$倍，而在相量图中，$\dot{U}_{\mathrm{s}}$ 的幅值$|\dot{U}_{\mathrm{s}}|$一般取为相电压有效值，即为相电压幅值 U_{m} 的$\sqrt{2}/2$ 倍，亦即是

有 $U_s=\sqrt{3}|\dot{U}_s|$。电流、磁链矢量与其对应的相量之间也具有类似的关系。

3. 面装式永磁同步电动机的矢量控制原理

根据图5-7（b），忽略电动机铜耗 $R_s|\dot{I}_s|$时，可得正弦稳态下电动机的电磁功率为

$$P_e=3|\dot{U}_s||\dot{I}_s|\cos\phi=3|\dot{E}_a||\dot{I}_s|\cos\gamma=3\omega|\dot{\psi}_f||\dot{I}_s|\cos\gamma \tag{5-18}$$

式中：$|\dot{U}_s|,|\dot{I}_s|,|\dot{E}_a|,|\dot{\psi}_f|$为相量$\dot{U}_s,\dot{I}_s,\dot{E}_a,\dot{\psi}_f$的幅值。

则电磁转矩为

$$T_e=\frac{P_e}{\omega}=\frac{3\omega|\dot{\psi}_f||\dot{I}_s|\cos\gamma}{\omega}=(\sqrt{3}|\dot{\psi}_f|)(\sqrt{3}|\dot{I}_s|)\sin\beta=\psi_f i_s\sin\beta \tag{5-19}$$

进一步，考虑电动机极对数时，有

$$T_e=p\psi_f i_s\sin\beta \tag{5-20}$$

式中：p 为电动机极对数。

对于永磁同步电动机来说，ψ_f 为常值，电动机的电磁转矩大小取决于电流矢量 $\boldsymbol{i}_s$ 幅值以及其与转子永磁励磁磁场的相对位置。也就说，通过控制 $\boldsymbol{i}_s$ 的幅值和相位就可以控制电磁转矩。按照图5-7所建立的 d-q 坐标系，设电流矢量 $\boldsymbol{i}_s$ 在 d,q 轴的分量为 $\boldsymbol{i}_d,\boldsymbol{i}_q$，对应的幅值为 i_d,i_q，则有

$$i_q=i_s\sin\beta \tag{5-21}$$

将式（5-21）代入式（5-20），有

$$T_e=p\psi_f i_q \tag{5-22}$$

即是说，电磁转矩只与电流矢量的 q 轴分量 i_q 有关，若控制电角度 $\beta=90°$（或 $i_d=0$），则 $\boldsymbol{i}_s$ 与 $\boldsymbol{\psi}_f$ 在空间正交，定子电流全部为转矩电流，此时可将面装式永磁同步电动机转矩控制表示为图5-8所示。

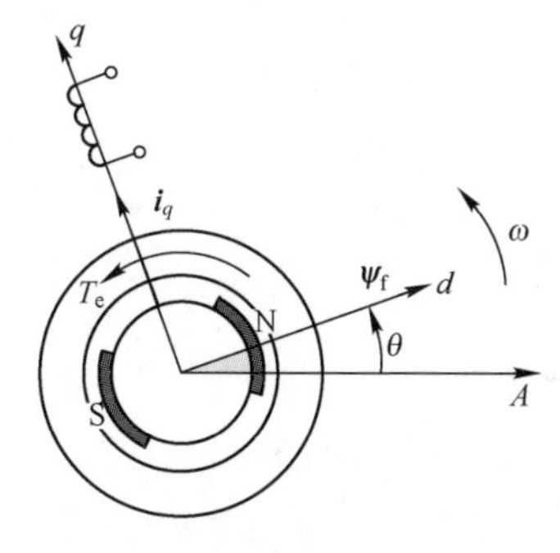

图5-8　面装式永磁电动机转矩控制原理（$i_d=0$）

如图5-8所示，转子虽然以角速度ω旋转，但是在$d-q$轴系内$\boldsymbol{i}_s$与$\boldsymbol{\psi}_f$却始终相对静止，从转矩生成的角度看，面装式永磁同步电动机与图5-9中的他励直流电动机是等效的。永磁同步电动机的转子可等效为直流电动机的定子，此时等效直流电动机定子励磁电流i_f为常值，产生的励磁磁场为$\boldsymbol{\psi}_f$；永磁同步电动机的q轴线圈等效为直流电动机电枢绕组（此时直流电动机电刷置于几何中心线上），永磁同步电动机的交轴电流i_q相当于直流电动机的电枢电流，控制i_q即相当于控制电枢电流，由此可获得与直流电动机同样的转矩控制效果。这样一来，就可以把复杂的三相交流变量控制转化为简单的直流变量控制，按照直流电动机的控制方法来控制永磁同步电动机，这就是矢量控制的基本思想。

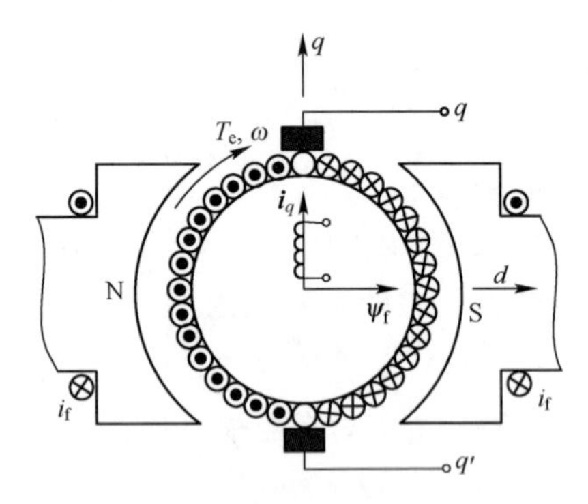

图5-9　等效他励直流电动机

需要说明的是：在分析矢量控制原理时，i_d,i_q是定义在$d-q$坐标轴系中的，而$d-q$坐标轴系本身又是随转子旋转的，是旋转坐标系。实际装置中测量得到的电枢电流都是相对于A,B,C三相绕组轴线的，由绕组轴线构成的$A-B-C$坐标轴系是静止坐标系，因此要实现矢量控制，还必须实现各状态变量在$A-B-C$坐标系和$d-q$坐标系之间的相互变换。此外，为了进行永磁同步电动机的矢量控制器设计与分析，还需要建立其在$d-q$坐标轴系下的状态方程。接下来对坐标变换理论和永磁同步电动机的建模问题进行分析。

5.2.2 坐标变换理论

1. 永磁同步电动机的坐标系

实现永磁同步电动机矢量控制的关键是产生旋转电流矢量（或者磁动势），且其幅值大小和空间位置（或者旋转速度）能够按照要求变化，从而控制电磁转矩的大小，实现电动机速度的调节。如前分析，在交流电动机三相对称的静止绕组中，通入三相对称正弦电流 i_A,i_B,i_C（其对应的矢量记为 $\boldsymbol{i}_A$，$\boldsymbol{i}_B,\boldsymbol{i}_C$），就可以生成电流矢量 $\boldsymbol{i}_s$，从而产生旋转磁动势。这样一来，三相对称绕组的轴线 A，B，C 就构成一个 $A-B-C$ 坐标系，如图5-10（a）所示。

需要指出的是，产生旋转磁动势并不一定必须要三相绕组，除了单向绕组，两相、三相、四相……任意对称的多相绕组，通入多相对称电流，都可以产生旋转磁动势，其中以两相最为简单。此外，没有中线时，三相变量中只有两相为独立变量，完全可以去掉一相。所以三相绕组可以用相互独立的两相正交对称绕组等效代替，如图5-10（b）所示。对于两相正交对称绕组 α,β，通入两相对称交流正弦电流 i_α,i_β（其对应的矢量记为 $\boldsymbol{i}_\alpha,\boldsymbol{i}_\beta$），也能产生旋转磁动势，当其产生的旋转磁动势与三相绕组的旋转磁动势幅值大小和转速都相同时，可认为两相绕组和三相绕组等效。这样一来就构成了 $\alpha-\beta$ 坐标系，坐标系的 α 轴与 $A-B-C$ 坐标系的 A 轴重合，β 轴超前 α 轴 90°。

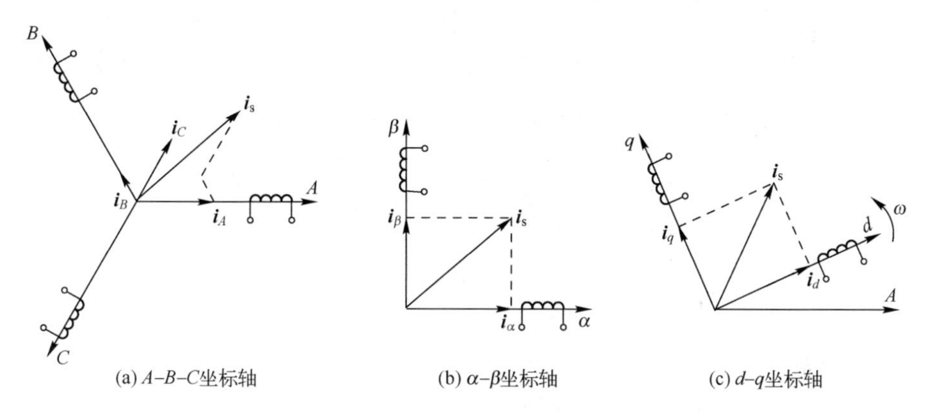

(a) $A-B-C$坐标轴　(b) $\alpha-\beta$坐标轴　(c) $d-q$坐标轴

图5-10　永磁同步电动机坐标系模型

除了这两个坐标系，在前面的分析中还涉及了 $d-q$ 坐标系，坐标系的 d 轴与转子轴线重合，q 轴超前 d 轴 90°，如图5-10（c）所示。在绕组 d,q 中分别通入直流电流 i_d,i_q（其对应的矢量记为 $\boldsymbol{i}_d,\boldsymbol{i}_q$），也会产生成电流矢量 $\boldsymbol{i}_s$，从而产生合成磁动势。当转子不动时这个合成的磁动势是固定的；当转子旋转时，磁动势也随着旋转起来，成为旋转磁动势。如果这个磁动势的幅值大小和转速都与固定的交流绕组产生的旋转磁动势相等，那么这套旋转的直流绕组和前面两套固定的交流绕组也是等效的。当观测者站在转子绕组上与其一起旋转时，在他看来，d 轴和 q 轴是两个通入直流电且相互垂直的静止绕组，如果主极磁场的空间位置在 d 轴上，永磁同步电动机就可以等效为直流电动机了。

这与我们在学习物体相对运动时参照物的选取原理相似，如果以地面为参照物，d、q 两个绕组是旋转的直流绕组，如果以转子为参照物，它们就变成相对静止的直流绕组了。也就是说，通过坐标变换可以找到与交流三相绕组等效的直流电动机模型，从而将把复杂的三相交流变量的控制转化为简单的直流变量控制，这种分析方法的可行性在 5.2.1 节中已经得到了验证。接下来的问题就是如何求取 i_A,i_B,i_C 与 i_α,i_β 和 i_d,i_q 之间的等效关系，这也是坐标变换的基本任务。

对于电动机分析来说，进行坐标变换必须满足以下两个条件：

（1）合成磁动势不变，即变换前后电动机的合成磁动势保持不变。

（2）功率不变，即变换前后电动机的功率保持不变。

2. 三相-两相静止坐标变换

A-B-C 三相绕组和 α-β 两相绕组之间的变换称作三相-两相静止坐标变换（3/2 变换，Clarke 变换）。图 5-11 中标出了 A-B-C 坐标系和 α-β 坐标系中的磁动势矢量，设三相绕组每相有效匝数为 N_3，两相绕组每相有效匝数为 N_2，根据合成磁动势不变的原则，两套绕组在 α,β 轴上的投影相等，有

$$\begin{cases} N_2 i_\alpha = N_3 i_A - N_3 i_B \cos\dfrac{\pi}{3} - N_3 i_C \cos\dfrac{\pi}{3} = N_3\left(i_A - \dfrac{1}{2}i_B - \dfrac{1}{2}i_C\right) \\ N_2 i_\beta = N_3 i_B \sin\dfrac{\pi}{3} - N_3 i_C \sin\dfrac{\pi}{3} = \dfrac{\sqrt{3}}{2}N_3(i_B - i_C) \end{cases} \tag{5-23}$$

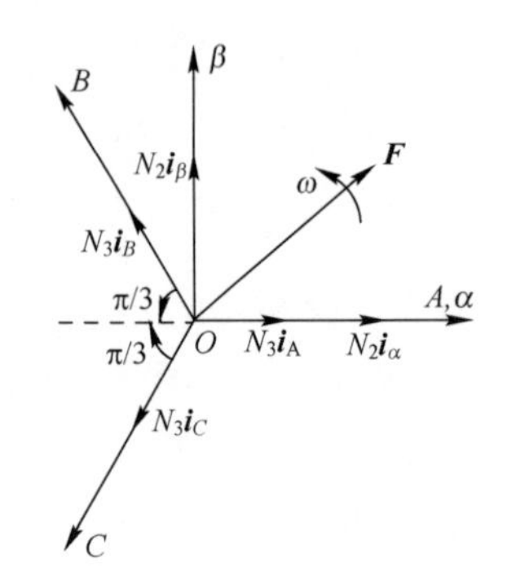

图 5-11　3/2 变换中的磁动势矢量

写成矩阵形式，有

$$\begin{bmatrix} i_\alpha \\ i_\beta \end{bmatrix} = \frac{N_3}{N_2}\begin{bmatrix} 1 & -\dfrac{1}{2} & -\dfrac{1}{2} \\ 0 & \dfrac{\sqrt{3}}{2} & -\dfrac{\sqrt{3}}{2} \end{bmatrix}\begin{bmatrix} i_A \\ i_B \\ i_C \end{bmatrix} \tag{5-24}$$

按照变换前后总功率不变的原则，可以证明匝数比为

$$\frac{N_3}{N_2}=\sqrt{\frac{2}{3}} \tag{5-25}$$

将式（5-25）代入式（5-24），可得

$$\begin{bmatrix} i_\alpha \\ i_\beta \end{bmatrix}=\sqrt{\frac{2}{3}}\begin{bmatrix} 1 & -\frac{1}{2} & -\frac{1}{2} \\ 0 & \frac{\sqrt{3}}{2} & -\frac{\sqrt{3}}{2} \end{bmatrix}\begin{bmatrix} i_A \\ i_B \\ i_C \end{bmatrix}=\boldsymbol{C}_{3/2}\begin{bmatrix} i_A \\ i_B \\ i_C \end{bmatrix} \tag{5-26}$$

式中：$\boldsymbol{C}_{3/2}$表示从三相坐标系变换到两相正交坐标系的变换矩阵，且有

$$\boldsymbol{C}_{3/2}=\sqrt{\frac{2}{3}}\begin{bmatrix} 1 & -\frac{1}{2} & -\frac{1}{2} \\ 0 & \frac{\sqrt{3}}{2} & -\frac{\sqrt{3}}{2} \end{bmatrix} \tag{5-27}$$

接下来，求取从两相正交坐标系反变换到三相坐标系的变换矩阵。利用$i_A+i_B+i_C=0$的约束条件，将式（5-26）扩展为

$$\begin{bmatrix} i_\alpha \\ i_\beta \\ 0 \end{bmatrix}=\sqrt{\frac{2}{3}}\begin{bmatrix} 1 & -\frac{1}{2} & -\frac{1}{2} \\ 0 & \frac{\sqrt{3}}{2} & -\frac{\sqrt{3}}{2} \\ \frac{1}{\sqrt{2}} & \frac{1}{\sqrt{2}} & \frac{1}{\sqrt{2}} \end{bmatrix}\begin{bmatrix} i_A \\ i_B \\ i_C \end{bmatrix} \tag{5-28}$$

式（5-28）第三行元素取为$1/\sqrt{2}$的目的是使变换矩阵为正交矩阵。根据矩阵理论可知，正交矩阵的逆矩阵等于矩阵的转置，因此式（5-28）的逆变换为

$$\begin{bmatrix} i_A \\ i_B \\ i_C \end{bmatrix}=\sqrt{\frac{2}{3}}\begin{bmatrix} 1 & 0 & \frac{1}{\sqrt{2}} \\ -\frac{1}{2} & \frac{\sqrt{3}}{2} & \frac{1}{\sqrt{2}} \\ -\frac{1}{2} & -\frac{\sqrt{3}}{2} & \frac{1}{\sqrt{2}} \end{bmatrix}\begin{bmatrix} i_\alpha \\ i_\beta \\ 0 \end{bmatrix} \tag{5-29}$$

再去掉第三列，即可得两相正交坐标系反变换到三相坐标系的变换矩阵$\boldsymbol{C}_{2/3}$为

$$C_{2/3}=\sqrt{\frac{2}{3}}\begin{bmatrix}1 & 0\\ -\frac{1}{2} & \frac{\sqrt{3}}{2}\\ -\frac{1}{2} & -\frac{\sqrt{3}}{2}\end{bmatrix} \tag{5-30}$$

考虑到 $i_A+i_B+i_C=0$，上述变换过程还可进一步化简，如式（5-26）可化为

$$\begin{bmatrix}i_\alpha\\ i_\beta\end{bmatrix}=\begin{bmatrix}\sqrt{\frac{3}{2}} & 0\\ \frac{1}{\sqrt{2}} & \sqrt{2}\end{bmatrix}\begin{bmatrix}i_A\\ i_B\end{bmatrix} \tag{5-31}$$

相应的逆变换为

$$\begin{bmatrix}i_A\\ i_B\end{bmatrix}=\begin{bmatrix}\sqrt{\frac{2}{3}} & 0\\ -\frac{1}{\sqrt{6}} & \frac{1}{\sqrt{2}}\end{bmatrix}\begin{bmatrix}i_\alpha\\ i_\beta\end{bmatrix} \tag{5-32}$$

3. 两相静止-两相旋转坐标变换

从 α-β 两相静止绕组到 d-q 两相旋转绕组之间的变换称作两相静止-两相旋转坐标变换（2s/2r 变换，Park 变换）。图 5-12 标出了 α-β 坐标系和 d-q 坐标系中的磁动势矢量，绕组每相有效匝数均为 N_2。两相静止交流电流 i_α, i_β 和两相旋转直流电流 i_d, i_q 产生同样以角速度 ω 旋转的合成磁动势 $\boldsymbol{F}$。当 d 轴旋转至与 α 轴相对角度为 θ 时，有

$$\begin{cases}i_d=i_\alpha\cos\theta+i_\beta\sin\theta\\ i_q=-i_\alpha\sin\theta+i_\beta\cos\theta\end{cases} \tag{5-33}$$

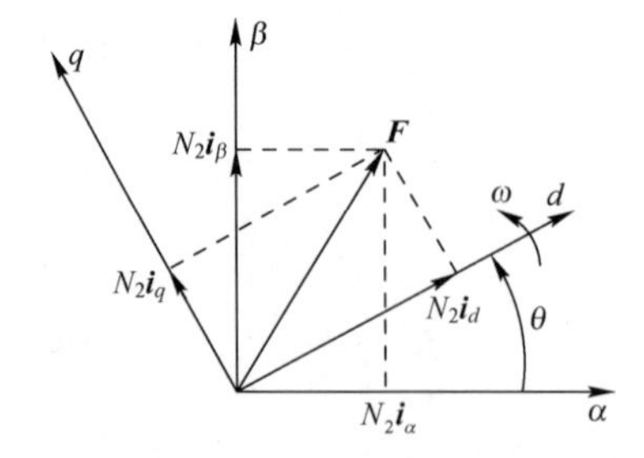

图 5-12　2s/2r 变换中的磁动势矢量

写成矩阵形式，有

$$\begin{bmatrix} i_d \\ i_q \end{bmatrix} = \begin{bmatrix} \cos\theta & \sin\theta \\ -\sin\theta & \cos\theta \end{bmatrix} \begin{bmatrix} i_\alpha \\ i_\beta \end{bmatrix} \tag{5-34}$$

令$\boldsymbol{C}_{2s/2r}$为从 α-β 两相静止坐标系到 d-q 两相旋转坐标系的变换矩阵，则

$$\boldsymbol{C}_{2s/2r} = \begin{bmatrix} \cos\theta & \sin\theta \\ -\sin\theta & \cos\theta \end{bmatrix} \tag{5-35}$$

根据前述分析同样的方法，可以求得 d-q 两相旋转坐标系到 α-β 两相静止坐标系的逆变换矩阵$\boldsymbol{C}_{2r/2s}$为

$$\boldsymbol{C}_{2r/2s} = \begin{bmatrix} \cos\theta & -\sin\theta \\ \sin\theta & \cos\theta \end{bmatrix} \tag{5-36}$$

综上分析，可得电流变换框图如图 5-13 所示。可以证明，在前述条件下，电压变换矩阵和磁链变换矩阵与电流变换矩阵相同，有兴趣的读者可以自行推导，这里不再赘述。

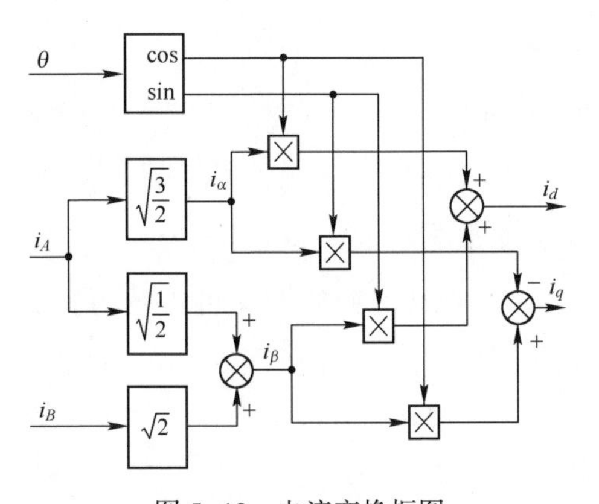

图 5-13　电流变换框图

5.2.3　永磁同步电动机的建模方法

对于永磁同步电动机的建模有多种方法，最基本的是首先根据电动机工作原理建立 A-B-C 静止坐标系下的数学模型，然后再通过坐标变换，将其转换成 d-q 坐标系下的模型，也可以根据统一电机理论或者电机矢量图直接建立 d-q 坐标系下的模型。相比较而言，第一种方法比较直观，但是推导过程较为复杂烦琐；后两种方法推导过程比较简单，但需要一定的理论基础。为了便于学习，本节将上述三种方法都列举出来，读者可根据自己实际情况选取便于理解的方法进行学习。

1. 基于矢量分析的永磁同步电动机建模

事实上，5.2.1 节中对面装式永磁同步电动机的分析就是采用矢量分析

法，面装式永磁同步电动机可看作凸极率 $\rho=L_q/L_d=1$ 时的一种特殊情形。本节将讨论更为一般的情况，即凸极率 $\rho=L_q/L_d>1$ 的插入式或者内装式电动机的建模，分析时以插入式电动机为例，二极插入式永磁同步电动机的物理模型如图 5-14 所示。

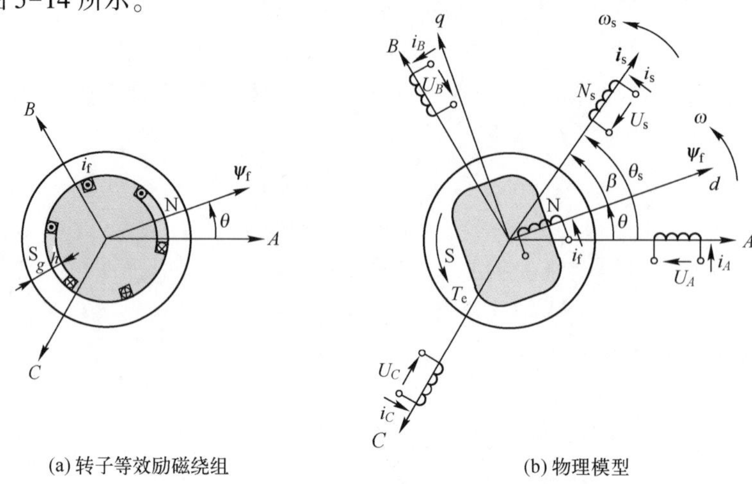

图 5-14　二极插入式永磁同步电动机的物理模型

与前类似，插入式转子的两个永磁体也可等效为两个空心励磁线圈，见图 5-14（a）。再进一步，两个励磁线圈又可等效为置于转子槽内的励磁绕组，其有效匝数为相绕组的 $\sqrt{3/2}$ 倍，见图 5-14（b）。与面装式结构不同的是，插入式结构的气隙不均匀，面对转子铁芯部分的气隙长度仍为 g，面对永磁体部分的气隙长度增大为 $g+h$，h 为永磁体高度。仍将图 5-14（b）中永磁励磁场轴线方向定义为 d 轴，沿旋转方向超前 d 轴 90°电角度方向定义为 q 轴，则转子 d 轴方向上的气隙磁阻要大于 q 轴方向上的气隙磁阻。由于气隙磁阻的变化，当空间相位角 β 不同时，幅值相同的定子电流矢量 $\boldsymbol{i}_s$ 产生的电枢反应磁场也不同，也即是说等效励磁电感不再是常值，它随 β 的改变而变化，这就给分析建模带来了困难。

为了简化分析难度，本节借鉴电机学中采用双反应（双轴）理论分析凸极同步电动机的方法，采用 d-q 轴系来构建数学模型。设 L_{md}, L_{mq} 分别为 d 轴等效励磁电感和 q 轴等效励磁电感，并将 $\beta=0°$ 时定子电流矢量 $\boldsymbol{i}_s$ 在气隙中产生的正弦分布磁场称为 d 轴电枢反应磁场，$\beta=90°$ 时 $\boldsymbol{i}_s$ 在气隙中产生的正弦分布磁场称为 q 轴电枢反应磁场。容易得知，d 轴气隙磁阻大于 q 轴气隙磁阻，幅值相同的 $\boldsymbol{i}_s$ 产生的 d 轴电枢反应磁场要小于 q 轴电枢反应磁场，因此有 $L_{md}<L_{mq}$。特别地，对于面装式永磁同步电动机，有 $L_{md}=L_{mq}=L_m$。

基于上述定义，将图 5-14（b）中的单轴线圈 N_s 分解为 $d-q$ 轴系上的双轴线圈 N_d, N_q，每个线圈的有效匝数与单轴线圈相同，如图 5-15 所示。此时 $\boldsymbol{i}_s$ 可分解为

$$\boldsymbol{i}_s = i_s e^{j\theta} = \boldsymbol{i}_d + \boldsymbol{i}_q = (i_d + j i_q) e^{j\theta} \tag{5-37}$$

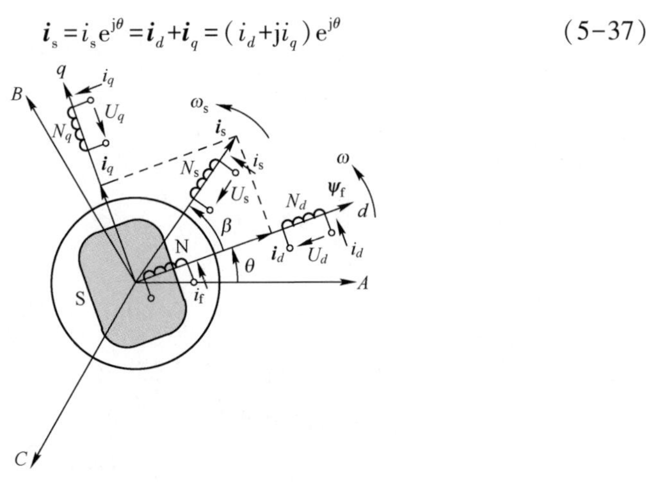

图 5-15　$d-q$ 轴系中绕组分解

根据双反应理论，可求得电流矢量产生的电枢反应磁场和漏磁场对应的磁链 $\boldsymbol{\psi}_m, \boldsymbol{\psi}_\delta$ 分别为

$$\begin{cases} \boldsymbol{\psi}_m = (\psi_{md} + j\psi_{mq}) e^{j\theta} = (L_{md} i_d + j L_{mq} i_q) e^{j\theta} = L_{md} \boldsymbol{i}_d + L_{mq} \boldsymbol{i}_q \\ \boldsymbol{\psi}_\delta = (\psi_{\delta d} + j\psi_{\delta q}) e^{j\theta} = (L_{s\delta} i_d + j L_{s\delta} i_q) e^{j\theta} = L_{s\delta} \boldsymbol{i}_d + L_{s\delta} \boldsymbol{i}_q \end{cases} \tag{5-38}$$

式中：ψ_{md}, ψ_{mq} 为磁链 $\boldsymbol{\psi}_m$ 在 d，q 轴方向分量的幅值；$\psi_{\delta d}, \psi_{\delta q}$ 为磁链 $\boldsymbol{\psi}_\delta$ 在 d，q 轴方向分量的幅值。

由此可求得电枢磁链矢量 $\boldsymbol{\psi}_a$ 为

$$\boldsymbol{\psi}_a = \boldsymbol{\psi}_m + \boldsymbol{\psi}_\delta = (L_{md} + L_{s\delta}) i_d e^{j\theta} + j(L_{mq} + L_{s\delta}) i_q e^{j\theta} = L_d \boldsymbol{i}_d + L_q \boldsymbol{i}_q \tag{5-39}$$

式中：L_d 为直轴同步电感，且 $L_d = L_{md} + L_{s\delta}$；$L_q$ 为交轴同步电感，且 $L_q = L_{mq} + L_{s\delta}$。

进一步，结合式（5-10）、式（5-11），可求得定子磁链矢量 $\boldsymbol{\psi}_s$ 为

$$\boldsymbol{\psi}_s = \boldsymbol{\psi}_a + \boldsymbol{\psi}_f = L_d \boldsymbol{i}_d + L_q \boldsymbol{i}_q + \psi_f e^{j\theta} = (L_d i_d + \psi_f + j L_q i_q) e^{j\theta} \tag{5-40}$$

与电流矢量 $\boldsymbol{i}_s$ 类似，定子绕组电压矢量 $\boldsymbol{u}_s$ 也可分解为

$$\boldsymbol{u}_s = U_s e^{j\theta} = \boldsymbol{u}_d + \boldsymbol{u}_q = (U_d + j U_q) e^{j\theta} \tag{5-41}$$

式中：$\boldsymbol{u}_d$，$\boldsymbol{u}_q$ 为电压矢量 $\boldsymbol{u}_s$ 在 d，q 轴上的方向分量；U_d，U_q 为其对应幅值。

又定子绕组电压矢量方程可写为

$$\boldsymbol{u}_s = R_s \boldsymbol{i}_s + \frac{d\boldsymbol{\psi}_s}{dt} \tag{5-42}$$

将式（5-37）、式（5-40）、式（5-41）代入式（5-42），可得

$$
\begin{aligned}
(U_d+\mathrm{j}U_q)\mathrm{e}^{\mathrm{j}\theta} &= R_\mathrm{s}(i_d+\mathrm{j}i_q)\mathrm{e}^{\mathrm{j}\theta}+\frac{\mathrm{d}(L_d i_d+\psi_\mathrm{f}+\mathrm{j}L_q i_q)\mathrm{e}^{\mathrm{j}\theta}}{\mathrm{d}t} \\
&= R_\mathrm{s}(i_d+\mathrm{j}i_q)\mathrm{e}^{\mathrm{j}\theta}+\left(L_d\frac{\mathrm{d}i_d}{\mathrm{d}t}+\mathrm{j}L_q\frac{\mathrm{d}i_q}{\mathrm{d}t}\right)\mathrm{e}^{\mathrm{j}\theta}+(\mathrm{j}L_d i_d+\mathrm{j}\psi_\mathrm{f}-L_q i_q)\omega\mathrm{e}^{\mathrm{j}\theta}
\end{aligned}
\tag{5-43}
$$

将其分解，可得

$$
\begin{cases}
U_d=R_\mathrm{s}i_d+L_d\dfrac{\mathrm{d}i_d}{\mathrm{d}t}-\omega L_q i_q \\
U_q=R_\mathrm{s}i_q+L_q\dfrac{\mathrm{d}i_q}{\mathrm{d}t}+\omega L_d i_d+\omega\psi_\mathrm{f}
\end{cases}
\tag{5-44}
$$

与面装式永磁同步电动机类似，在正弦稳态下，i_d, i_q 的幅值恒定，有

$$
\begin{cases}
U_d=R_\mathrm{s}i_d-\omega L_q i_q \\
U_q=R_\mathrm{s}i_q+\omega L_d i_d+\omega\psi_\mathrm{f}
\end{cases}
\tag{5-45}
$$

则可得其电压矢量方程为

$$
\begin{aligned}
\boldsymbol{u}_\mathrm{s} &= (U_d+\mathrm{j}U_q)\mathrm{e}^{\mathrm{j}\theta}=R_\mathrm{s}(i_d+\mathrm{j}i_q)\mathrm{e}^{\mathrm{j}\theta}-\omega L_q i_q\mathrm{e}^{\mathrm{j}\theta}+\mathrm{j}\omega L_d i_d\mathrm{e}^{\mathrm{j}\theta}+\mathrm{j}\omega\psi_\mathrm{f}\mathrm{e}^{\mathrm{j}\theta} \\
&= R_\mathrm{s}\boldsymbol{i}_\mathrm{s}+\mathrm{j}(\omega L_d\boldsymbol{i}_d+\omega L_q\boldsymbol{i}_q)+\boldsymbol{E}_\mathrm{a}
\end{aligned}
\tag{5-46}
$$

式中：$\boldsymbol{E}_\mathrm{a}=\mathrm{j}\omega\boldsymbol{\psi}_\mathrm{f}$。当 $L_d=L_q=L_\mathrm{s}$ 时，式（5-46）可化为式（5-17）。因此，面装式永磁同步电动机电压矢量方程可看作插入式永磁同步电动机的特殊形式。

进一步，根据式（5-46），可得插入式永磁同步电动机的稳态矢量图，如图 5-16（a）所示。同样地，根据电机学原理，仍取 A 轴作为时间参考轴，可以将矢量图转换为 A 相绕组的相量图，如图 5-16（b）所示，图中，$\dot{E}_\mathrm{a}=\mathrm{j}\omega\dot{\boldsymbol{\psi}}_\mathrm{f}$。

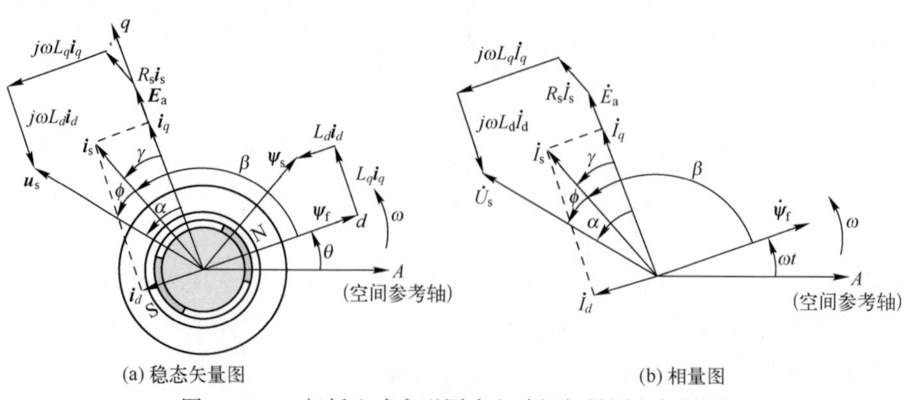

(a) 稳态矢量图　　(b) 相量图

图 5-16　二极插入式永磁同步电动机矢量图和相量图

当忽略电动机铜耗 $R_s|\dot{I}_s|$ 时，可得正弦稳态下电动机的电磁功率为

$$
\begin{aligned}
P_e = 3|\dot{U}_s||\dot{I}_s|\cos\phi &= 3|\dot{U}_s||\dot{I}_s|\cos(\alpha-\gamma) \\
&= 3|\dot{U}_s||\dot{I}_s|\cos\alpha\cos\gamma + 3|\dot{U}_s||\dot{I}_s|\sin\alpha\sin\gamma \\
&= 3|\dot{U}_s|\cos\alpha \cdot |\dot{I}_q| + 3|\dot{U}_s|\sin\alpha \cdot |\dot{I}_d| \\
&= 3(|\dot{E}_a| + \omega L_d|\dot{I}_d|)|\dot{I}_q| - 3\omega L_q|\dot{I}_d||\dot{I}_q| \\
&= 3\omega|\dot{\psi}_f||\dot{I}_q| + 3\omega(L_d-L_q)|\dot{I}_d||\dot{I}_q|
\end{aligned} \tag{5-47}
$$

式中：$|\dot{U}_s|$，$|\dot{I}_s|$，$|\dot{I}_d|$，$|\dot{I}_q|$，$|\dot{E}_a|$，$|\dot{\psi}_f|$ 为对应相量 $\dot{U}_s$，$\dot{I}_s$，$\dot{I}_d$，$\dot{I}_q$，$\dot{E}_a$，$\dot{\psi}_f$ 的幅值。

则电磁转矩为

$$
\begin{aligned}
T_e = \frac{P_e}{\omega} &= \frac{3\omega|\dot{\psi}_f||\dot{I}_q| + 3\omega(L_d-L_q)|\dot{I}_d||\dot{I}_q|}{\omega} \\
&= (\sqrt{3}|\dot{\psi}_f|)(\sqrt{3}|\dot{I}_q|) + (L_d-L_q)(\sqrt{3}|\dot{I}_d|)(\sqrt{3}|\dot{I}_q|) \\
&= \psi_f i_q + (L_d-L_q)i_d i_q
\end{aligned} \tag{5-48}
$$

进一步，考虑电动机极对数时，有

$$T_e = p(\psi_f i_q + (L_d-L_q)i_d i_q) \tag{5-49}$$

当 $L_d = L_q = L_s$ 时，式（5-49）与面装式永磁同步电动机转矩方程（5-22）一致。设电动机阻转矩为 T_L 时，其动力学方程可写为

$$T_e - T_L = J\frac{d\omega}{dt} \tag{5-50}$$

综合式（5-44）、式（5-48）、式（5-50），并进行 Lapace 变换，可得 $d-q$ 坐标系下二极永磁同步电动机的模型，如图 5-17 所示。

2. 基于坐标变换的永磁同步电动机建模

根据图 5-14 所示的物理模型，可以列出插入式永磁同步电动机三相绕组的电压方程为

$$
\begin{cases}
U_A = R_s i_A + \dfrac{d\psi_A}{dt} \\
U_B = R_s i_B + \dfrac{d\psi_B}{dt} \\
U_C = R_s i_C + \dfrac{d\psi_C}{dt}
\end{cases} \tag{5-51}
$$

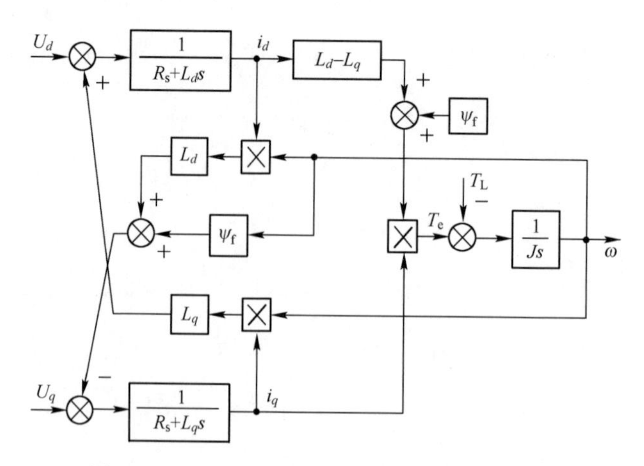

图 5-17　$d-q$ 坐标系下永磁同步电动机的模型

式中：U_A，U_B，U_C 分别为 A，B，C 相绕组的电压；i_A，i_B，i_C 分别为 A，B，C 相绕组的电流；ψ_A，ψ_B，ψ_C 分别为 A，B，C 相绕组的磁链。

对于磁链 ψ_A，ψ_B，ψ_C，有

$$\begin{bmatrix}\psi_A\\\psi_B\\\psi_C\end{bmatrix}=\begin{bmatrix}L_A & L_{AB} & L_{AC}\\L_{BA} & L_B & L_{BC}\\L_{CA} & L_{CB} & L_C\end{bmatrix}\begin{bmatrix}i_A\\i_B\\i_C\end{bmatrix}+\begin{bmatrix}\psi_{fA}\\\psi_{fB}\\\psi_{fC}\end{bmatrix}\tag{5-52}$$

式中：L_A，L_B，L_C 为三相定子绕组的自感；L_{AB}，L_{AC}，L_{BA}，L_{BC}，L_{CA}，L_{CB} 为三相定子绕组之间的互感；ψ_{fA}，ψ_{fB}，ψ_{fC} 为永磁体等效励磁磁场交链 A，B，C 三相绕组的磁链。

自感 L_A，L_B，L_C 满足

$$\begin{cases}L_A=L_\sigma+L_0-L_2\cos 2\theta\\L_B=L_\sigma+L_0-L_2\cos(2\theta-2\pi/3)\\L_C=L_\sigma+L_0-L_2\cos(2\theta+2\pi/3)\end{cases}\tag{5-53}$$

式中：L_σ 为定子绕组漏感；L_0 为主电感平均值；L_2 为主电感的二次谐波幅值。

互感 L_{AB}，L_{AC}，L_{BA}，L_{BC}，L_{CA}，L_{CB} 满足

$$\begin{cases}L_{AB}=L_{BA}=-L_{0S}/2-L_{2S}\cos(2\theta+2\pi/3)\\L_{BC}=L_{CB}=-L_{0S}/2-L_{2S}\cos 2\theta\\L_{CA}=L_{AC}=-L_{0S}/2-L_{2S}\cos(2\theta-2\pi/3)\end{cases}\tag{5-54}$$

式中：L_{0S} 为互感平均值；L_2 为互感的二次谐波幅值。对于理想同步电动机，有 $L_{0S}=L_0$，$L_{2S}=L_2$，对于面装式永磁同步电动机，有 $L_{2S}=L_2=0$。

磁链 ψ_{fA}，ψ_{fB}，ψ_{fC} 满足

$$\begin{cases}\psi_{fA}=\psi_f\cos\theta \\ \psi_{fB}=\psi_f\cos(\theta-2\pi/3) \\ \psi_{fC}=\psi_f\cos(\theta+2\pi/3)\end{cases} \tag{5-55}$$

进一步，根据磁路线性原理，设磁场储能为 W_m，则有

$$W_m=\frac{1}{2}\sum_k i_k\psi_k,\quad k=A,B,C,f \tag{5-56}$$

将式（5-56）代入式（5-52），有

$$\begin{aligned}W_m=&\frac{1}{2}L_Ai_A^2+\frac{1}{2}L_Bi_B^2+\frac{1}{2}L_Ci_C^2+\frac{1}{2}L_fi_f^2+L_{AB}i_Ai_B+L_{BC}i_Bi_C+L_{CA}i_Ci_A+\\&i_A\psi_{fA}+i_B\psi_{fB}+i_C\psi_{fC}\end{aligned} \tag{5-57}$$

电磁转矩为

$$\begin{aligned}T_e=&\frac{\partial W_m}{\partial\theta}=\frac{1}{2}i_A^2\frac{\partial L_A}{\partial\theta}+\frac{1}{2}i_B^2\frac{\partial L_B}{\partial\theta}+\frac{1}{2}i_C^2\frac{\partial L_C}{\partial\theta}+i_Ai_B\frac{\partial L_{AB}}{\partial\theta}+i_Bi_C\frac{\partial L_{BC}}{\partial\theta}+\\&i_Ci_A\frac{\partial L_{CA}}{\partial\theta}+i_A\frac{\partial\psi_{fA}}{\partial\theta}+i_B\frac{\partial\psi_{fB}}{\partial\theta}+i_C\frac{\partial\psi_{fC}}{\partial\theta}\\=&L_2(i_A^2\sin2\theta+i_B^2\sin(2\theta+2\pi/3)+i_C^2\sin(2\theta-2\pi/3)+\\&2i_Ai_B\sin(2\theta-2\pi/3)+2i_Bi_C\sin2\theta+2i_Ci_A\sin(2\theta+2\pi/3))-\\&\psi_f(i_A\sin\theta+i_B\sin(2\theta-2\pi/3)+i_C\sin(2\theta+2\pi/3))\end{aligned} \tag{5-58}$$

综上所述，电压方程式（5-51）、磁链方程式（5-52）和转矩方程式（5-58）组成了 A-B-C 坐标系下永磁同步电动机数学模型。不难发现，该模型是一个多变量、高阶、非线性、强耦合的复杂系统，分析和求解非常困难，即使绘制一个清晰的结构图也并不容易。因此，直接在 A-B-C 坐标系下对其进行分析控制比较困难，这也是进行坐标变换的重要原因。

根据 5.2.2 节中的坐标变换方法，利用式（5-59）可将 A-B-C 坐标系下的三相定子绕组电流转换为 d-q 坐标系下两相旋转绕组的电流变量。

$$\begin{bmatrix}i_d\\i_q\end{bmatrix}=\boldsymbol{C}_{2s/2r}\cdot\boldsymbol{C}_{3/2}\cdot\begin{bmatrix}i_A\\i_B\\i_C\end{bmatrix} \tag{5-59}$$

电压、磁链等物理量的变换矩阵与电流变换矩阵相同，将式（5-59）代入电压方程式（5-51）、磁链方程式（5-52）和转矩方程式（5-58）就可以得到 d-q 坐标系下的永磁同步电动机数学模型，可以证明其推导结果与图 5-17

一致，限于篇幅，本节不再对其推导过程进行分析，有兴趣的读者可参考本书最后所列参考文献。

3. 基于统一电机理论的永磁同步电动机建模

3.2 节中对基于统一电机理论建模的基本原理进行了分析。对于图 5-14 所示的物理模型，根据前述等效原理，利用三相-两相静止坐标变换，可以把静止的三相定子绕组 A、B、C 变换为静止的等效两相绕组 α、β，为了与标准的第二种原型电机模型一致（关于统一电机理论模型详见参考文献［11］)，可认为转子永磁体等效励磁绕组固定不动，位于 d_s 轴方向。定子绕组 α、β 围绕转子旋转，也即是站在转子上观察同步电动机的运行，此时定子的旋转方向为顺时针方向，角速度为 ω，这样就可以得到与图 5-14 等效的第二种原型电机模型，如图 5-18（a）所示。再进行 α-β 坐标系到 d-q 坐标系的变换，把定子绕组从旋转轴线 d_r、q_r 方向变换到固定轴线 d_s、q_s 方向，即把定子绕组 α、β 变换为伪静止绕组 d、q，而转子永磁体等效励磁绕组不变，仍位于 d_s 轴方向，如图 5-18（b）所示。

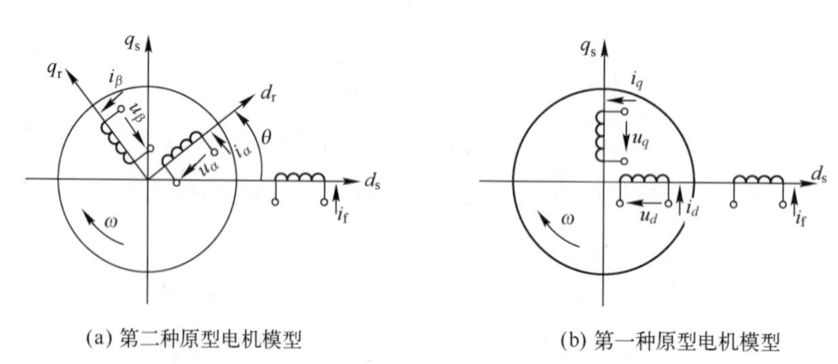

图 5-18　永磁同步电动机等效模型

对比第一种原型电机模型，与 3.2 节类似，可以直接得到其电压平衡方程

$$\boldsymbol{U}=(\boldsymbol{R}+\boldsymbol{L}s+\boldsymbol{G}\omega)\boldsymbol{i}=\boldsymbol{Z}\boldsymbol{i} \tag{5-60}$$

式中：$\boldsymbol{U}=[u_d\ \ u_q\ \ u_f]^{\mathrm{T}}$，$\boldsymbol{i}=[i_d\ \ i_q\ \ i_f]^{\mathrm{T}}$，$\boldsymbol{R}=\begin{bmatrix} R_d & 0 & 0 \\ 0 & R_q & 0 \\ 0 & 0 & R_f \end{bmatrix}$，$\boldsymbol{L}=\begin{bmatrix} L_d & 0 & L_{df} \\ 0 & L_q & 0 \\ L_{fd} & 0 & L_f \end{bmatrix}$，

$\boldsymbol{G}=\begin{bmatrix} 0 & -G_{dq} & 0 \\ G_{qd} & 0 & G_{qf} \\ 0 & 0 & 0 \end{bmatrix}$，$\boldsymbol{Z}=\begin{bmatrix} R_d+L_ds & -G_{dq}\omega & L_{df}s \\ G_{qd}\omega & R_q+L_qs & G_{qf}\omega \\ L_{fd}s & 0 & R_f+L_fs \end{bmatrix}$。

其中：L_{df}，L_{fd}分别为 d 轴绕组和励磁绕组与对方的互感；G_{dq}为 d 轴绕组在 q 轴磁场中旋转产生的运动电动势系数；G_{qd}，G_{qf}分别为 q 轴绕组在 d 轴磁场和励磁磁场中旋转产生的运动电动势系数。

定子两个绕组的电阻相等，即 $R_d=R_q=R_s$，对于两极永磁同步电动机来说，运动电动势系数 $G_{dq}=L_q$，$G_{qd}=L_d$，$G_{qf}=L_f$，$\psi_f=L_f i_f$，则式（5-60）可写为

$$\begin{cases}U_d=R_s i_d+L_d\dfrac{\mathrm{d}i_d}{\mathrm{d}t}-\omega L_q i_q\\ U_q=R_s i_q+L_q\dfrac{\mathrm{d}i_q}{\mathrm{d}t}+\omega L_d i_d+\omega\psi_f\end{cases}\tag{5-61}$$

电磁转矩 T_e 为

$$T_e=\boldsymbol{i}^{\mathrm{T}}G\boldsymbol{i}=\psi_f i_q+(L_d-L_q)i_d i_q\tag{5-62}$$

进一步，考虑电动机极对数时，有

$$T_e=p(\psi_f i_q+(L_d-L_q)i_d i_q)\tag{5-63}$$

式中：p 为电动机极对数。

5.2.4　永磁同步电动机矢量控制系统结构

根据前述分析，永磁同步电动机的整体模型可描述为图 5-19。在三相静止坐标系中，定子交流电压 U_A，U_B，U_C 通过 3/2 变换后可等效为两相静止坐标系上的交流电压 U_α，U_β，再经过 2s/2r 变换可以等效为两相旋转坐标系上的直流电压 U_d，U_q，以 U_d，U_q 为输入的 $d-q$ 轴系下的永磁同步电动机模型（图 5-17）是一个等效直流电动机模型。也即是说，从图 5-19 的输入输出端口看，输入为 A、B、C 三相交流电，输出为转速 ω，是一台交流电动机，但是从电动机内部看，经过 3/2 变换和 2s/2r 变换，又可看作以一台直流电 U_d，U_q 为输入，转速 ω 为输出的直流电动机。

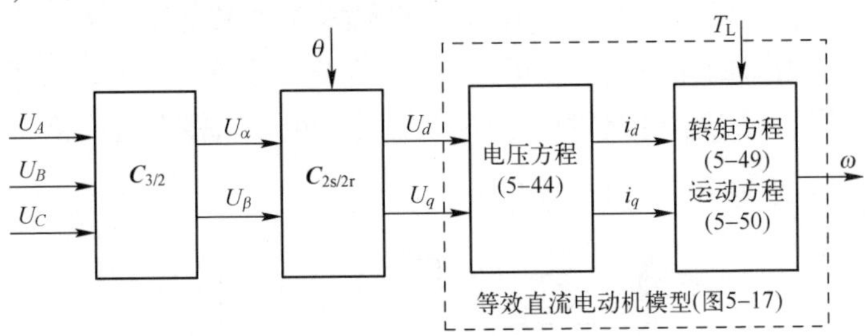

图 5-19　永磁同步电动机模型框图

基于等效直流电动机模型，参照前面章节直流电动机调速控制方法，可得到永磁同步电动机矢量控制原理框图，如图 5-20 所示。

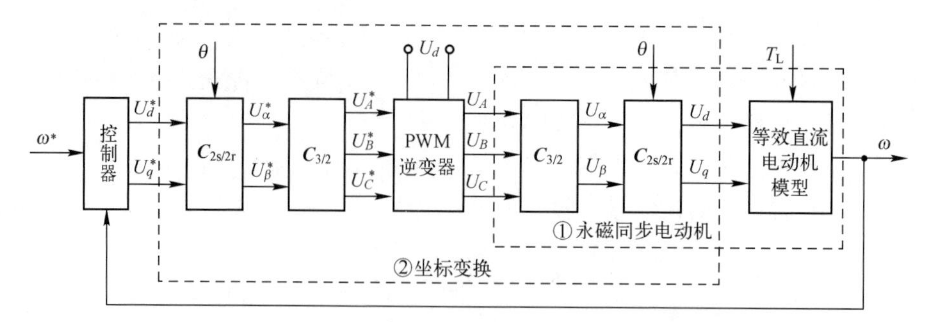

图 5-20　永磁同步电动机矢量控制原理框图

如图 5-20 所示，当需要对永磁同步电动机进行调速控制时，控制器根据期望转速 ω^* 和电动机实际转速 ω 运算得到 U_d^*，U_q^*，然后经过 2r/2s 变换得到 U_α^*，U_β^*，再经过 2/3 变换得到 U_A^*，U_B^*，U_C^*，U_A^*，U_B^*，U_C^* 输入 PWM 逆变器，其输出电压 U_A，U_B，U_C 施加到永磁同步电动机上。当忽略 PWM 逆变器控制延时（即认为其近似传递函数为 K_{PWM}），并考虑到矩阵 $\boldsymbol{C}_{2/3}\cdot\boldsymbol{C}_{3/2}=1$，$\boldsymbol{C}_{2r/2s}\cdot\boldsymbol{C}_{2s/2r}=1$ 时，整个虚线框②内的部分可以用传递函数为 K_{PWM} 的直线代替，则图 5-20 可简化为图 5-21 所示的等效直流调速系统。

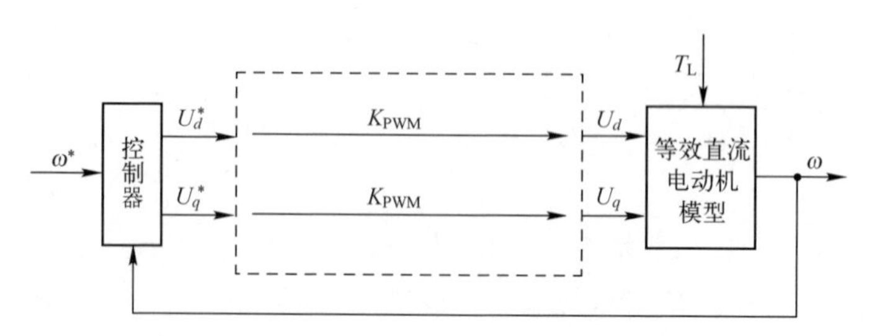

图 5-21　简化后的等效直流调速系统结构图

这样一来，就可以按照控制直流电动机的方法来设计永磁同步电动机的控制器了。接下来的任务就是根据图 5-17 所示的等效直流电动机模型进行控制器设计。当采用 $i_d=0$ 控制时，两极永磁同步电动机模型可简化为图 5-22。

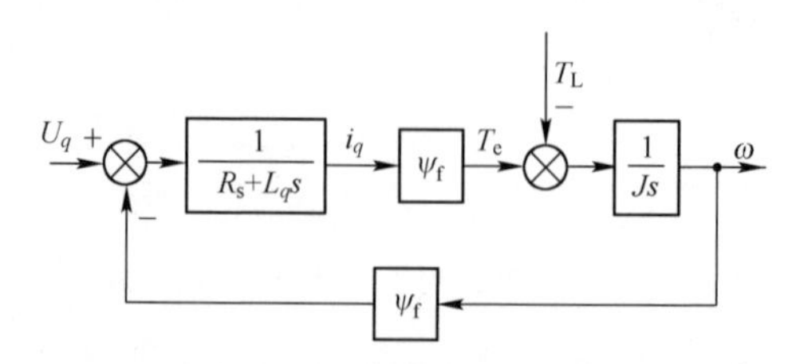

图 5-22　$i_d=0$ 控制时永磁同步电动机简化模型

对比图 3-17 可知，此时永磁同步电动机简化模型与直流电动机基本一致，因此可参照前述章节直流电力传动系统控制方法，采用转速-电流双闭环控制结构。转速调节器抑制负载扰动影响，同时限制电动机允许的最大电流；电流调节器在转速动态变化过程中，保证获得电动机允许的最大电流，从而加快动态过程，同时抑制电压波动等扰动的影响。

需要说明的是：在实际工作过程中，由于 d 轴和 q 轴电压、电流等物理量之间是相互耦合的，虽然采用 $i_d=0$ 控制，从动态过程来看，i_d 难以始终保持为零，而是在零点左右波动，当考虑其影响时，两极永磁同步电动机模型可描述为图 5-23。

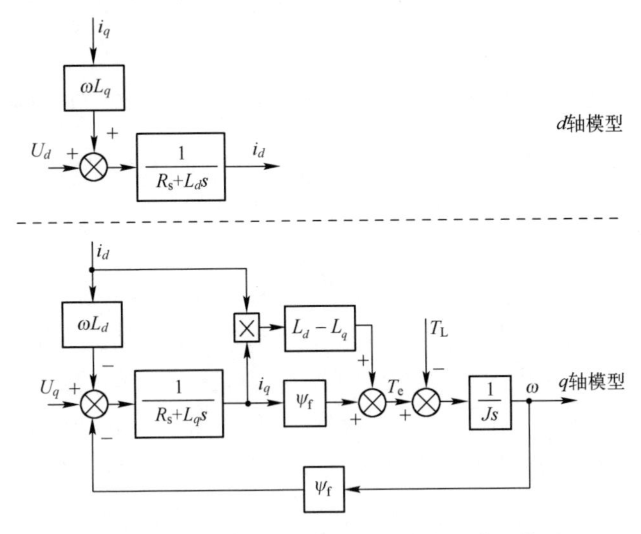

图 5-23　考虑耦合影响的永磁同步电动机模型

亦即是 d 轴和 q 轴可看作两个带扰动的系统，因此 d、q 轴电流回路都需要设置电流调节器，d 轴电流调节器的作用是抑制来自 q 轴的扰动影响，使电流 i_d 始终保持为零。q 轴电流调节器的作用是抑制来自 d 轴的扰动影响，使电流 i_q 快速精确跟随转速调节器输出的变化，保证系统的调速性能，对于控制性能要求更高的系统，为了实现 d、q 轴的完全解耦，有时还需要专门设置解耦控制器。

此外，除了采用 $i_d=0$ 控制，永磁同步电动机还经常用到最大转矩/电流比控制、最大输出功率控制等方法，对其有兴趣的读者可参考本书最后所列参考文献。

根据上述分析，当功率变换装置（PWM 逆变器）采用 1.2.3 节中的

SPWM 控制时，可得永磁同步电动机矢量控制系统的基本结构，如图 5-24 所示。

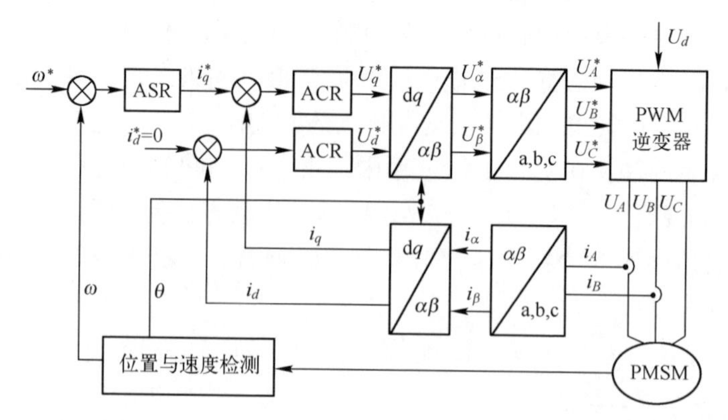

图 5-24　永磁同步电动机矢量控制系统的基本结构（逆变器采用 SPWM 控制）

当然，当逆变器采用其他调制方法时，永磁同步电动机矢量控制系统的结构也有所不同，相关内容将在 5.3 节中进行详细分析。

5.2.5　转子位置的检测与初始标定

由图 5-24 可知，转子位置检测是实现永磁同步电动机矢量控制的关键环节，其检测信息不仅用于两相静止—两相旋转坐标系之间的 2s/2r 变换，计算 i_d，i_q 等物理量，同时其微分信号（即转速）还用于转速调节器的闭环控制。因此，转子位置检测的精度直接影响系统的控制性能。以坐标变换误差为例，假设转子检测位置与实际位置存在 $\Delta\theta$ 的偏差，则控制系统构建的 $\hat{d}-\hat{q}$ 坐标系与实际 $d-q$ 坐标系之间也存在偏差，如图 5-25 所示。当通过矢量控制在 $\hat{d}-\hat{q}$ 坐标系下实现 $\hat{i}_d=0$ 时，实际 $d-q$ 坐标系下的 i_d 并不为零，而是 $i_d=\hat{i}_q\sin\Delta\theta$，同时有 $i_q=\hat{i}_q\cos\Delta\theta$。当 $\Delta\theta$ 较大时会对控制性能产生严重影响。

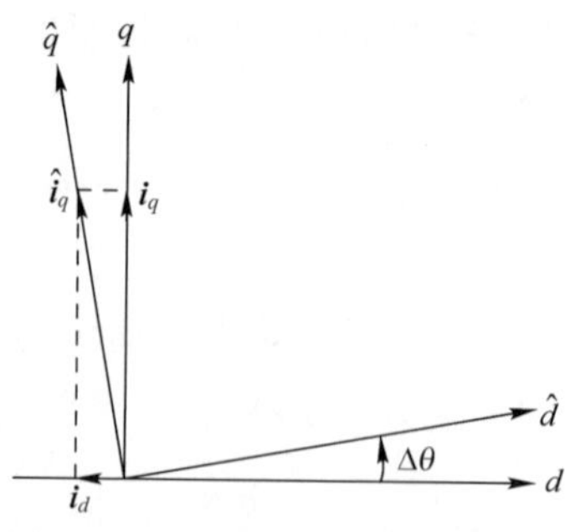

图 5-25　转子位置检测偏差影响

第 1 章中分析了转子位置的检测方法，可采用旋转变压器、光电编码器等传感器。当电动机出厂时，由于加工、安装误差等原因，旋转变压器检测的零位（即 A 相位）可能与实际转子的零位存在偏差，在电动机运行之前，需要对其转子初始相位进行标定。转子初始相位标定通常采用磁定位的方法，其基本思路是通过施加一个已知大小和方向的直流电流，使定子绕组产生一个恒定的磁场，这个磁场与转子恒定磁场相互作用，迫使转子转到两个磁链成一线的位置而停止，此时定子磁链位置已知，因此转子的位置可以确定。基于磁定位的转子初始相位标定原理可描述为图 5-26。

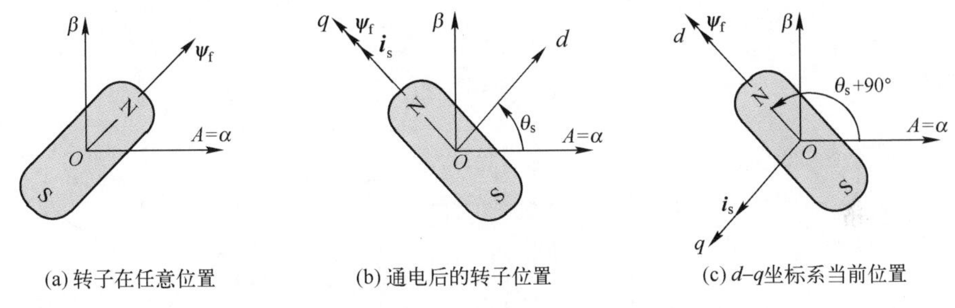

图 5-26　基于磁定位的转子初始相位标定原理

如图 5-26（a）所示，假定转子初始处于图 5-26（a）所示的未知位置，此时给定子通入直流电流矢量 $\boldsymbol{i}_s$，其 d 轴分量幅值 $i_d=0$，q 轴分量幅值 $i_q=i_N$（i_N 为额定电流），d 轴相位为 θ_s。$\boldsymbol{i}_s$ 所产生的磁场与转子磁场相作用，使转子转到图 5-26（b）所示位置。根据前述 d-q 坐标系定义方法，转子磁场方向需要与 d 轴重合，所以在 θ_s 基础上再加 90°就得到了 d-q 坐标系的当前位置，见图 5-26（c），这样就实现了转子磁场定向。

实际工程实践中，如果给定子施加一个 $i_d=0$，$i_q=i_N$，$\theta_s=-90°$的直流电，就可以使转子转到 d 轴、A 轴、α 轴三轴重合的初始位置，实现转子位置初始标定。

5.3　PWM 逆变器及其调制方法

PWM 逆变器是实现系统调速控制的重要装置，其功能是根据控制指令要求，将车载直流电源变换为三相可调交流电，驱动永磁同步电动机按照期望运行，其拓扑结构和调制方法直接影响系统的调速性能。同时，逆变器调制方法不同时，永磁同步电动机矢量控制系统的结构也不一样。本节首先对交流全电炮控系统中的 PWM 逆变器拓扑结构进行分析，在此基础上，探讨正弦波脉宽调制（SPWM）控制、电流滞环跟踪 PWM（CHBPWM）控制和电压空间矢量 PWM（SVPWM）控制三种典型调制方式及其相应的矢量控制系统结构和工作原理。

5.3.1 PWM 逆变器的结构组成

根据直流侧电源性质，逆变器可分为电压型逆变器和电流型逆变器，交流全电式炮控系统中一般采用三相电压型桥式逆变器，其主电路拓扑如图 5-27 所示。

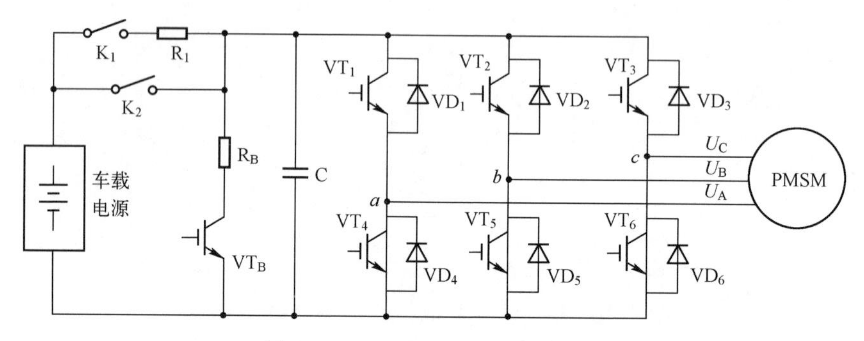

图 5-27　三相电压型桥式逆变器

与图 1-13（a）中的逆变电路相比，实际系统中的 PWM 逆变器增加了滤波电路、预充电路和释能电路等。逆变电路由 6 个功率开关器件 $VT_1 \sim VT_6$ 组成，功率器件反并续流二极管 $VD_1 \sim VD_6$，它根据驱动电路的指令，把直流电转换为交流电输出，是实现能量变换的执行环节，也是整个电路的核心，目前常采用的开关器件有 IGBT、GTR 和 MOSFET 等。滤波电容用于抑制逆变电路产生的纹波，通常滤波电容的容量不会太小，因此又具有一定的储能作用，也称为储能电容。预充电路和释能电路的功能与第 3 章中的直流 PWM 变换器相同。

5.3.2 正弦波脉宽调制控制技术

采用 SPWM 控制的逆变器结构原理如图 5-28 所示。设期望输出波形为正弦波，采用与期望输出波形相同频率的正弦波 U_A^*，U_B^*，U_C^* 作为调制波，以远高于期望波形频率的三角波作为载波，调制波与载波之差经比较器处理后，得到控制开关器件的通断驱动信号序列，这样一来，就可以在永磁同步电动机输入端得到一系列等幅不等宽的矩形波电压 U_A，U_B，U_C，按照波形面积相等的原则，每一个矩形波的面积与相应时刻对应的正弦波面积相等，因而这个序列的矩形波与期望的正弦波等效。

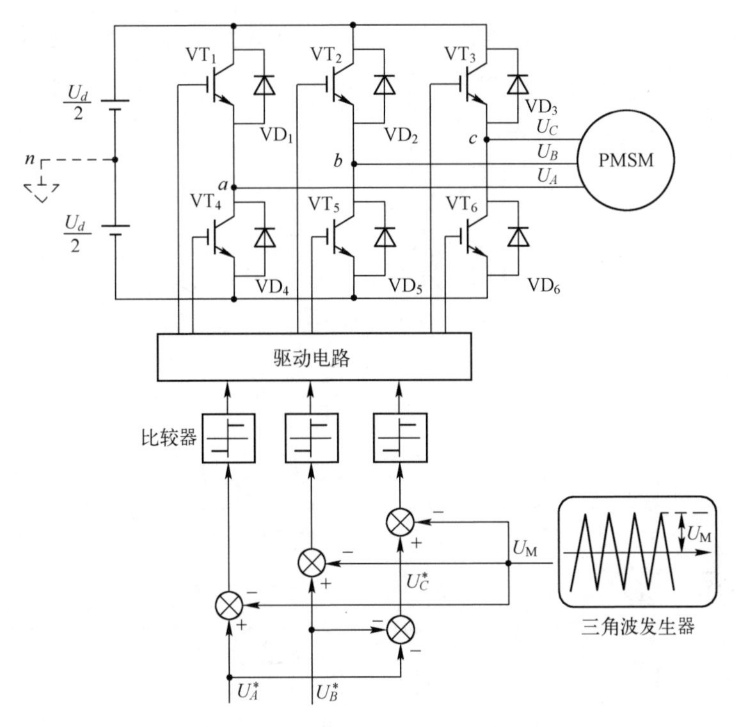

图 5-28　三相电压型 SPWM 逆变器

按照三角载波的极性，SPWM 可分为单极性 SPWM 调制和双极性 SPWM 调制，若在调制波的半个周期内，载波为只在正或负的一种极性范围内变化的三角波，则称为单极性 SPWM 调制；相反，若载波为正负极性之间变化的三角波，则称为双极性 SPWM 调制，交流全电式坦克炮控系统中一般采用双极性调制方式，本节着重对这种方式进行分析，为了方便，在图 5-28 的直流侧引入一个假想中性点 n。

设图 5-24 中，d, q 轴两个电流调节器输出的控制量 U_d^*，U_q^* 所合成的矢量为

$$\boldsymbol{u}_s^* = U_s^* \mathrm{e}^{\mathrm{j}\theta} = U_s^* \mathrm{e}^{\mathrm{j}\omega t} \tag{5-64}$$

则经过 2r/2s 变换和 2/3 变换后，得到的正弦调制波 U_A^*，U_B^*，U_C^* 可表示为

$$\begin{cases} U_A^* = \sqrt{\dfrac{2}{3}} U_s^* \cos(\omega t) \\ U_B^* = \sqrt{\dfrac{2}{3}} U_s^* \cos(\omega t - 2\pi/3) \\ U_C^* = \sqrt{\dfrac{2}{3}} U_s^* \cos(\omega t + 2\pi/3) \end{cases} \tag{5-65}$$

选取三角载波的幅值为 U_M。一般地，三角载波的幅值 U_M 应大于正弦调制波 U_A^*，U_B^*，U_C^* 幅值，即 $U_M \geqslant \sqrt{2/3}\,U_s^*$。令 $\rho=\sqrt{2/3}\,U_s^*/U_M$，且有 $0\leqslant\rho\leqslant1$。则式（5-65）可进一步写为

$$\begin{cases} U_A^* = \rho U_M \cos(\omega t) \\ U_B^* = \rho U_M \cos(\omega t - 2\pi/3) \\ U_C^* = \rho U_M \cos(\omega t + 2\pi/3) \end{cases} \tag{5-66}$$

采用 U_A^*，U_B^*，U_C^* 与三角载波进行 SPWM 调制控制，可得逆变器主要变量波形如图 5-29 所示。

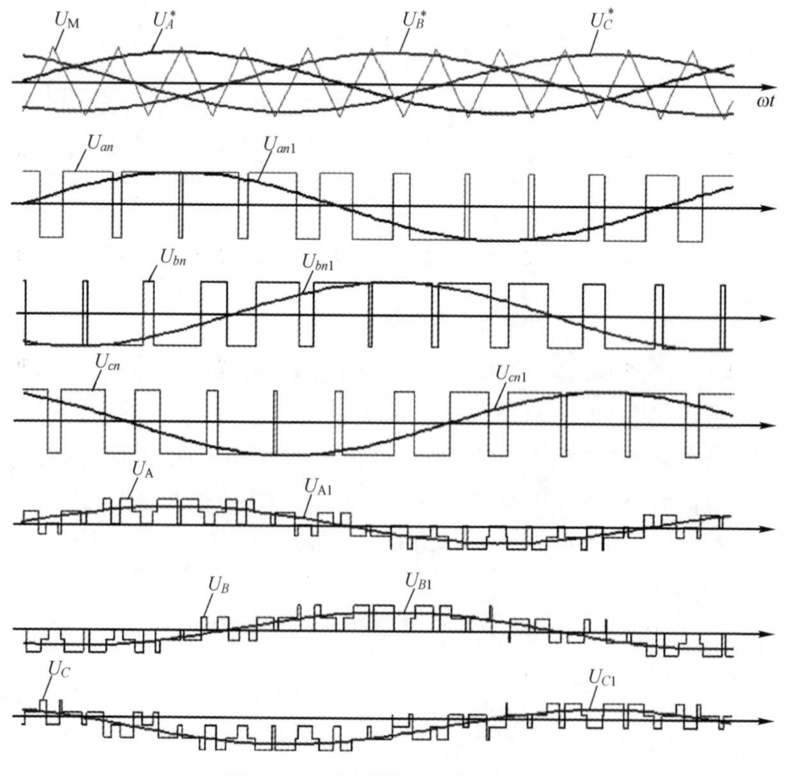

图 5-29　逆变器各主要变量波形

图 5-29 中，U_{an}，U_{bn}，U_{cn}曲线为逆变器各相输出点 a，b，c 到直流电源假想中性点 n 之间的电压，是幅值为 $U_d/2$ 或 $-U_d/2$ 的方波序列。对 U_{an}，U_{bn}，U_{cn}进行傅里叶分解，可得其基波分量，如图中 U_{an1}，U_{bn1}，U_{cn1} 曲线所示，可表示为

$$\begin{cases} U_{an1}=\dfrac{\rho U_d}{2}\cos(\omega t) \\ U_{bn1}=\dfrac{\rho U_d}{2}\cos(\omega t-2\pi/3) \\ U_{cn1}=\dfrac{\rho U_d}{2}\cos(\omega t+2\pi/3) \end{cases} \tag{5-67}$$

由此可见，基波分量幅值正比于 ρ，即通过调节 U_s^* 改变 ρ 可以控制逆变器输出电压。进一步，对于永磁同步电动机相电压 U_A，U_B，U_C，有

$$\begin{cases} U_A=\dfrac{1}{3}(2U_{an}-U_{bn}-U_{cn}) \\ U_B=\dfrac{1}{3}(2U_{bn}-U_{an}-U_{cn}) \\ U_C=\dfrac{1}{3}(2U_{cn}-U_{an}-U_{bn}) \end{cases} \tag{5-68}$$

其波形如图 5-29 中 U_A，U_B，U_C 曲线所示。同理对其进行傅里叶分解，可得基波分量如图中 U_{A1}，U_{B1}，U_{C1} 曲线所示，其表达式可写为

$$\begin{cases} U_{A1}=\dfrac{\rho U_d}{2}\cos(\omega t) \\ U_{B1}=\dfrac{\rho U_d}{2}\cos(\omega t-2\pi/3) \\ U_{C1}=\dfrac{\rho U_d}{2}\cos(\omega t+2\pi/3) \end{cases} \tag{5-69}$$

当 $\rho=1$ 时，永磁同步电动机的最大相电压幅值为 $U_d/2$。

5.3.3　电流滞环跟踪 PWM 控制技术

采用电流滞环跟踪控制的逆变器结构原理如图 5-30 所示。给定电流 i_A^*，i_B^*，i_C^* 与电动机实际相电流 i_A，i_B，i_C 通过滞环比较器处理后，得到控制开关器件的通断驱动信号序列。为了简化分析难度，本节分析时设永磁同步电动机三相绕组中点与直流侧假定中性点 n 等电位。如果滞环比较器的阈值为 h，当给定电流和实际电流之差达到 h 时，接到直流电源正极的开关器件导通，使得实际电流增加；相反，当指令电流和实际电流之差达到 $-h$ 时，接到直流电源负极的开关器件导通，使得实际电流减小，由此得到逆变器各变量的波形如图 5-31 所示。以 A 相为例，i_A 以图中标示方向为正方向，首先分析 $i_A>0$

的情况：设 t_0 时刻 $\Delta i_A = i_A^* - i_A = h$，$VT_1$ 驱动电压为正，VT_4 驱动电压为负，VT_1 导通，VT_4 关断，输出电压 $U_{an} = U_d/2$，电流 i_A 迅速上升。当 i_A 增长至与 i_A^* 相等时，虽然 $\Delta i_A = i_A^* - i_A = 0$，$VT_1$ 仍保持导通，VT_4 关断。直到 t_1 时刻 $\Delta i_A = i_A^* - i_A = -h$，滞环控制信号翻转，$VT_1$ 驱动电压为负，VT_4 驱动电压为正，VT_1 关断，VT_4 虽然施加的驱动电压为正，但仍不能导通，电流 i_A 经 VD_4 续流，输出电压 $U_{an} = -U_d/2$，电流 i_A 下降。直到 t_2 时刻 $\Delta i_A = i_A^* - i_A = h$，控制信号再次翻转。按此规律交替工作，使得输出电流 i_A 快速跟踪 i_A^*，两者偏差始终保持在 $\pm h$ 范围内。$i_A<0$ 时分析方法与上类似。

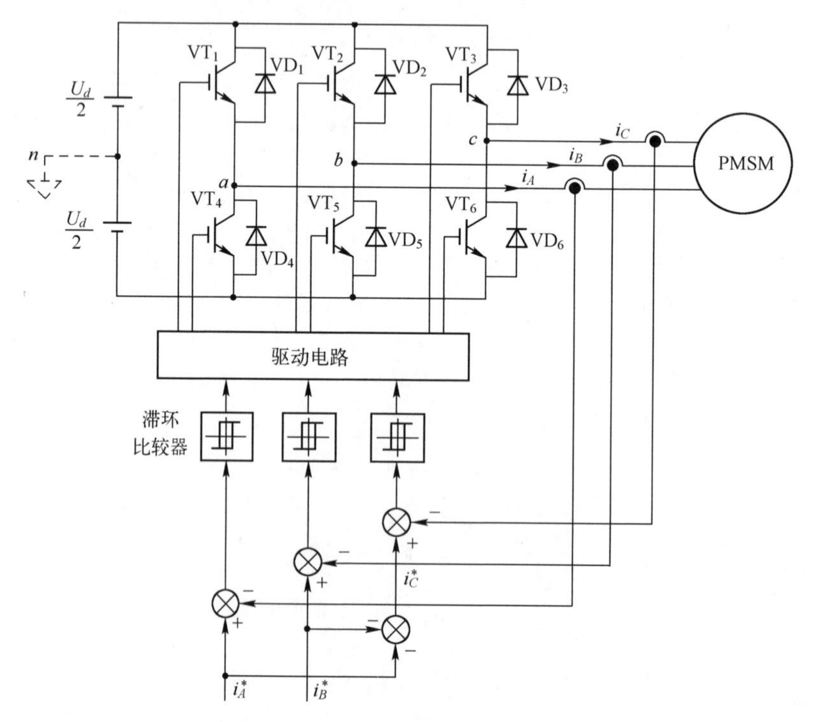

图 5-30 电流滞环跟踪 PWM 逆变器

稳态时，i_A^* 为正弦波，i_A 在 i_A^* 上下做锯齿状变化，输出电流接近正弦变化。不难发现，电流滞环跟踪 PWM 方式的电流控制精度与滞环比较器的阈值 h 有关，阈值较大时可降低开关频率，但电流波形失真比较严重；阈值小时虽然电流波形较好，但开关频率也会大幅增加，因此阈值选取是滞环比较器设计的一个重要环节。

下面仍以 A 相为例分析计算开关频率的大小。当设定永磁同步电动机三相绕组中点与直流侧假定中性点 n 等电位时，根据永磁同步电动机电压方程

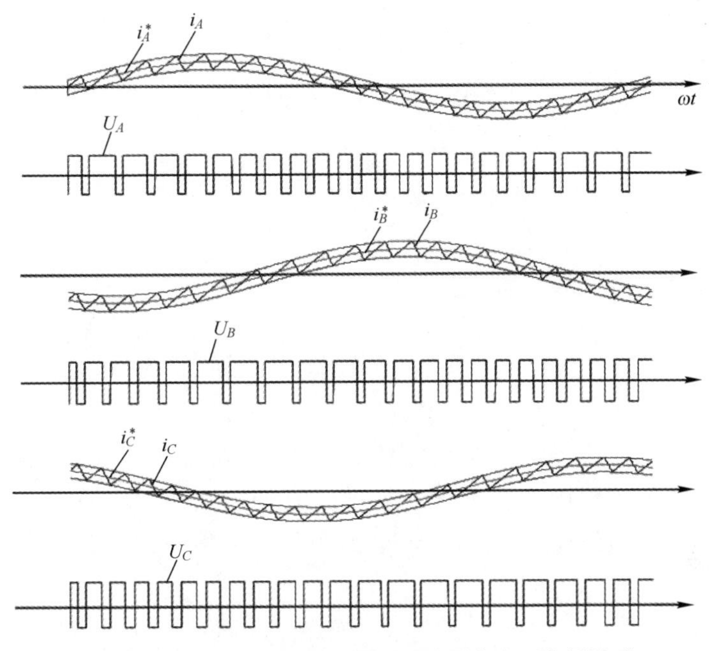

图 5-31　电流滞环跟踪控制时逆变器各主要变量波形

(5-51)，当忽略电动机电阻压降和死区时间时，从 t_0 到 t_1 之间和从 t_1 到 t_2 之间的实际电流变化分别近似可写成

$$\begin{cases}\dfrac{\mathrm{d}i_A}{\mathrm{d}t}=\dfrac{U_d/2-E_A}{L_A}, & t_0\leqslant t<t_1\\[2ex]\dfrac{\mathrm{d}i_A}{\mathrm{d}t}=\dfrac{-U_d/2-E_A}{L_A}, & t_1\leqslant t<t_2\end{cases}\tag{5-70}$$

式中：E_A 为 A 相绕组中的感应电势，与 4.4 节中分析类似，由于开关周期远小于电动机的机电时间常数，在一个开关周期内可认为 E_A 为常数。

此外，根据图 5-31，从 t_0 到 t_1 之间和从 t_1 到 t_2 之间电流波形，可近似地得

$$\begin{cases}\dfrac{\mathrm{d}(i_A-i_A^*)}{\mathrm{d}t}(t_1-t_0)=2h\\[2ex]\dfrac{\mathrm{d}(i_A-i_A^*)}{\mathrm{d}t}(t_2-t_1)=-2h\end{cases}\tag{5-71}$$

将式（5-70）代入式（5-71），可得电流上升时间 Δt_1 和电流下降时间 Δt_2 的表达式为

$$
\begin{cases}
\Delta t_1 = t_1 - t_0 = \dfrac{4hL_A}{U_d - 2\left(E_A + L_A \dfrac{\mathrm{d}i_A^*}{\mathrm{d}t}\right)} \\
\Delta t_2 = t_2 - t_1 = \dfrac{4hL_A}{U_d + 2\left(E_A + L_A \dfrac{\mathrm{d}i_A^*}{\mathrm{d}t}\right)}
\end{cases} \tag{5-72}
$$

由此可得，开关频率的表达式为

$$
f = \frac{1}{\Delta t_1 + \Delta t_2} = \frac{U_d^2 - 4\left(E_A + L_A \dfrac{\mathrm{d}i_A^*}{\mathrm{d}t}\right)^2}{8hL_A U_d} \tag{5-73}
$$

由式（5-73）可看出，电流滞环跟踪 PWM 方式下，开关管的开关频率与阈值、电动机感应电势、指令电流变化率呈减函数关系。此外，如阈值设定为常数，电动机感应电势和指令电流变化率为零时，开关频率最高，且满足

$$
f_{\max} = \frac{U_d}{8hL_A} \tag{5-74}
$$

当采用电流滞环跟踪控制时，图 5-24 所示的永磁同步电动机矢量控制系统的基本结构转化为图 5-32。

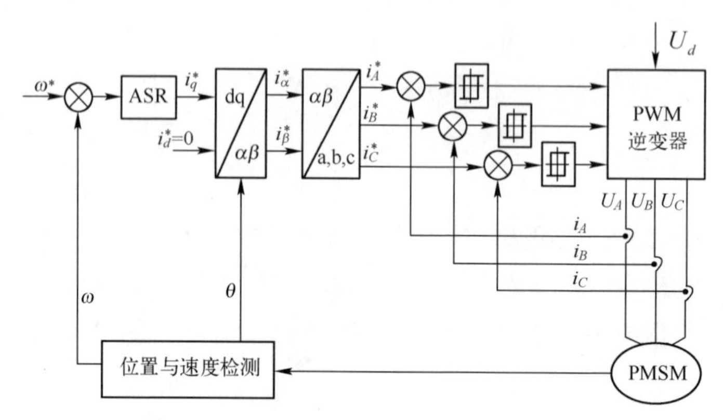

图 5-32 永磁同步电动机矢量控制系统的基本结构（逆变器采用电流滞环跟踪控制）

从控制的角度来看，当实际电流大于给定值时，改变开关器件状态使其迅速减小，反之亦然。使得实际电流围绕给定电流波形做锯齿状变化，并将偏差限制在一定范围内。这样一来，采用电流滞环跟踪控制时，电流环实际上构成了一个 Bang-Bang 控制器，系统可看作由一个转速控制环和一个采用

Bang-Bang控制的电流环组成。Bang-Bang控制具有动态调节速度快、内环扰动抑制能力强等特点，且这种电流控制方法结构简单，不依赖于电动机参数，鲁棒性好。其缺点是开关频率不固定，随外界条件变化波动大，同时其输出电流的脉动大，对电动机损害比较严重。

5.3.4 电压空间矢量PWM控制技术

1. 电压空间矢量PWM基本原理

分析图5-27所示的三相电压型逆变器可以发现，根据每个桥臂上的两个开关管的控制信号不同，每相有两种状态，这样三相组合共有8种状态（$2^3=8$）。规定当一个桥臂上接到直流电源正极的开关管处于导通、接到负极的开关管处于截止时的状态为“1”；相反，当一个桥臂上接到直流电源正极的开关管处于截止、接到负极的开关管处于导通时的状态为“0”时，三相电压型逆变器的所有状态描述见表5-1。

表5-1　三相电压型逆变器状态与电压矢量

开关模式	A相	B相	C相	电压矢量
0	0	0	0	$\boldsymbol{u}_0$
1	1	0	0	$\boldsymbol{u}_4$
2	1	1	0	$\boldsymbol{u}_6$
3	0	1	0	$\boldsymbol{u}_2$
4	0	1	1	$\boldsymbol{u}_3$
5	0	0	1	$\boldsymbol{u}_1$
6	1	0	1	$\boldsymbol{u}_5$
7	1	1	1	$\boldsymbol{u}_7$

表5-1中给出了每个状态下的开关模式定义和输出电压矢量的表示方法（如每相状态都为“0”时，称为开关模式0，此时输出电压矢量用$\boldsymbol{u}_0$表示），共有开关模式0~7，输出电压矢量$\boldsymbol{u}_0$~$\boldsymbol{u}_7$。其中，$\boldsymbol{u}_1$~$\boldsymbol{u}_6$为大小相等、相位互差π/3电角度的矢量。而$\boldsymbol{u}_0$和$\boldsymbol{u}_7$为大小为0的电压矢量，也称为零电压矢量。

下面以$\boldsymbol{u}_4$为例，分析输出电压矢量的大小和方向。此时A、B、C相的状态为1、0、0，三相电压型逆变器中开关器件VT_1、VT_5、VT_6导通，电压方程为

$$\begin{cases} U_{AB}=U_A-U_B=U_d \\ U_{BC}=U_B-U_C=0 \\ U_{CA}=U_C-U_A=-U_d \end{cases} \tag{5-75}$$

式中：U_{AB}、U_{BC}、U_{CA}为 AB 相、BC 相、CA 相之间的线电压。

当采用三相对称绕组时，可求得每相的相电压为

$$\begin{cases} U_A=2U_d/3 \\ U_B=-U_d/3 \\ U_C=-U_d/3 \end{cases} \tag{5-76}$$

根据式（5-2），可得到三相电压矢量为

$$\begin{cases} \boldsymbol{u}_A=\sqrt{\dfrac{2}{3}}U_A=\sqrt{\dfrac{2}{3}}\times\dfrac{2}{3}U_d \\ \boldsymbol{u}_B=\sqrt{\dfrac{2}{3}}U_B\mathrm{e}^{\mathrm{j}\gamma}=-\sqrt{\dfrac{2}{3}}\times\dfrac{1}{3}U_d\mathrm{e}^{\mathrm{j}\gamma} \\ \boldsymbol{u}_C=\sqrt{\dfrac{2}{3}}U_C\mathrm{e}^{\mathrm{j}2\gamma}=-\sqrt{\dfrac{2}{3}}\times\dfrac{1}{3}U_d\mathrm{e}^{\mathrm{j}2\gamma} \end{cases} \tag{5-77}$$

矢量 $\boldsymbol{u}_A$、$\boldsymbol{u}_B$、$\boldsymbol{u}_C$ 可表示为图 5-33（a）。根据矢量运算法则，容易求得其合成矢量 $\boldsymbol{u}_4$ 的方向为 A 轴方向，即 A 相绕组轴线方向。且有

$$\boldsymbol{u}_4=\boldsymbol{u}_A+\boldsymbol{u}_B+\boldsymbol{u}_C=\sqrt{\frac{2}{3}}\left(\frac{2}{3}U_d-\frac{1}{3}U_d\mathrm{e}^{\mathrm{j}\gamma}-\frac{1}{3}U_d\mathrm{e}^{\mathrm{j}2\gamma}\right)=\sqrt{\frac{2}{3}}U_d \tag{5-78}$$

采用上述方法，可以求得三相电压型逆变器在不同的开关模式下的输出电压矢量，如图 5-33（b）所示。

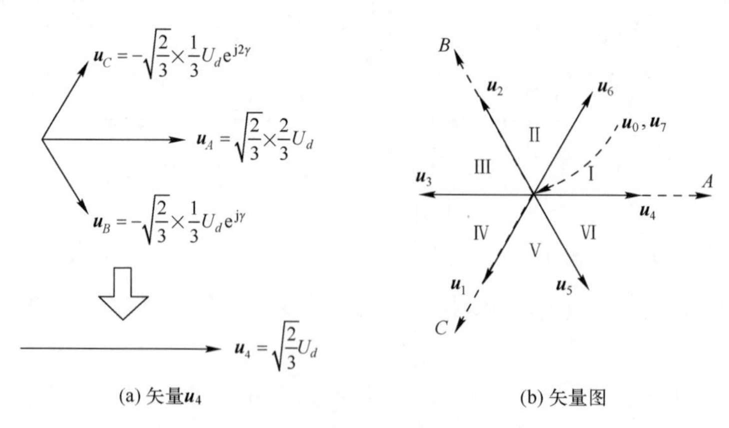

(a) 矢量$\boldsymbol{u}_4$　　(b) 矢量图

图 5-33　三相逆变器电压矢量图

在图 5-33 中，$\boldsymbol{u}_1 \sim \boldsymbol{u}_6$ 为大小$\sqrt{2/3}\,U_d$，相位互差 π/3 电角度的矢量，这 6 个输出电压矢量 $\boldsymbol{u}_1 \sim \boldsymbol{u}_6$ 将电压空间矢量分为对称的 6 个扇区 Ⅰ ~ Ⅵ，每个扇区角度为 π/3。进一步，采用相邻电压矢量合成，可以得到扇区内的其他电压矢量。例如在第Ⅰ扇区中，一个调制周期 T 内，在 $t_4 = k_1 T$ 时间内输出 $\boldsymbol{u}_4$，$t_6 = k_2 T$ 时间内输出 $\boldsymbol{u}_6$，剩下的 $t_0 = (1-k_1-k_2)T$ 时间内输出为 $\boldsymbol{u}_0$ 或 $\boldsymbol{u}_7$，则合成电压矢量 $\boldsymbol{u}_s$ 如图 5-34 所示。

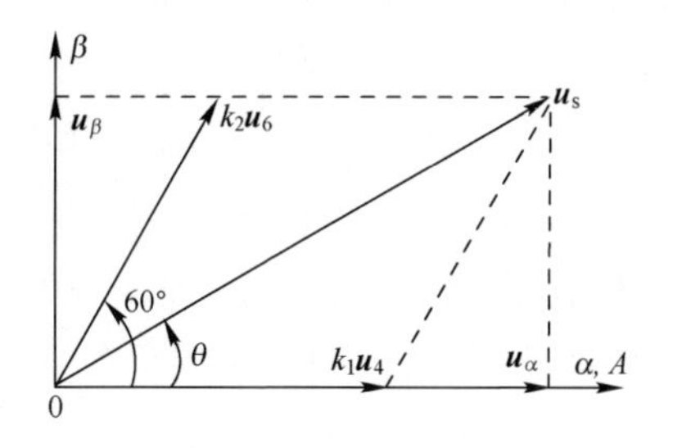

图 5-34　电压矢量合成

可以计算得 $\boldsymbol{u}_s$ 的幅值为

$$U_s = \sqrt{k_1^2 + k_2^2 + k_1 k_2} \cdot \sqrt{\frac{2}{3}}\,U_d \tag{5-79}$$

方向为

$$\theta = \arctan \frac{k_2 \sin \dfrac{\pi}{3}}{k_1 + k_2 \cos \dfrac{\pi}{3}} \tag{5-80}$$

反过来，对于一个给定的电压矢量 $\boldsymbol{u}_s = U_s e^{j\theta}$，设其在 α, β 轴上的分量为 $\boldsymbol{u}_\alpha$，$\boldsymbol{u}_\beta$，对应的幅值为 U_α，U_β，则根据图 5-34 可得

$$\begin{cases} U_\alpha = U_s \cos\theta = k_1 U_4 + k_2 U_6 \cos \dfrac{\pi}{3} \\ U_\beta = U_s \sin\theta = k_2 U_6 \sin \dfrac{\pi}{3} \end{cases} \tag{5-81}$$

由此可求得

$$\begin{cases} k_1 = \dfrac{2U_s}{\sqrt{3}\,U_4} \sin\left(\dfrac{\pi}{3} - \theta\right) \\ k_2 = \dfrac{2U_s}{\sqrt{3}\,U_6} \sin\theta \end{cases} \tag{5-82}$$

考虑到 $U_4=U_6=\sqrt{2/3}U_d$，有

$$\begin{cases} k_1=\dfrac{\sqrt{2}U_s}{U_d}\sin\left(\dfrac{\pi}{3}-\theta\right) \\ k_2=\dfrac{\sqrt{2}U_s}{U_d}\sin\theta \end{cases} \tag{5-83}$$

通过上述分析不难得到结论：采用电压矢量合成方法，可以得到大小和方向均可调节的任意电压矢量，只要其幅值不超过逆变器输出极限 U_{sm}。这样一来，图 5-24 中电流环调节器计算得到的电压量 U_d^*，U_q^* 就无须变换成 $A-B-C$ 坐标系下的 U_A^*，U_B^*，U_C^*，再进行 SPWM 调制，而可以直接在 $\alpha-\beta$ 坐标系下利用电压矢量合成方法进行调制，这种调制方法称为 SVPWM 调制，即电压空间矢量调制。由此，图 5-24 可变换为图 5-35。

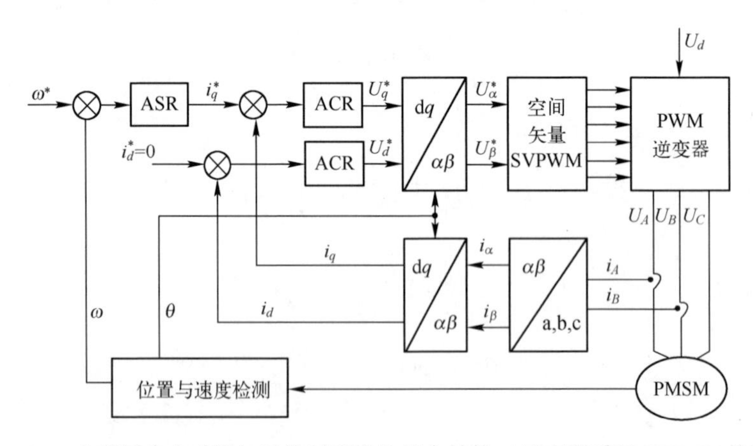

图 5-35　永磁同步电动机矢量控制系统的基本结构（逆变器采用 SVPWM 控制）

下面进一步分析合成电压矢量的空间分布特征。仍以第 I 扇区为例，若要使合成电压矢量的幅值最大，则需有 $k_1+k_2=1$，此时式（5-79）可化为

$$U_s=\sqrt{k_1^2+(1-k_1)^2+k_1(1-k_1)}\cdot\sqrt{\frac{2}{3}}U_d,\quad 0\leqslant k_1\leqslant 1 \tag{5-84}$$

由此可见，当 $k_1+k_2=1$ 时，由电压矢量 $\boldsymbol{u}_4$，$\boldsymbol{u}_6$ 合成的输出电压矢量 $\boldsymbol{u}_s$ 正好位于由它们围成的三角形边界上，如图 5-36 所示。进一步考虑其他扇区，输出电压矢量轨迹构成一个等边六边形，如图 5-37 所示。

这样一来，等边六边形的内切圆所包含区域为 SVPWM 的线性调制区域，容易求得，该内切圆的半径为 $U_d/\sqrt{2}$，这也是调制过程中合成电压矢量基波所能达到的最大幅值，即

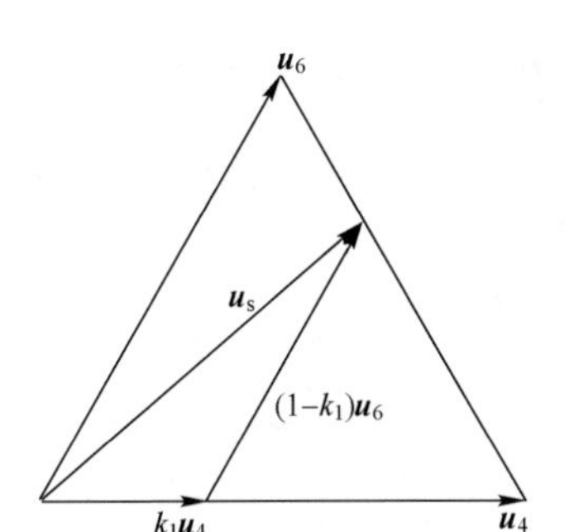

图 5-36　合成矢量轨迹

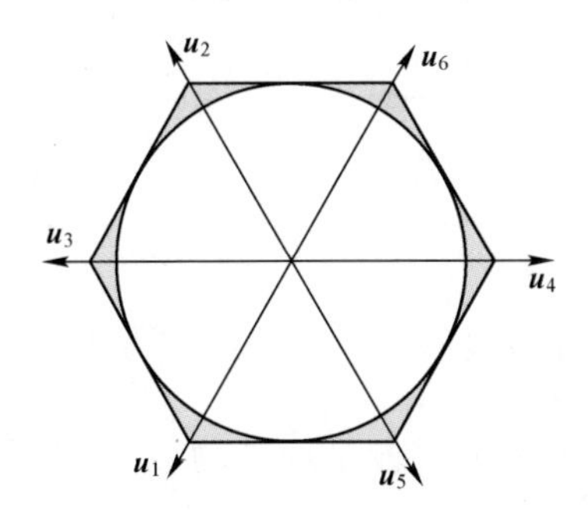

图 5-37　SVPWM 调制区域

$$U_{\mathrm{sm}}=U_d/\sqrt{2} \tag{5-85}$$

又根据式（5-9），当定子相电压为三相对称正弦电压时，三相合成矢量幅值是相电压幅值的$\sqrt{3/2}$倍，故基波相电压最大幅值为 $U_d/\sqrt{3}$，而 SPWM 调制时相电压最大幅值为 $U_d/2$。对比可知，SVPWM 调制比 SPWM 调制最高所能达到的调制比高出约 15%，使其直流母线电压利用率更高，这也是 SVPWM 控制算法的一个重要优点。

2. 电压空间矢量 PWM 调制算法

前述分析表明，对于图 5-36 内切圆中的任意期望电压矢量，都可以采用与其相邻的两个基本电压矢量以及零矢量合成实现，各电压矢量的作用时间长度可由期望合成电压矢量的幅值大小和相位计算得到，但是其作用顺序如何确定呢？目前，电压矢量作用顺序的选取主要以减小开关损耗和谐波分量为准则，一般采用七段式 SVPWM 算法和五段式 SVPWM 算法。

对于七段式 SVPWM 算法，基本矢量作用顺序的分配原则为：在每次状态转换时，只改变其中一相的开关状态，并且对零矢量在时间上进行平均分配，以使产生的 PWM 波形对称，从而有效地降低 PWM 谐波分量。仍以第 I 扇区为例，将零矢量分为 4 份，在调制周期的首、尾各配置一份，在中间配置两份，将两个基本电压矢量 $\boldsymbol{u}_4$，$\boldsymbol{u}_6$ 的作用时间 t_4，t_6 平分后插在零矢量之间，按照开关损耗最小的原则，首尾取零矢量 $\boldsymbol{u}_0$，中间取零矢量 $\boldsymbol{u}_7$。由此可得 SVPWM 的顺序和作用时间为 $\boldsymbol{u}_0(t_0/4)$，$\boldsymbol{u}_4(t_4/2)$，$\boldsymbol{u}_6(t_6/2)$，$\boldsymbol{u}_7(t_0/2)$，$\boldsymbol{u}_6(t_6/2)$，$\boldsymbol{u}_4(t_4/2)$，$\boldsymbol{u}_0(t_0/4)$，如图 5-38 所示。

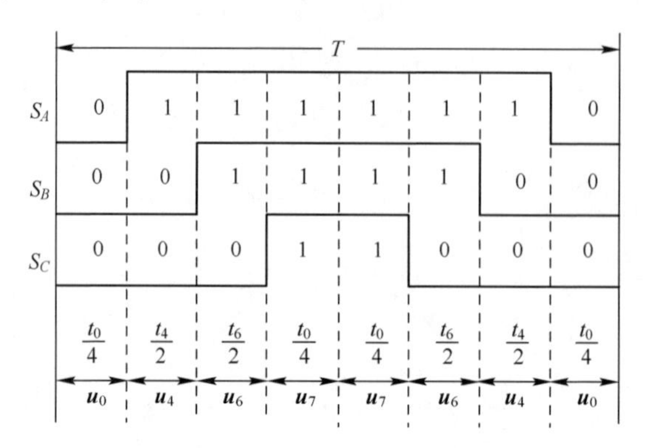

图 5-38　七段式 SVPWM 算法的开关状态（第 I 扇区）

采用同样的方法，可以求得各个扇区的 SVPWM 算法开关切换顺序，如表 5-2 所示。

表 5-2　七段式 SVPWM 算法开关切换顺序

$\boldsymbol{u}_s$ 所在扇区	开关切换顺序	驱动信号波形
Ⅰ区 $\left(0\leqslant\theta<\frac{\pi}{3}\right)$	0→4→6→7→7 →6→4→0	T 0 1 1 1 1 1 1 0 0 0 1 1 1 1 0 0 0 0 0 1 1 0 0 0 $t_0/4$ $t_4/2$ $t_6/2$ $t_0/4$ $t_0/4$ $t_6/2$ $t_4/2$ $t_0/4$
Ⅱ区 $\left(\frac{\pi}{3}\leqslant\theta<\frac{2\pi}{3}\right)$	0→2→6→7→7 →6→2→0	T 0 0 1 1 1 1 0 0 0 1 1 1 1 1 1 0 0 0 0 1 1 0 0 0 $t_0/4$ $t_2/2$ $t_6/2$ $t_0/4$ $t_0/4$ $t_6/2$ $t_2/2$ $t_0/4$

续表

$\boldsymbol{u}_s$ 所在扇区	开关切换顺序	驱动信号波形
Ⅲ区 $\left(\frac{2\pi}{3}\leqslant\theta<\pi\right)$	0→2→3→7→7→3→2→0	T 0 0 0 1 1 0 0 0 0 1 1 1 1 1 1 0 0 0 1 1 1 1 0 0 $t_0/4$ $t_2/2$ $t_3/2$ $t_0/4$ $t_0/4$ $t_3/2$ $t_2/2$ $t_0/4$
Ⅳ区 $\left(\pi\leqslant\theta<\frac{4\pi}{3}\right)$	0→1→3→7→7→3→1→0	T 0 0 0 1 1 0 0 0 0 0 1 1 1 1 0 0 0 1 1 1 1 1 1 0 $t_0/4$ $t_1/2$ $t_3/2$ $t_0/4$ $t_0/4$ $t_3/2$ $t_1/2$ $t_0/4$
Ⅴ区 $\left(\frac{4\pi}{3}\leqslant\theta<\frac{5\pi}{3}\right)$	0→1→5→7→7→5→1→0	T 0 0 1 1 1 1 0 0 0 0 0 1 1 0 0 0 0 1 1 1 1 1 1 0 $t_0/4$ $t_1/2$ $t_5/2$ $t_0/4$ $t_0/4$ $t_5/2$ $t_1/2$ $t_0/4$
Ⅵ区 $\left(\frac{5\pi}{3}\leqslant\theta<2\pi\right)$	0→4→5→7→7→5→4→0	T 0 1 1 1 1 1 1 0 0 0 0 1 1 0 0 0 0 0 1 1 1 1 0 0 $t_0/4$ $t_4/2$ $t_5/2$ $t_0/4$ $t_0/4$ $t_5/2$ $t_4/2$ $t_0/4$

根据表 5-2，在第Ⅰ扇区中，以直流电源电压中点 n 为参考零电位，一个调制周期内逆变器的 A 相输出电压 U_{an} 平均值 $\overline{U}_{an}$ 为

$$\overline{U}_{an}=\frac{U_d}{2T}\left(-\frac{t_0}{4}+\frac{t_4}{2}+\frac{t_6}{2}+\frac{t_0}{2}+\frac{t_6}{2}+\frac{t_4}{2}-\frac{t_0}{4}\right)=\frac{U_d}{2T}(t_4+t_6) \tag{5-86}$$

将式（5-86）代入式（5-83）可得

$$\overline{U}_{an}=\frac{\sqrt{2}U_s}{2}\left(\sin\left(\frac{\pi}{3}-\theta\right)+\sin\theta\right)=\frac{\sqrt{2}U_s}{2}\cos\left(\theta-\frac{\pi}{6}\right) \tag{5-87}$$

采用同样的方法，可以求得其他 5 个扇区逆变器的输出相电压值，并进一步得到一个周期内逆变器的输出相电压基波波形如图 5-39 所示。SVPWM 控制的电压波形为马鞍形，具有三次谐波注入效果，直流电源利用率高。而采用 SPWM 调制的输出电压波形为正弦波，直流电源利用率相对较低。

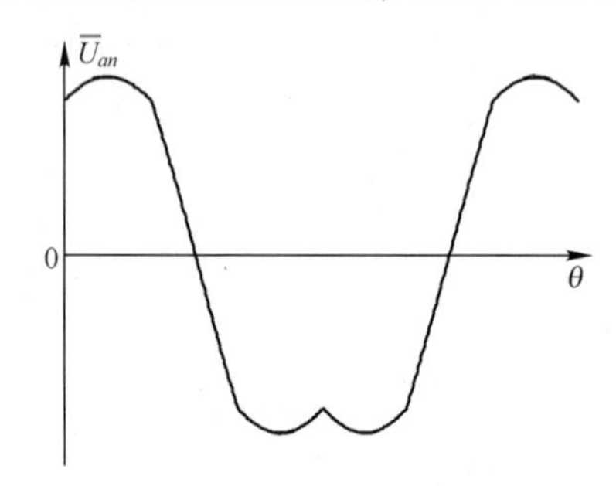

图 5-39　逆变器输出相电压基波波形

对于七段式 SVPWM 算法而言，PWM 波形对称，且谐波含量较小，但是每个开关周期有 6 次开关切换，开关损耗较大。为了进一步减少开关次数，可以采用五段式 SVPWM 算法，该算法按照对称原则，将两个基本电压矢量的作用时间平分后，放在调制周期的首端和末端，把零矢量的作用时间放在调制周期的中间，并按照开关次数最少选择零矢量。由此得到各扇区的开关切换顺序如表 5-3 所列。

表 5-3　五段式 SVPWM 算法开关切换顺序

$\boldsymbol{u}_s$ 所在扇区	开关切换顺序	驱动信号波形
Ⅰ区 $\left(0\leqslant\theta<\frac{\pi}{3}\right)$	4→6→7→7→6→4	T 1 1 1 1 1 1 0 1 1 1 1 0 0 0 1 1 0 0 $t_4/2$ $t_6/2$ $t_0/2$ $t_0/2$ $t_6/2$ $t_4/2$

续表

$\boldsymbol{u}_s$ 所在扇区	开关切换顺序	驱动信号波形
Ⅱ区 $\left(\frac{\pi}{3}\leqslant\theta<\frac{2\pi}{3}\right)$	2→6→7→7→6→2	T 0 1 1 1 1 0 1 1 1 1 1 1 0 0 1 1 0 0 $t_2/2$ $t_6/2$ $t_0/2$ $t_0/2$ $t_6/2$ $t_2/2$
Ⅲ区 $\left(\frac{2\pi}{3}\leqslant\theta<\pi\right)$	2→3→7→7→3→2	T 0 0 1 1 0 0 1 1 1 1 1 1 0 1 1 1 1 0 $t_2/2$ $t_3/2$ $t_0/2$ $t_0/2$ $t_3/2$ $t_2/2$
Ⅳ区 $\left(\pi\leqslant\theta<\frac{4\pi}{3}\right)$	1→3→7→7→3→1	T 0 0 1 1 0 0 0 1 1 1 1 0 1 1 1 1 1 1 $t_1/2$ $t_3/2$ $t_0/2$ $t_0/2$ $t_3/2$ $t_1/2$
Ⅴ区 $\left(\frac{4\pi}{3}\leqslant\theta<\frac{5\pi}{3}\right)$	1→5→7→7→5→1	T 0 1 1 1 1 0 0 0 1 1 0 0 1 1 1 1 1 1 $t_1/2$ $t_5/2$ $t_0/2$ $t_0/2$ $t_5/2$ $t_1/2$
Ⅵ区 $\left(\frac{5\pi}{3}\leqslant\theta<2\pi\right)$	4→5→7→7→5→4	T 1 1 1 1 1 1 0 0 1 1 0 0 0 1 1 1 1 0 $t_4/2$ $t_5/2$ $t_0/2$ $t_0/2$ $t_5/2$ $t_4/2$

五段式 SVPWM 算法在一个调制周期内，有一相的状态保持不变（始终为“1”或“0”），从一个矢量切换到另一个矢量时只有一相状态发生变化，因而开关次数少，开关损耗小，但同时输出电压谐波含量会增大。

3. 电压空间矢量 PWM 算法的实现过程

与 SPWM 调制类似，设图 5-35 中 d，q 轴两个电流调节器输出的控制量 U_d^*，U_q^* 所合成的矢量为 $\boldsymbol{u}_s^* = U_s^* e^{j\theta}$，则可得电压空间矢量 PWM 算法的实现过程如图 5-40 所示。其主要包括三个步骤：首先经过 2r/2s 变换得到 U_α^*，U_β^*，并据其判断矢量 $\boldsymbol{u}_s^*$ 所在的扇区；其次利用所在扇区的相邻两电压矢量 $\boldsymbol{u}_i$，$\boldsymbol{u}_j$ 和适当的零矢量 $\boldsymbol{u}_0$，$\boldsymbol{u}_7$ 来合成参考电压矢量（或称确定基本电压矢量和零矢量的作用时间 t_i、t_j 和 t_0）；最后利用七段式 SVPWM 算法（或五段式 SVPWM 算法）确定电压矢量的作用顺序，生成驱动控制信号。

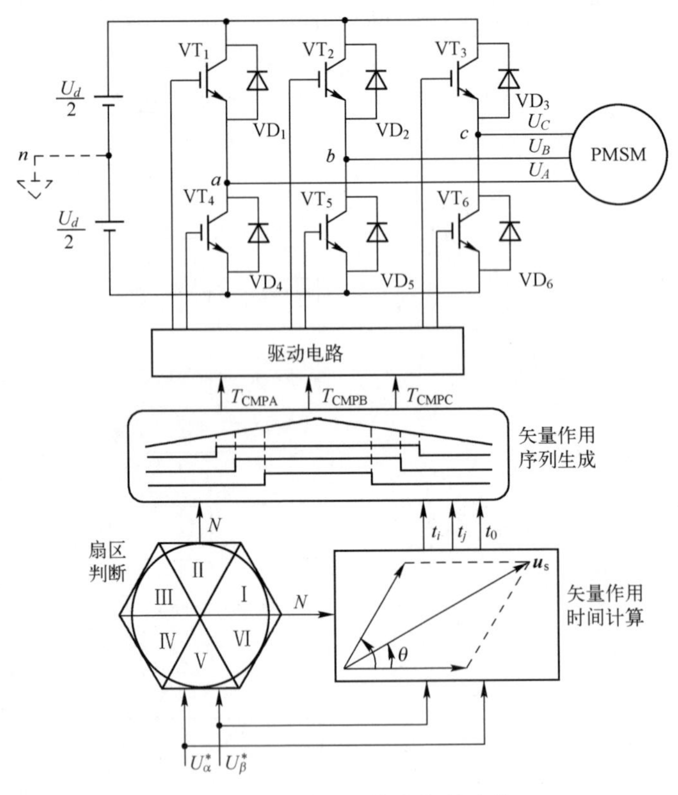

图 5-40　SVPWM 算法实现过程

1）扇区判断

设电压矢量 $\boldsymbol{u}_s^*$ 在 α,β 轴上的分量幅值为 U_α^*，U_β^*，根据图 5-33，可得

表 5-4 所示的扇区判断条件。

表 5-4　扇区判断条件

扇区	判断条件	扇区	判断条件
Ⅰ	$U_\beta^*>0$，$\sqrt{3}U_\alpha^*>\|U_\beta^*\|$	Ⅳ	$U_\beta^*<0$，$\sqrt{3}U_\alpha^*<-\|U_\beta^*\|$
Ⅱ	$U_\beta^*>0$，$-\|U_\beta^*\|<\sqrt{3}U_\alpha^*<\|U_\beta^*\|$	Ⅴ	$U_\beta^*<0$，$-\|U_\beta^*\|<\sqrt{3}U_\alpha^*<\|U_\beta^*\|$
Ⅲ	$U_\beta^*>0$，$\sqrt{3}U_\alpha^*<-\|U_\beta^*\|$	Ⅵ	$U_\beta^*<0$，$\sqrt{3}U_\alpha^*>\|U_\beta^*\|$

定义三个辅助变量 A，B，C，并设置条件：

（1）若 $U_\beta^*>0$，则 $A=1$，否则 $A=0$。

（2）若 $\sqrt{3}U_\alpha^*>|U_\beta^*|$，则 $B=1$，否则 $B=0$。

（3）若 $\sqrt{3}U_\alpha^*<-|U_\beta^*|$，则 $C=1$，否则 $C=0$。

则总结表 5-4，可将扇区 N 的计算方法写为

$$N=A(2-B+C)+(1-A)(5+B-C) \tag{5-88}$$

此外，扇区判断也可以利用电压矢量 $\boldsymbol{u}_s^*=U_s^*\mathrm{e}^{\mathrm{j}\theta}$的角度 θ。容易求得

$$\theta=\begin{cases}\arctan\dfrac{U_\beta^*}{U_\alpha^*}, & U_\beta^*>0\\ \arctan\dfrac{U_\beta^*}{U_\alpha^*}+\pi, & U_\beta^*\leqslant 0\end{cases} \tag{5-89}$$

然后，容易根据表 5-5 得出 $\boldsymbol{u}_s^*$ 所在的扇区。

表 5-5　θ 与扇区的对应关系

θ	(0，π/3)	(π/3，2π/3)	(2π/3，π)	(π，4π/3)	(4π/3，5π/3)	(5π/3，2π)
扇区	Ⅰ	Ⅱ	Ⅲ	Ⅳ	Ⅴ	Ⅵ

2）非零矢量和零矢量作用时间计算

根据式（5-83）可求得，对于第Ⅰ扇区，非零矢量为

$$\begin{cases}t_4=k_1T=\dfrac{\sqrt{2}U_s^*T}{U_d}\sin\left(\dfrac{\pi}{3}-\theta\right)\\ t_6=k_2T=\dfrac{\sqrt{2}U_s^*T}{U_d}\sin\theta\end{cases} \tag{5-90}$$

零矢量为 $t_0=T-t_4-t_6$。将式（5-90）中 U_s^* 替换为 U_α^*，U_β^*，有

$$\begin{cases} t_4 = k_1 T = \dfrac{\sqrt{2}T}{2U_d}(\sqrt{3}U_\alpha^* - U_\beta^*) \\ t_6 = k_2 T = \dfrac{\sqrt{2}T}{U_d}U_\beta^* \end{cases} \tag{5-91}$$

同理，可以求得其他扇区各非零矢量的作用时间，如表 5-6 所列。

表 5-6　不同扇区各非零矢量作用时间

扇区	非零矢量作用时间	扇区	非零矢量作用时间
Ⅰ	$\begin{cases} t_i = t_4 = \dfrac{\sqrt{2}T}{2U_d}(\sqrt{3}U_\alpha^* - U_\beta^*) \\ t_j = t_6 = \dfrac{\sqrt{2}T}{U_d}U_\beta^* \end{cases}$	Ⅳ	$\begin{cases} t_i = t_1 = -\dfrac{\sqrt{2}T}{U_d}U_\beta^* \\ t_j = t_3 = \dfrac{\sqrt{2}T}{2U_d}(-\sqrt{3}U_\alpha^* + U_\beta^*) \end{cases}$
Ⅱ	$\begin{cases} t_i = t_2 = -\dfrac{\sqrt{2}T}{2U_d}(\sqrt{3}U_\alpha^* - U_\beta^*) \\ t_j = t_6 = \dfrac{\sqrt{2}T}{2U_d}(\sqrt{3}U_\alpha^* + U_\beta^*) \end{cases}$	Ⅴ	$\begin{cases} t_i = t_1 = \dfrac{\sqrt{2}T}{2U_d}(-\sqrt{3}U_\alpha^* - U_\beta^*) \\ t_j = t_5 = \dfrac{\sqrt{2}T}{2U_d}(\sqrt{3}U_\alpha^* - U_\beta^*) \end{cases}$
Ⅲ	$\begin{cases} t_i = t_2 = \dfrac{\sqrt{2}T}{U_d}U_\beta^* \\ t_j = t_3 = \dfrac{\sqrt{2}T}{2U_d}(-\sqrt{3}U_\alpha^* - U_\beta^*) \end{cases}$	Ⅵ	$\begin{cases} t_i = t_4 = \dfrac{\sqrt{2}T}{2U_d}(\sqrt{3}U_\alpha^* + U_\beta^*) \\ t_j = t_5 = -\dfrac{\sqrt{2}T}{U_d}U_\beta^* \end{cases}$

当 $t_i+t_j>T$ 时，还需进行过调制处理，设处理后的非零矢量作用时间为 t_i^*，t_j^*，则可将过调制处理表达式写为

$$t_i^* = \begin{cases} t_i, & t_i+t_j \leqslant T \\ \dfrac{t_i}{t_i+t_j}T, & t_i+t_j>T \end{cases} \tag{5-92}$$

$$t_j^* = \begin{cases} t_j, & t_i+t_j \leqslant T \\ \dfrac{t_j}{t_i+t_j}T, & t_i+t_j>T \end{cases} \tag{5-93}$$

3）非零矢量和零矢量作用序列生成

以七段式 SVPWM 算法为例，根据图 5-38 容易得到，对于第Ⅰ扇区，逆变器 A，B，C 三相开关管切换时刻 T_{CMPA}，T_{CMPB}，T_{CMPC}为

$$\begin{cases} T_{\text{CMPA}} = t_x = (T - t_i^* - t_j^*)/4 \\ T_{\text{CMPB}} = t_y = t_x + t_i^*/2 \\ T_{\text{CMPC}} = t_z = t_y + t_j^*/2 \end{cases} \tag{5-94}$$

同样地，可得其他扇区三相开关管切换时刻 T_{CMPA}，T_{CMPB}，T_{CMPC}，如表 5-7 所列。

表 5-7　各扇区时间切换点 T_{CMPA}，T_{CMPB}与 T_{CMPC}

N	Ⅰ	Ⅱ	Ⅲ	Ⅳ	Ⅴ	Ⅵ
T_{CMPA}	t_x	t_y	t_z	t_z	t_y	t_x
T_{CMPB}	t_y	t_x	t_x	t_y	t_z	t_z
T_{CMPC}	t_z	t_z	t_y	t_x	t_x	t_y

5.4　炮控系统的空间稳定与位置跟随控制

5.4.1　系统空间稳定与位置跟随问题

坦克行进间炮控系统稳定原理如图 5-41 所示。以高低向为例，对于未安装炮控系统的坦克，当其在起伏路面机动时，火炮射角会随车体俯仰而不断

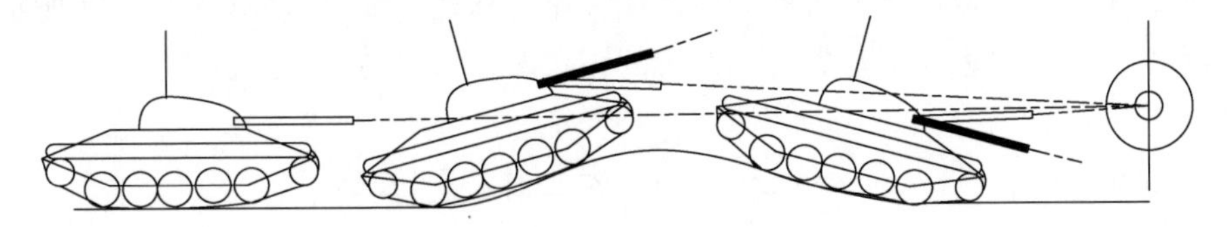

(a) 高低向稳定原理

未安装炮控系统

安装炮控系统后

(b) 水平向稳定原理

图 5-41　坦克行进间炮控系统稳定原理

变化，无法始终保持在初始射角上，因此难以在进行间实现精确瞄准射击。为了抑制瞄准角度变化造成的弹道偏离，提高射击命中率，现代坦克基本上都安装了炮控系统。其稳定工作原理是：当火炮偏离初始位置时，系统根据陀螺仪等装置的检测信号实时产生控制量，并通过驱动机构控制火炮回到初始位置，从而实现火炮的空间位置稳定。

需要说明的是：本节炮控系统中所涉及的“位置控制”区别于一般工业中的位置控制系统（或称伺服系统）。对于后者来说，载体平台往往是固定不动的，因此其转角位置可直接由电动机转速积分计算得到。但炮控系统的运载平台（即坦克底盘）本身处于运动状态，因此其“位置”不再是驱动电动机转速的积分函数，而是火炮在惯性空间运动角速度的积分，与车体运动姿态等多个因素紧密相关。

此外，对于静止目标来说，实现火炮的空间位置稳定就可以保证其始终对准目标，进行高精度射击。若目标本身处于运动状态，则要求火炮不仅能保持空间位置稳定，还要能够跟踪目标位置的变化，前者与系统的抗扰性能密切相关，后者取决于系统的跟随性能。作为基础，本节首先以图 5-42 所示的系统为例，讨论一般位置随动系统的跟随误差和扰动误差分析方法。

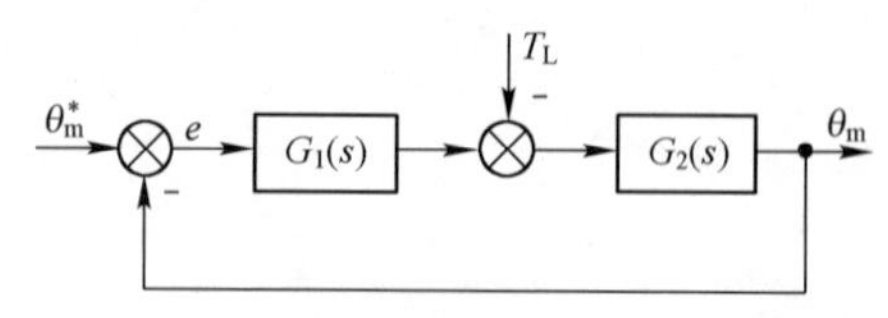

图 5-42 位置随动系统一般动态结构

图 5-42 中，θ_m^* 和 θ_m 是系统位置给定和输出，$e=\Delta\theta_m=\theta_m^*-\theta_m$ 是系统误差，T_L 为扰动，$G_1(s)$ 和 $G_2(s)$ 是扰动作用点前、后环节的传递函数。系统开环传递函数为

$$G(s)=G_1(s)G_2(s) \tag{5-95}$$

容易求得系统在给定 θ_m^* 和扰动输入 T_L 的共同作用下的输出为

$$\begin{aligned}\theta_m(s)&=\frac{G_1(s)G_2(s)}{1+G_1(s)G_2(s)}\theta_m^*(s)-\frac{G_2(s)}{1+G_1(s)G_2(s)}T_L(s)\\&=\frac{G(s)}{1+G(s)}\theta_m^*(s)-\frac{G_2(s)}{1+G(s)}T_L(s)\end{aligned} \tag{5-96}$$

系统误差为

$$\begin{aligned}E(s)&=\theta_m^*(s)-\theta_m(s)\\&=\frac{1}{1+G(s)}\theta_m^*(s)+\frac{G_2(s)}{1+G(s)}T_L(s)=E_r(s)+E_d(s)\end{aligned} \tag{5-97}$$

式中：$E_{\mathrm{r}}(s)=\dfrac{1}{1+G(s)}\theta_m^*(s)$，$E_{\mathrm{d}}(s)=\dfrac{G_2(s)}{1+G(s)}T_{\mathrm{L}}(s)$。

进一步，将传递函数 $G_1(s)$ 和 $G_2(s)$ 分别表示为

$$\begin{cases} G_1(s)=\dfrac{K_1N_1(s)}{s^pD_1(s)} \\ G_2(s)=\dfrac{K_2N_2(s)}{s^qD_2(s)} \end{cases} \tag{5-98}$$

式中：p，q 分别表示 $G_1(s)$ 和 $G_2(s)$ 中所含积分环节的个数；$N_1(s)$，$N_2(s)$，$D_1(s)$ 和 $D_2(s)$ 为常数项为 1 的多项式；K_1，K_2 为 $G_1(s)$ 和 $G_2(s)$ 的增益，且令 $K_1K_2=K$，K 为系统的开环增益。

则可得

$$\begin{cases} E_{\mathrm{r}}(s)=\dfrac{1}{1+\dfrac{KN_1(s)N_2(s)}{s^{p+q}D_1(s)D_2(s)}}\theta_{\mathrm{m}}^*(s) \\ E_d(s)=\dfrac{\dfrac{K_2N_2(s)}{s^qD_2(s)}}{1+\dfrac{KN_1(s)N_2(s)}{s^{p+q}D_1(s)D_2(s)}}T_{\mathrm{L}}(s) \end{cases} \tag{5-99}$$

由式（5-99）可以看出，系统误差由跟随误差 $E_{\mathrm{r}}(s)$ 和扰动误差 $E_d(s)$ 两部分组成，它们分别取决于给定输入和扰动输入信号的特性，也与系统本身的结构和参数有关。进一步，根据 Laplace 变换的终值定理，可以求出跟随误差和扰动误差的稳态值为

$$e_{\mathrm{r}}(\infty)=\lim_{s\to0}sE_{\mathrm{r}}(s)=\lim_{s\to0}\frac{s}{1+\dfrac{KN_1(s)N_2(s)}{s^{p+q}D_1(s)D_2(s)}}\theta_{\mathrm{m}}^*(s)=\frac{1}{K}\lim_{s\to0}s^{p+q+1}\theta_{\mathrm{m}}^*(s) \tag{5-100}$$

$$e_d(\infty)=\lim_{s\to0}sE_d(s)=\lim_{s\to0}\frac{\dfrac{K_2N_2(s)}{s^{q-1}D_2(s)}}{1+\dfrac{KN_1(s)N_2(s)}{s^{p+q}D_1(s)D_2(s)}}T_{\mathrm{L}}(s)=\frac{1}{K_1}\lim_{s\to0}s^{p+1}T_{\mathrm{L}}(s) \tag{5-101}$$

下面根据式（5-100）和式（5-101）分析系统的跟随误差和扰动误差。

1. 跟随误差

从系统本身结构与参数来看，跟随误差 $e_{\mathrm{r}}(\infty)$ 与系统开环增益 K 以及前

向通道中所有积分环节总数 $p+q$ 有关；当 $p+q=0,1,2,\cdots$ 不同数值时，分别称为0型、Ⅰ型、Ⅱ型、…系统。对于位置随动系统来说，由于角位移是角速度在时间上的积分，控制对象中一般都含有积分环节，所以 $p+q>0$，不可能出现0型系统；而Ⅲ型和Ⅲ型以上的系统是很难稳定的，因此，通常多采用Ⅰ型和Ⅱ型系统。

位置随动系统的典型给定输入信号通常有阶跃输入 $\theta_m^*(t)=\theta_m^*\times 1(t)$、斜坡输入 $\theta_m^*(t)=\omega_m^* t\times 1(t)$ 和抛物线输入 $\theta_m^*(t)=\dfrac{1}{2}a_m^* t^2\times 1(t)$ 三种，如图5-43所示。

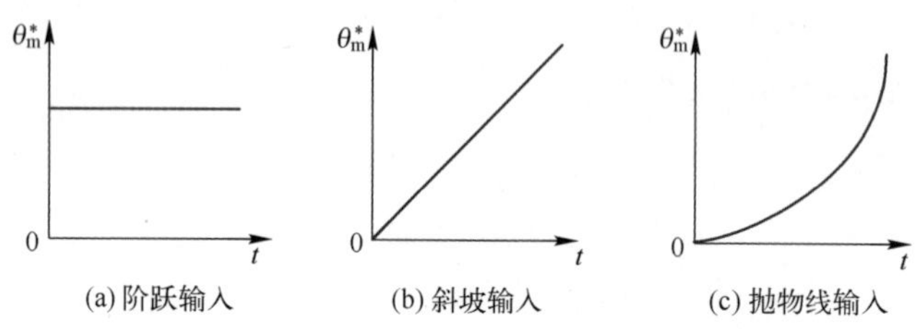

图5-43　位置随动系统的典型输入信号

下面分析在三种单位输入信号的作用下不同类型系统产生的跟随误差：

（1）阶跃输入跟随误差。对于单位阶跃输入 $\theta_m^*(t)=1(t)$，有 $\theta_m^*(s)=1/s$，代入式（5-100），可得

$$e_r(\infty)=\frac{1}{K}\lim_{s\to 0}\left[s^{p+q+1}\cdot\frac{1}{s}\right]=\frac{1}{K}\lim_{s\to 0}s^{p+q} \tag{5-102}$$

对于Ⅰ型系统，$p+q=1$，则 $e_r(\infty)=0$；对于Ⅱ型系统，$p+q=2$，则 $e_r(\infty)=0$。

（2）斜坡输入跟随误差。对于单位斜坡输入信号 $\theta_m^*(t)=t\times 1(t)$，有 $\theta_m^*(s)=1/s^2$，同样地代入式（5-100），可得

$$e_r(\infty)=\frac{1}{K}\lim_{s\to 0}\left[s^{p+q+1}\cdot\frac{1}{s^2}\right]=\frac{1}{K}\lim_{s\to 0}s^{p+q-1} \tag{5-103}$$

容易求得，对于Ⅰ型系统，$e_r(\infty)=1/K$；对于Ⅱ型系统，$e_r(\infty)=0$。

（3）抛物线输入误差。与上类似，可以求得Ⅰ型系统中 $e_r(\infty)=\infty$；Ⅱ型系统 $e_r(\infty)=1/K$。

上述分析表明，只要 $p+q>0$，系统对阶跃输入信号就具有足够的跟踪能力；对于斜坡输入信号，Ⅰ型系统跟踪能力大大减弱，跟随误差与系统开环增益 K 成反比，Ⅱ型系统仍具有优良的跟踪能力；对于抛物线输入信号，Ⅰ型系统完全丧失了跟踪能力，Ⅱ型系统也只能实现有差跟随。

2. 扰动误差

根据式（5-101）可知，扰动误差 $e_d(\infty)$ 与扰动信号的形式、扰动作用点以前部分的增益 K_1 和积分环节个数 p 有关。与跟随误差分析方法类似，可以求取不同扰动形式作用下各类型系统产生的扰动误差，此处以单位阶跃扰动为例进行分析。

对于单位阶跃扰动 $T_L(t)=1(t)$，有 $T_L(s)=1/s$，代入式（5-101），可得

$$e_d(\infty)=\frac{1}{K_1}\lim_{s\to 0}\left[s^{p+1}\cdot\frac{1}{s}\right]=\frac{1}{K_1}\lim_{s\to 0}s^p \tag{5-104}$$

当位置随动系统为Ⅰ型系统时，考虑到控制对象中的最后一个环节通常是将角速度积分得到角位移，为积分环节。也即是：若扰动力矩不包含在除位置环外的其他闭环中时，$G_2(s)$ 中通常包含一个积分环节，$G_1(s)$ 中不包含积分环节，则有 $p=0$，$q=1$。因此，$e_d(\infty)=1/K_1$。

当位置随动系统为Ⅱ型系统时，仍考虑 $G_2(s)$ 中包含一个积分环节，$G_1(s)$ 中也包含一个积分环节（一般是由于系统控制器中采用积分环节形成的），则有 $p=1$，$q=1$。因此 $e_d(\infty)=0$。

综合比较位置随动系统对各种给定信号的跟踪误差和对阶跃扰动的误差，Ⅱ型系统比Ⅰ型系统更好一些。

5.4.2　炮控系统建模与多闭环控制

1. 炮控系统的数学建模

考虑到知识体系的递进性，本书将炮控系统的空间位置稳定问题放在了交流传动系统中进行分析，但这并不意味着前述章节中的电机放大机电力传动系统和直流 PWM 控制系统等直流传动系统不能实现空间位置稳定与跟踪。事实上，从装备系统的实际情况来看，采用这三种结构模式构成的武器稳定系统均有规模应用。同时，根据图 5-22 可知，当采用 $i_d=0$ 控制时，永磁同步电动机简化模型与直流电动机基本一致，其分析控制方法与前述章节直流电力传动系统控制方法也是一致的。考虑到分析的普遍性（分析方法同时适用于直流炮控系统和交流炮控系统），下面以 4.3 节中建立的转速-电流双闭环控制系统数学模型（图 4-19）为基础开展进一步分析。

为了方便，首先分析载体平台处于静止状态的数学模型。此时火炮的角位移可由电动机角速度积分，并乘以传动装置（如方向机、丝杠等）的减速系数得到，此时的炮控系统数学模型如图 5-44 所示。

图 5-44 中，K_J 为动力传动装置的减速比，T_f 为摩擦力矩。

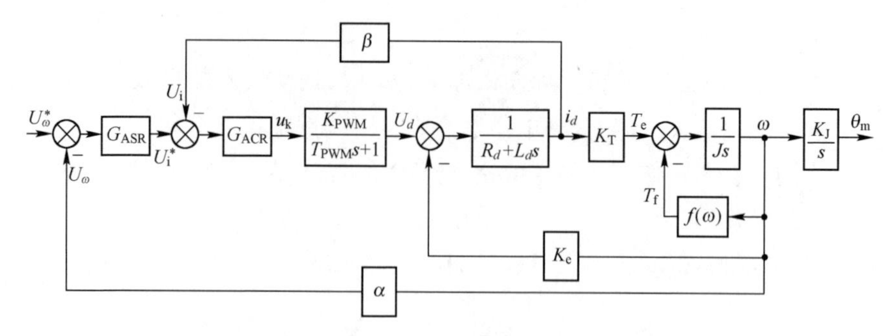

图 5-44　载体平台静止时炮控系统数学模型

进一步，考虑载体平台运动影响时，其数学模型可转化为图 5-45。

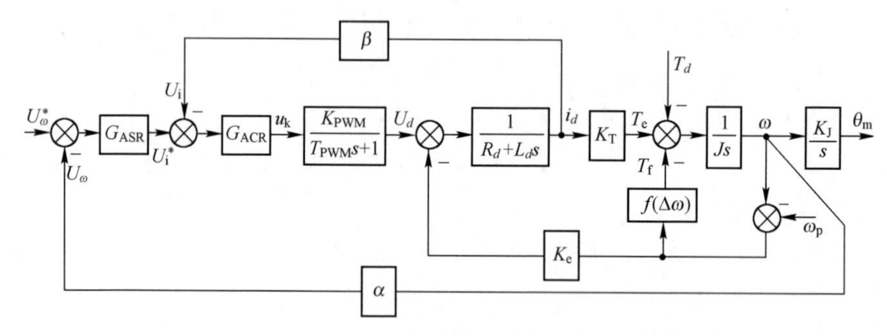

图 5-45　载体平台运动时炮控系统数学模型

图 5-45 中，ω_p 为载体平台在火炮转动平面的角速度折算值，T_d 为载体平台运动过程中振动引起的扰动力矩。进一步，将摩擦力矩 T_f 与振动引起的扰动力矩 T_d 简化为总的负载扰动 T_L，可得炮控系统简化数学模型，如图 5-46 所示。

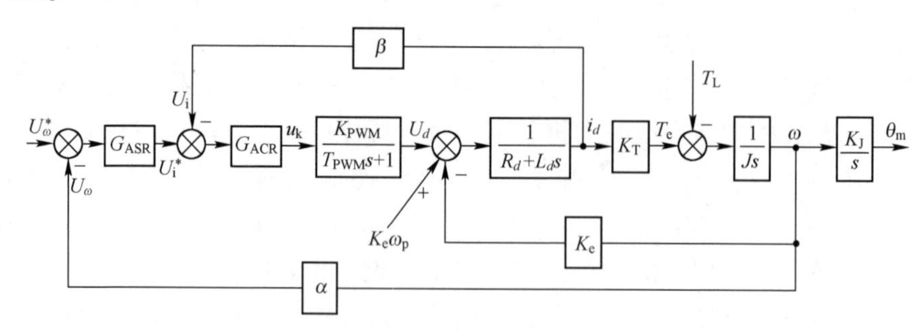

图 5-46　炮控系统简化数学模型

2. 电流-转速-位置三闭环控制

由第 1 章分析可知，对于位置控制系统来说，可以在转速-电流双闭环调速控制系统的基础上，再增设一个位置环，构成电流-转速-位置三闭环控制系统，如图 5-47 所示。

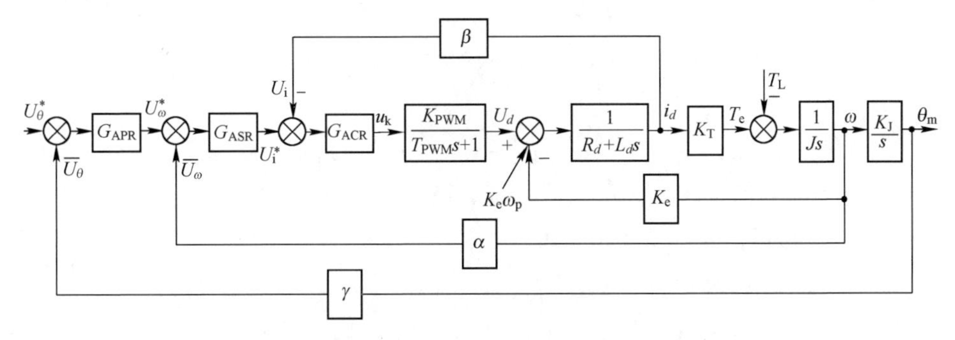

图 5-47　电流-转速-位置三闭环控制系统

图 5-47 中，γ 为位置反馈系数。

为了简化分析，设 $\gamma=1$。同时考虑到系统工程设计时，一般将转速闭环校正为典型Ⅱ型系统（具体设计方法将在第 6 章进行详细阐述），其开环传递函数描述为

$$G_{op,n}(s)=\frac{K_{op,n}(\tau_n s+1)}{s^2(T_{\Sigma n}s+1)} \tag{5-105}$$

则图 5-47 可转化为图 5-48。

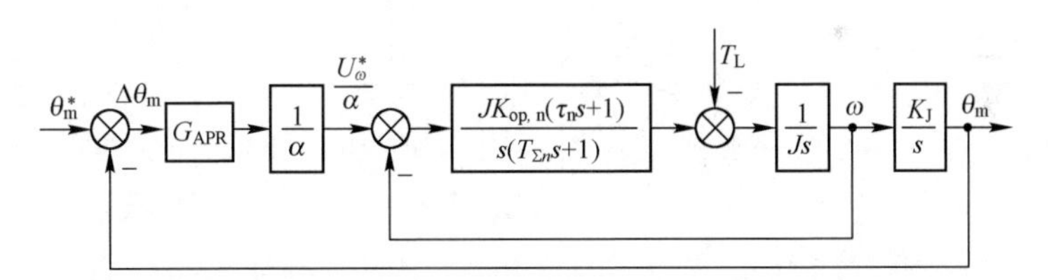

图 5-48　转速环校正为典型Ⅱ型系统时的系统模型

进一步化简可得图 5-49。

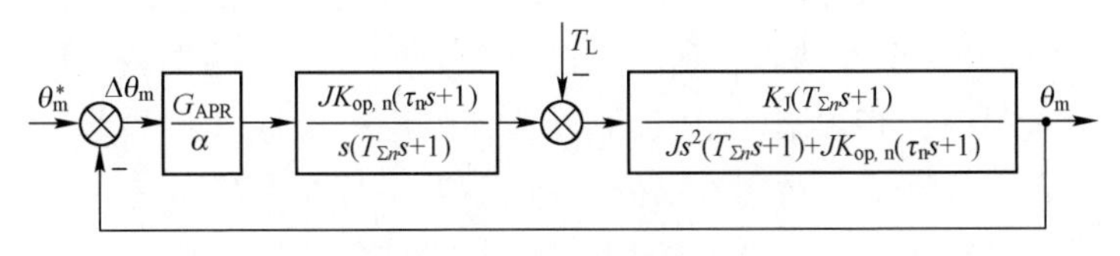

图 5-49　系统位置环控制模型

如果位置环控制器采用比例控制器，即 $G_{APR}(s)=K_p$ 时，可求得系统闭环传递函数为

$$\theta_{\mathrm{m}}(s)=\frac{K_{\mathrm{p}}K_{\mathrm{op},n}K_{\mathrm{J}}(\tau_{\mathrm{n}}s+1)/\alpha}{s^3(T_{\Sigma n}s+1)+K_{\mathrm{op,n}}s(\tau_{\mathrm{n}}s+1)+K_{\mathrm{p}}K_{\mathrm{op,n}}K_{\mathrm{J}}(\tau_{\mathrm{n}}s+1)/\alpha}\theta_{\mathrm{m}}^*(s)-\frac{K_Js(T_{\Sigma n}s+1)/J}{s^3(T_{\Sigma n}s+1)+K_{\mathrm{op,n}}s(\tau_{\mathrm{n}}s+1)+K_{\mathrm{p}}K_{\mathrm{op,n}}K_{\mathrm{J}}(\tau_{\mathrm{n}}s+1)/\alpha}T_{\mathrm{L}}(s) \tag{5-106}$$

其特征方程式为

$$T_{\Sigma n}s^4+s^3+K_{\mathrm{op,n}}\tau_{\mathrm{n}}s^2+K_{\mathrm{op,n}}(1+K_{\mathrm{p}}K_{\mathrm{J}}\tau_{\mathrm{n}}/\alpha)s+K_{\mathrm{p}}K_{\mathrm{op,n}}K_{\mathrm{J}}/\alpha=0 \tag{5-107}$$

根据 Routh 稳定判据，可求得系统的稳定条件为

$$\begin{cases}\tau_{\mathrm{n}}-T_{\Sigma n}-K_{\mathrm{p}}\tau_nK_{\mathrm{J}}T_{\Sigma n}/\alpha>0\\ K_{\mathrm{op,n}}\tau_{\mathrm{n}}(1+K_{\mathrm{p}}K_{\mathrm{J}}\tau_{\mathrm{n}}/\alpha)-K_{\mathrm{op,n}}T_{\Sigma n}(1+K_{\mathrm{p}}K_{\mathrm{J}}\tau_{\mathrm{n}}/\alpha)^2-K_{\mathrm{p}}K_{\mathrm{J}}/\alpha>0\end{cases} \tag{5-108}$$

进一步，将图 5-49 描述为图 5-42 的典型结构时，有

$$\begin{cases}G_1(s)=\dfrac{JK_{\mathrm{p}}K_{\mathrm{op,n}}(\tau_{\mathrm{n}}s+1)/\alpha}{s(T_{\Sigma n}s+1)}\\ G_2(s)=\dfrac{K_{\mathrm{J}}(T_{\Sigma n}s+1)}{Js^2(T_{\Sigma n}s+1)+JK_{\mathrm{op,n}}(\tau_{\mathrm{n}}s+1)}\end{cases} \tag{5-109}$$

根据 5. 4. 1 节分析结果，可得系统误差如表 5-8 所示。

表 5-8　系统稳态误差（采用比例控制器时）

跟随误差			扰动误差	
阶跃输入	斜坡输入	抛物线输入	阶跃扰动	斜坡扰动
0	$\dfrac{\alpha}{K_{\mathrm{p}}K_{\mathrm{J}}}$	∞	0	$\dfrac{\alpha}{JK_{\mathrm{p}}K_{\mathrm{op,n}}}$

系统跟随误差的物理意义是：当采用比例控制器时，位置随动系统为 I 型系统，只有角速度到角位移之间存在一个积分环节，在阶跃输入下，只要 $\Delta\theta_{\mathrm{m}}\neq0$，电动机就要转动，当不考虑扰动作用时，电动机将一直转到角位移偏差等于零时为止，因此稳态时跟随误差为零；如果是斜坡输入，给定位置信号 θ_{m}^* 不断增长，要实现跟踪，必须保持电动机转动，偏差 $\Delta\theta_{\mathrm{m}}$ 就必须维持一定的数值，即输入信号 θ_{m}^* 与输出信号 θ_{m} 之间一定是有差的，系统开环增益 $K_{\mathrm{p}}K_{\mathrm{J}}/\alpha$ 值越大，误差越小，所以跟随误差是开环增益的倒数。要实现对斜坡输入的无差跟踪，必须采用 PI 控制器，使得系统变成Ⅱ型系统，即在控制器中还有一个积分环节，可以在 $\Delta\theta_{\mathrm{m}}=0$ 的情况下保持一定的控制电压，以满足电动机不断转动的需要，从而使得跟随误差最终为零。

如 1. 3. 2 节所述，采用电流-转速-位置三闭环控制结构时，位置环的截止频率往往被限制得太低，截止频率表征了系统响应的快速性，截止频率低意味着系统的快速性较差。因此，这类三环控制系统通常适用于对快速跟踪

性能要求不高的场合，对于炮控系统来说，如果系统响应速度过慢，容易造成“牵移”现象。其产生原因是：坦克在行进间转向时，由于摩擦力矩等牵连影响，会使炮塔随车体转向。当炮控系统采用位置反馈控制时，控制器可以产生相应的反向力矩，阻止其运动，保持稳定状态，此时系统的受力如图 5-50 所示。显然，抑制“牵移”的控制力矩要产生得非常及时，即控制系统的动态响应速度要非常快，才能保证射角基本不变。若系统的响应速度过慢，则难以实现射角不变，容易导致目标丢失，影响高精度射击能力。

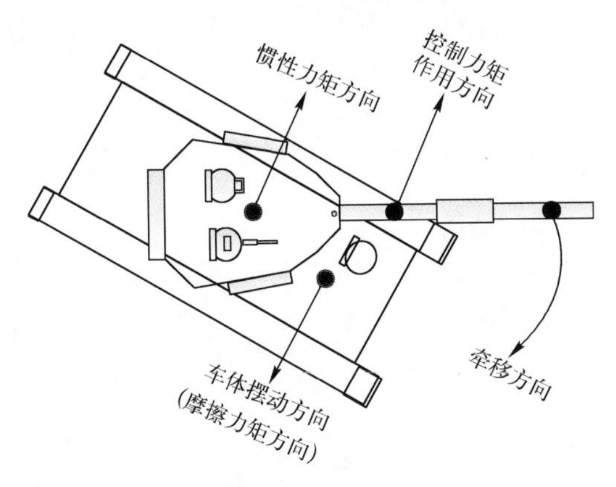

图 5-50　炮控系统“牵移”现象受力示意图

3. 电流-位置双闭环控制

既然造成系统响应速度过慢的原因是采用多闭环结构，限制了位置环的截止频率，那么可考虑舍去多环结构，如将三闭环结构变成两闭环结构，从而提高系统的快速性。电流闭环控制可以控制启动、制动电流，加速电流的响应过程。对于交流电动机，电流闭环还具有改造对象的作用，实现励磁分量和转矩分量的解耦，得到等效的直流电动机模型，因此应该保留。位置环控制器是实现位置跟随的必要基础，也不能舍去，因此可考虑去掉转速调节器，构成电流-位置双闭环控制系统，其结构如图 5-51 所示。

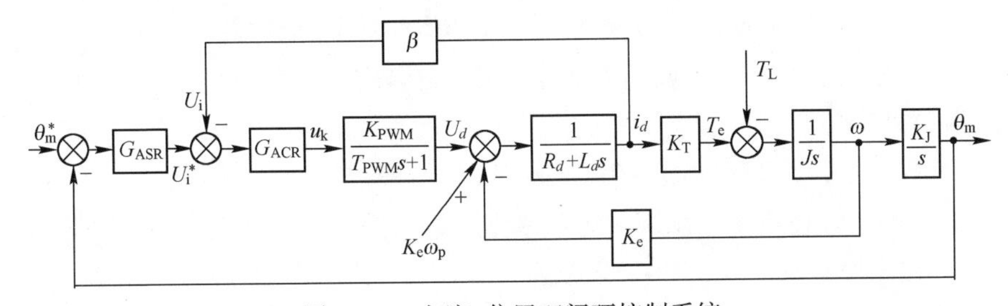

图 5-51　电流-位置双闭环控制系统

如果将电流环校正为典型Ⅰ型系统（具体设计方法将在第6章进行详细阐述），其传递函数描述为

$$G_{cl,i}(s)=\frac{1/\beta}{2T_{\Sigma i}s+1} \tag{5-110}$$

则根据第6章中的化简方法可将系统模型转化为图5-52。

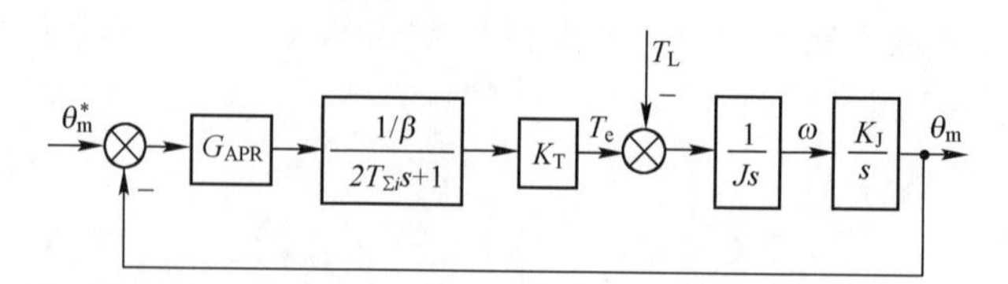

图5-52　电流环校正为典型Ⅰ型系统时的系统模型

下面分析位置环控制器的设计。

1）比例控制器

当位置环控制器采用比例控制器，即 $G_{APR}(s)=K_p$ 时，可求得系统闭环传递函数为

$$\theta_m(s)=\frac{K_pK_TK_J}{\beta Js^2(2T_{\Sigma i}s+1)+K_pK_TK_J}\theta_m^*(s)-\frac{K_J\beta(2T_{\Sigma i}s+1)}{\beta Js^2(2T_{\Sigma i}s+1)+K_pK_TK_J}T_L(s) \tag{5-111}$$

其特征方程式为

$$2T_{\Sigma i}\beta Js^3+\beta Js^2+K_pK_TK_J=0 \tag{5-112}$$

由于特征方程式中未出现 s 项，根据Routh稳定判据可知系统不稳定。

2）PI控制器

当位置环控制器采用PI控制器，即

$$G_{APR}(s)=K_p\frac{\tau_Is+1}{\tau_Is} \tag{5-113}$$

时，可求得系统闭环传递函数为

$$\theta_m(s)=\frac{K_pK_TK_J(\tau_Is+1)\theta_m^*(s)-\beta K_J\tau_Is(2T_{\Sigma i}s+1)T_L(s)}{\beta J\tau_Is^3(2T_{\Sigma i}s+1)+K_pK_TK_J(\tau_Is+1)} \tag{5-114}$$

其特征方程式为

$$2\beta T_{\Sigma i}J\tau_Is^4+\beta J\tau_Is^3+K_pK_TK_J\tau_Is+K_pK_TK_J=0 \tag{5-115}$$

由于特征方程式中未出现 s^2 项，根据Routh稳定判据可知系统仍不稳定。

3）PID控制器

当位置环控制器改用PID控制器时，有

$$G_{\mathrm{APR}}(s)=K_{\mathrm{p}}\frac{(\tau_{\mathrm{I}}s+1)(\tau_{\mathrm{d}}s+1)}{\tau_{\mathrm{I}}s} \tag{5-116}$$

同样地，可求得系统闭环传递函数为

$$\theta_{\mathrm{m}}(s)=\frac{K_{\mathrm{p}}K_{\mathrm{T}}K_{\mathrm{J}}(\tau_{\mathrm{I}}s+1)(\tau_{\mathrm{d}}s+1)\theta_{\mathrm{m}}^{*}(s)-\beta K_{\mathrm{J}}\tau_{\mathrm{I}}s(2T_{\Sigma i}s+1)T_{\mathrm{L}}(s)}{\beta J\tau_{\mathrm{I}}s^{3}(2T_{\Sigma i}s+1)+K_{\mathrm{p}}K_{\mathrm{T}}K_{\mathrm{J}}(\tau_{\mathrm{I}}s+1)(\tau_{\mathrm{d}}s+1)} \tag{5-117}$$

此时，特征方程式为

$$2\beta T_{\Sigma i}J\tau_{\mathrm{I}}s^{4}+\beta J\tau_{\mathrm{I}}s^{3}+K_{\mathrm{p}}K_{\mathrm{T}}K_{\mathrm{J}}\tau_{\mathrm{I}}\tau_{\mathrm{d}}s^{2}+K_{\mathrm{p}}K_{\mathrm{T}}K_{\mathrm{J}}(\tau_{\mathrm{I}}+\tau_{\mathrm{d}})s+K_{\mathrm{p}}K_{\mathrm{T}}K_{\mathrm{J}}=0 \tag{5-118}$$

根据 Routh 稳定判据，可求得系统的稳定条件为

$$\begin{cases}\tau_{\mathrm{I}}\tau_{\mathrm{d}}>2T_{\Sigma i}(\tau_{\mathrm{I}}+\tau_{\mathrm{d}})\\ K_{\mathrm{p}}K_{\mathrm{T}}K_{\mathrm{J}}(\tau_{\mathrm{I}}+\tau_{\mathrm{d}})(\tau_{\mathrm{I}}\tau_{\mathrm{d}}-2T_{\Sigma i}(\tau_{\mathrm{I}}+\tau_{\mathrm{d}}))-\beta J\tau_{\mathrm{I}}>0\end{cases} \tag{5-119}$$

4）微分负反馈

除了将 PI 控制器改进为 PID 控制器使得系统稳定，还可以通过微分负反馈改善系统的稳定性，即位置环控制器仍采用 PI 控制器，同时引入位置的微分负反馈，构成转速局部负反馈，此时系统结构如图 5-53 所示。

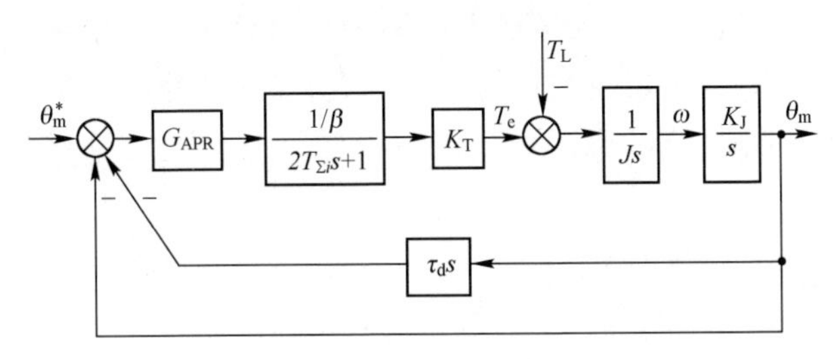

图 5-53　引入微分负反馈时的系统模型

由此求得系统闭环传递函数为

$$\theta_{\mathrm{m}}(s)=\frac{K_{\mathrm{p}}K_{\mathrm{T}}K_{\mathrm{J}}(\tau_{\mathrm{I}}s+1)\theta_{\mathrm{m}}^{*}(s)-\beta K_{\mathrm{J}}\tau_{\mathrm{I}}s(2T_{\Sigma i}s+1)T_{\mathrm{L}}(s)}{\beta J\tau_{\mathrm{I}}s^{3}(2T_{\Sigma i}s+1)+K_{\mathrm{p}}K_{\mathrm{T}}K_{\mathrm{J}}(\tau_{\mathrm{I}}s+1)(\tau_{\mathrm{d}}s+1)} \tag{5-120}$$

对比式（5-120）与式（5-117）可知，采用微分负反馈与采用 PID 控制时系统的特征方程式相同，即系统的稳定性相同。同时，对扰动信号的传递函数相同，即系统的抗扰性能也是一致的，只是其输入信号跟踪项少了一个零点，在跟随动态性能上略有差别。

需要说明的是：当采用电流-位置双闭环控制结构时，系统的稳定性和某些动态性能会受到影响，如对于三环控制系统，采用比例控制、PI 控制均可以保证系统稳定，但是对于电流-位置双闭环控制系统必须采用 PID 控制或 PI 控制与微分负反馈相结合才能实现系统稳定。此外，对于采用 PID 控制的电

流-位置双闭环系统，将其描述为图 5-42 的典型结构时，有

$$\begin{cases} G_1(s)=\dfrac{K_p K_T(\tau_I s+1)(\tau_d s+1)}{\beta\tau_I s(2T_{\Sigma i}s+1)} \\ G_2(s)=\dfrac{K_J}{Js^2} \end{cases} \tag{5-121}$$

即系统为Ⅲ型系统，型别过高会影响系统的稳定性，并降低系统动态性能，其控制难度也会大大增加。

5.4.3 基于前馈补偿的复合控制

前述分析的位置随动系统，无论是采用三环控制结构还是双环控制结构，都是通过位置调节器来实现反馈控制的，给定信号的变化要经过位置调节器才能起作用。在设计位置调节器时，为了保证整个系统的稳定性，其快速性往往不太好，因此系统跟随性能也会受到影响。为了进一步提高跟随性能，可以从给定信号直接引出开环前馈控制，和闭环反馈控制一起构成复合控制系统，这种复合控制一般称为按输入补偿的复合控制，其结构原理如图 5-54 所示。其中，$G_3(s)$为反馈控制器的传递函数，$G_4(s)$为控制对象的传递函数，$G_{r,c}(s)$为前馈控制器的传递函数。可以求得，复合控制系统的闭环传递函数为

$$\frac{\theta_m(s)}{\theta_m^*(s)}=\frac{G_3(s)G_4(s)+G_{r,c}(s)G_4(s)}{1+G_3(s)G_4(s)} \tag{5-122}$$

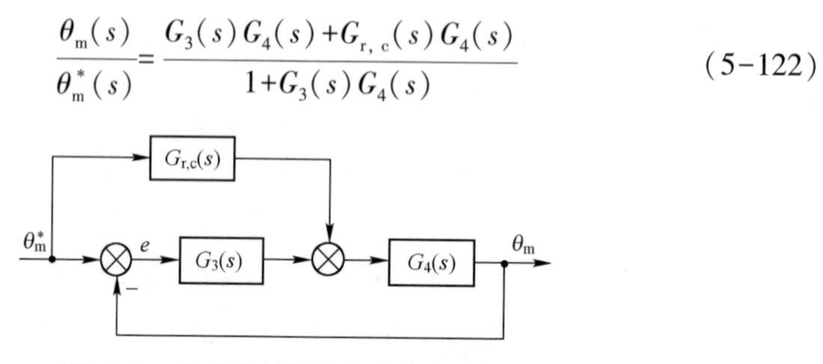

图 5-54 按输入补偿的复合控制结构

选取前馈控制器的传递函数为

$$G_{r,c}(s)=\frac{1}{G_4(s)} \tag{5-123}$$

将式（5-123）代入式（5-122），可得

$$\frac{\theta_m(s)}{\theta_m^*(s)}=1 \tag{5-124}$$

式（5-124）表明，当前馈控制器设计满足式（5-123）时，系统输出量

能够完全复现给定输入量，其稳态和动态跟随误差都为零。也就是对系统给定输入实现了“完全不变性”。

对于图 5-54 所示系统，当不采用前馈控制器时，其闭环传递函数为

$$\frac{\theta_m(s)}{\theta_m^*(s)}=\frac{G_3(s)G_4(s)}{1+G_3(s)G_4(s)} \tag{5-125}$$

比较式（5-125）和式（5-122）可以发现，增加前馈控制前后系统闭环传递函数特征方程式完全相同，因此系统具有相同的闭环极点。也就是说，增加前馈控制不会影响原系统稳定性。实际位置随动系统中，控制对象传递函数可描述为

$$G_4(s)=\frac{K_4N_4(s)}{s^qD_4(s)} \tag{5-126}$$

一般地，$G_4(s)$中至少含有一个积分环节，即 $q\geqslant1$，且 $D_4(s)$的阶次高于 $N_4(s)$，因此根据式（5-123），前馈控制器的传递函数应设计为

$$G_{r,c}(s)=\frac{1}{G_4(s)}=\frac{s^qD_4(s)}{K_4N_4(s)} \tag{5-127}$$

由此可知，要实现“完全不变性”，需要引入输入信号的各阶导数作为前馈控制信号。工程实践中，理想的高阶微分器很难实现，即使实现了，也会同时引入高频干扰信号影响系统控制性能，严重时还会导致系统失稳，因此实际系统中一般只引入输入信号的低阶微分信号近似地实现完全不变性。

以前面分析的电流-转速-位置三闭环控制系统为例，对于图 5-49 所示系统，假设位置环仍采用比例控制器（即 $G_{APR}(s)=K_p$），同时取输入信号的一阶微分信号作为前馈补偿信号（即 $G_{r,c}(s)=\lambda_1 s$），考虑到微分信号的滤波，取

$$G_{r,c}(s)=\frac{\lambda_1 s}{T_F s+1} \tag{5-128}$$

当不考虑外部扰动 T_L 作用影响时，系统模型可描述为图 5-55。

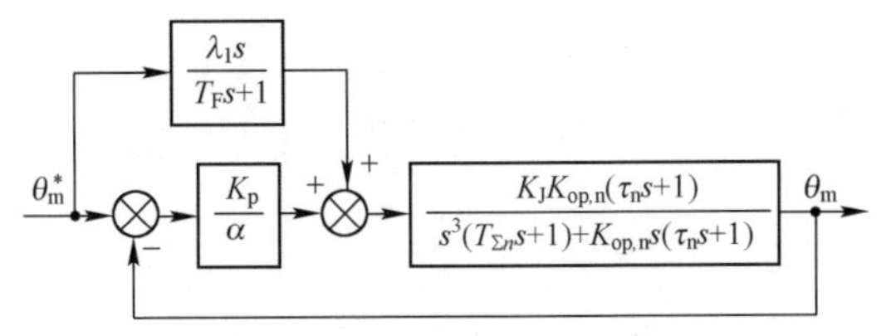

图 5-55 采用前馈补偿的系统控制模型

图 5-55 中，给定信号的微分信号直接加到位置环控制器的输出端，实现前馈补偿。当然这个前馈补偿的位置不是唯一的，它还可以加在位置环控制器的输入端，也可以是转速调节器或电流调节器的输出端，实际系统中可根据设计需要进行选择。

根据图 5-55，可求得系统闭环传递函数为

$$G_{cl}(s)=\frac{K_J K_{op,n}(\tau_n s+1)(K_p(T_F s+1)/\alpha+\lambda_1 s)}{(T_F s+1)(s^3(T_{\Sigma n}s+1)+K_{op,n}(\tau_n s+1)(s+K_p K_J/\alpha))} \tag{5-129}$$

可求得其等效的单位反馈开环传递函数为

$$G_{op}(s)=\frac{K_J K_{op,n}(\tau_n s+1)(K_p(T_F s+1)/\alpha+\lambda_1 s)}{T_F s^2(s^2(T_{\Sigma n}s+1)+K_{op,n}(\tau_n s+1))+(s^2(T_{\Sigma n}s+1)+K_{op,n}(\tau_n s+1)(1-K_J\lambda_1))s} \tag{5-130}$$

取 $\lambda_1=1/K_J$，则有

$$G_{op}(s)=\frac{K_{op,n}(\tau_n s+1)(K_p K_J(T_F s+1)/\alpha+s)}{s^2(s(T_{\Sigma n}s+1)(T_F s+1)+K_{op,n}T_F(\tau_n s+1))} \tag{5-131}$$

当未引入前馈控制时，原系统为Ⅰ型系统。当引入前馈控制式（5-128），且取 $\lambda_1=1/K_J$ 时，可以使系统由Ⅰ型系统转变为Ⅱ型系统，从而使得系统对斜坡输入的跟随误差为 0，也即是说采用复合控制可提高系统对给定信号的跟踪能力，同时不影响稳定性。这样就很好地解决了一般反馈控制系统在提高稳定精度和保证系统稳定性之间的矛盾。

除了采用按输入补偿的复合控制提高系统的跟随性能，也可以设计按扰动补偿的复合控制来提高系统的抗扰性能，其控制结构如图 5-56 所示。

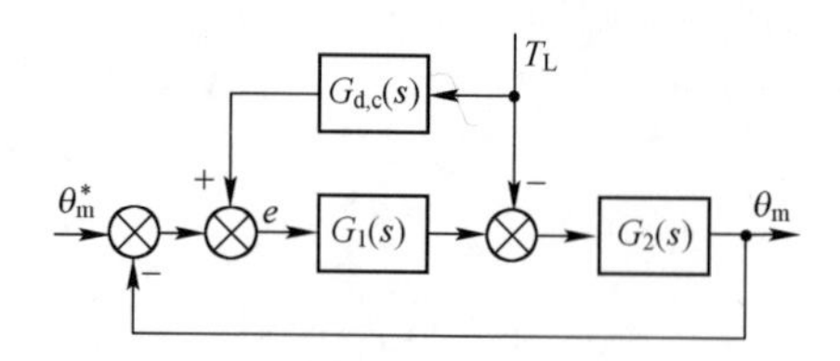

图 5-56　按扰动补偿的复合控制结构

图 5-56 中，$G_{d,c}(s)$ 为扰动前馈补偿装置传递函数。

根据图 5-56，设 $\theta_m^*=0$，可求得扰动作用下系统的输出为

$$\theta_m(s)=-\frac{G_2(s)(1-G_{d,c}(s)G_1(s))}{1+G_1(s)G_2(s)}T_L(s) \tag{5-132}$$

选取前馈控制器的传递函数为

$$G_{d,c}(s)=\frac{1}{G_1(s)} \tag{5-133}$$

将式（5-133）代入式（5-132），可得

$$\frac{\theta_m(s)}{T_L(s)}=0 \tag{5-134}$$

式（5-134）表明，当前馈控制器设计满足式（5-133）时，系统输出量能够完全不受扰动影响，也就是对扰动实现了“完全补偿”。与按输入补偿的复合控制一样，按扰动补偿的复合控制也不会改变系统的特征方程式，因此不会影响系统的稳定性；同样地，由于高阶微分器很难实现，因此实际系统中一般也只引入扰动信号的低阶微分信号近似地实现完全补偿。

仍以图 5-49 所示系统为例，位置环控制器采用比例控制器（即 $G_{APR}(s)=K_p$），同时取扰动信号的一阶微分信号作为前馈补偿信号（即 $G_{d,c}(s)=\lambda_2 s$），暂不考虑其滤波时，则系统控制模型如图 5-57 所示。

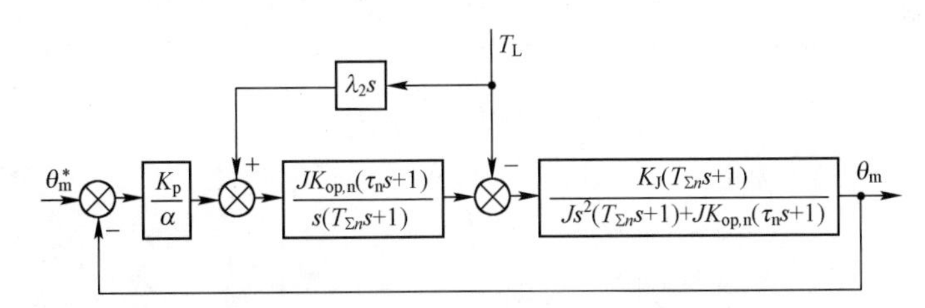

图 5-57　采用扰动前馈补偿的系统控制模型

根据式（5-132），可求得系统输出为

$$\theta_m(s)=-\frac{K_J s((T_{\Sigma n}s+1)/J-\lambda_2 K_{op,n}(\tau_n s+1))}{s^3(T_{\Sigma n}s+1)+K_{op,n}s(\tau_n s+1)+K_p K_{op,n}K_J(\tau_n s+1)/\alpha}T_L(s) \tag{5-135}$$

取 $\lambda_2=1/(JK_{op,n})$，则有

$$\theta_m(s)=-\frac{K_J(T_{\Sigma n}-\tau_n)s^2/J}{s^3(T_{\Sigma n}s+1)+K_{op,n}s(\tau_n s+1)+K_p K_{op,n}K_J(\tau_n s+1)/\alpha}T_L(s) \tag{5-136}$$

当扰动信号取为单位斜坡扰动 $T_L(s)=1/s^2$ 时，可得系统的输出为

$$\theta_m(\infty)=0 \tag{5-137}$$

对比表 5-8 可知，原系统对斜坡扰动存在稳态误差 $\alpha/(JK_pK_{op,n})$，采用按扰动补偿的前馈控制可使其稳态误差减小为 0，也即是说采用复合控制可提高系统对扰动信号的抑制能力，同时不影响系统的稳定性。但是需要说明的是，在实际系统中，采用前馈补偿首先要求扰动信号可以测量，其次要求前馈装置可以物理实现，并力求简单。此外，前馈控制本质上是一种开环控制，

因此要求构成前馈装置的元部件具有较好的参数稳定性，否则将会削弱补偿效果，并给系统带来新的控制误差。

5.4.4 齿隙非线性影响及其抑制方法

1. 计及齿隙非线性的系统数学建模

前面分析时将动力传动装置作为线性环节，只考虑其减速比。实际炮控系统中的方向机等动力传动装置内部一般都由多级齿轮组成（图 5-58（a）），由于齿轮啮合必须满足一定的最小间距才能保证不发生滞塞，所以方向机内部不可避免地存在齿圈间隙，此外，方向机最后一级齿轮输出和座圈之间啮合也存在间隙（图 5-58（b）），且与方向机内部各级齿轮传动机构相比，其间隙更大，影响也往往更为严重。

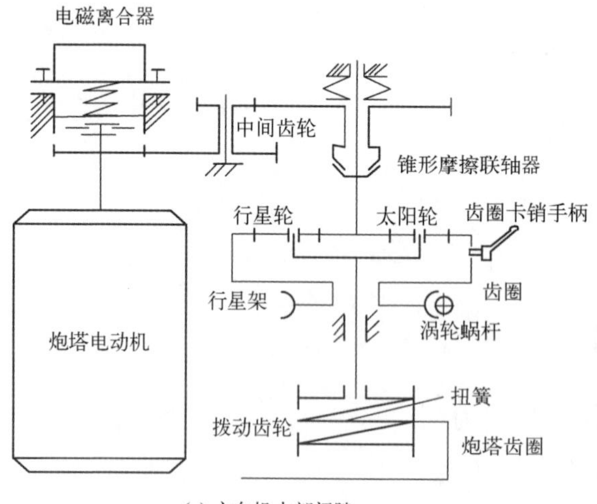

(a) 方向机内部间隙　　(b) 方向机与座圈之间的间隙

图 5-58　传动间隙分析

总的来看，齿隙对系统性能影响主要体现在以下两个方面：一是由于齿隙期间相对运动造成的驱动延时；二是相对运动结束时由于速度差异造成的冲击振荡，这些影响会造成系统输出误差，甚至会使得系统因极限环振荡或冲击而降低性能并可能失稳。当然，齿隙的具体影响机理和作用特征与其在传动系统中的位置紧密相关，随着齿隙位置的不同，以及产生齿隙的驱动部分和从动部分转动惯量、阻尼等参数变化，齿隙随之呈现出不同的非线性特征，描述其特征采用的数学模型也各不相同，目前常用的齿隙非线性模型有迟滞模型、死区模型等。

1）迟滞模型

迟滞模型如图 5-59 所示，其动态方程可描述为

$$\theta_{\mathrm{m}}(t)=\begin{cases}K_{\mathrm{J}}[\theta(t)-\alpha_{\tau}], & \dot{\theta}(t)>0\ \&\ \theta_{\mathrm{m}}(t^{-})=K_{\mathrm{J}}[\theta(t^{-})-\alpha_{\tau}]\\ \theta_{\mathrm{m}}(t^{-}), & \text{其他}\\ K_{\mathrm{J}}[\theta(t)+\alpha_{\tau}], & \dot{\theta}(t)<0\ \&\ \theta_{\mathrm{m}}(t^{-})=K_{\mathrm{J}}[\theta(t^{-})+\alpha_{\tau}]\end{cases} \tag{5-138}$$

式中：$\theta(t)$，$\theta_{\mathrm{m}}(t)$分别为当前时刻驱动部分和从动部分角位移；$\theta(t^{-})$，$\theta_{\mathrm{m}}(t^{-})$分别为前一时刻驱动部分和从动部分的角位移；$\alpha_{\tau}$为齿隙宽度的一半。

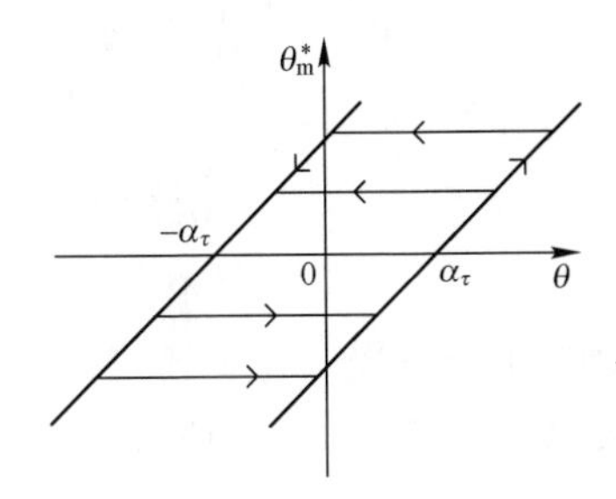

图 5-59　迟滞模型

由式（5-138）可知，迟滞模型设定系统驱动部分在齿隙期间时，从动部分输出恒定，即认为从动部分由于存在大阻尼而在齿隙期间保持静止不动，如机床丝杠与工作台之间的间隙，此时可认为齿隙非线性位于系统输出端（简称输出端齿隙）。迟滞模型适用的另一种情况是驱动部分的转动惯量以及阻尼远小于从动部分，在控制信号的作用下可以很快通过齿隙与从动部分接触，由于驱动部分通过齿隙的时间很短，可近似地认为从动部分静止不动，如机器人、机械手、天车等系统的电动机端与其所驱动部件之间的间隙，这类系统中齿隙非线性可认为位于系统输入端（简称输入端齿隙）。

2）死区模型

死区模型采用系统驱动部分与从动部分的传递力矩来描述齿隙，其动态方程为

$$\tau(t)=\begin{cases}k_{\tau}[\Delta\theta(t)-\alpha_{\tau}]+c_{\tau}\Delta\dot{\theta}(t), & \Delta\theta(t)>\alpha_{\tau}\\ 0, & |\Delta\theta(t)|\leqslant\alpha_{\tau}\\ k_{\tau}[\Delta\theta(t)+\alpha_{\tau}]+c_{\tau}\Delta\dot{\theta}(t), & \Delta\theta(t)<-\alpha_{\tau}\end{cases} \tag{5-139}$$

式中：$\tau(t)$为齿隙输出力矩大小；k_{τ}为刚性系数；c_{τ}为阻尼系数；$\Delta\theta(t)$为驱动部分与从动部分的角位移差，且有$\Delta\theta(t)=\theta(t)-\theta_{\mathrm{m}}(t)/K_{\mathrm{J}}$。

迟滞模型输入是位移，反映的是输入与输出的位移关系，不考虑阻尼，且假定传动是纯刚性的。而死区模型的输入是角位移差，输出是力矩，反映的是系统驱动部分与从动部分的力矩传递关系，同时考虑系统刚性和阻尼的影响，对齿隙特征的描述比较接近实际系统，同时死区模型可适用于产生齿隙的两部件转动惯量相当，不能假定从动部分在齿隙期间位移为零的情形，也即是认为齿隙非线性位于系统内部（简称内部齿隙）的情况。

当阻尼系数很小可忽略，即 $c_\tau=0$ 时，式（5-139）可简化为

$$\tau(t)=\begin{cases}k_\tau[\Delta\theta(t)-\alpha_\tau], & \Delta\theta(t)>\alpha_\tau\\ 0, & |\Delta\theta(t)|\leqslant\alpha_\tau\\ k_\tau[\Delta\theta(t)+\alpha_\tau], & \Delta\theta(t)<-\alpha_\tau\end{cases}\tag{5-140}$$

此时其特性曲线如图 5-60 所示。实际系统中，除了驱动部分和从动部分在齿隙期间的转动运动，齿隙过程结束时还存在由于驱动部分和从动部分转速差异导致的瞬间而复杂的冲击过程。为了描述齿隙结束后重新接触瞬间的动态过程，还有一类齿隙模型，即“振—冲”模型，有兴趣的读者可参考本书最后所列参考文献。

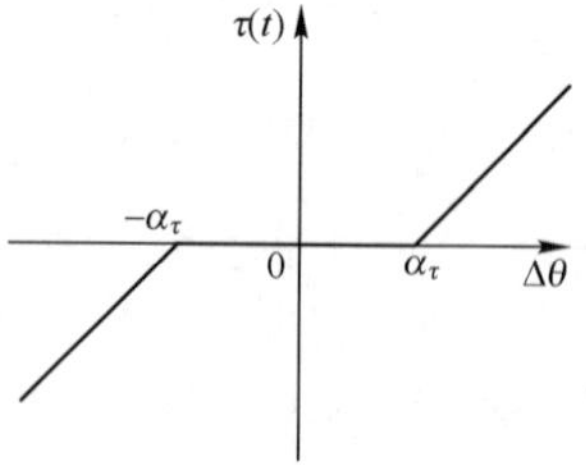

图 5-60　死区模型

下面以水平向炮控分系统为例分析间隙对系统性能的影响，考虑到方向机最后一级齿轮输出和座圈之间啮合间隙最大，本节将整个传动环节的间隙折算到最后一级，并将该环节之前的动力传动链作为驱动部分，主要包括电动机转子及与之相连的方向机链路，该环节之后的动力传动链作为从动部分，主要为座圈与炮塔，设其采用 5.4.2 节中的三闭环控制结构且齿隙模型为式（5-140）时，图 5-48 所示的系统模型可转化为图 5-61。

图 5-61 中，J 为电动机转动部分（含动力传动装置链路）惯量，ω，θ 分别为电动机转子角速度和角位移，J_{m} 为炮塔（含座圈）转动惯量，ω_{m}，θ_{m} 分别为炮塔角速度和角位移，θ_{p} 为载体平台角位移折算值。

假设载体平台处于静止状态，即 $\theta_{\mathrm{p}}=0$ 且振动引起的扰动力矩 $T_{\mathrm{d}}=0$，此时 T_{L} 简化为摩擦力矩 T_{f}。进一步，将摩擦力矩简化为黏滞摩擦，即 $T_{\mathrm{f}}=k_{\mathrm{f}}\omega_{\mathrm{m}}$

时，系统模型可化为图 5-62。

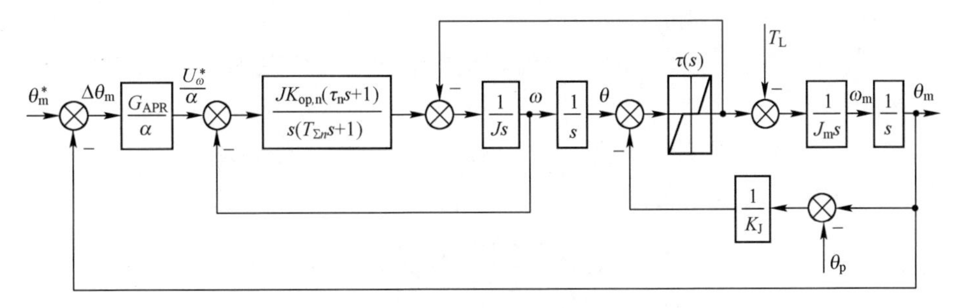

图 5-61　考虑齿隙非线性影响时的系统模型

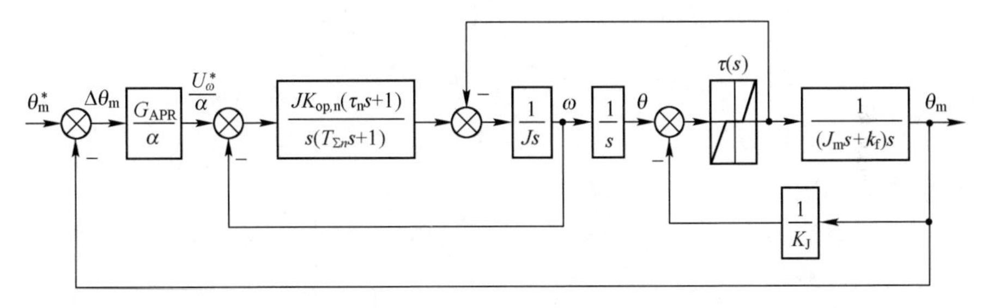

图 5-62　载体平台静止时的系统数学模型

化简模型，可得图 5-63。

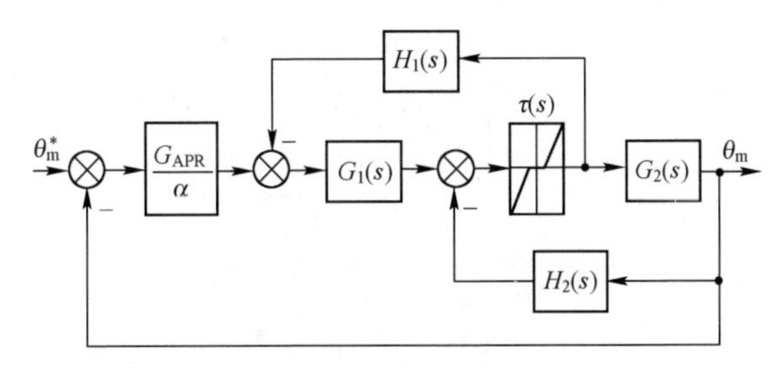

图 5-63　载体平台静止时的系统简化模型

图 5-63 中，$G_1(s)=\dfrac{K_{op,n}(\tau_n s+1)}{s^3(T_{\Sigma n}s+1)+sK_{op,n}(\tau_n s+1)}$，$H_1(s)=\dfrac{s(T_{\Sigma n}s+1)}{JK_{op,n}(\tau_n s+1)}$，$H_2(s)=\dfrac{1}{K_J}$，$G_2(s)=\dfrac{1}{(J_m s+k_f)s}$。

2. 基于描述函数法的齿隙非线性影响分析

描述函数主要用于分析无外力作用情况下，非线性系统的稳定性和自振荡特性。其基本原理是：当系统满足假设条件（1）~（4）时，系统中非线性环节在正弦信号作用下的输出可用其一次谐波分量来近似，由此导出非线性环节的近似等效频率特性，即描述函数。此时，非线性系统就可以近似等效为一个线性系统，并可以用线性系统理论中的频率分析法进行研究。

假设：

（1）非线性系统可以简化为图 5-64 所示的一个非线性环节与一个线性部分闭环连接的典型结构形式。

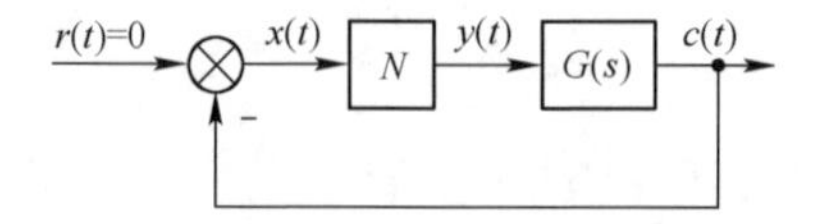

图 5-64 含有非线性环节的系统典型结构

（2）非线性环节的输入输出 $y(x)$ 应当是 x 的奇函数，即 $f(x)=-f(-x)$，或者正弦输入下的输出为 t 的奇对称函数，即 $y(t+\pi/\omega)=-y(t)$，以保证非线性环节的正弦响应不含有常值分量。

（3）系统的线性部分应具有较好的低通滤波性能，以保证非线性环节输出的高次谐波分量能够被削弱。

（4）非线性环节具有时不变特性。

根据等效变换规则可将系统模型化为图 5-65。

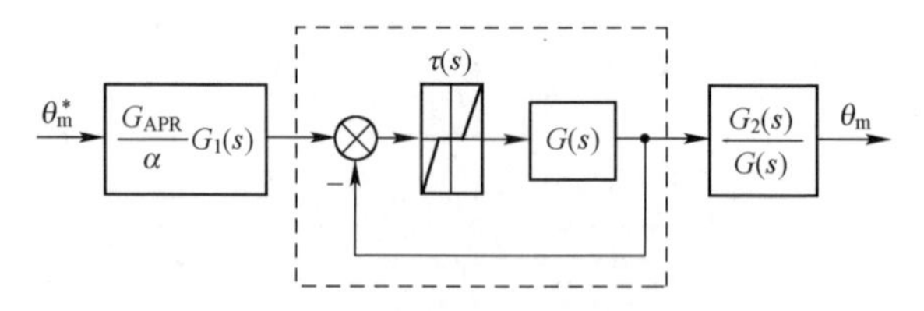

图 5-65 齿隙动力学模型的典型化结构

图 5-65 中：

$$\begin{aligned}G(s)&=G_1(s)H_1(s)+G_2(s)H_2(s)+G_{\mathrm{APR}}(s)G_1(s)G_2(s)/\alpha\\&=\frac{T_{\Sigma n}s+1}{Js^2(T_{\Sigma n}s+1)+JK_{\mathrm{op,n}}(\tau_{\mathrm{n}}s+1)}+\frac{1}{(J_{\mathrm{m}}s+k_{\mathrm{f}})K_{\mathrm{J}}s}+\\&\quad\frac{G_{\mathrm{APR}}(s)K_{\mathrm{op,n}}(\tau_{\mathrm{n}}s+1)/\alpha}{(s^2(T_{\Sigma n}s+1)+K_{\mathrm{op,n}}(\tau_{\mathrm{n}}s+1))(J_{\mathrm{m}}s+k_{\mathrm{f}})s^2}\end{aligned}\tag{5-141}$$

由此可知，虚框部分结构满足假设（1）要求的典型结构，且其线性环节满足假设（3）要求的低通滤波特性。此外，根据齿隙表达式（5-140）易知其符合假设（2）的奇函数条件。因此，当不考虑齿隙环节的参数变特性时可用描述函数法进行分析。

下面首先求取齿隙环节的描述函数。将齿隙环节的输入/输出关系描述为

$$y=f(x) \tag{5-142}$$

则根据式（5-140），当其输入信号为正弦信号 $x(t)=A\sin(\omega t)$ 时，其输出信号可记为

$$y(t)=\begin{cases} k_\tau[A\sin(\omega t)-\alpha_\tau], & A\sin(\omega t)>\alpha_\tau \\ 0, & |A\sin(\omega t)|\leqslant\alpha_\tau \\ k_\tau[A\sin(\omega t)+\alpha_\tau], & A\sin(\omega t)<-\alpha_\tau \end{cases} \tag{5-143}$$

由式（5-143）可知，$y(t)$ 为非正弦周期信号，可展开为傅里叶级数

$$y(t)=A_0+\sum_{n=1}^{\infty}(A_n\cos(n\omega t)+B_n\sin(n\omega t)) \tag{5-144}$$

式中：$A_0=\dfrac{1}{2\pi}\displaystyle\int_0^{2\pi}y(t)\mathrm{d}(\omega t)$，$A_n=\dfrac{1}{\pi}\displaystyle\int_0^{2\pi}y(t)\cos(n\omega t)\mathrm{d}(\omega t)$，$B_n=\dfrac{1}{\pi}\displaystyle\int_0^{2\pi}y(t)\sin(n\omega t)\mathrm{d}(\omega t)$。

当高次谐波分量很小时，式（5-144）可近似为

$$y(t)\approx A_0+A_1\cos(\omega t)+B_1\sin(\omega t) \tag{5-145}$$

由于 $y(t)$ 为奇函数，所以 $A_0=0$，$A_1=0$，下面计算 B_1。

$$\begin{aligned} B_1&=\frac{1}{\pi}\int_0^{2\pi}y(t)\sin(\omega t)\mathrm{d}(\omega t)=\frac{4}{\pi}\int_0^{\pi/2}y(t)\sin(\omega t)\mathrm{d}(\omega t) \\ &=\frac{4}{\pi}\int_{\arcsin(\alpha_\tau/A)}^{\pi/2}k_\tau[A\sin(\omega t)-\alpha_\tau]\sin(\omega t)\mathrm{d}(\omega t) \\ &=\frac{2k_\tau A}{\pi}\left[\frac{\pi}{2}-\arcsin\frac{\alpha_\tau}{A}-\frac{\alpha_\tau}{A}\sqrt{1-\left(\frac{\alpha_\tau}{A}\right)^2}\right],\quad A\geqslant\alpha_\tau \end{aligned}$$

代入 A_0，A_1，B_1，则式（5-145）可化为

$$y(t)\approx\frac{2k_\tau A}{\pi}\left[\frac{\pi}{2}-\arcsin\frac{\alpha_\tau}{A}-\frac{\alpha_\tau}{A}\sqrt{1-\left(\frac{\alpha_\tau}{A}\right)^2}\right]\sin(\omega t),\quad A\geqslant\alpha_\tau \tag{5-146}$$

式（5-146）表明，在正弦信号输入下，齿隙环节的输出信号可近似为一个同频正弦信号。定义稳态输出中一次谐波分量与输入信号的复数比为齿隙环节的描述函数，用 $N(A)$ 表示，则

$$N(A)\approx\frac{2k_\tau}{\pi}\left[\frac{\pi}{2}-\arcsin\frac{\alpha_\tau}{A}-\frac{\alpha_\tau}{A}\sqrt{1-\left(\frac{\alpha_\tau}{A}\right)^2}\right],\ A\geqslant\alpha_\tau \tag{5-147}$$

由此可见，齿隙环节的描述函数与输入信号的频率 ω 无关，但依赖其幅值 A。取 $\zeta=\alpha_\tau/A$，对 $N(\zeta)$ 求导，可得

$$\frac{\mathrm{d}N(\zeta)}{\mathrm{d}\zeta}=\frac{2k_{\tau}}{\pi}\left[-\frac{1}{\sqrt{1-\zeta^2}}-\sqrt{1-\zeta^2}+\frac{\zeta^2}{\sqrt{1-\zeta^2}}\right]=-\frac{4k_{\tau}}{\pi}\sqrt{1-\zeta^2} \tag{5-148}$$

由于 $A\geqslant\alpha_{\tau}$，则 $\zeta=\alpha_{\tau}/A\leqslant 1$，有

$$\frac{\mathrm{d}N(\zeta)}{\mathrm{d}\zeta}\leqslant 0 \tag{5-149}$$

即 $N(\zeta)$ 为 ζ 的非增函数，$-1/N(\zeta)$ 亦为非增函数。又由前分析易知 ζ 的取值范围为[0，1]，因此 $-1/N(\zeta)$ 的最大值在 $\zeta=0$ 处取得，且有 $-1/N(0)=-1/k_{\tau}$，其最小值在 $\zeta=1$ 处取得，且有 $-1/N(1)=-\infty$。由此可在幅相平面画出 $-1/N(A)$ 轨迹如图 5-66 中曲线①所示，曲线箭头方向表示随 A 增大时 $-1/N(A)$ 的变化方向。

下面再考虑图 5-64 中线性环节 $G(s)$ 的开环幅相频率特性曲线。

1） 开环控制情形

当系统位置环开环时，取 $G_{\mathrm{APR}}=0$，则有

$$G(s)=\frac{T_{\Sigma n}s+1}{Js^2(T_{\Sigma n}s+1)+JK_{\mathrm{op,n}}(\tau_{\mathrm{n}}s+1)}+\frac{1}{(J_{\mathrm{m}}s+k_{\mathrm{f}})K_{\mathrm{J}}s} \tag{5-150}$$

系统为 I 型系统。令 $s=\mathrm{j}\omega$，可求得其开环频域特性为

$$G(\mathrm{j}\omega)=\frac{(K_{\mathrm{op,n}}-\omega^2+T_{\Sigma n}\omega^2(K_{\mathrm{op,n}}\tau_{\mathrm{n}}-T_{\Sigma n}\omega^2))+\mathrm{j}\omega K_{\mathrm{op,n}}(T_{\Sigma n}-\tau_{\mathrm{n}})}{J((K_{\mathrm{op,n}}-\omega^2)^2+\omega^2(K_{\mathrm{op,n}}\tau_{\mathrm{n}}-T_{\Sigma n}\omega^2)^2)}-\frac{J_{\mathrm{m}}\omega+\mathrm{j}k_{\mathrm{f}}}{K_{\mathrm{J}}J_{\mathrm{m}}^2\omega^3+K_{\mathrm{J}}k_{\mathrm{f}}^2\omega} \tag{5-151}$$

则根据式（5-151）可得：

（1）开环幅相频率特性曲线的起点为

$$\begin{cases}\mathrm{Re}(G(\mathrm{j}0_+))=\dfrac{1}{JK_{\mathrm{op,n}}}-\dfrac{J_{\mathrm{m}}}{K_{\mathrm{J}}k_{\mathrm{f}}^2}\\ \mathrm{Im}(G(\mathrm{j}0_+))=-\infty\end{cases} \tag{5-152}$$

（2）开环幅相频率特性曲线的终点为 $G(\mathrm{j}\infty)=0\angle-180°$。

（3）与实轴的交点。根据系统参数并考虑到 $T_{\Sigma n}<\tau_{\mathrm{n}}$，可知

$$\mathrm{Im}(G(\mathrm{j}\omega))=\frac{\omega K_{\mathrm{op,n}}(T_{\Sigma n}-\tau_{\mathrm{n}})}{J((K_{\mathrm{op,n}}-\omega^2)^2+\omega^2(K_{\mathrm{op,n}}\tau_{\mathrm{n}}-T_{\Sigma n}\omega^2)^2)}-\frac{k_{\mathrm{f}}}{K_{\mathrm{J}}J_{\mathrm{m}}^2\omega^3+K_{\mathrm{J}}k_{\mathrm{f}}^2\omega}<0 \tag{5-153}$$

因此，开环幅相频率特性曲线与实轴没有交点。

特别地，当系统摩擦力矩很小可忽略，即 $k_{\mathrm{f}}=0$ 时，系统传递函数为

$$G(s)=\frac{(T_{\Sigma n}s+1)s^2(J_mK_J+J)+JK_{op,n}(\tau_ns+1)}{JJ_mK_Js^2(s^2(T_{\Sigma n}s+1)+K_{op,n}(\tau_ns+1))} \tag{5-154}$$

此时系统为Ⅱ型系统，同样可得开环幅相频率特性曲线起点为

$$\begin{cases}\mathrm{Re}(G(\mathrm{j}0_+))=-\infty\\ \mathrm{Im}(G(\mathrm{j}0_+))=0_-\end{cases} \tag{5-155}$$

终点为 $G(\mathrm{j}\infty)=0\angle-180°$，曲线仍然与实轴没有交点。

根据系统参数，可求得 k_f 从0开始逐渐增大时，系统幅相频率特性曲线如图5-66中曲线②~⑤所示。由图可知，当位置环为开环时，幅相频率特性曲线与齿隙幅相平面轨迹没有交点，系统稳定，但是摩擦系数 k_f 越小，系统越趋近临界稳定。也即是说，适度大小的摩擦对系统的稳定是有利的。

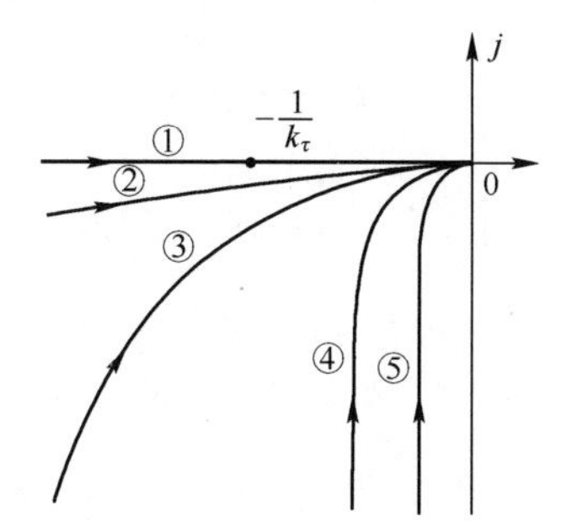

图5-66　系统幅相频率特性曲线（开环）

2）比例控制情形

当系统位置环采用比例控制时，取 $G_{APR}(s)=K_p$，则有

$$G(s)=\frac{JK_pK_{op,n}(\tau_ns+1)/\alpha+s^2(T_{\Sigma n}s+1)(J_ms+k_f)}{J(s^2(T_{\Sigma n}s+1)+K_{op,n}(\tau_ns+1))(J_ms+k_f)s^2}+\frac{1}{(J_ms+k_f)K_Js} \tag{5-156}$$

系统为Ⅱ型系统。同样地，令 $s=\mathrm{j}\omega$，可求得其开环频域特性为

$$\begin{aligned}G(\mathrm{j}\omega)=&\frac{(K_{op,n}-\omega^2+T_{\Sigma n}\omega^2(K_{op,n}\tau_n-T_{\Sigma n}\omega^2))+\mathrm{j}\omega K_{op,n}(T_{\Sigma n}-\tau_n)}{J((K_{op,n}-\omega^2)^2+\omega^2(K_{op,n}\tau_n-T_{\Sigma n}\omega^2)^2)}-\\&\frac{K_pK_{op,n}[k_fK_{op,n}+(\tau_n^2K_{op,n}-1)k_f\omega^2-(T_{\Sigma n}\tau_nk_f+J_m(\tau_n-T_{\Sigma n}))\omega^4]/\alpha}{((K_{op,n}-\omega^2)^2+\omega^2(K_{op,n}\tau_n-T_{\Sigma n}\omega^2)^2)(k_f^2+J_m^2\omega^2)\omega^2}+\\&\frac{\mathrm{j}K_pK_{op,n}\omega[K_{op,n}J_m+(k_f(\tau_n-T_{\Sigma n})-J_m+J_m\tau_n^2K_{op,n})\omega^2-J_m\tau_nT_{\Sigma n}\omega^4]/\alpha}{((K_{op,n}-\omega^2)^2+\omega^2(K_{op,n}\tau_n-T_{\Sigma n}\omega^2)^2)(k_f^2+J_m^2\omega^2)\omega^2}-\\&\frac{J_m\omega+\mathrm{j}k_f}{K_JJ_m^2\omega^3+K_Jk_f^2\omega}\end{aligned} \tag{5-157}$$

根据式（5-157）可得：

（1）开环幅相频率特性曲线的起点为

$$\begin{cases}\mathrm{Re}(G(\mathrm{j}0_+))=-\infty\\ \mathrm{Im}(G(\mathrm{j}0_+))=\dfrac{K_\mathrm{p}J_\mathrm{m}K_\mathrm{J}/\alpha-k_\mathrm{f}}{K_\mathrm{J}k_\mathrm{f}^2\times(0_+)}\end{cases}\tag{5-158}$$

即是说，当 K_p 较小且满足 $K_\mathrm{p}<\alpha k_\mathrm{f}/(J_\mathrm{m}K_\mathrm{J})$ 时，起点位于实轴下方且有 $\mathrm{Im}(G(\mathrm{j}0_+))=-\infty$；当 K_p 较大且满足 $K_\mathrm{p}>\alpha k_\mathrm{f}/(J_\mathrm{m}K_\mathrm{J})$ 时，起点位于实轴上方且有 $\mathrm{Im}(G(\mathrm{j}0_+))=+\infty$。

（2）开环幅相频率特性曲线的终点为 $G(\mathrm{j}\infty)=0\angle-180°$。

（3）开环幅相频率特性曲线与实轴的交点。当转速环调节器采用第 6 章中的典型参数进行设计时，有

$$\begin{cases}\tau_\mathrm{n}=hT_{\Sigma n}=5T_{\Sigma n}\\ K_\mathrm{op,n}=\dfrac{h+1}{2h^2T_{\Sigma n}^2}=\dfrac{3}{25T_{\Sigma n}^2}\end{cases}\tag{5-159}$$

将式（5-159）代入式（5-157），则可求得开环频率特性的虚部为

$$\mathrm{Im}(G(\mathrm{j}\omega))=-\frac{a_0\omega^6+a_1\omega^4+a_2\omega^2+a_3}{((K_\mathrm{op,n}-\omega^2)^2+\omega^2(K_\mathrm{op,n}\tau_\mathrm{n}-T_{\Sigma n}\omega^2)^2)(k_\mathrm{f}^2+J_\mathrm{m}^2\omega^2)JK_\mathrm{J}\omega}\tag{5-160}$$

式中：$a_0=k_\mathrm{f}JT_{\Sigma n}^2$；$a_1=4K_\mathrm{op,n}T_{\Sigma n}K_\mathrm{J}J_\mathrm{m}^2-0.2J(k_\mathrm{f}-3J_\mathrm{m}K_\mathrm{J}K_\mathrm{p}/\alpha)$；$a_2=4K_\mathrm{op,n}T_{\Sigma n}K_\mathrm{J}k_\mathrm{f}^2+k_\mathrm{f}JK_\mathrm{op,n}-JK_\mathrm{J}K_\mathrm{p}K_\mathrm{op,n}(4k_\mathrm{f}T_{\Sigma n}+2J_\mathrm{m})/\alpha$；$a_3=JK_\mathrm{op,n}^2(k_\mathrm{f}-K_\mathrm{J}K_\mathrm{p}J_\mathrm{m}/\alpha)$。

令 $x=\omega^2$，则分析式（5-157）所示的开环幅相频率特性曲线与实轴的交点问题可转化为求取函数 $f(x)=a_0x^3+a_1x^2+a_2x+a_3$ 与 x 正半轴的交点问题。根据开环幅相频率特性曲线起点的位置不同，可分为 $K_\mathrm{p}>\alpha k_\mathrm{f}/(J_\mathrm{m}K_\mathrm{J})$ 和 $K_\mathrm{p}<\alpha k_\mathrm{f}/(J_\mathrm{m}K_\mathrm{J})$ 两种情况进行分析。

① 当 $K_\mathrm{p}>\alpha k_\mathrm{f}/(J_\mathrm{m}K_\mathrm{J})$ 时，$a_1>0$，$a_3<0$，$f(0)=a_3<0$。进一步令 $\dot{f}(x)=0$，可求得 $f(x)$ 的两个极值点分别为

$$x_1=\frac{-a_1-\sqrt{a_1^2-3a_0a_2}}{3a_0},\ x_2=\frac{-a_1+\sqrt{a_1^2-3a_0a_2}}{3a_0}$$

根据系统参数可知 $a_0>0$，又因为 $a_1>0$，易知 $x_1<0$。当 K_p 取值较小使得 $a_2>0$ 时，$x_2<0$，且 $\dot{f}(0)=a_2>0$，此时 $f(x)$ 的概略曲线如图 5-67（a）所示；当 K_p 取值较大使得 $a_2<0$ 时，$x_2>0$，且 $\dot{f}(0)=a_2<0$，此时 $f(x)$ 的概略曲线如图 5-67（b）所示。由图可知，当 $K_\mathrm{p}>\alpha k_\mathrm{f}/(J_\mathrm{m}K_\mathrm{J})$ 时，函数 $f(x)$ 与 x 正半轴有

一个交点，也即是开环幅相频率特性曲线与实轴有一个交点。

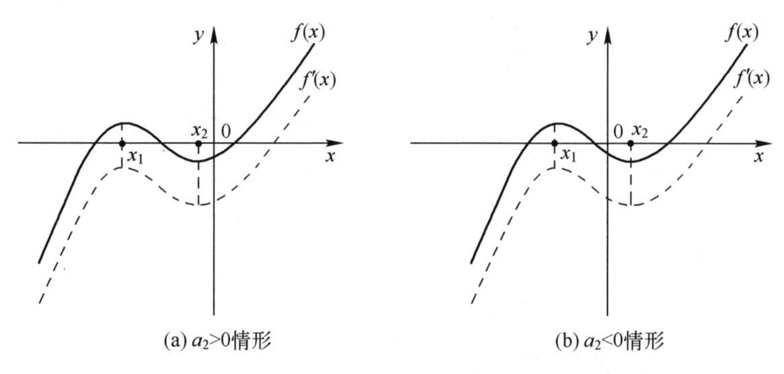

图 5-67　$f(x)$的概略曲线

② 当 $K_p<\alpha k_f/(J_mK_J)$时，与前述分析类似，可得开环幅相频率特性曲线与实轴没有交点或者有两个交点。特别地，当 K_p 很小（或趋近于 0）时，开环幅相频率特性曲线与实轴没有交点。

进一步，根据系统参数可求得 K_p 逐渐增大时系统开环幅相频率特性曲线，如图 5-68 所示。当 K_p 取值较小时，开环幅相频率特性曲线如图 5-68（a）所示，曲线起点位于实轴下方，且与实轴没有交点，因此也不与齿隙幅相平面轨迹相交，系统处于稳定状态。当 K_p 增大到一定程度时，其开环幅相频率特性曲线转化为图 5-68（b）。曲线与实轴有两个交点（即图中 A、B 两点），但与齿隙幅相平面轨迹不相交，系统仍处于稳定状态。

当 K_p 进一步增大使得系统开环幅相频率特性曲线变化为图 5-68（c）所示情形，此时曲线与齿隙幅相平面轨迹存在交点时，系统不稳定。在其交点 A 存在临界振动，且振动频率 ω_0 和幅值 A_0 满足

$$|G(\mathrm{j}\omega_0)|=\left|\frac{1}{N(A_0)}\right| \tag{5-161}$$

也即是

$$\mathrm{Re}(G(\mathrm{j}\omega_0))\cdot\frac{2k_\tau}{\pi}\left[\frac{\pi}{2}-\arcsin\frac{\alpha_\tau}{A_0}-\frac{\alpha_\tau}{A_0}\sqrt{1-\left(\frac{\alpha_\tau}{A_0}\right)^2}\right]=1 \tag{5-162}$$

对于图 5-68（a）、（b）、（c），都有 $K_p<\alpha k_f/(J_mK_J)$，当 K_p 再进一步增大，且 $K_p>\alpha k_f/(J_mK_J)$时系统开环幅相频率特性曲线如图 5-68（d）所示，曲线起点位于实轴上方，与实轴有一个交点，且位于正半轴，系统不稳定。

综合上述分析可知：

① 由于齿隙环节的影响，要保持系统稳定，比例控制器的系数 K_p 不能太

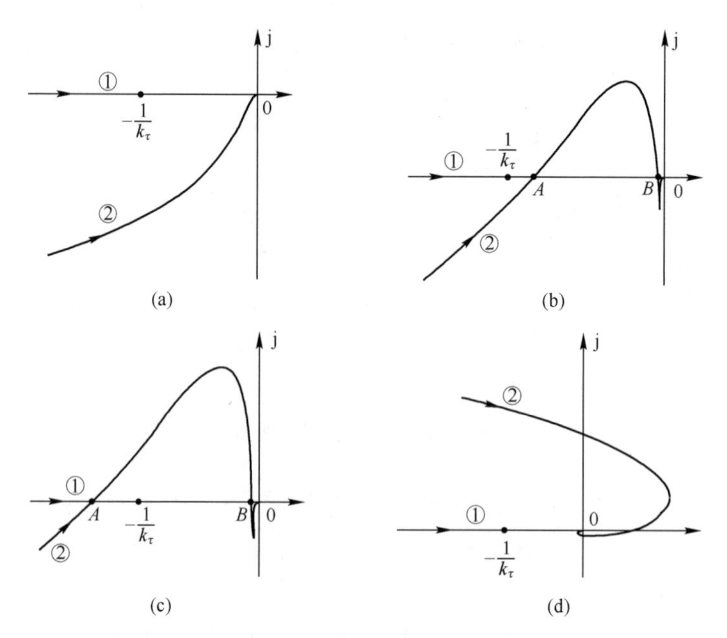

图 5-68 系统开环幅相频率特性曲线（比例控制）

大，根据 5.4.2 节分析，K_p 的取值直接影响系统的跟踪性能和抗扰能力。在实际工程实践中，当为了保证系统的稳定性，降低开环增益时，会牺牲响应频带，造成系统动态响应慢、跟踪精度差等问题。

② 系统的刚性系数 k_τ 越大，齿隙过程的冲击往往越严重，对应的幅相平面轨迹越向零点延伸，在系统稳定条件下 K_p 的取值范围也越小。

3）PI 控制情形

当系统位置环采用 PI 控制时，取 $G_{APR}(s)=K_p(\tau_I s+1)/\tau_I s$，有

$$G(s)=\frac{1}{JK_J\tau_I s^3[s^2(T_{\Sigma n}s+1)+K_{op,n}(\tau_n s+1))(J_m s+k_f)]}[JK_pK_{op,n}K_J(\tau_I s+1)\times (\tau_n s+1)/\alpha+(T_{\Sigma n}s+1)(J_m s+k_f)K_J\tau_I s^3+J\tau_I s^2(s^2(T_{\Sigma n}s+1)+K_{op,n}(\tau_n s+1))] \tag{5-163}$$

系统为Ⅲ型系统，很难保持稳定。也即是对于齿隙非线性系统来说，难以采用 PI 控制来提高跟踪精度。

4）复合控制情形

当位置环控制器采用比例控制，同时增加图 5-54 所示复合控制结构时，图 5-63 可转化为图 5-69。

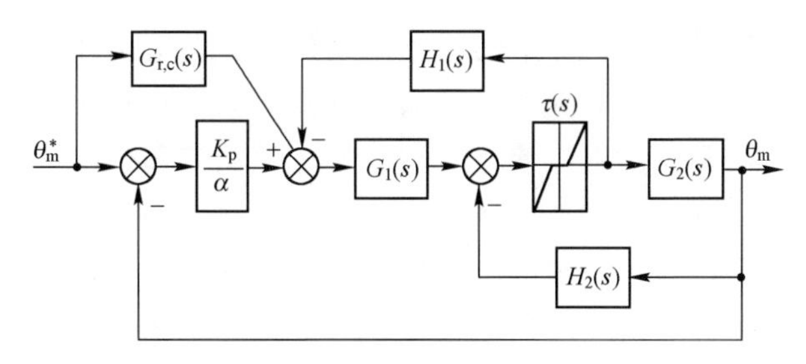

图 5-69　采用复合控制结构时的系统简化模型

进一步，根据等效变换规则可将其化为图 5-70。

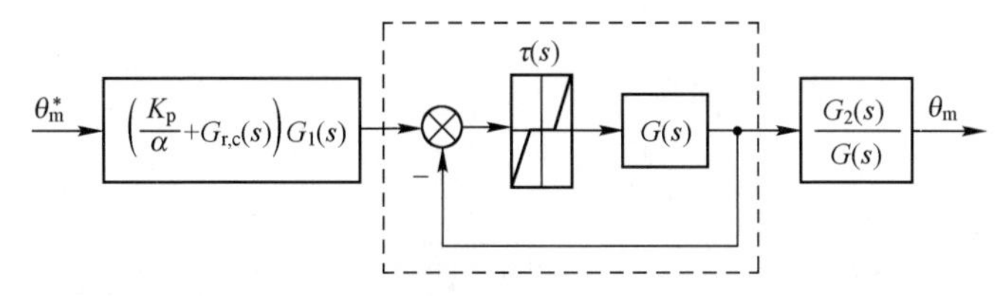

图 5-70　采用复合控制时齿隙动力学模型的典型化结构

对比图 5-65 可知，引入前馈控制不会改变齿隙动力学模型的虚框部分结构，因此也不会影响系统的稳定性，也即是 5.4.3 节中的“采用复合控制不影响系统的稳定性”这一结论同样适用于齿隙非线性系统。

3. 齿隙非线性的典型抑制方法

（1）从控制策略入手。如前分析，通过描述函数法表达出齿隙模型的非线性特性，然后设计线性环节部分，使其不与齿隙幅相平面轨迹相交，从而保证系统的稳定性；再如采用复合控制在保持稳定性的基础上进一步提高系统的跟踪性能，这些方法均属于线性控制方法。随着齿隙非线性研究的不断深入，近年来基于自适应控制、变结构控制、智能控制等控制理论的多种非线性控制方法不断应用于齿隙非线性补偿控制，对上述非线性补偿控制技术有兴趣的读者可以参考本书最后所列的相关参考文献。

（2）从机械传动结构入手。例如在传动装置最后输出级安装弹性齿轮装置，尽量减小间隙影响；或者采用“同力面混合少齿差行星传动”方式，使多齿同时啮合，相互补偿，使传动装置整体间隙减小，从而有效地提高传动精度和传动效率；再如采用多电动机驱动方式，即通过两个驱动电动机对同一从动轴施加大小相等，方向相反的偏置力矩抑制齿隙的影响；此外，还可以利用机械波控制柔性齿轮的弹性变形来实现力矩传递，即构成谐波齿轮传动装置。

(3) 从系统驱动模式入手。传动间隙是由于驱动电动机转速比较高，需要采用由多级齿轮组成的机械减速传动装置将其速度降到驱动武器所需要的速度而导致的。如果直接用低速大扭矩电动机驱动武器运动，就可以取消减速装置，从而避免齿隙的影响，基于这种想法可构建一种采用直接传动的新型无间隙传动武器稳定系统结构。例如在水平向分系统采用与炮塔座圈结构相似的大直径、多极对数空心转子电动机，电动机定子与车体固定，空心转子与炮塔固定，直接驱动炮塔运动，这种大直径多极对数电动机通常又称为座圈电动机，其结构如图 5-71 所示。座圈电动机替代了原结构中驱动电动机、动力传动装置和座圈的功能（如图中虚线框所示）。

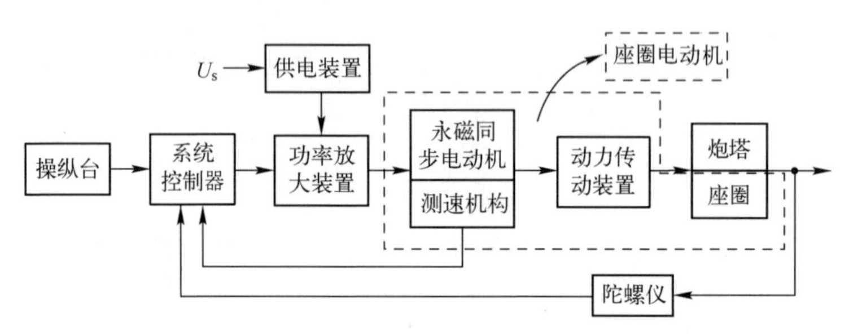

图 5-71　无间隙传动武器稳定系统结构

与之类似，高低向分系统可采用直线电动机直接驱动火炮运动。这种无间隙传动武器稳定系统由于取消了动力传动装置，可有效避免齿隙等非线性因素的影响，提高传动精度。从系统控制的角度来看，这种结构还可使得系统数学模型阶次降低，简化控制器设计的难度。当然，由于失去了动力传动装置的减速作用，座圈电动机和直线电动机低速运行的平稳性，较之传统系统的驱动电动机要求苛刻程度也会随之增加。

5.5　某数字式交流全电炮控系统结构与原理分析

5.5.1　某数字式交流全电炮控系统的结构组成

某数字式交流全电炮控系统组成与安装位置如图 5-72 所示。炮长操纵台安装在炮长前方的高低机支臂上，炮控箱和水平向电动机驱动箱安装在炮长座位左前方的炮塔座圈上方，水平向驱动电动机固定在方向机上。高低向电动机驱动箱安装在火炮下方的摇架上，高低向驱动电动机固定在丝杠上，位于火炮右侧，丝杠通过吊环一端固定在炮塔上，另一端与火炮摇架连接。为了保留手动调炮功能，系统仍安装有高低机，固定于炮长右前方火炮摇架支架上。

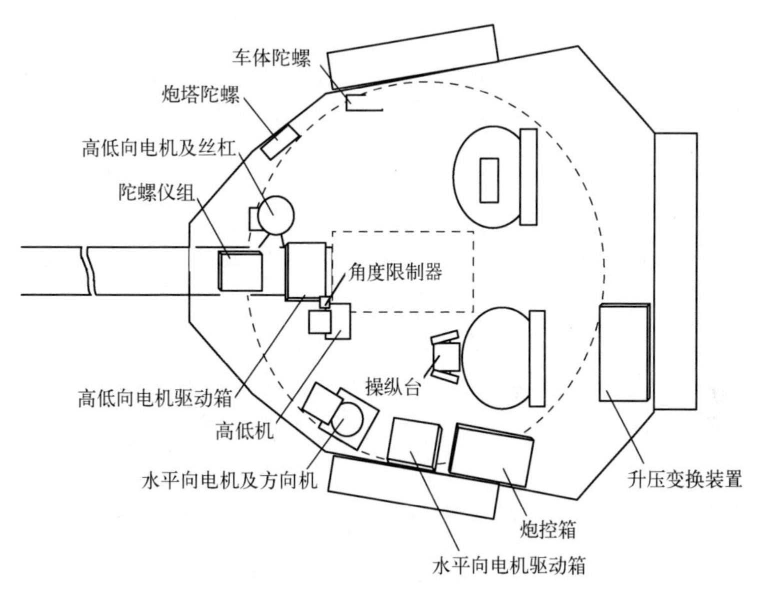

图 5-72　某数字式交流全电炮控系统组成与安装位置

系统采用基于前馈补偿的复合控制结构，反馈控制采用陀螺仪组，检测火炮相对于惯性空间的角速度，陀螺仪组位于火炮摇架的下部。前馈控制采用车体陀螺和炮塔陀螺，检测坦克机动过程中底盘-火炮耦合振动引起的扰动。此外，驱动电动机内部安装有旋转变压器，检测电动机的角速度和角位移。

较之前述章节中的武器电力传动系统，本节涉及的炮控系统驱动火炮口径大，且要求实现高机动条件下射击，因此系统需求功率高，如果仍直接用坦克电源 28V 为系统供电，会增大电动机及其驱动装置的设计制造与安装难度。为此，系统采用 270V 供电模式，通过升压变换装置将车载 28V 低压电源转换为系统所需 270V 直流电，供电动机驱动使用，升压变换装置安装在炮塔尾舱内。

5.5.2　基于总线的系统网络化控制结构设计

由图 5-72 不难发现，该系统部件较多，且各部件之间信号传递关系复杂。采用传统的设计方法往往会造成电气线缆布线繁杂、可靠性低、电磁干扰严重等问题，尤其是对于控制信号（如陀螺仪采集的火炮转速信号、操纵台的给定信号等），噪声干扰往往会导致系统控制性能下降甚至失稳。为此，系统设计时采用 TMS320F28335 作为主控芯片，在实现炮控箱、操纵台、陀螺仪、升压变换装置、逆变器等系统主要控制部件数字化的基础上，构建了基于双 CAN 总线的网络控制结构，如图 5-73 所示。其中，CANA 总线实现炮控箱与车电系统的连接，完成炮控系统与外部其他系统的信息交互。CANB 总线实现炮控系统内部信息交互，除动力线（功率回路线缆）和必要的逻辑控制线路（如系统上电控制、PWM 驱动线路和保护线路）外，设计时将系统内部信息全部挂接到 CANB 总线上，从而实现网络化控制。

基于总线的系统网络化控制结构，在优化电气线路、降低电磁干扰的同时，系统设计的灵活性显著提高。通过总线信息流配置和软件算法切换，可使得系统工作在稳定工况、稳像工况和电传工况等多种模式并实现各种模式的在线切换。

稳定工况是本章讨论的主要工作模式，炮长通过瞄准镜观测目标，控制操纵台驱动火炮运动，此时炮控系统可看作独立控制系统，系统给定为操纵台，采用陀螺仪等检测装置构成闭环控制结构。正如 1.1 节所述，这种工作模式下瞄准镜中的图像往往会出现高频颤抖现象，制约了炮长搜索和跟踪目标的能力，因此在实际应用中炮控系统通常都工作在稳像工况。

稳像工况在炮控系统的前端增加了瞄准线稳定系统，炮长通过操纵台控制瞄准镜运动，使瞄准线始终对准目标，此时炮控系统不再直接受操纵台的控制，而是随动于瞄准线，跟随火控计算机通过射击诸元解算出的火炮射角（即位置信号）运动。

除了上述两种工况，炮控系统还存在降级作为电力传动系统使用的情况。此时，炮控系统仍受操纵台控制，但给定为电动机转速信号（不再是火炮速度或位置），且只采用测速装置构成电动机调速控制系统，陀螺仪反馈电路被切断，因此系统不再具有空间稳定功能。但是该结构将齿隙、摩擦等非线性因素排除在控制闭环以外，可使低速运动情况下调速系统闭环控制具有较好的稳定性，因此这种结构还被应用于某些炮控系统的低速跟踪段控制中。

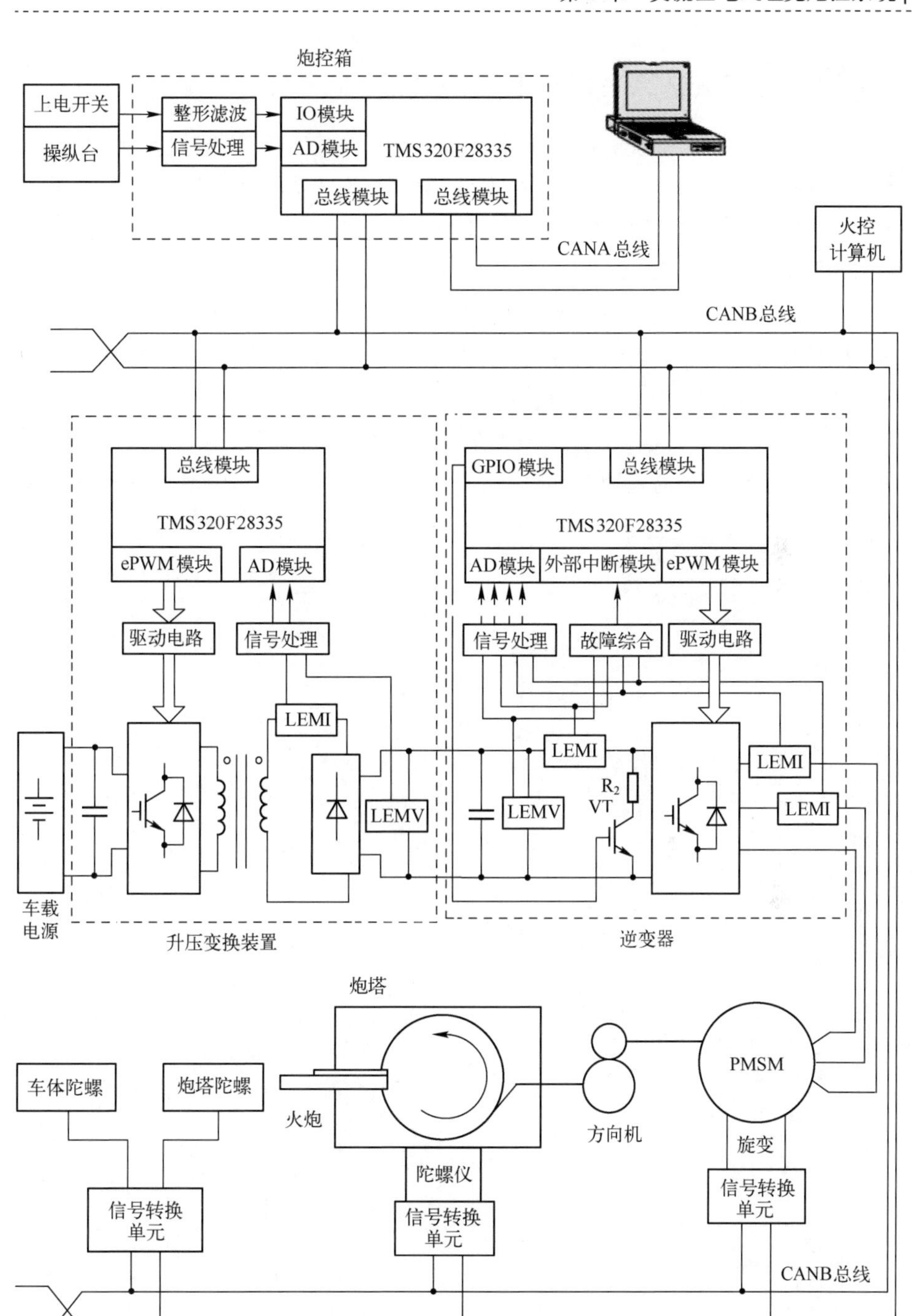

图 5-73　基于总线的系统网络化控制结构

5.5.3 空间矢量算法的 DSP 实现方法

在图 5-73 中，系统的位置稳定控制与前馈补偿等算法在炮控箱中实现，永磁同步电动机的矢量控制算法在逆变器中实现，系统稳定控制与前馈补偿涉及的 PID 控制、程序滤波等算法的软件实现与前类似，本节重点对电动机矢量控制算法的实现进行分析。

相比于第 4 章中分析的 TMS320LF2407，本节炮控系统中采用的主控芯片 TMS320F28335 采用了增强型事件管理器构架，即以 3 个新的外设模块，增强型脉宽调制模块（ePWM 模块）、增强型捕获模块（eCAP）、增强型正交编码器脉冲模块（eQEP）取代传统的事件管理器模块（EV 模块）。ePWM 模块是实现空间矢量调制的核心模块，其内部结构如图 5-74 所示。ePWM 模块包含 7 个

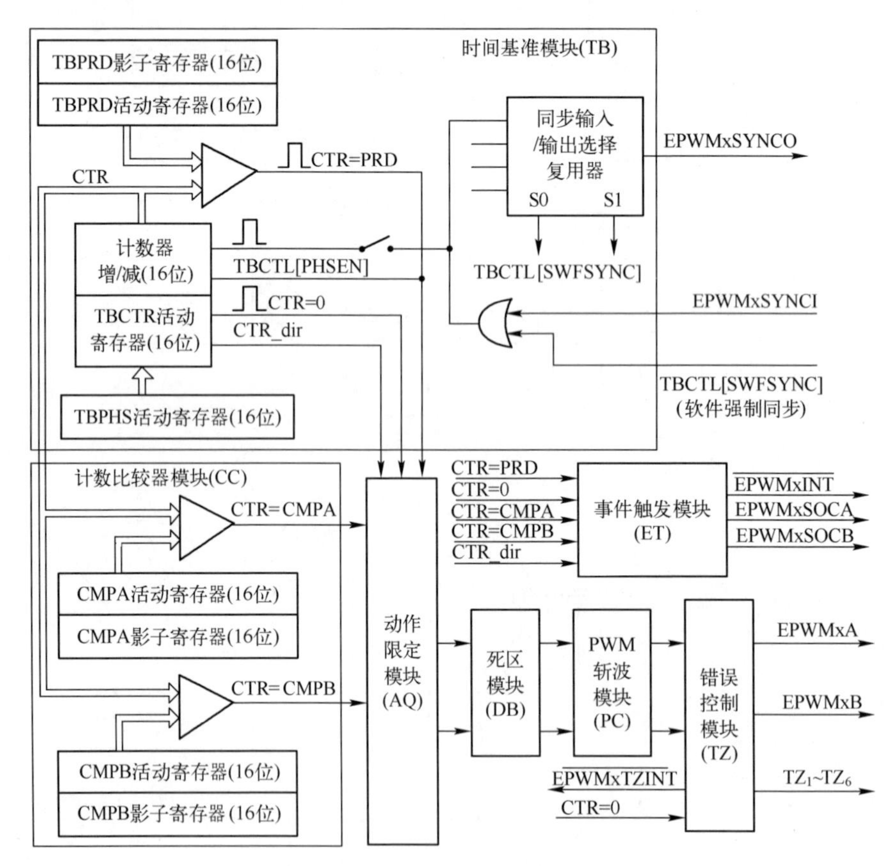

图 5-74 ePWM 模块内部结构

子模块，其中，时间基准模块（TB模块）用以产生工作时序，可以设定PWM的计数周期、计数方式、同步输入/输出信号等，为了产生对称PWM脉冲，一般将其计数方式设定为增/减计数。计数器比较功能模块（CC模块）的功能是将TB模块的输出信号CTR和比较寄存器A、B中的数值CMPA、CMPB比较产生触发事件，输入动作限定模块（AQ模块）中，生成PWM波形。为了防止同一桥臂两个开关管出现“直通”现象，通常还配置了死区控制模块（DB模块）。此外，ePWM模块中还设置有斩波控制模块（PC模块）、错误控制模块（TZ模块）和事件触发模块（ET模块）。

在电动机矢量控制程序设计时，首先需要对ePWM模块等外设进行初始化，这部分程序通常放在主程序中，其程序流程如图5-75（a）所示。当完成所有初始化后，主程序进入空指令循环，等待中断产生。中断服务程序用来实现电动机矢量控制算法，根据图5-35可给出其流程如图5-75（b）所示。

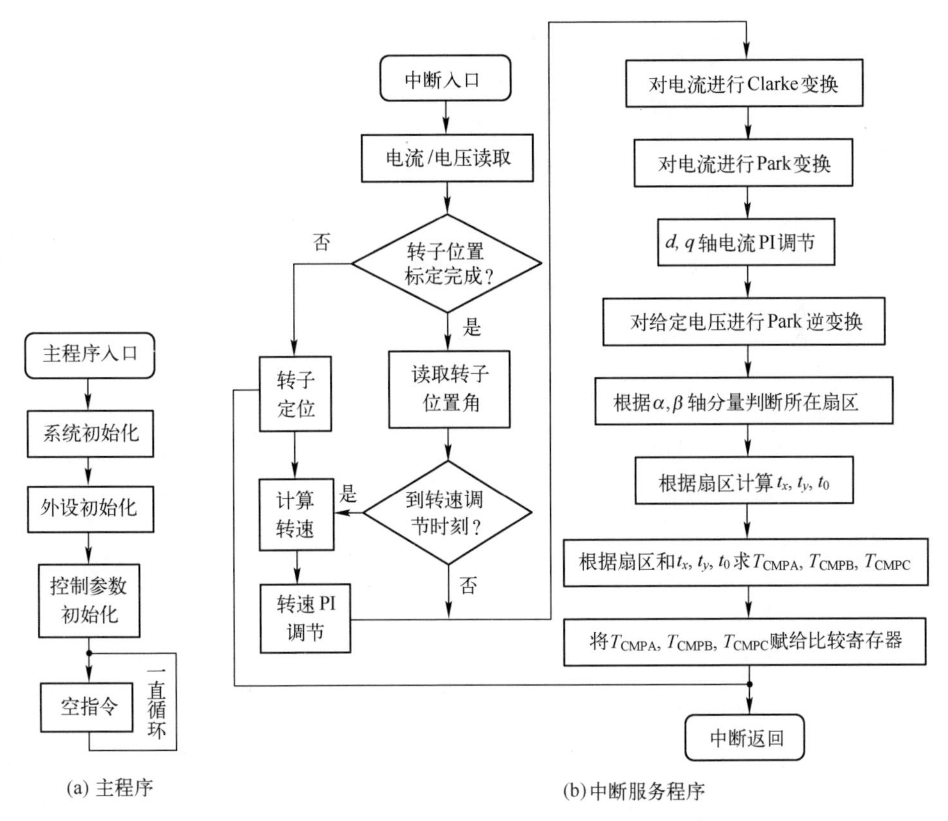

图5-75　永磁同步电动机矢量程序控制流程

进入中断后，首先读取电流、电压等系统状态变量。其次判断电动机转子位置初始标定是否完成，若未完成则根据 5.2.5 节所述方法完成标定并退出中断；若已完成则读取转子位置角并判断是否到达转速调节时刻，若到达则通过转速 PI 调节器计算获取电流给定，若未到达则电流给定值仍采用前一时刻给定。最后进行采样电流的 Clarke 变换和 Park 变换，并通过电流 PI 调节器分别计算 d，q 轴给定电压，对其进行 Park 逆变换，根据 α，β 轴分量判断所在扇区，计算矢量作用时间，将其值赋给 ePWM 模块比较寄存器，生成 SVPWM 波形。以处于第 Ⅰ 扇区时为例，其 T_{CMPA}，T_{CMPB}，T_{CMPC} 值与七段式 SVPWM 波形关系如图 5-76 所示。

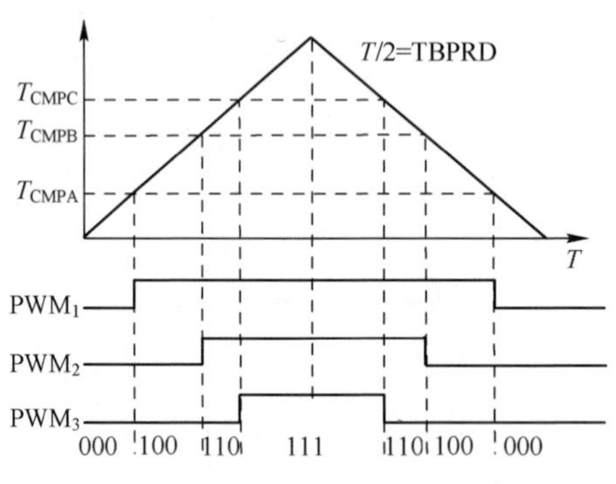

图 5-76　七段式 SVPWM 脉冲波形

第6章

武器电力传动控制系统设计与优化

前几章分析了电机放大机炮塔电力传动系统、直流 PWM 控制武器驱动系统、交流全电炮控系统等几类典型的坦克武器电力传动控制系统原理及其装备应用，本章将在此基础上讨论武器电力传动控制系统设计与优化方法。一般地，系统设计可分为以下步骤：

（1）系统构型与部件匹配设计。根据系统控制对象特性、性能要求和工作条件约束，开展系统构型设计、基本部件选型与参数匹配计算，形成一个基本的电力传动系统，或称原始系统。

（2）控制器设计与仿真分析。建立数学模型，分析系统稳定性和其他动态性能，设计控制结构与控制器初始参数，并通过仿真分析调整控制参数，优化系统性能，本章中主要讨论基于典型系统的控制器设计方法。

（3）控制器实现与试验校核。将优化后的控制器通过运算电路或者软件程序实现，完成控制器样机研制，进行系统联调试验，根据试验结果开展优化设计，使其满足设计性能指标要求。

实际系统设计时，以上步骤并不是完全孤立进行的，每个步骤都需要不断地进行验证和测试，以保证设计过程不出现大的偏差，提高设计效率。同时，整个系统设计流程的一体化、集成化也已成为重要发展趋势。

6.1 系统构型与部件匹配设计

根据前述章节分析，可将坦克武器电力传动控制系统的一般构成描述为图 6-1。系统一般由高低向分系统和水平向分系统组成，高低向分系统用于稳定和驱动火炮瞄准，水平向分系统用于稳定和驱动炮塔运动，两个分系统的工作原理相似，只是在部件组成、驱动功率等方面有所区别。从结构上看，每个方向的分系统均由动力子系统和控制子系统两部分组成。动力子系统主要由供电装置、功率放大装置、驱动装置、动力传动装置等构成，采用电力传动结构模式时，驱动装置一般为电动机，动力传动装置一般有方向机、高低机、齿弧、丝杠等。控制子系统一般由系统控制箱和驱动控制箱，辅以相应的操纵装置（操纵台）、陀螺仪（有的炮控系统还有车体陀螺仪等前馈装置）和电流/电压传感器等信号检测装置构成。

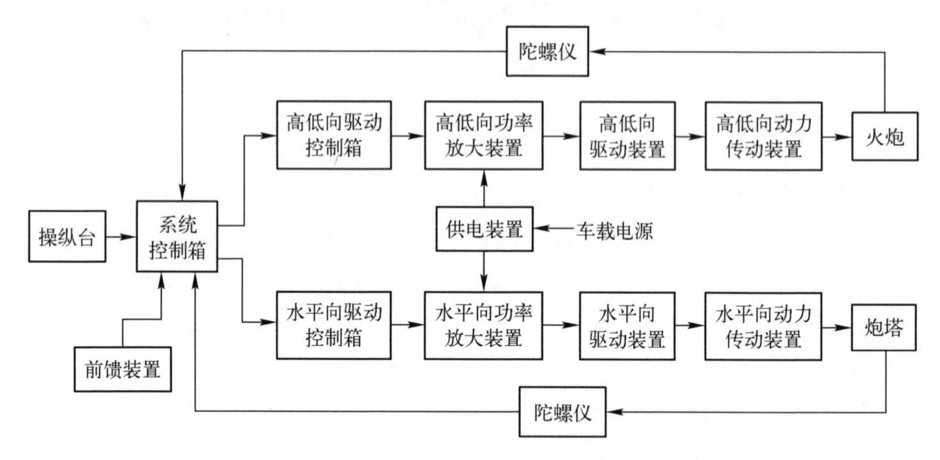

图 6-1 坦克武器电力传动控制系统一般构成

在系统设计时，通常需要综合考虑以下几个方面的因素：

（1）控制对象特性。一般地，高低向分系统的控制对象为火炮，涉及的主要参数有火炮旋转体质量、转动惯量、耳轴摩擦力矩、旋转偏心距、火炮射界、火炮耳轴至炮尾后切面距离等。水平向分系统的控制对象为炮塔，涉及的主要参数有炮塔质量、转动惯量、炮塔总摩擦力矩、炮塔偏心距等。

（2）性能要求。如前述章节所述，系统涉及的主要指标有稳定精度、最低瞄准速度、最大调炮速度等。

（3）工作条件约束。一般地，现代坦克炮控系统都要求在机动条件下进行射击，随着机动射击速度的提高，系统所受扰动力矩的幅值和频率大幅增加，控制难度急剧攀升，其控制性能直接反映了坦克武器系统的技术水平。涉及的主要约束有坦克机动速度、路面起伏特性等。此外，通常还需要考虑安装空间、工作环境（如高原、沿海）等条件。

在开展系统设计时，首先需要根据上述因素计算驱动电动机所需的功率、转矩和转速，并据其确定电动机类型、供电电压等级（目前装甲车辆武器系统主要有 28V 直流和 270V 直流两种供电模式）等。在此基础上，开展动力传动装置和功率放大装置的匹配设计。动力传动装置设计时，需要综合考虑减速比、齿圈间隙（或称空回）以及强度等参数选取装置的型式（如高低向采用齿弧还是丝杠）与结构，功率放大装置设计需要根据功率、电压等级等因素考虑主电路拓扑、功率器件选型等。

对于控制子系统的设计，现代坦克武器电力传动控制系统一般大都采用数字式控制方式，设计时首先需要根据系统控制功能需求选取主控芯片并设计相应的外围电路，同时匹配设计电流/电压、转速、空间位置等检测装置，确定各检测装置与控制单元的信息交互接口，对于采用总线通信的还应制定相应的通信协议。此外，在系统设计时往往还需考虑冗余备份、降级使用以及电磁兼容性等问题。

在上述系统构型设计、基本部件选型与参数匹配计算完成后，就可以形成一个基本的电力传动系统，之所以称为“基本系统”，是因为它还是一个开环系统，其控制性能往往还不能满足设计要求。为此，需要采用合适的控制器对其性能进行校正。在实际工程实践中，控制器设计是电力传动控制系统设计的重要环节，且往往成为系统工程调试后期的主要任务。

6.2　基于典型系统的控制器工程设计方法

6.2.1　基本思路

频率特性法是工程实践中电力传动系统控制器设计的常用方法，其基本思路是：首先根据应用需求确定系统的静、动态性能指标；其次根据性能指标求得相应的理想开环对数频率特性，并通过比较理想开环频率特性和控制对象的固有频率特性，确定控制器校正环节的对数幅频特性，进而反推得到控制器的结构和参数。在实际工程实践中，往往需要系统满足稳、准、快以及抗干扰等相互制约的性能要求，要找到相对应的理想开环频率特性并不容易，需要设计者具有丰富的实践经验和熟练的设计技巧，这就限制了频率特性法的工程推广应用。

考虑到电力传动系统中，除电动机外，大都是由惯性较小的功率变换装置，以及采用集成电路或数字控制芯片实现的控制器等部组件构成，通过化简处理一般都可以用低阶系统来近似。因此，可以尝试在控制系统纷繁复杂的结构形式中找出少数典型的结构，把典型系统的开环频率特性当作预期的理想特性，建立其参数选取与性能指标之间的映射关系，作为调节器设计方法的基础。这样一来，实际系统只要能简化或校正成典型系统的形式，就能够利用现成的公式和数据进行设计，这就是基于典型系统的控制器设计方法，其设计流程如图 6-2 所示。当然，对于熟练的设计者来说，在实际运用基于典型系统的频率设计方法时，也可以省略图中所示的系统频率特性曲线绘制过程，而直接根据传递函数求解。

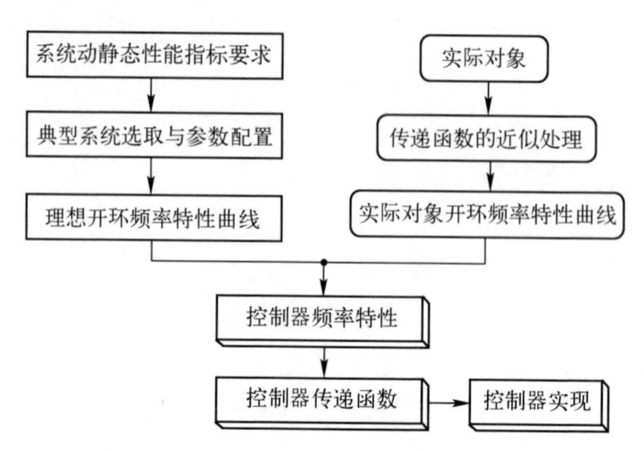

图 6-2　基于典型系统的控制器设计流程

由图 6-2 可知，采用基于典型系统的控制器设计方法有两个关键环节：一是分析清楚典型系统的种类以及其参数与性能指标之间的关系；二是设计控制器将实际系统校正为典型系统，对于无法直接通过控制器校正的情况，还需要通过近似处理后再进行校正。

6.2.2 典型系统及其参数与性能指标的关系

1. 典型系统的结构

从前述章节分析可以发现，许多电力传动控制系统的开环传递函数都可表示为

$$G(s)=\frac{K\prod_{j=1}^{m}(\tau_j s+1)}{s^r\prod_{i=1}^{n}(T_i s+1)} \tag{6-1}$$

当 $r=0,1,2,\cdots$ 不同数值时，系统分别为 0 型、Ⅰ型、Ⅱ型、…系统。根据第 5 章分析，0 型系统在稳态时是有差的，而Ⅲ型和Ⅲ型以上的系统很难稳定。因此，通常为了保证稳定性和一定的稳态精度，多采用Ⅰ型和Ⅱ型系统。

Ⅰ型系统的结构是多种多样的，考虑到 2.3.4 节分析的理想频率特性的

基本特征，可选取以下系统作为典型Ⅰ型系统：

$$G(s)=\frac{K}{s(Ts+1)} \tag{6-2}$$

式中：K 为系统开环增益；T 为惯性时间常数。

实际系统中，转速-电流双闭环控制系统的电流环和简单的定位跟随系统，经过简化后都可以等效为典型Ⅰ型系统。典型Ⅰ型系统的闭环结构与开环对数频率渐进特性曲线如图 6-3 所示。由图可知，典型Ⅰ型系统结构简单，而且对数幅频特性的中频段以-20dB/dec 的斜率穿越零分贝线，当参数选择满足 $\omega_c<1/T$ 或 $\omega_c T<1$ 时，可保证系统稳定，且具有足够的稳定裕度，其相角裕度满足 $\gamma=180°-90°-\arctan(\omega_c T)>45°$。

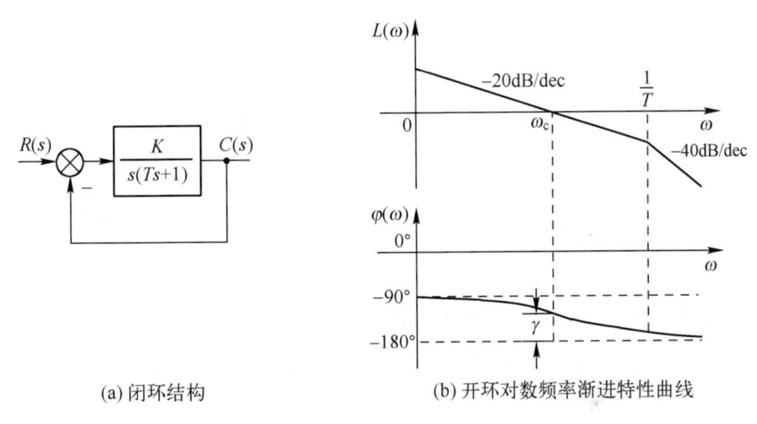

(a) 闭环结构　　(b) 开环对数频率渐进特性曲线

图 6-3　典型Ⅰ型系统

同样地，根据 2.3.4 节分析的理想频率的基本特征，可在Ⅱ型系统中选择一种最简单而稳定的结构作为典型的Ⅱ型系统。其开环传递函数为

$$G(s)=\frac{K(\tau s+1)}{s^2(Ts+1)} \tag{6-3}$$

式中：K 为系统开环增益；T 为惯性时间常数；τ 为微分时间常数。

典型Ⅱ型系统比典型Ⅰ型系统稍微复杂一些，许多采用 PI 调节器的调速系统和随动系统都可以简化成这种结构形式，其闭环结构和开环对数频率渐进特性曲线如图 6-4 所示。典型Ⅱ型系统的中频段也是以-20dB/dec 的斜率穿越零分贝线。分母中 s^2 项对应的相频特性是-180°水平线，且后面还有一个一阶惯性环节（这是实际系统一般都有的），因此分子上必须有一个一阶微分环节($\tau s+1$)，且满足 $1/\tau<\omega_c<1/T$，或 $\tau>T$，才能将相频特性曲线抬高到-180°线以上，以保证系统稳定。此时，系统相角稳定裕度满足

$$\gamma=180°-180°+\arctan(\omega_c\tau)-\arctan(\omega_c T)=\arctan(\omega_c\tau)-\arctan(\omega_c T) \tag{6-4}$$

τ 比 T 大得越多，稳定裕度越大。

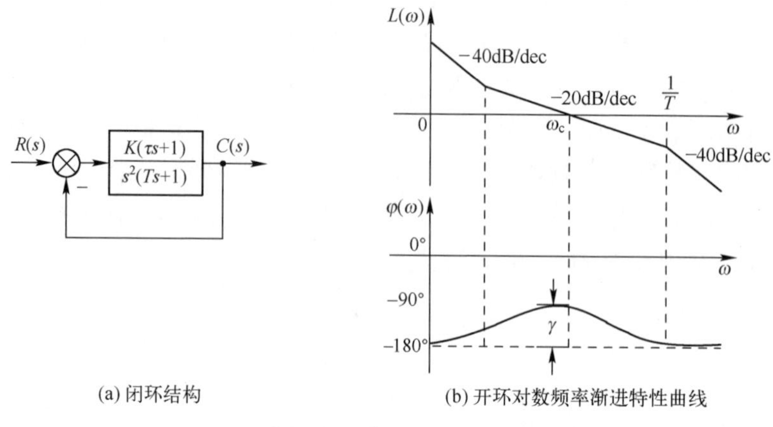

(a) 闭环结构　　(b) 开环对数频率渐进特性曲线

图 6-4　典型Ⅱ型系统

下面进一步讨论典型Ⅰ型系统和典型Ⅱ型系统的频率特性与性能指标之间的关系。

2. 典型Ⅰ型系统性能指标与参数的关系

典型Ⅰ型系统的开环传递函数中有：开环增益 K 和时间常数 T 两个参数。实际系统中，时间常数 T 往往是控制对象本身固有的，能够由控制器改变的只有开环增益 K。因此，下面主要分析性能指标与增益 K 取值之间的关系。

当增益 K 变化时，典型Ⅰ型系统开环对数幅频特性将随之上下平移，如图 6-5 所示。在 $\omega=1$ 处，典型Ⅰ型系统的对数幅频渐进特性曲线幅值为

$$L(\omega)\big|_{\omega=1}=20\lg K=20(\lg\omega_c-\lg 1)=20\lg\omega_c \tag{6-5}$$

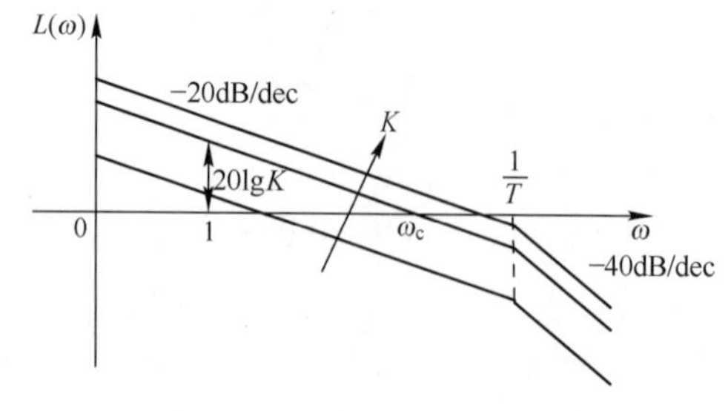

图 6-5　典型Ⅰ型系统开环对数幅频渐进特性曲线与参数 K 值的关系

由此可得 $K=\omega_c$（当 $\omega_c<1/T$ 时）。开环增益 K 越大，截止频率 ω_c 也越

大，系统响应越快。另外，由系统相角稳定裕度 $\gamma=90°-\arctan(\omega_c T)$ 可知，K 增大，γ 降低，当 $K>1/T$ 时，幅频特性曲线将以 -40dB/dec 的斜率穿越零分贝线，这会严重影响系统的稳定性。综上分析，系统快速性与稳定性是相互矛盾的，在具体选择参数时，需在二者之间折中。

下面进一步定量分析开环增益 K 值选取与各项性能指标之间的关系。

1）稳态跟随性能指标

根据第 5 章中分析方法，容易求得典型 I 型系统在不同输入信号作用下的稳态误差，如表 6-1 所列。

表 6-1　典型 I 型系统在不同输入信号作用下的稳态误差

输入信号	阶跃输入 $R(t)=R_0$	斜坡输入 $R(t)=v_0 t$	抛物线输入 $R(t)=a_0 t^2/2$
稳态误差	0	v_0/K	∞

表 6-1 中，在阶跃输入下 I 型系统在稳态时是无差的，但在斜坡输入下则有恒值稳态误差，误差大小与 K 值成反比，在抛物线输入下稳态误差是 ∞。因此，I 型系统通常不能用于具有抛物线输入的随动系统。

2）动态跟随性能指标

由图 6-3（a）容易求出典型 I 型系统的闭环传递函数为

$$G_{cl}(s)=\frac{\dfrac{K}{s(Ts+1)}}{1+\dfrac{K}{s(Ts+1)}}=\frac{\dfrac{K}{T}}{s^2+\dfrac{1}{T}s+\dfrac{K}{T}} \tag{6-6}$$

进一步，将其描述为二阶系统传递函数的一般形式：

$$G_{cl}(s)=\frac{\omega_n^2}{s^2+2\zeta\omega_n s+\omega_n^2} \tag{6-7}$$

式中：$\omega_n=\sqrt{\dfrac{K}{T}}$，$\zeta=\dfrac{1}{2}\sqrt{\dfrac{1}{KT}}$。根据前述分析，$KT<1$，因此有 $\zeta>0.5$。

由 2.2.1 节中分析的二阶系统性质可知，当 $\zeta<1$ 时，系统处于欠阻尼状态；当 $\zeta>1$ 时处于过阻尼状态；当 $\zeta=1$ 时处于临界阻尼状态。过阻尼时系统动态响应较慢，所以一般常将系统设计成欠阻尼状态，因此在典型 I 型系统中，取 $0.5<\zeta<1$。

根据第 2 章分析，可求得式（6-6）所示系统在零初始条件下的阶跃响应主要动态指标的计算公式，如表 6-2 所列。

表 6-2　欠阻尼二阶系统在零初始条件下的阶跃响应主要动态指标

时域指标	上升时间（t_r）	$t_r=\dfrac{2T}{\sqrt{4KT-1}}\left(\pi-\arccos\sqrt{\dfrac{1}{4KT}}\right)$	峰值时间（t_p）	$t_p=\dfrac{2\pi T}{\sqrt{4KT-1}}$
	超调量（σ）	$\sigma\%=e^{-\frac{\pi}{\sqrt{4KT-1}}}\times100\%$	调节时间（t_s）	$t_s\approx6T$（当$\zeta<0.9$时，$\Delta=5$）
频域指标	截止频率（ω_c）	$\omega_c=\dfrac{\sqrt{\sqrt{4K^2T^2+1}-1}}{\sqrt{2}T}$	相角裕度（γ）	$\gamma=\arctan\dfrac{\sqrt{2}}{\sqrt{\sqrt{4K^2T^2+1}-1}}$

进一步，根据上述计算公式，可以求得典型Ⅰ型系统动态跟随性能指标和频域指标与参数之间的关系，如表 6-3 所列。

表 6-3　典型Ⅰ型系统动态跟随性能指标和频域指标与参数的关系

参数关系（KT）	0.25	0.31	0.39	0.5	0.69	1.0
阻尼比（ζ）	1.0	0.9	0.8	0.707	0.6	0.5
超调量（σ）	0	0.15%	1.5%	4.3%	9.5%	16.3%
上升时间（t_r）	∞	$11.1T$	$6.67T$	$4.72T$	$3.34T$	$2.41T$
峰值时间（t_p）	∞	$11.3T$	$8.3T$	$6.2T$	$4.7T$	$3.6T$
相角稳定裕度（γ）	76.3°	73.5°	69.9°	65.5°	59.2°	51.8°
截止频率（ω_c）	$0.243/T$	$0.299/T$	$0.367/T$	$0.455/T$	$0.596/T$	$0.786/T$

由表 6-3 可知，典型Ⅰ型系统参数选择在 $KT=0.5\sim1.0$ 时，$\zeta=0.707\sim0.5$，系统的超调量不大，在 $\sigma\%=4.3\%\sim16.3\%$，系统响应速度较快。若对超调量有严格限制，则可取 $KT=0.25\sim0.39$，$\zeta=1.0\sim0.8$，系统的超调量限制在 1.5%以内，但系统响应速度较慢。在具体设计时，需要根据系统指标要求选择参数，当取 $KT=0.5$ 时，多项指标都比较折中，应用比较广泛，这个参数下的典型Ⅰ型系统也常称为“二阶最佳系统”。如果出现无论参数如何选取都不能满足全部指标要求，典型Ⅰ型系统就不再适用，需要考虑其他类型的典型系统。

3）抗扰性能指标

控制系统的抗扰性能与系统结构、扰动作用点以及扰动输入的形式等因素密切相关。考虑到双闭环控制系统的电流环通常校正为典型Ⅰ型系统（其设计方法将在 6.3 节进行分析），此处选取其作为对象分析典型Ⅰ型系统的抗扰性能，对于其他系统分析可以此类推。

由 4.3 节分析可知，电网波动与反电动势影响是电流环的典型扰动，根据图 4-23（b），可将其中的电流环模型描述为图 6-6 所示的结构。$G_{ACR}(s)$ 一般采用的 PI 调节器为

$$G_{ACR}(s)=\frac{K_p(\tau_I s+1)}{\tau_I s} \tag{6-8}$$

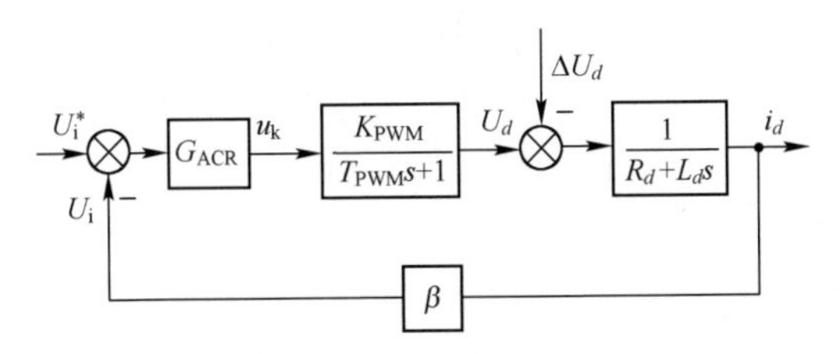

图 6-6　电流环在电压扰动作用下的动态结构图

当取 $K_2=1/R_d$，$T_2=L_d/R_d$，$\tau_I=T_2$，$T_1=T_{PWM}$，$K_1=\beta K_p K_{PWM}/\tau_I$ 时，图 6-6可化为图 6-7（a）所示的典型 I 型系统。在分析系统抗扰性能时，可令 $R(s)=0$，取 T_L 作为输入量，$\Delta C(s)$ 作为输出量，则系统动态结构可进一步化为图 6-7（b）。

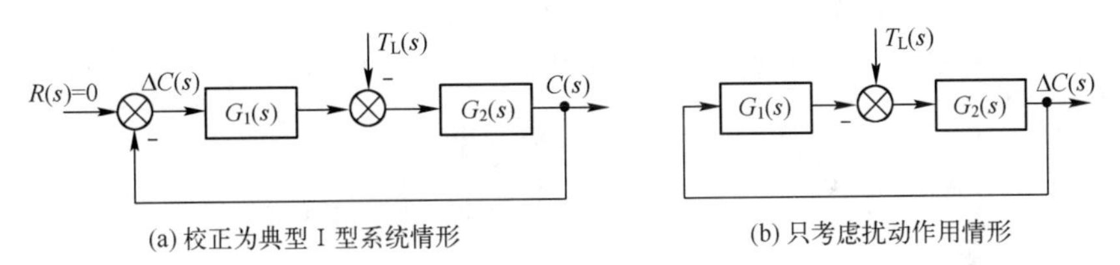

图 6-7　扰动作用下典型 I 型系统动态结构图

图 6-7 中有

$$G_2(s)=\frac{K_2}{T_2 s+1} \tag{6-9}$$

$$G_1(s)=\frac{K_p(\tau_I s+1)}{\tau_I s}\frac{\beta K_{PWM}}{T_{PWM}s+1}=\frac{K_1(T_2 s+1)}{s(T_1 s+1)} \tag{6-10}$$

则容易求得系统的开环传递函数为

$$G_{op}(s)=G_1(s)G_2(s)=\frac{K_1(T_2 s+1)}{s(T_1 s+1)}\frac{K_2}{T_2 s+1}=\frac{K}{s(Ts+1)} \tag{6-11}$$

式中：$K=K_1K_2$；$T=T_1$。

在阶跃扰动下，令 $T_L(s)=T_L/s$，可得

$$\Delta C(s)=\frac{G_2(s)}{1+G_{op}(s)}\frac{T_L}{s}=\frac{\frac{K_2}{T_2s+1}}{1+\frac{K}{s(Ts+1)}}\frac{T_L}{s}=\frac{K_2T_L(Ts+1)}{(T_2s+1)(Ts^2+s+K)} \tag{6-12}$$

若选择 $KT=0.5$，则有

$$\Delta C(s)=\frac{2TK_2T_L(Ts+1)}{(T_2s+1)(2T^2s^2+2Ts+1)} \tag{6-13}$$

对式（6-13）进行反拉氏变换，可得

$$\Delta C(t)=\frac{2K_2T_Lm}{2m^2-2m+1}\left[(1-m)e^{-t/T_2}-e^{-t/(2T)}\left((1-m)\cos\frac{t}{2T}-m\sin\frac{t}{2T}\right)\right] \tag{6-14}$$

式中：$m=T_1/T_2$，考虑到 $T_1=T_{PWM}$，$T_2=L_d/R_d$，有 $m<1$。

根据式（6-14），可计算 m 取不同值时对应的 $\Delta C(t)$ 动态过程曲线，从而求取输出量的最大动态降落 ΔC_{max} 和对应的降落时间 t_m，以及允许误差带为 $\pm5\%C_b$ 时的恢复时间 t_v，如表 6-4 所列。

表 6-4　典型Ⅰ型系统动态抗扰性能指标与参数的关系

（控制结构和阶跃扰动作用点见图 6-7，参数选择 $KT=0.5$）

时间常数比值 $m=T_1/T_2=T/T_2$	1/5	1/10	1/20	1/30
最大动态降落比值 $(\Delta C_{max}/C_b)\times100\%$	27.8%	16.6%	9.3%	6.5%
最大降落时间（t_m）	$2.8T$	$3.4T$	$3.8T$	$4.0T$
恢复时间（t_v）	$14.7T$	$21.7T$	$28.7T$	$30.4T$

考虑到分析时关心的是 ΔC_{max} 相对于扰动幅值 T_L 的大小，因此表 6-4 中选取扰动在系统开环时的输出值作为参考值 C_b，即有 $C_b=K_2T_L$。

由表 6-4 可以看出，当控制对象的两个环节时间常数相差增大时，动态降落减小，但对应的最大动态降落时间与恢复时间变长，这也从一定程度上反映了稳定性与快速性之间的矛盾。

3. 典型Ⅱ型系统性能指标与参数的关系

在式（6-3）所示的典型Ⅱ型系统的开环传递函数中，T 是控制对象固有的时间常数，K,τ 为待定参数。与典型Ⅰ型系统相比，待定参数增加为 2 个，参数选择难度提高。

为简化设计，引入一个新的变量 h，并令

$$h=\frac{\tau}{T}=\frac{\omega_2}{\omega_1} \tag{6-15}$$

由图6-8可见，h是斜率为-20dB/dec的中频段宽度（对数坐标），称为“中频宽”。2.3.4节中已分析，中频段的特性对控制系统的动态品质起着决定性的作用，因此h值是一个很关键的参数。

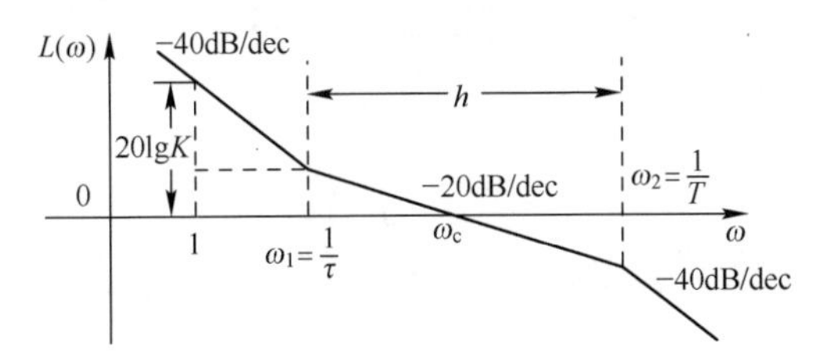

图6-8　典型Ⅱ型系统的开环对数幅频渐进特性和中频宽

不失一般性，设$\omega=1$点位于典型幅频特性曲线中的-40dB/dec特性段，则根据图6-8可得

$$20\lg K=40(\lg\omega_1-\lg 1)+20(\lg\omega_c-\lg\omega_1)=20\lg(\omega_c\omega_1) \tag{6-16}$$

因此

$$K=\omega_c\omega_1 \tag{6-17}$$

综合式（6-15）和式（6-17）可以发现，由于T是控制对象固有的时间常数，改变h就相当于改变ω_1或τ，在ω_1或τ确定以后，再改变K相当于使开环对数幅频特性上下平移，从而改变了截止频率ω_c，这样就建立了系统参数与频域特性之间的对应关系。在设计典型Ⅱ型系统时，选择频域参数h和ω_c，就相当于选择了参数K和τ，且由于前者比较直观，因此通常选其作为设计参数。

在工程实践中，同时选择h和ω_c两个参数，仍然比较复杂，工作量大。因此，还希望在两个参数之间找到某种对系统动态性能有利的关系，选择其中一个参数就可以推算出另一个参数，从而将双参数设计问题转化成单参数设计问题，简化设计难度。

目前，对于典型Ⅱ型系统，工程设计中选择参数h和ω_c有两种准则，即最大相角裕度准则和最小闭环幅频特性峰值准则。依据这两种准则建立的h和ω_c的关系分别为

$$\omega_c=\frac{1}{\sqrt{h}T} \tag{6-18}$$

$$\omega_c=\frac{1}{2}(\omega_1+\omega_2)=\frac{h+1}{2hT} \tag{6-19}$$

由此，只要确定了中频段宽 h，截止频率 ω_c 就可以随之确定。这样一来，系统的参数选取就可简化为单参数 h 的选取。

限于篇幅，本章以最小闭环幅频特性峰值准则为例分析 h 的选取，最大相角裕度准则分析方法与之类似，此处不再赘述。可以证明，中频段宽 h 对应的最小系统闭环频率特性峰值为

$$M_{\mathrm{rmin}}=\frac{h+1}{h-1} \tag{6-20}$$

进一步，可以计算得到 h 取不同值时的 M_{rmin} 值和对应的频率比，如表 6-5 所列。

表 6-5　不同中频宽 h 时的 M_{rmin} 值和频率比

h	3	4	5	6	7	8	9	10
M_{rmin}	2	1.67	1.5	1.4	1.33	1.29	1.25	1.22
ω_2/ω_c	1.5	1.6	1.67	1.71	1.75	1.78	1.80	1.82
ω_c/ω_1	2.0	2.5	3.0	3.5	4.0	4.5	5.0	5.5

经验表明，M_{rmin} 在 1.2~1.5，系统的动态性能较好，有时也允许达到 1.8~2.0，所以 h 可在 3~10 选择，当 h 选取更大值时对降低 M_{rmin} 的效果不明显。

根据前述分析，确定了参数 h 后，容易得到参数 K 和 τ 的计算公式为

$$\begin{cases}\tau=hT\\ K=\dfrac{h+1}{2h^2T^2}\end{cases} \tag{6-21}$$

这样一来，只要按动态性能指标的要求确定了 h 值，就可以根据式（6-21）来计算 K 和 τ，从而进一步确定控制器参数。下面分别讨论跟随和抗扰性能指标和 h 值的关系，以作为确定 h 值的依据。

1）稳态跟随性能指标

根据第 5 章分析方法，容易求得典型Ⅱ型系统在不同输入信号作用下的稳态误差，如表 6-6 所列。

表 6-6　典型Ⅱ型系统在不同输入信号作用下的稳态误差

输入信号	阶跃输入 $R(t)=R_0$	斜坡输入 $R(t)=v_0t$	抛物线输入 $R(t)=a_0t^2/2$
稳态误差	0	0	a_0/K

在阶跃输入和斜坡输入下，典型Ⅱ型系统在稳态时都是无差的，在抛物线输入下，稳态误差的大小与开环增益 K 成反比。

2）动态跟随性能指标

将式（6-21）代入典型Ⅱ型系统的开环传递函数式（6-3），可得

$$G_{\mathrm{op}}(s)=\frac{K(\tau s+1)}{s^2(Ts+1)}=\frac{h+1}{2h^2T^2}\frac{(hTs+1)}{s^2(Ts+1)} \tag{6-22}$$

进一步，可得到系统的闭环传递函数

$$G_{\mathrm{cl}}(s)=\frac{G_{\mathrm{op}}(s)}{1+G_{\mathrm{op}}(s)}=\frac{hTs+1}{\dfrac{2h^2}{h+1}T^3s^3+\dfrac{2h^2}{h+1}T^2s^2+hTs+1} \tag{6-23}$$

当输入为单位阶跃信号，即 $R(s)=1/s$ 时，系统输出为

$$C(s)=G_{\mathrm{cl}}(s)R(s)=\frac{hTs+1}{\left(\dfrac{2h^2}{h+1}T^3s^3+\dfrac{2h^2}{h+1}T^2s^2+hTs+1\right)s} \tag{6-24}$$

采用数值计算方法，可求得 h 在不同取值条件下系统的阶跃响应性能主要指标，如表 6-7 所列。

表 6-7　典型Ⅱ型系统阶跃输入跟随性能指标（按 M_{rmin} 准则确定参数关系时）

中频宽（h）	3	4	5	6	7	8	9	10
超调量（σ）	52.6%	43.6%	37.6%	33.2%	29.8%	27.2%	25.0%	23.3%
上升时间（t_r）	2.4T	2.65T	2.85T	3.0T	3.1T	3.2T	3.3T	3.35T
调节时间（t_s）	12.15T	11.65T	9.55T	10.45T	11.30T	12.25T	13.25T	14.20T
振荡次数（k）	3	2	2	1	1	1	1	1

由于过渡过程的衰减振荡特性，调节时间随 h 的变化不是单调的，当 $h=5$ 时调节时间最短。随着 h 的增大，超调量和振荡次数不断减小，上升时间变长。综合分析，$h=5$ 时动态跟随性能比较适中。对比表 6-7 和表 6-3 可知，典型Ⅱ型系统超调量比典型Ⅰ型系统大，快速性好。

3）抗扰性能指标

与分析典型Ⅰ型系统抗扰性能类似，此处选取双闭环控制系统的转速环作为对象，对于其他系统分析可以此类推。

设采用典型Ⅰ型系统校正后的电流环闭环传递函数为 $G_{\mathrm{cl,i}}(s)$（具体校正方法在 6.3 节中分析），且可描述为一阶系统，即

$$G_{\mathrm{cl,i}}(s)=\frac{1/\beta}{2T_{\Sigma i}s+1} \tag{6-25}$$

则根据图 4-23（b），将其转速环模型描述为图 6-9 所示的结构。

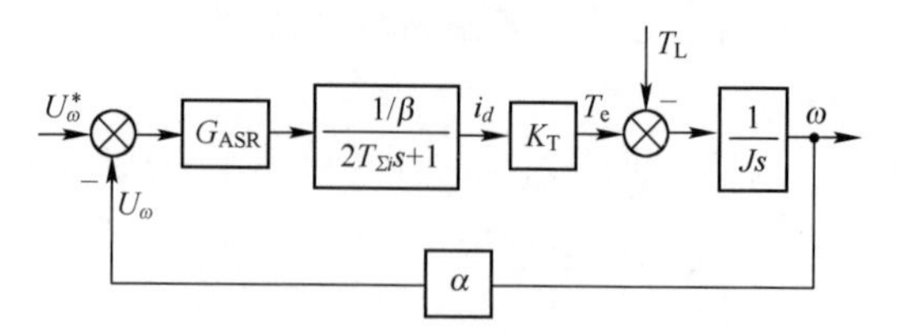

图 6-9 转速环在负载扰动作用下的动态结构

转速调节器 $G_{ASR}(s)$采用的 PI 调节器为

$$G_{ASR}(s)=\frac{K_p(\tau_I s+1)}{\tau_I s} \tag{6-26}$$

令 $K_2=1/J$，$K_1=\alpha K_p K_T/(\tau_I\beta)$，$\tau=\tau_I$，$T=2T_{\Sigma i}$，采用前述类似的方法，可将图 6-9 简化为图 6-10 所示的典型Ⅱ型系统在扰动作用下的动态结构。其中，

$$G_1(s)=\frac{\alpha K_p(\tau_I s+1)}{\tau_I s}\frac{1/\beta}{2T_{\Sigma i}s+1}K_T=\frac{K_1(\tau s+1)}{s(Ts+1)} \tag{6-27}$$

$$G_2(s)=\frac{K_2}{s} \tag{6-28}$$

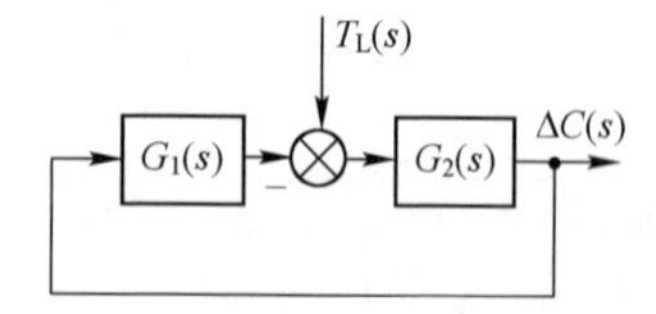

图 6-10 典型Ⅱ型系统扰动作用下的结构

则容易求得系统的开环传递函数为

$$G_{op}(s)=G_1(s)G_2(s)=\frac{K_1(\tau s+1)}{s(Ts+1)}\frac{K_2}{s}=\frac{K(\tau s+1)}{s^2(Ts+1)} \tag{6-29}$$

式中：$K=K_1K_2$。

在阶跃扰动下，令 $T_L(s)=T_L/s$，可得

$$\Delta C(s)=\frac{G_2(s)}{1+G_{op}(s)}\frac{T_L}{s}=\frac{\frac{K_2}{s}}{1+\frac{K(\tau s+1)}{s^2(Ts+1)}}\frac{T_L}{s}=\frac{K_2T_L(Ts+1)}{s^2(Ts+1)+K(\tau s+1)} \tag{6-30}$$

将式（6-21）代入式（6-30），有

$$\Delta C(s)=\frac{\frac{2h^2}{h+1}K_2T_LT^2(Ts+1)}{\frac{2h^2}{h+1}T^3s^3+\frac{2h^2}{h+1}T^2s^2+hTs+1} \tag{6-31}$$

采用数值计算方法，可计算 h 取不同值时对应的 $\Delta C(t)$ 动态过程曲线，从而求取输出量的最大动态降落 ΔC_{max} 和对应的降落时间 t_m，以及允许误差带为±5%C_b 时的恢复时间 t_v，如表 6-8 所列。

表 6-8　典型Ⅱ型系统动态抗扰性能指标与参数的关系
（控制结构和阶跃扰动作用点见图 6-10，参数关系符合 M_{rmin} 准则）

中频段宽（h）	3	4	5	6	7	8	9	10
最大动态降落比值（$\Delta C_{max}/C_b$）×100%	72.2%	77.5%	81.2%	84.0%	86.3%	88.1%	89.6%	90.8%
最大降落时间（t_m）	2.45T	2.70T	2.85T	3.00T	3.15T	3.25T	3.30T	3.40T
恢复时间（t_v）	13.60T	10.45T	8.80T	12.95T	16.85T	19.80T	22.80T	25.85T

分析典型Ⅰ型系统抗扰性能时，选取扰动在系统开环时的稳态输出值作为参考值 C_b。但在图 6-10 中，$G_2(s)$ 为积分环节，开环时输出为递增积分值，不恒定。为使最大动态降落指标值限制在 100%以内，表 6-8 中选取开环输出在 $2T$ 时间内的累加值作为基准值，即 $C_b=2K_2T_LT$。

由表 6-8 可知，h 值减小，ΔC_{max} 减小，t_m 和 t_v 缩短，抗扰性能越好，这个趋势与跟随性能中的超调量是相互制约的，这也反映快速性和稳定性的矛盾。需要说明的是，当 $h<5$ 时，h 再减小，由于振荡次数的增多，恢复时间 t_v 反而拖长了。综合上述分析，$h=5$ 时系统的跟随性能和抗扰性能均比较好。

6.2.3　非典型系统的典型化

前面讨论了两类典型系统及其参数与性能指标的关系，实际系统中的大多数系统都是非典型系统，因此需要采取适当的措施将非典型系统转化成典型系统的形式，以便根据典型系统参数与性能指标之间的关系确定控制参数，这就是非典型系统的典型化。对于传递函数较为简单的非典型系统，可以直接采用控制器将其校正成典型系统；对于不能简单地校正成典型系统的非典型系统，需先采取近似处理，再利用控制器进行校正。本节首先分析系统结构的各种近似处理方法，在此基础上讨论控制器的设计。

1. 控制对象的工程近似处理方法

1）高频段小惯性环节的近似处理

实际系统中往往有一些小时间常数的惯性环节，如功率放大装置的滞后时间常数、电流和转速检测的滤波时间常数等，它们的转折频率往往处于系统开环频率特性的高频段，对它们进行近似处理不会显著影响系统的动态性能。例如对于系统开环传递函数

$$G(s)=\frac{K(\tau s+1)}{s(T_1s+1)(T_2s+1)(T_3s+1)} \tag{6-32}$$

设 $T_1>\tau$，T_2，T_3 都是小时间常数，且有 $T_1\gg T_2$ 和 T_3，系统的开环对数幅频特性如图 6-11 所示。

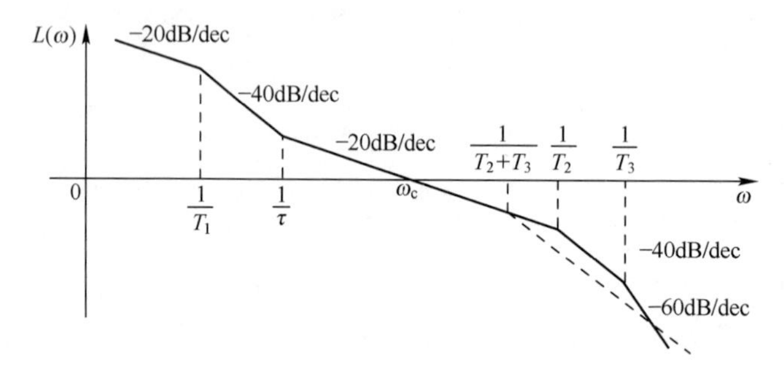

图 6-11 高频段小惯性环节近似处理对频域特性曲线的影响

小惯性环节的频率特性为

$$\frac{1}{(\mathrm{j}\omega T_2+1)(\mathrm{j}\omega T_3+1)}=\frac{1}{(1-T_2T_3\omega^2)+\mathrm{j}\omega(T_2+T_3)} \tag{6-33}$$

当 $T_2T_3\omega^2\ll 1$ 时，可忽略。则有

$$\frac{1}{(\mathrm{j}\omega T_2+1)(\mathrm{j}\omega T_3+1)}\approx\frac{1}{1+\mathrm{j}\omega(T_2+T_3)} \tag{6-34}$$

亦即是

$$\frac{1}{(T_2s+1)(T_3s+1)}\approx\frac{1}{(T_2+T_3)s+1} \tag{6-35}$$

考虑到工程实践中，一般允许误差为 10%，因此近似条件可记为 $T_2T_3\omega^2\leqslant 0.1$，或闭环系统的允许频带 $\omega_b\leqslant 1/\sqrt{10T_2T_3}$。进一步，考虑到开环频率特性的截止频率 ω_c 与闭环频率特性允许频带 ω_b 一般比较接近，同时 $\sqrt{10}\approx 3.16$，可得到近似处理的条件为

$$\omega_c \leqslant \frac{1}{3}\sqrt{\frac{1}{T_2T_3}} \tag{6-36}$$

化简后的对数幅频特性见图 6-12 中虚线。

同理，如果有三个小惯性环节，可以证明，其近似处理表达式为

$$\frac{1}{(T_2s+1)(T_3s+1)(T_4s+1)} \approx \frac{1}{\sum_{i=2}^{4} T_is+1} \tag{6-37}$$

近似条件为

$$\omega_c \leqslant \frac{1}{3}\sqrt{\frac{1}{T_2T_3+T_2T_4+T_3T_4}} \tag{6-38}$$

总结上述分析可知，当系统有多个小惯性环节时，在满足一定条件时，可以将它们近似地看成一个小惯性环节，其时间常数等于各小惯性环节时间常数之和。

2）高阶系统的降阶处理

上述小惯性环节的近似处理实际上是一种特殊的降阶处理，把多阶小惯性环节降阶为一阶小惯性环节。对于更一般的情况，当高次项的系数小到一定程度时就可以忽略不计。以三阶系统为例，设

$$G(s)=\frac{K}{as^3+bs^2+cs+1} \tag{6-39}$$

式中：a，b，c 均为正系数，且 $bc>a$，以保证系统稳定。

与前类似，可写出其频率特性为

$$\frac{K}{a(j\omega)^3+b(j\omega)^2+c(j\omega)+1}=\frac{K}{(1-b\omega^2)+j\omega(c-a\omega^2)} \tag{6-40}$$

当 $b\omega^2 \leqslant 0.1, a\omega^2 \leqslant 0.1c$ 时，有

$$\frac{K}{a(j\omega)^3+b(j\omega)^2+c(j\omega)+1} \approx \frac{K}{1+j\omega c} \tag{6-41}$$

亦即是

$$\frac{K}{as^3+bs^2+cs+1} \approx \frac{K}{cs+1} \tag{6-42}$$

根据前述的方法，可得到近似条件为

$$\begin{cases} \omega_c \leqslant \dfrac{1}{3}\min\left(\sqrt{\dfrac{1}{b}}, \sqrt{\dfrac{c}{a}}\right) \\ bc>a \end{cases} \tag{6-43}$$

3）大惯性环节的近似处理

采用工程方法设计时，为了按典型系统设计控制器，有时需要把系统中时间常数特别大的大惯性环节近似地当作积分环节来处理，即

$$\frac{1}{Ts+1}\approx\frac{1}{Ts} \tag{6-44}$$

其近似条件分析方法与前类似，首先求取大惯性环节的频率特性为

$$\frac{1}{\mathrm{j}\omega T+1}=\frac{1}{\sqrt{\omega^2T^2+1}}\angle-\arctan(\omega T) \tag{6-45}$$

若将它近似成一个积分环节，其幅值应近似为

$$\frac{1}{\sqrt{\omega^2T^2+1}}\approx\frac{1}{\omega T} \tag{6-46}$$

容易求得近似条件为

$$\omega_c\geqslant\frac{3}{T} \tag{6-47}$$

相角近似关系为

$$\arctan(\omega T)\approx 90° \tag{6-48}$$

当 $\omega T=\sqrt{10}$ 时，$\arctan(\omega T)=72.45°$，即是说，将惯性环节近似成积分环节后，相角滞后得更多，相当于稳定裕度更小。换言之，实际系统的稳定裕度比近似系统更大，按近似系统设计好以后，实际系统的稳定性应该更强。

以系统开环传递函数为例

$$G(s)=\frac{K(\tau s+1)}{s(T_1s+1)(T_2s+1)} \tag{6-49}$$

式中：$T_1>\tau>T_2$，$1/T_1$ 远低于截止频率 ω_c，处于低频段。系统的开环对数幅频特性如图 6-12 所示。将大惯性环节 $1/(T_1s+1)$ 近似为积分环节 $1/(T_1s)$ 时，系统开环传递函数变换为

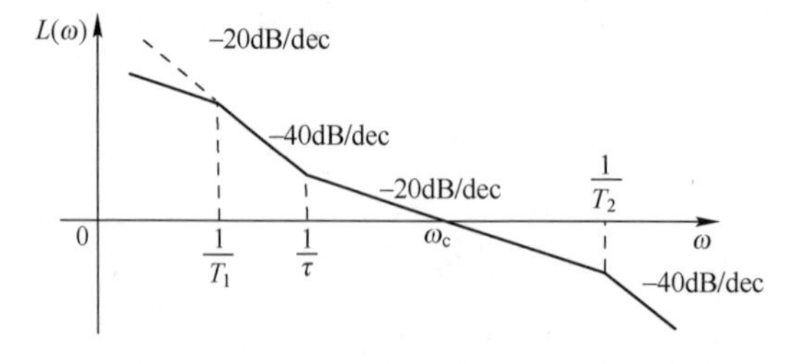

图 6-12　低频段大惯性环节近似处理对频域特性曲线的影响

$$G(s)=\frac{K(\tau s+1)}{T_1 s^2(T_2 s+1)} \tag{6-50}$$

简化后的对数幅频特性见图 6-12 中虚线。从开环对数幅频特性曲线上看，由于 $1/T_1 \ll \omega_c$，大惯性环节的转折频率处于频率特性曲线的低频段，近似后的系统与原系统的差别也只在低频段，因此近似处理对系统的动态性能影响不大。当考虑稳态性能时，这种近似处理相当于人为地把系统的型次提高了一级，如原系统为 Ⅰ 型系统，近似后则变成了 Ⅱ 型系统。从前述分析可知，Ⅱ 型系统与 Ⅰ 型系统对不同信号的跟踪稳态误差是具有明显差异的，因此在考虑稳态精度时，仍应采用原系统的传递函数。

2. 系统类型与控制器的选择

采用工程设计方法选择控制器时，应先根据控制系统的要求，确定校正成典型系统的类型。从 6.2.2 节分析可知，典型 Ⅰ 型系统和典型 Ⅱ 型系统除在稳态误差上的区别外，在动态性能上，典型 Ⅰ 型系统超调量小，但是抗扰性能稍差；典型 Ⅱ 型系统超调量相对较大，但是抗扰性能较好。当然，上述结论是以控制器处于线性状态为前提的，在实际系统启动、制动过程中，转速调节器输出在很长时间内都是饱和的，因此典型 Ⅱ 型系统的实际超调量要比按线性系统计算出来的小。

确定了要采用典型系统的类型之后，就可以利用“对消原理”将控制对象与控制器的传递函数综合，从而将系统转化为典型系统形式。下面以“双惯性环节”与“积分环节+双惯性环节”为例分析控制器的设计方法。

1）“双惯性环节”的控制器设计

双惯性控制对象的传递函数为

$$G_{\mathrm{obj}}(s)=\frac{K_2}{(T_1 s+1)(T_2 s+1)} \tag{6-51}$$

其中，$T_1>T_2$，K_2 为控制对象的放大倍数。若要将其校正成典型 Ⅰ 型系统，调节器必须具有一个积分环节，并带有一个一阶微分环节，以便对消掉控制对象中的一个惯性环节，一般选择时间常数较大的惯性环节对消，以使校正后的系统响应更快。综合上述分析，可选择 PI 控制器，由此构成的系统结构框图如图 6-13 所示。

取 $\tau_1=T_1$，$K_{\mathrm{p}}K_2/\tau_1=K$，则校正后系统的开环传递函数为

$$G_{\mathrm{op}}(s)=\frac{K_{\mathrm{p}}(\tau_1 s+1)}{\tau_1 s}\frac{K_2}{(T_1 s+1)(T_2 s+1)}=\frac{K}{s(T_2 s+1)} \tag{6-52}$$

由式（6-52）可知，校正后系统为典型 Ⅰ 型系统。如果 $T_1 \gg T_2$，且满足

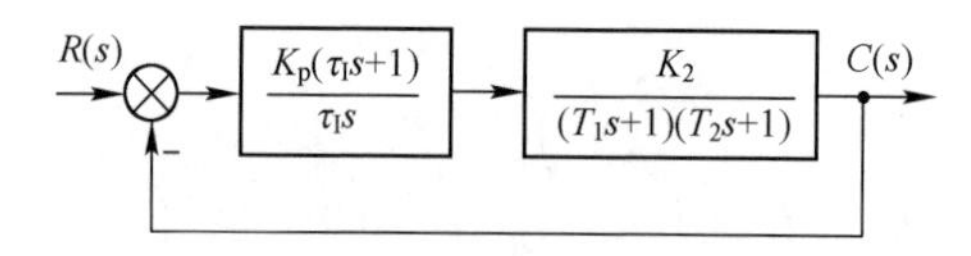

图 6-13　双惯性环节校正

将大惯性环节按积分环节近似处理的条件，式（6-51）可近似为

$$G_{obj}(s)=\frac{K_2}{T_1s(T_2s+1)} \tag{6-53}$$

仍然选取 PI 控制器，且取 $\tau_I=hT_2$，$K_pK_2/(\tau_IT_1)=K$，则校正后系统的开环传递函数为

$$G_{op}(s)=\frac{K_p(\tau_Is+1)}{\tau_Is}\frac{K_2}{T_1s(T_2s+1)}=\frac{K(hT_2s+1)}{s^2(T_2s+1)} \tag{6-54}$$

即校正后系统为典型Ⅱ型系统。

2）“积分环节+双惯性环节”的控制器设计

当被控对象为一个积分环节与双惯性环节的组合时，其传递函数可描述为

$$G_{obj}(s)=\frac{K_2}{s(T_1s+1)(T_2s+1)} \tag{6-55}$$

如果 T_1，T_2 大小相当，采用 PI 控制器难以将其校正为典型系统。为此，考虑控制器选用 PID 控制器，此时系统结构框图如图 6-14 所示。

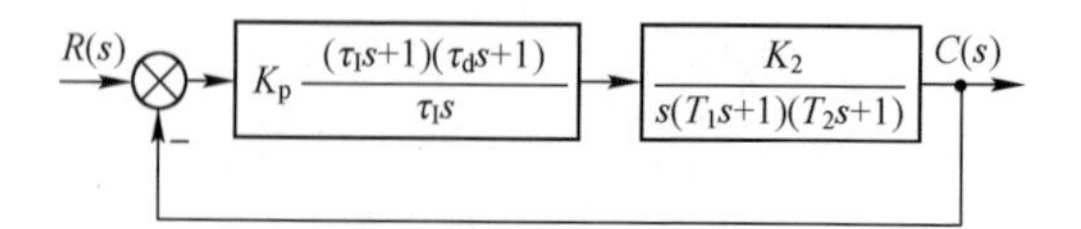

图 6-14　积分环节+双惯性环节的校正

取 $\tau_I=T_1$，$\tau_d=hT_2$，$K_2K_p/\tau_I=K$，则校正后系统的开环传递函数为

$$G_{op}(s)=K_p\frac{(\tau_Is+1)(\tau_ds+1)}{\tau_Is}\frac{K_2}{s(T_1s+1)(T_2s+1)}=\frac{K(hT_2s+1)}{s^2(T_2s+1)} \tag{6-56}$$

由此，系统校正为典型Ⅱ型系统。

实际系统的传递函数形式多样，校正为典型系统时的控制器选取也各不相同，表 6-9 和表 6-10 列出了几种校正为典型Ⅰ型系统与典型Ⅱ型系统的控制对象和控制器结构，其中有的对象在校正时根据简化条件进行了近似处理。

表 6-9　校正成典型Ⅰ型系统时的调节器选择

控制对象	$\frac{K_2}{(T_1s+1)(T_2s+1)}$ $(T_1>T_2)$	$\frac{K_2}{Ts+1}$	$\frac{K_2}{s(Ts+1)}$	$\frac{K_2}{(T_1s+1)(T_2s+1)(T_3s+1)}$ (T_1,T_2,T_3 差不多大，或 T_3 略小)	$\frac{K_2}{(T_1s+1)(T_2s+1)(T_3s+1)}$ $(T_1\gg T_2,T_3)$
控制器	$\frac{K_p(\tau_I s+1)}{\tau_I s}$	$\frac{K_p}{\tau_I s}$	K_p	$K_p\frac{(\tau_I s+1)(\tau_d s+1)}{\tau_I s}$	$\frac{K_p(\tau_I s+1)}{\tau_I s}$
参数选择	$\tau_I=T_1$			$\tau_I=T_1,\tau_d=T_2$	$\tau_I=T_1,T_\Sigma=T_2+T_3$

表 6-10　校正成典型Ⅱ型系统时的调节器选择

控制对象	$\frac{K_2}{s(Ts+1)}$	$\frac{K_2}{(T_1s+1)(T_2s+1)}$ $(T_1\gg T_2)$	$\frac{K_2}{s(T_1s+1)(T_2s+1)}$ (T_1,T_2 差不多大)	$\frac{K_2}{s(T_1s+1)(T_2s+1)}$ (T_1,T_2 都较小)	$\frac{K_2}{(T_1s+1)(T_2s+1)(T_3s+1)}$ $(T_1\gg T_2,T_3)$
控制器	$\frac{K_p(\tau_I s+1)}{\tau_I s}$	$\frac{K_p(\tau_I s+1)}{\tau_I s}$	$K_p\frac{(\tau_I s+1)(\tau_d s+1)}{\tau_I s}$	$\frac{K_p(\tau_I s+1)}{\tau_I s}$	$\frac{K_p(\tau_I s+1)}{\tau_I s}$
参数选择	$\tau_I=hT$	$\tau_I=hT_2$，且认为 $\frac{1}{T_1s+1}\approx\frac{1}{T_1s}$	$\tau_I=hT_1$（或 hT_2） $\tau_d=T_2$（或 T_1）	$\tau_I=h(T_1+T_2)$	$\tau_I=h(T_2+T_3)$，且认为 $\frac{1}{T_1s+1}\approx\frac{1}{T_1s}$

本节分析的方法主要是基于“对消原理”的“串联校正”，对于更加复杂的对象或者性能要求更高的系统，有时还需要用到微分负反馈、扰动前馈补偿等其他校正方法。

6.3　工程设计方法在电力传动控制系统设计中的应用

6.3.1　多闭环系统控制器设计的基本方法

前面分析了基于典型系统的控制器工程设计方法的基本原理与设计过程，其分析对象主要是单闭环系统。从前述各章分析可知，在坦克武器电力传动控制系统中，除了单闭环系统，还大量地采用双闭环、三闭环以及复合控制等多种结构形式，本节将进一步探讨多闭环系统控制器的设计。其一般方法是：从内环开始，首先设计好内环控制器，其次将内环整体当作外环的一个环节，然后设计外环的控制器。这样一环一环地逐步向外扩展，直到所有环的控制器都设计好为止。考虑到转速-电流双闭环控制系统结构比较典型，本节以其为例进行分析。

转速-电流双闭环控制系统的动态结构如图 6-15 所示，较之图 4-19，本节分析时增加了电流滤波、转速滤波和两个给定滤波环节。电流滤波环节用于滤除电流检测信号中的交流分量，其滤波时间常数 T_{oi} 可根据交流分量所处的频带选定。为了平衡滤波环节带来的延滞作用，方便控制器设计，在给定信号通道中也增设了一个相同时间常数的惯性环节，称为给定滤波环节。转速反馈也存在类似的问题，因此也增设有低通滤波环节和相应的给定滤波环节。

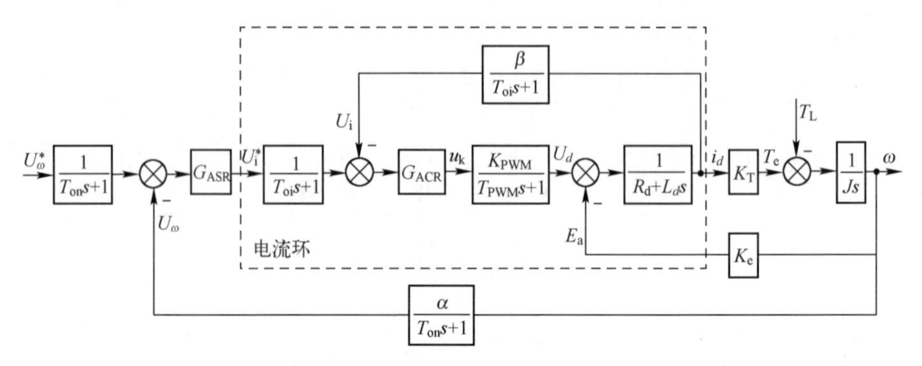

图 6-15　转速-电流双闭环控制系统的动态结构（含滤波环节）

根据前述分析的多环控制系统设计方法，对于转速-电流双闭环控制系统，首先从电流环入手，设计好电流调节器；然后把整个电流环看作转速调节系统中的一个环节；再设计转速调节器。

6.3.2　电流调节器设计——典型 I 型系统

1. 电流环结构图的简化

电流环结构如图 6-15 中虚线框所示。其环内存在反电动势产生的交叉反馈作用，大小与电动机转速成正比，这种反馈作用反映了转速环对电流环的影响，在转速调节器设计之前分析其影响比较困难。考虑到实际系统中，电动机电磁时间常数一般都远小于机电时间常数，电流的调节过程往往比转速的变化过程快得多，亦即是比反电动势变化快得多，因此在电流环设计时可以近似地认为反电势基本不变（即 $\Delta E_a=0$），当然这种近似是有条件的，下面首先分析反电势近似处理的条件。

电流环中包含反电动势部分的结构如图 6-16（a）所示。为了分析方便，暂不考虑阻转矩影响，即 $T_L=0$，并将反电势反馈环节引出点前移至电流环内，可将其结构转化为图 6-16（b）。

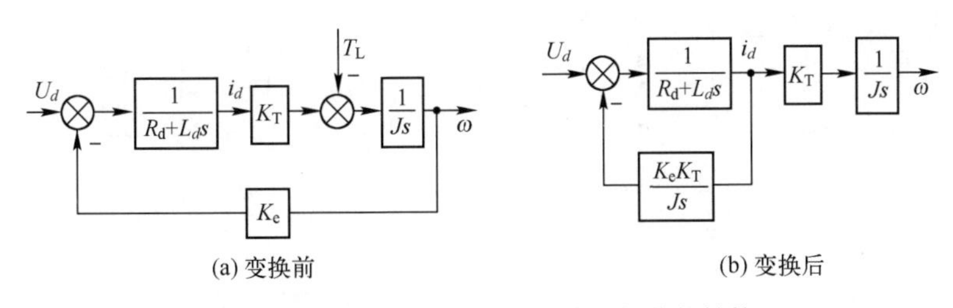

(a) 变换前　　(b) 变换后

图 6-16　电流环中包含反电动势部分的结构

根据图 6-16（b），容易求得

$$\frac{i_d(s)}{U_d(s)}=\frac{s}{L_ds^2+R_ds+K_eK_T/J} \tag{6-57}$$

当 $L_d\omega^2 \gg K_eK_T/J$ 时，可进一步将其近似为

$$\frac{i_d(s)}{U_d(s)}\approx\frac{s}{L_ds^2+R_ds}=\frac{1}{L_ds+R_d} \tag{6-58}$$

即与不考虑反电势影响时的传递函数相同。根据前述分析方法，可得忽略反电势作用的近似条件为

$$\omega_{ci} \geqslant 3\sqrt{\frac{K_eK_T}{L_dJ}} \tag{6-59}$$

式中：ω_{ci}为电流环的截止频率。

忽略反电势作用后，电流环结构可简化为图 6-17（a），其中：$T_2=L_d/R_d$。当给定滤波和反馈滤波两个环节时间常数取值相等时，可将其等效地移到电流环内，同时考虑到 T_{oi}，T_{PWM}一般比 T_2 小得多，可以当作小惯性环节处理，取

$$T_{\Sigma i}=T_{oi}+T_{PWM} \tag{6-60}$$

其简化条件为

$$\omega_{ci} \leqslant \frac{1}{3}\sqrt{\frac{1}{T_{oi}T_{PWM}}} \tag{6-61}$$

采用上述处理，可将电流环模型简化为图 6-17（b）。

2. 电流调节器结构与参数的选择

在设计电流调节器时，首先需要根据电流环性能要求考虑将其校正成典型系统的类型。从稳态要求来看，希望电流无静差，以得到理想的启动、制动特性，典型Ⅰ型系统和典型Ⅱ型系统都是满足要求的。从动态跟随性能来看，实际系统不允许电枢电流在突加控制作用时有过大的超调，以保证电流在动态过程中不超过允许值，因此典型Ⅰ型系统比较理想，6.2.2 节分析表

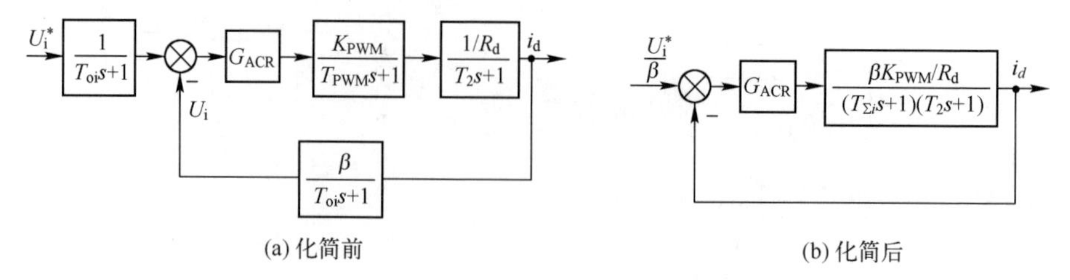

图 6-17　电流环动态结构及其化简

明，当控制对象的两个时间常数之比 $m=T_{\Sigma i}/T_2\geqslant 1/10$ 时，典型Ⅰ型系统的抗扰恢复时间还是可以接受的，因此一般多按典型Ⅰ型系统来设计电流环，下面对其设计方法进行分析。如果有特殊要求，需要按典型Ⅱ型系统设计，其方法与之类似，此处不再赘述。

由图 6-17（b）可知，电流环控制对象为双惯性环节，根据 6.2.3 节设计方法，可直接得到控制器传递函数为

$$G_{ACR}(s)=\frac{K_{p,i}(\tau_{I,i}s+1)}{\tau_{I,i}s} \tag{6-62}$$

式中：$K_{p,i}$ 为电流调节器的比例放大系数；$\tau_{I,i}$ 为积分时间常数，选择 $\tau_{I,i}=T_2$，则控制器的零点可与被控对象的大惯性环节极点对消，将电流环校正为典型Ⅰ型系统，即

$$G_{op,i}(s)=\frac{K_{op,i}}{s(T_{\Sigma i}s+1)} \tag{6-63}$$

式中：开环增益为 $K_{op,i}=\beta K_{p,i}K_{PWM}/(R_d\tau_{I,i})$。

当按照表 6-3，取 $K_{op,i}=\omega_{ci}=0.5/T_{\Sigma i}$，可得电流调节器的比例放大倍数为

$$K_{p,i}=\frac{R_d\tau_{I,i}}{2\beta K_{PWM}T_{\Sigma i}} \tag{6-64}$$

当实际系统动态跟随性能指标要求不同时，$K_{op,i}$ 取值亦应进行相应改变。电流控制器设计完毕后，需要对近似条件式（6-59）、式（6-61）进行校验，如果对电流环的动态抗扰性能指标有要求，还应对设计后的系统抗扰性能进行校验。

6.3.3　转速调节器设计——典型Ⅱ型系统

1. 电流环的等效闭环传递函数

如前所述，在设计转速调节器时，可把设计好的电流环当作转速环内的一个环节，与其他环节一起构成转速环的控制对象。为此，需求出电流环的

等效闭环传递函数。根据式（6-63），并取 $K_{op,i}=0.5/T_{\Sigma i}$，可求得电流环闭环传递函数为

$$G_{cl,i}(s)=\frac{i_d(s)}{U_i^*(s)/\beta}=\frac{K_{op,i}}{T_{\Sigma i}s^2+s+K_{op,i}}=\frac{1}{2T_{\Sigma i}^2s^2+2T_{\Sigma i}s+1} \tag{6-65}$$

根据 6.2.3 节近似处理方法，可将其简化为

$$G_{cl,i}(s)=\frac{i_d(s)}{U_i^*(s)/\beta}\approx\frac{1}{2T_{\Sigma i}s+1} \tag{6-66}$$

亦即是

$$\frac{i_d(s)}{U_i^*(s)}\approx\frac{1/\beta}{2T_{\Sigma i}s+1} \tag{6-67}$$

容易求得，其近似条件为

$$\omega_{cn}\leqslant\frac{1}{3\sqrt{2}\,T_{\Sigma i}} \tag{6-68}$$

式中：ω_{cn}为转速环截止频率。

综上分析可知，校正前的电流环控制对象可以近似看成一个双惯性环节，其时间常数分别为 $T_{\Sigma i}$，T_2。采用电流调节器校正后的整个电流环可近似为只有小时间常数 $2T_{\Sigma i}$的一阶惯性环节。也即是说，通过电流闭环可改造控制对象，从而加快电流跟随作用，这也是多环控制系统中局部闭环（内环）的一个重要功能。

2. 转速环结构图的简化

采用电流环等效闭环传递函数式（6-67）替代图 6-15 中的电流闭环，则整个双闭环控制的动态结构可简化为图 6-18（a）。与分析电流环类似，当给定滤波和反馈滤波两个环节时间常数取值相等时，可将其等效地移到转速环内。进一步，将双惯性环节近似为一个一阶惯性环节，即

$$\frac{\alpha}{T_{on}s+1}\,\frac{1/\beta}{2T_{\Sigma i}s+1}\approx\frac{\alpha/\beta}{T_{\Sigma n}s+1} \tag{6-69}$$

式中：$T_{\Sigma n}=T_{on}+2T_{\Sigma i}$。

其简化条件为

$$\omega_{cn}\leqslant\frac{1}{3}\sqrt{\frac{1}{2T_{on}T_{\Sigma i}}} \tag{6-70}$$

采用上述处理，可将转速环模型简化为图 6-18（b）。

3. 转速调节器结构与参数的选择

与电流调节器设计类似，首先需要根据转速环性能要求考虑将其校正成

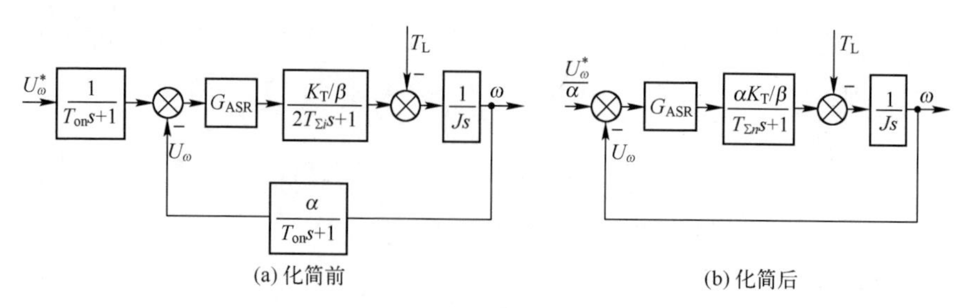

(a) 化简前 (b) 化简后

图 6-18 转速环的动态结构图及其近似处理

典型系统的类型。由图 6-18（b）可知，转速环控制对象的传递函数中包含一个积分环节和一个惯性环节，且积分环节在负载扰动点之后。为了提高系统对各种给定信号的跟随能力，减小稳态误差，应该在扰动作用点之前设置一个积分环节，构成典型Ⅱ型系统。从动态抗扰性能看，典型Ⅱ型系统也能更好地满足抗扰指标要求；对于动态跟随性能来说，当考虑饱和因素作用时，实际系统超调量会大大降低。因此，综合上述分析，大多数双闭环控制系统的转速环都按典型Ⅱ型系统进行设计。

由图 6-18（b）可知，转速环控制对象为“积分环节+惯性环节”，根据 6.2.3 节的设计方法，将其校正为典型Ⅱ型系统时，可采用 PI 控制器，其传递函数为

$$G_{ASR}(s)=\frac{K_{p,n}(\tau_{I,n}s+1)}{\tau_{I,n}s} \tag{6-71}$$

式中：$K_{p,n}$为转速调节器的比例放大系数；$\tau_{I,n}$为积分时间常数。由此可求得转速环的开环传递函数为

$$G_{op,n}(s)=\frac{K_{p,n}(\tau_{I,n}s+1)}{\tau_{I,n}s}\frac{\alpha K_T/\beta}{T_{\Sigma n}s+1}\frac{1}{Js}=\frac{K_{op,n}(\tau_{I,n}s+1)}{s^2(T_{\Sigma n}s+1)} \tag{6-72}$$

式中：$K_{op,n}$为转速环开环增益，且有

$$K_{op,n}=\frac{\alpha K_{p,n}K_T}{\beta\tau_{I,n}J} \tag{6-73}$$

当按照表 6-7 和表 6-8，取 $h=\tau_{I,n}/T_{\Sigma n}=5$，可得转速调节器的参数为

$$\begin{cases}\tau_{I,n}=5T_{\Sigma n}\\ K_{p,n}=\dfrac{3\beta J}{5\alpha K_T T_{\Sigma n}}\end{cases} \tag{6-74}$$

如果实际系统要求不同的动态跟随性能和抗扰性能指标，h 取值亦应进行相应改变。转速调节器设计完毕后，需要对近似条件式（6-68）、式（6-70）

进行校验。

6.3.4 考虑转速调节器饱和情形的跟随性能分析

如前所述，如果转速调节器没有饱和限幅约束，在将转速环校正为典型Ⅱ型系统时，系统启动快，但存在很大的转速超调（图 6-19（a））。实际系统增加转速调节器饱和约束后，在突加给定电压时，转速调节器很快就进入饱和状态，输出恒定的电压 U_{im}^*，启动电流为 $i_d \approx i_{dm} = U_{im}^*/\beta$，使电动机在恒流条件下启动，角速度 ω 按线性规律增长，因此其起动过程（图 6-19（b））要比没有采用限幅（图 6-19（a））时慢一些，也即是电流限幅会在一定程度上牺牲系统的快速性。对于“超调量”，4.3 节已经做过分析，转速调节器一旦饱和后，必须要等到角速度 ω 上升至给定值 ω^* 后，转速偏差才开始出现负值，使转速调节器退出饱和，因此在启动过程中转速必然超调。但是，这已经不是按线性系统运动规律产生的超调量，而是经历了饱和非线性区域之后产生的超调量，通常称作“退饱和超调量”。

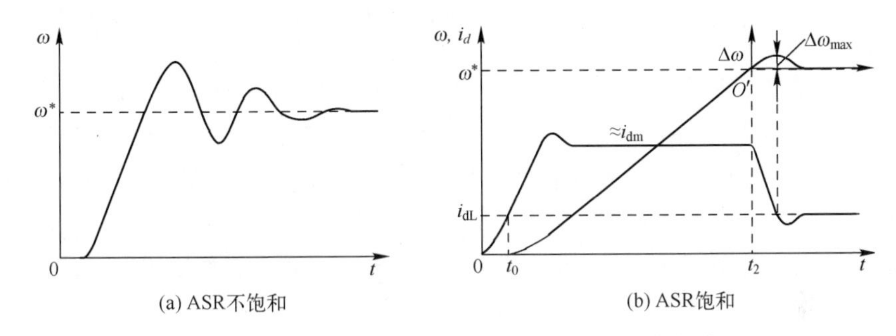

图 6-19　转速环按典型Ⅱ型系统设计的调速系统启动过程

对于“退饱和超调量”大小的计算，可采用分段线性化的方法，按照转速调节器饱和、退饱和两个阶段，分别用线性系统规律进行分析。

根据 4.3.4 节分析，在转速调节器饱和阶段，转速可近似为按线性规律增长，设转速开始增长的时刻为 t_0，系统转速可描述为

$$\omega(t)=\frac{K_T}{J}(i_{dm}-i_{dL})(t-t_0)\cdot 1(t-t_0) \tag{6-75}$$

式中：$1(t-t_0)$ 为从 t_0 时刻开始的单位阶跃函数。

容易求得 $t=t_2$ 时，有

$$\omega(t_2)=\frac{K_T}{J}(i_{dm}-i_{dL})(t_2-t_0)=\omega^* \tag{6-76}$$

由此，可得

$$t_2=\frac{J\omega^*}{K_T(i_{dm}-i_{dL})}+t_0 \tag{6-77}$$

且有 $i_d(t_2)\approx i_{dm}$，$\omega(t_2)=\omega^*$。

当转速调节器退出饱和后，系统恢复到线性范围内运行，系统微分方程与转速调节器没有饱和限幅约束时一致，但是初始条件发生了变化：

（1）当转速调节器没有饱和限幅约束时，分析启动过程的初始条件为 $i_d(0)=0$，$\omega(0)=0$。根据 6.3.3 的节设计方法，可将转速环结构描述为图 6-20。

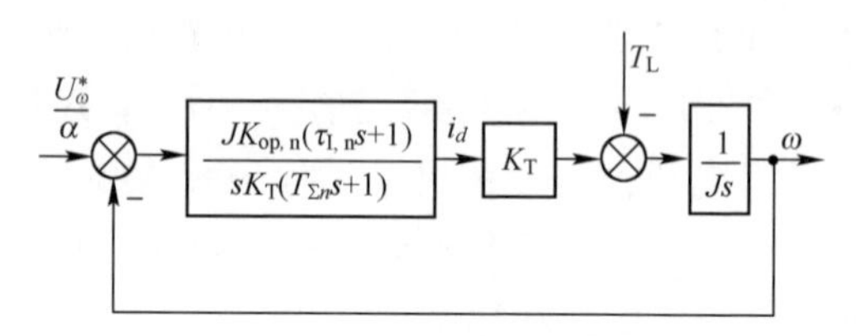

图 6-20　转速调节器无饱和约束时系统结构

（2）当考虑转速调节器限幅约束时，取退出饱和时刻作为初始状态，即将时间坐标零点由 $t=0$ 移到 $t=t_2$ 时刻，其初始条件取为 $i_d(0)=i_{dm}$，$\omega(0)=\omega^*$。由于系统不再满足零初始条件，根据 2.1.2 节分析，系统结构不再满足图 6-20。考虑到两种情况下系统微分方程相同，可通过图 6-20 求取系统微分方程，然后再考虑初始状态影响，求取新的系统结构。其具体过程如下：

设状态变量 $x_1=\omega$，$x_2=i_d$，$x_3=\dot{i}_d$，可得系统微分方程为

$$\begin{cases}\dot{x}_1=\dfrac{1}{J}(K_Tx_2-T_L)\\ \dot{x}_2=x_3\\ \dot{x}_3=-\dfrac{JK_{op,n}}{K_TT_{\Sigma n}}x_1-\dfrac{K_{op,n}\tau_{I,n}}{T_{\Sigma n}}x_2-\dfrac{1}{T_{\Sigma n}}x_3+\dfrac{JK_{op,n}}{K_TT_{\Sigma n}}\dfrac{U_\omega^*}{\alpha}+\dfrac{K_{op,n}\tau_{I,n}}{K_TT_{\Sigma n}}T_L\end{cases} \tag{6-78}$$

将其写为向量形式，有

$$\dot{\boldsymbol{X}}=\boldsymbol{AX}+\boldsymbol{BV} \tag{6-79}$$

式中：$\boldsymbol{X}=[x_1\quad x_2\quad x_3]^T$；$\boldsymbol{V}=[U_\omega^*/\alpha\quad T_L]^T$，

$$\boldsymbol{A}=\begin{bmatrix} 0 & \dfrac{K_{\mathrm{T}}}{J} & 0 \\ 0 & 0 & 1 \\ -\dfrac{JK_{\mathrm{op,n}}}{K_{\mathrm{T}}T_{\Sigma n}} & -\dfrac{K_{\mathrm{op,n}}\tau_{\mathrm{I,n}}}{T_{\Sigma n}} & -\dfrac{1}{T_{\Sigma n}} \end{bmatrix},\boldsymbol{B}=\begin{bmatrix} 0 & -\dfrac{1}{J} \\ 0 & 0 \\ \dfrac{JK_{\mathrm{op,n}}}{K_{\mathrm{T}}T_{\Sigma n}} & \dfrac{K_{\mathrm{op,n}}\tau_{\mathrm{I,n}}}{K_{\mathrm{T}}T_{\Sigma n}} \end{bmatrix}。$$

对式（6-79）两边取 Laplace 变换，可得 $\boldsymbol{X}(s)$ 为

$$\boldsymbol{X}(s)=[s\boldsymbol{I}-\boldsymbol{A}]^{-1}\boldsymbol{X}(0)+[s\boldsymbol{I}-\boldsymbol{A}]^{-1}\boldsymbol{B}\boldsymbol{V}(s) \tag{6-80}$$

式中：$[s\boldsymbol{I}-\boldsymbol{A}]^{-1}=\dfrac{\begin{bmatrix} T_{\Sigma n}s^2+s+K_{\mathrm{op,n}}\tau_{\mathrm{I,n}} & K_{\mathrm{T}}(T_{\Sigma n}s+1)/J & K_{\mathrm{T}}T_{\Sigma n}/J \\ -JK_{\mathrm{op,n}}/K_{\mathrm{T}} & T_{\Sigma n}s^2+s & T_{\Sigma n}s \\ -JK_{\mathrm{op,n}}s/K_{\mathrm{T}} & -K_{\mathrm{op,n}}\tau_{\mathrm{I,n}}s-K_{\mathrm{op,n}} & T_{\Sigma n}s^2 \end{bmatrix}}{T_{\Sigma n}s^3+s^2+K_{\mathrm{op,n}}\tau_{\mathrm{I,n}}s+K_{\mathrm{op,n}}}$，

$\boldsymbol{X}(s)=[x_1(s)\quad x_2(s)\quad x_3(s)]^{\mathrm{T}}$，$\boldsymbol{X}(0)=[\omega^*\quad i_{\mathrm{dm}}\quad 0]^{\mathrm{T}}$，$\boldsymbol{V}(s)=\begin{bmatrix}\dfrac{U_\omega^*}{\alpha s} & \dfrac{T_{\mathrm{L}}}{s}\end{bmatrix}^{\mathrm{T}}$。

根据式（6-80），可求得

$$x_1(s)=\frac{(T_{\Sigma n}s^2+s+K_{\mathrm{op,n}}\tau_{\mathrm{I,n}})\left(\omega^*-\dfrac{T_{\mathrm{L}}}{Js}\right)+\dfrac{(T_{\Sigma n}s+1)}{J}K_{\mathrm{T}}i_{\mathrm{dm}}+K_{\mathrm{op,n}}\left(\dfrac{U_\omega^*}{\alpha s}+\dfrac{\tau_{\mathrm{I,n}}}{J}\dfrac{T_{\mathrm{L}}}{s}\right)}{T_{\Sigma n}s^3+s^2+K_{\mathrm{op,n}}\tau_{\mathrm{I,n}}s+K_{\mathrm{op,n}}} \tag{6-81}$$

代入 $\omega^*=U_\omega^*/\alpha$，$\omega(s)=x_1(s)$，化简可得

$$\omega(s)=\frac{\omega^*}{s}+\frac{(T_{\Sigma n}s+1)(K_{\mathrm{T}}i_{\mathrm{dm}}-T_{\mathrm{L}})}{J(T_{\Sigma n}s^3+s^2+K_{\mathrm{op,n}}\tau_{\mathrm{I,n}}s+K_{\mathrm{op,n}})} \tag{6-82}$$

进一步，设 $\Delta\omega(s)=\omega(s)-\omega^*/s$，可得

$$\Delta\omega(s)=\frac{(T_{\Sigma n}s+1)(K_{\mathrm{T}}i_{\mathrm{dm}}-T_{\mathrm{L}})}{J(T_{\Sigma n}s^3+s^2+K_{\mathrm{op,n}}\tau_{\mathrm{I,n}}s+K_{\mathrm{op,n}})}=\frac{\dfrac{1}{Js}}{1+\dfrac{K_{\mathrm{op,n}}(\tau_{\mathrm{I,n}}s+1)}{s^2(T_{\Sigma n}s+1)}}\frac{K_{\mathrm{T}}(i_{\mathrm{dm}}-i_{\mathrm{dL}})}{s} \tag{6-83}$$

其初始条件为 $\Delta\omega(0)=0$，满足零初始条件，由此可得系统结构如图 6-21 所示。对比图 6-20 可知，由于初始条件发生了改变，尽管两种情况下系统微分方程完全相同，但是其动态结构的输入量与信号传递关系已经发生了明显变化。因此，系统过渡过程也不一样，“退饱和超调量”不能再按照典型Ⅱ型

系统跟随性能中的超调量计算方法进行分析。

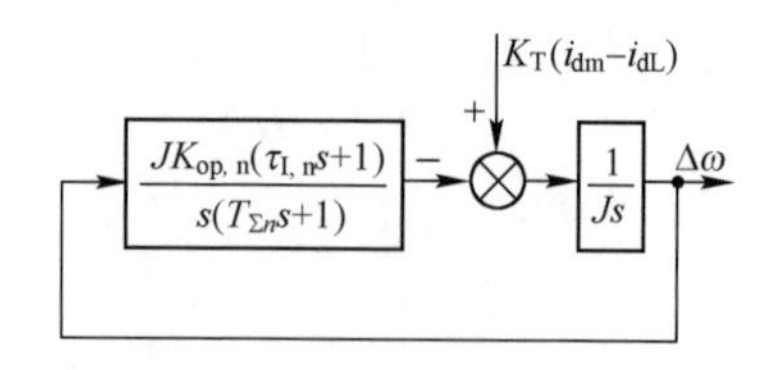

图 6-21　转速控制器退出饱和时系统结构

进一步分析可以发现，图 6-21 可以看作系统在扰动 $K_T(i_{dm}-i_{dL})$ 作用下的动态响应过程，与图 6-10 所示系统一致，因此可以利用表 6-8 所示的典型Ⅱ型系统抗扰性能分析结论来计算“退饱和超调量”。其中有

$$C_b=2\times\frac{1}{J}\cdot K_T(i_{dm}-i_{dL})T_{\Sigma n} \tag{6-84}$$

进一步，令 i_N 为电动机额定电流，$\lambda=i_{dm}/i_N$ 为电动机允许的过载倍数，$z=i_{dL}/i_N$ 为电动机允许的负载系数，Δn_N 为调速系统开环机械特性的额定速降，且有 $\Delta n_N=30i_NR_d/(\pi K_e)$。可得

$$C_b=2\times\frac{1}{J}\cdot K_T(\lambda-z)\frac{\pi K_e}{30R_d}\Delta n_N T_{\Sigma n}=2(\lambda-z)\frac{\pi\Delta n_N}{30}\cdot\frac{T_{\Sigma n}}{T_m} \tag{6-85}$$

式中：T_m 为电动机机电时间常数，且有 $T_m=R_dJ/(K_eK_T)$。

设给定角速度值为 ω^*，表 6-8 中所列最大动态降落比 $(\Delta C_{max}/C_b)\times100\%$ 值为 C_h，则可求得系统的转速超调量 $\sigma_n\%$ 为

$$\sigma_n\%=C_h\cdot\frac{C_b}{\omega^*}=\frac{C_h}{\omega^*}\times2(\lambda-z)\frac{\pi\Delta n_N}{30}\frac{T_{\Sigma n}}{T_m}=C_h\times2(\lambda-z)\frac{\Delta n_N}{n^*}\frac{T_{\Sigma n}}{T_m} \tag{6-86}$$

式中：$n^*=30\omega^*/\pi$。设 $\lambda=1.5$，$z=0$（理想空载启动），$\Delta n_N=0.3n_N$，$T_{\Sigma n}/T_m=0.1$，当选择 $h=5$，并且启动到额定转速 $n^*=n_N$ 时，则其“退饱和超调量”为

$$\sigma_n=2\times1.5\times0.1\times0.3\times81.2\%\approx7.3\% \tag{6-87}$$

由此可见，“退饱和超调量”要比线性条件下的系统超调量小得多。

综合上述分析，可知：

（1）转速调节器的饱和非线性，使得转速-电流双闭环控制系统启动过程的“退饱和超调量”大大降低，且其计算方法与负载扰动条件下最大动态速降计算方法相同，因此在增加转速调节器饱和约束后，系统的动态跟随性能与抗扰性能不再是相互矛盾、相互制约的。

（2）由式（6-86）可知，“退饱和超调量”的大小除了受转速环时间常

数比值 $T_{\Sigma n}/T_{m}$、额定速降、过载倍数、负载大小等因素影响，还与给定稳态转速 n^* 有关。对于上述例子中，如果只起动到 $n^* = 0.2n_N$ 低速运行，那么“退饱和超调量”变化为

$$\sigma'_n = 2\times1.5\times0.1\times\frac{0.3}{0.2}\times81.2\% \approx 36.5\% \tag{6-88}$$

其值比启动到额定转速时大得多。

（3）增加转速调节器饱和约束后，系统的启动过程调节时间由两部分组成：一是转速调节器饱和段的恒加速时间 t_2，其大小见式（6-77）；二是退出饱和后的过渡时间。退饱和超调调节过程与抗扰过程一致，因此其过渡时间为等效抗扰过程的恢复时间 t_v，仍可由表 6-8 计算得到。

6.3.5 抗负载扰动控制方法

对于转速-电流双闭环控制系统来说，通常要求其同时兼具优良的动态跟随性能和抗扰性能，通过前述章节分析不难发现，在坦克武器电力传动控制系统中，这种需求尤为突出。此时，采用典型系统往往不能完全满足系统性能要求，通常还需增加其他控制方法来提高系统的抗扰性能。本节介绍两种工程实践中常用的典型抗负载扰动控制方法，即转速微分负反馈控制和基于扰动观测器的负载转矩抑制方法。

1. 转速微分负反馈控制

4.3.4 节曾分析，转速微分负反馈对启动过程中的超调具有很好的抑制作用，因此被广泛地应用于工程实践中，本节将分析其另一个重要功能，即提高系统抗扰性能。为了分析方便，假设电流调节器与转速调节器仍采用前述设计方法，结合图 6-20，可得到采用转速微分负反馈时系统的动态结构，如图 6-22 所示。

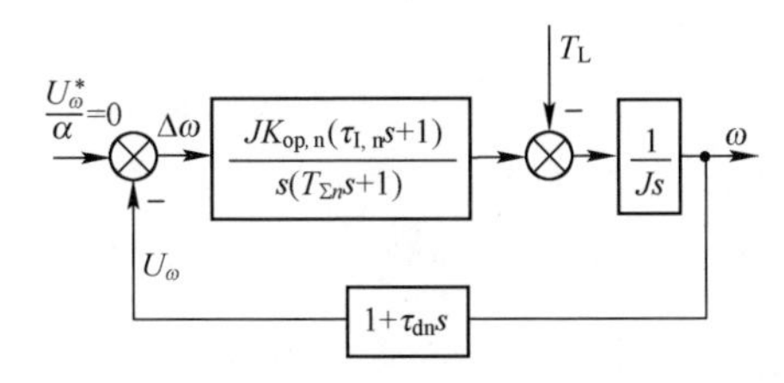

图 6-22　含转速微分负反馈时的系统结构

在阶跃扰动下，令 $T_L(s)=T_L/s$，可得

$$\Delta\omega(s)=\frac{\dfrac{1}{Js}}{1+\dfrac{K_{\mathrm{op,n}}(\tau_{\mathrm{I,n}}s+1)}{s^2(T_{\Sigma n}s+1)}(1+\tau_{\mathrm{dn}}s)}\frac{T_{\mathrm{L}}}{s} \tag{6-89}$$

$$=\frac{K_2T_{\mathrm{L}}(T_{\Sigma n}s+1)}{T_{\Sigma n}s^3+(1+K_{\mathrm{op,n}}\tau_{\mathrm{I,n}}\tau_{\mathrm{dn}})s^2+K_{\mathrm{op,n}}(\tau_{\mathrm{I,n}}+\tau_{\mathrm{dn}})s+K_{\mathrm{op,n}}}$$

式中：$K_2=1/J$。仍取 $C_{\mathrm{b}}=2K_2T_{\mathrm{L}}T_{\Sigma n}$，有

$$\frac{\Delta\omega(s)}{C_{\mathrm{b}}}=\frac{0.5(T_{\Sigma n}s+1)}{T_{\Sigma n}^2s^3+(1+K_{\mathrm{op,n}}\tau_{\mathrm{I,n}}\tau_{\mathrm{dn}})T_{\Sigma n}s^2+K_{\mathrm{op,n}}(\tau_{\mathrm{I,n}}+\tau_{\mathrm{dn}})T_{\Sigma n}s+K_{\mathrm{op,n}}T_{\Sigma n}} \tag{6-90}$$

进一步，取中频段宽 $h=\tau_{\mathrm{I,n}}/T_{\Sigma n}=5$，且按 M_{rmin}准则确定参数时，有

$$\frac{\Delta\omega(s)}{C_{\mathrm{b}}}=\frac{0.5T_{\Sigma n}(T_{\Sigma n}s+1)}{T_{\Sigma n}^3s^3+(1+0.6\delta)T_{\Sigma n}^2s^2+(0.6+0.12\delta)T_{\Sigma n}s+0.12} \tag{6-91}$$

式中：$\delta=\tau_{\mathrm{dn}}/T_{\Sigma n}$。

采用数值计算方法，可计算 δ 取不同值时对应的 $\Delta\omega(t)/C_{\mathrm{b}}$ 动态过程曲线，从而求取输出量的最大动态降落 $\Delta\omega_{\max}$和对应的时间 t_{m}，以及允许误差带为±5%C_{b} 时的恢复时间 t_{v}，如表 6-11 所列。

表 6-11　带微分负反馈的转速环抗负载扰动性能指标

（控制结构和阶跃扰动作用点见图 6-22，参数关系符合 M_{rmin}准则，且 $h=5$）

$\delta=\tau_{\mathrm{dn}}/T_{\Sigma n}$	0	0.5	1	2	3	4	5
最大动态降落比值（$\Delta\omega_{\max}/C_b$）×100%	81.2%	67.7%	58.3%	46.3%	39.1%	34.3%	30.7%
最大降落时间（t_{m}）	$2.85T_{\Sigma n}$	$2.95T_{\Sigma n}$	$3.0T_{\Sigma n}$	$3.5T_{\Sigma n}$	$4.0T_{\Sigma n}$	$4.5T_{\Sigma n}$	$4.9T_{\Sigma n}$
恢复时间 t_{v}	$8.8T_{\Sigma n}$	$11.2T_{\Sigma n}$	$12.8T_{\Sigma n}$	$15.3T_{\Sigma n}$	$17.3T_{\Sigma n}$	$19.1T_{\Sigma n}$	$20.7T_{\Sigma n}$

由表 6-11 可知，引入微分负反馈可有效抑制系统的动态速降，δ 越大，动态降落越小，同时恢复时间越长。

2. 基于扰动观测器的负载转矩抑制

1）扰动观测器的基本原理

以图 6-23（a）所示的系统为例，设被控对象的传递函数为 $G_{\mathrm{obj}}(s)$，其输入量和输出量分别为 u,c，受到的扰动为 d。设定控制目标为 r，控制器传递函数为 $G_{\mathrm{c}}(s)$，期望得到的系统理想跟随特性和抗扰特性分别为 $c/r=1$，$c/d=0$。当扰动 d 可测时，为了实现 $c/d=0$，可加入前馈补偿 $u=u'+d$。

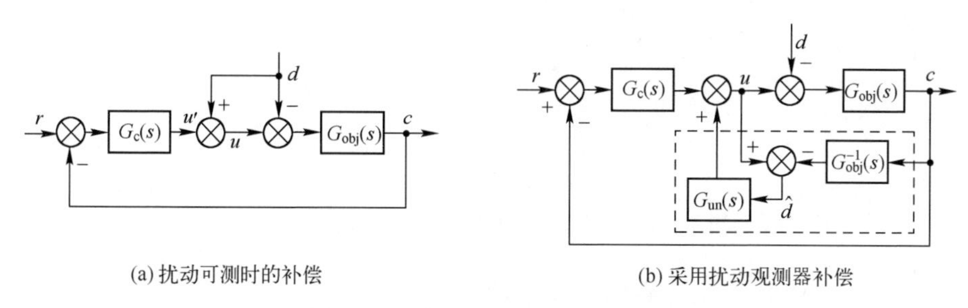

(a) 扰动可测时的补偿　　(b) 采用扰动观测器补偿

图 6-23　扰动观测器的一般结构

当扰动 d 不可测时，需要设计扰动观测器，通过系统输出量 c 与控制量 u 计算扰动 d 的估计值 $\hat{d}$，如图 6-24（b）所示。此时，有

$$\hat{d}=u-G_{obj}^{-1}(s)c \tag{6-92}$$

式中：$G_{obj}^{-1}(s)$ 为 $G_{obj}(s)$ 的逆函数。由于控制对象 $G_{obj}(s)$ 的参数往往是时变的，在控制器中只能采用其标称模型 $G_{n,obj}^{-1}(s)$。此外，$G_{obj}(s)$ 一般是严格真有理分式，对应的 $G_{n,obj}^{-1}(s)$ 在工程上难以实现，因此在设计时需要增加一个待定的传递函数 $G_{un}(s)$，使得 $G_{un}(s)G_{n,obj}^{-1}(s)$ 为有理函数。一般地，$G_{un}(s)$ 具有滤波特性，其选取由系统稳定性、参数鲁棒性和扰动抑制能力等要求来决定。

2）不考虑电流环动态特性时扰动观测器的设计

假设电流环和转速滤波环节设计响应足够快，可忽略时间常数时，图 6-18 所示的双闭环控制系统结构可转化为图 6-24。

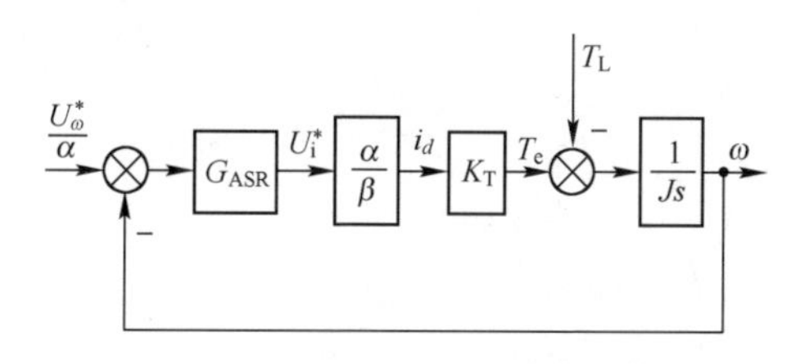

图 6-24　$T_{\Sigma n}=0$ 时的系统结构

为了抑制负载转矩 T_L 对转速 ω 的影响，可根据前述扰动观测器的设计方法，设计图 6-25（a）所示的负载转矩扰动观测器。图中，K_{Tn} 为 $\alpha K_T/\beta$ 的标称模型，J_n 为 J 的标称模型，计算的估计值 $\hat{T}_L$ 经比例环节 $1/K_{Tn}$ 与滤波环节 $1/(1+s/T_F)$ 后补偿到控制器中的电流指令端。当 $K_{Tn}=\alpha K_T/\beta$，$J_n=J$ 时，有 $\hat{T}_L=T_L$，不考虑滤波环节时，可求得

$$\omega = \frac{\alpha K_T}{\beta J s} U_{i0}^* \tag{6-93}$$

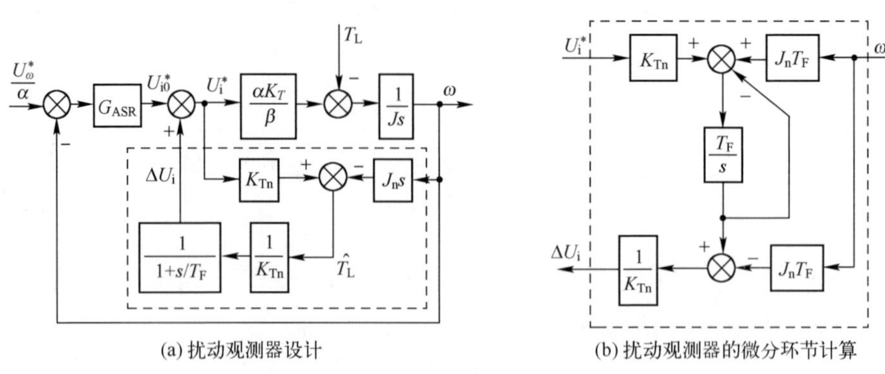

(a) 扰动观测器设计

(b) 扰动观测器的微分环节计算

图 6-25　双闭环控制系统负载扰动观测器设计

即采用扰动前馈补偿后，系统输出不再受扰动 T_L 影响，仅受电流指令 U_{i0}^* 控制。

低通滤波器 $1/(1+s/T_F)$ 的设置可解决纯微分环节 $J_n s$ 在工程上难以实现的问题。不难计算，当无低通滤波环节时，补偿量 ΔU_i 为

$$\Delta U_i = U_i^* - \frac{J_n s \omega}{K_{Tn}} \tag{6-94}$$

即计算 ΔU_i 时需要对 ω 进行微分。当加入低通滤波环节后，补偿量 ΔU_i 变化为

$$\Delta U_i = \left(U_i^* - \frac{J_n s}{K_{Tn}}\omega\right)\frac{1}{1+s/T_F} = -\frac{J_n T_F}{K_{Tn}}\left(1-\frac{1}{1+s/T_F}\right)\omega + \frac{1}{1+s/T_F}U_i^* \tag{6-95}$$

由此，图 6-25（a）中虚线框内的扰动观测器计算环节可化为图 6-25（b）。通过加入低通滤波环节有效地避免了微分运算。

下面进一步分析观测器对负载扰动的抑制能力。设定转速控制器为

$$G_{ASR}(s) = \frac{K_{p,n}(\tau_{I,n}s+1)}{\tau_{I,n}s} \tag{6-96}$$

根据图 6-25（a），容易求得系统的传递函数为

$$\omega(s) = \frac{K_T K_{Tn} K_{p,n}(\tau_{I,n}s+1)(s+T_F)U_\omega^*(s) - \beta\tau_{I,n}K_{Tn}s^2 T_L(s)}{\beta J K_{Tn}\tau_{I,n}s^3 + \alpha K_T J_n T_F \tau_{I,n}s^2 + \alpha K_T K_{Tn}K_{p,n}(\tau_{I,n}s+1)(s+T_F)} \tag{6-97}$$

对于单位斜坡扰动 $T_L(s)=1/s^2$，其稳态误差为

$$e_{ss}=\lim_{s\to 0}\frac{\beta\tau_{I,n}K_{Tn}s^2}{\beta JK_{Tn}\tau_{I,n}s^3+\alpha K_T J_n T_F\tau_{I,n}s^2+\alpha K_T K_{Tn}K_{p,n}(\tau_{I,n}s+1)(s+T_F)}\cdot s\cdot\frac{1}{s^2}=0 \tag{6-98}$$

同样地，可求得未加入负载扰动观测器时，系统的传递函数为

$$\omega(s)=\frac{K_T K_{p,n}(\tau_{I,n}s+1)U_\omega^*(s)-\beta\tau_{I,n}sT_L(s)}{\beta J\tau_{I,n}s^2+\alpha K_T K_{p,n}(\tau_{I,n}s+1)} \tag{6-99}$$

对于单位斜坡扰动 $T_L(s)=1/s^2$，其稳态误差为

$$e_{ss}=\lim_{s\to 0}\frac{\beta\tau_{I,n}s}{\beta J\tau_{I,n}s^2+\alpha K_T K_{p,n}(\tau_{I,n}s+1)}\cdot s\cdot\frac{1}{s^2}=\frac{\beta\tau_{I,n}}{\alpha K_T K_{p,n}} \tag{6-100}$$

对比式（6-98）和式（6-100），加入扰动观测器可将系统对单位斜坡扰动的稳态误差由 $\beta\tau_{I,n}/(\alpha K_T K_{p,n})$ 减小为 0，也即是说，负载扰动观测器可以有效地提高系统抗扰能力。事实上，图 6-25（a）所示的系统结构还可以转化为图 6-26。由此可见，扰动观测器的设计可等效为在系统控制结构中增加一个加速度负反馈控制环，负载扰动在这个等效的加速度负反馈控制环内，因此该控制环能够很好地抑制其影响。

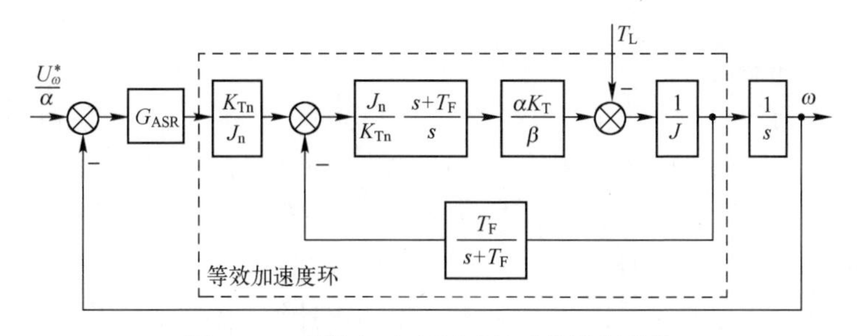

图 6-26　等效加速度环时的系统控制结构

3）考虑电流环动态特性时扰动观测器的设计

当考虑电流环动态特性时，系统仍采用图 6-25（a）所示的负载转矩扰动观测器。采用前述分析类似的方法，可求得将其扰动观测器等效为加速度环时的系统控制结构，如图 6-27 所示。

容易求得系统的传递函数为

$$\omega(s)=\frac{K_T K_{Tn}K_{p,n}(\tau_{I,n}s+1)(s+T_F)U_\omega^*(s)-\beta\tau_{I,n}K_{Tn}s^2(2T_{\Sigma i}s+1)T_L(s)}{\beta JK_{Tn}\tau_{I,n}(2T_{\Sigma i}s+1)s^3+\alpha K_T J_n T_F\tau_{I,n}s^2+\alpha K_T K_{Tn}K_{p,n}(\tau_{I,n}s+1)(s+T_F)} \tag{6-101}$$

与前类似，可分析得到“负载扰动观测器可以有效地提高系统抗扰能力”

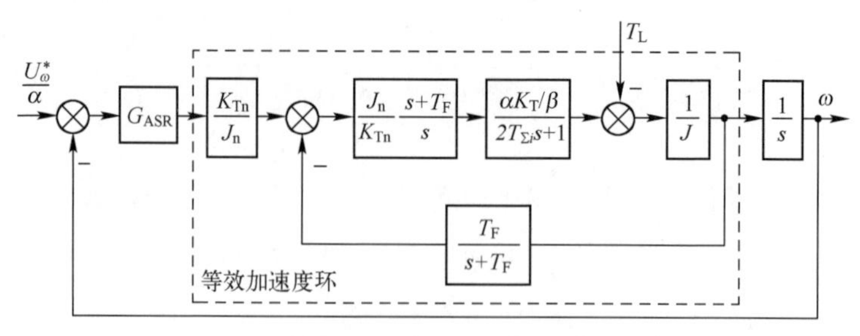

图 6-27　考虑电流环动态特性时的系统结构

的结论。需要说明的是：式（6-97）和式（6-101）所示的系统传递函数分母均为高阶多项式，扰动观测器参数选取不当时容易导致系统失稳，此外，上述分析中将电流环等效为一阶惯性环节也必须满足相应的条件。因此，在扰动观测器参数设计时必须考虑系统稳定性约束，同时还要对电流环简化条件进行校验。

6.4　控制器的计算机辅助设计、优化与实现

计算机辅助设计是研究分析电力传动控制系统的一种重要手段，在实际工程实践中通常与理论分析设计方法结合使用，以进一步提升系统控制性能，缩短设计周期。例如，前述工程设计方法求取的控制器参数，在应用到实际系统前可通过建立仿真模型分析验证其控制性能。事实上，采用工程设计方法时一般都需要对控制对象进行相应的近似处理，导致其实际控制性能往往与理想条件下存在偏差，因此通常还需要利用计算机辅助设计工具对控制参数进行进一步优化。再如，利用仿真模型还可直接生成应用于实际系统的控制器代码，实现控制算法一体化集成开发，有效解决传统设计方法中理论仿真与工程实现相互隔裂、开发效率低、调试困难等问题。本节将基于 MATLAB 平台，着重对系统仿真模型构建与分析方法、控制器参数的整定与优化方法、面向 DSP 的算法代码直接生成等进行分析。

6.4.1　系统仿真模型构建与分析

1. 仿真环境与常用模块组

MATLAB 是目前流行的计算机仿真平台，其中的 Simulink 提供了使用系统模型框图进行组态的仿真手段，“Simu”代表计算机模拟，“link”代表系统连接，即通过系统各模块的连接来构建系统模型，正是由于 Simulink 具有

的这两大功能和特点，使其成为控制系统计算机仿真的重要工具。

Simulink 模块库由若干个模块组构成，标准的 Simulink 模块库中主要包含常用模块组（Commonly Used Blocks）、连续（Continuous）系统模块组、非连续（Discontinuous）系统模块组、离散（Discrete）系统模块组、逻辑与位运算（Logic and Bit Operations）模块组、数学运算（Math Operations）模块组、信号与系统（Signal and Subsystems）模块组、输入源（Sources）模块组、输出（Sinks）模块组等。此外，在进行电力传动控制系统仿真分析时，还经常会用到电力系统工具箱（Power System Blockset）中的一些专用模块组。电力系统工具箱提供了一种类似电路搭建的方法来构建系统模型，可以在 Simulink 环境下用于电路、电力电子装置、电力传动系统以及电力传输系统等领域的仿真。其主要模块组有电源（Electrical Sources）模块组、元件（Elements）模块组、电力电子（Power Electronics）模块组、电机（Machines）模块组、连接（Connectors）模块组、测量（Measurements）模块组、附加（Extras）模块组以及演示（Demos）模块组等。

本节以直流 PWM 控制系统为例分析仿真模型构建方法，采用 MATLAB 软件的版本为 MATLAB R2018a，不同版本模块浏览器窗口可能有所区别，但其基本功能大致相同。

2. 转速负反馈直流 PWM 控制系统仿真分析

打开 MATLAB，单击命令窗口 Simulink 图标或者直接在命令行输入 Simulink 命令即可进入 Simulink 环境。其模块浏览器窗口如图 6-28 所示，参考图 4-11 所示的转速负反馈直流 PWM 控制系统结构，将相应的模块拖入模型编辑窗口，可构建其仿真模型，如图 6-29 所示。

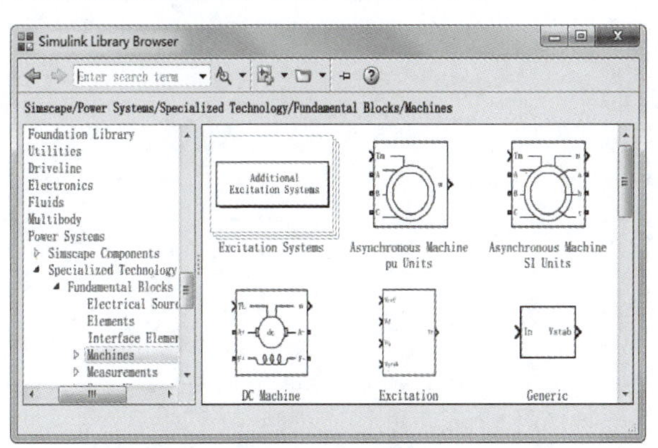

图 6-28　Simulink 模块浏览器窗口

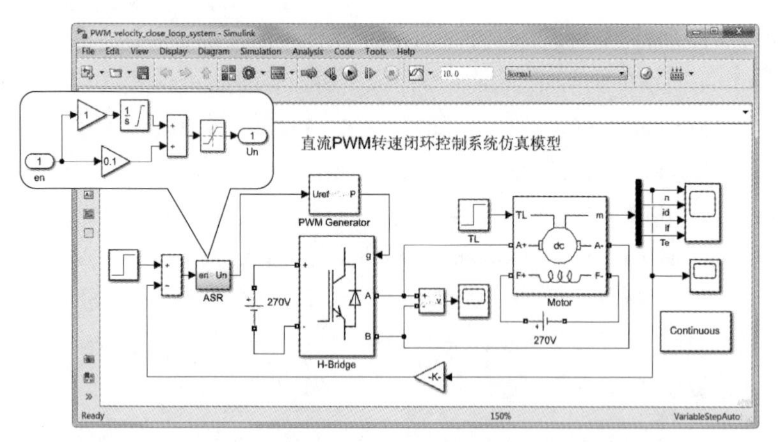

图 6-29　转速负反馈直流 PWM 控制系统仿真模型

图 6-29 中，系统仿真模型主要包括直流电动机（DC Machine）模块、桥式电路（Universal Bridge）模块、PWM 波形生成器（PWM Generator）、转速控制器（ASR）及其给定与反馈电路，此外，还有用于检测系统状态的测量模块和示波器模块。在建立系统仿真模型时，还需要根据实际系统参数对各个模块进行配置，配置参数时，双击相应的模块，通过修改对话框内容就可进行设定，系统控制器参数可根据前述工程设计方法计算得到。

在对建立好的模型进行仿真前，可根据需要对仿真参数进行设置。设置仿真参数可单击 Simulink 窗口菜单栏的 Simulation，在下拉子菜单中选择 Model Configuration Parameters 可进入参数设置对话框，其中常需设置的是解算器（Solver），其界面如图 6-30 所示。

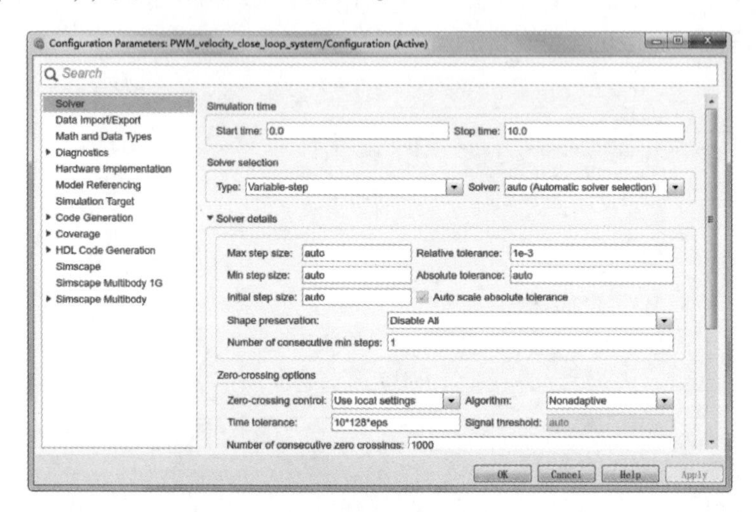

图 6-30　解算器设置界面

其中，仿真时间（Simulation time）有开始时间（Start time）和终止时间（Stop time）两项，对于连续系统而言，仿真开始时间可从零开始，结束时间根据仿真过程中关注的动态过程进行选择。算法选择（Solver selection）中的计算类型（Type）有可变步长（Variable-step）和固定步长（Fixed-step）两种，在可变步长和固定步长下还有多种数值计算方法可供选择。另外，经常还需要设置的有仿真误差，包括相对误差（Relative tolerance）和绝对误差（Absolute tolerance）两项，选取合适的计算误差对仿真速度和计算收敛性影响很大，尤其在仿真过程不能收敛时，适当放宽误差可能会得到很好的效果，初学者可先采用系统默认参数。

配置好参数后，单击工具栏的运行按钮或者选择 Simulation→Start 菜单项，可启动仿真过程。然后双击 Scope 模块可以观察仿真结果，图 6-31 所示为系统启动过程的转速和电流曲线。由图可知，启动过程转速响应快，但是其电枢电流很大，峰值电流高达 60A 以上，容易产生过流导致电枢损坏。

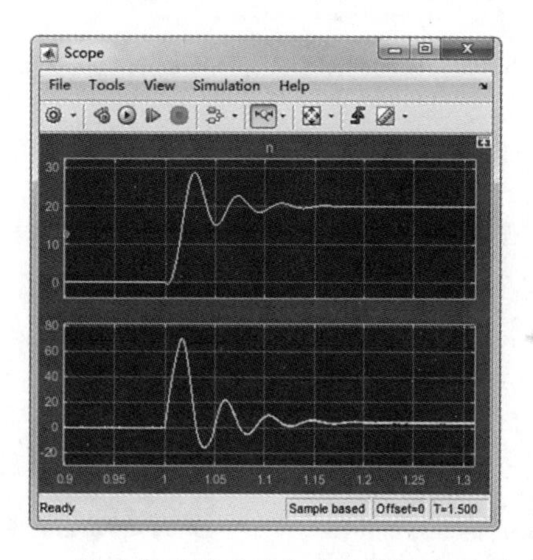

图 6-31　转速负反馈系统启动过程转速/电流曲线

3. 转速-电流双闭环控制系统仿真分析

采用前述类似的方法，可以建立转速-电流双闭环控制系统仿真模型，如图 6-32 所示。转速调节器（ASR）和电流调节器（ACR）均采用带限幅的 PI 控制器，同时增加电流反馈滤波、转速反馈滤波与两个相应的给定滤波环节。系统启动过程转速和电流波形如图 6-33（a）所示。如图所示，启动过程中，电枢电流基本限制在 30A 以内，达到稳态后，电流下降至 4A 左右，与前述章节理论分析基本吻合。图 6-33（b）所示为转速环加入微分负反馈后的启动过程转速和电流波形，仿真表明，加入微分负反馈可以有效抑制转速超调，但是启动过程会在一定程度上变慢。

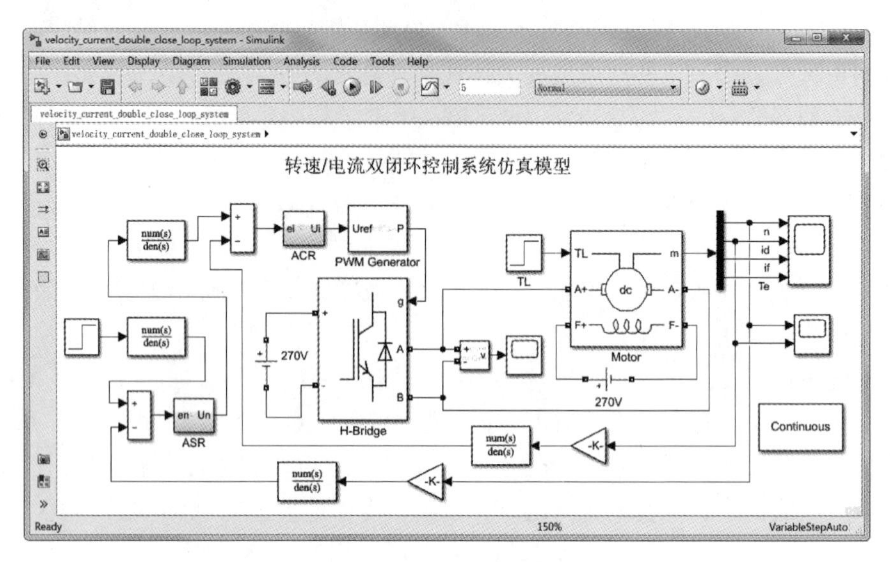

图 6-32　转速-电流双闭环控制系统仿真模型

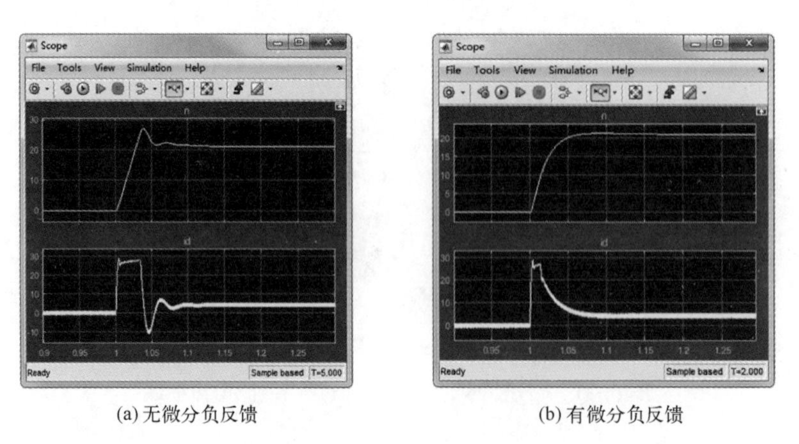

(a) 无微分负反馈　　(b) 有微分负反馈

图 6-33　转速-电流双闭环控制系统启动过程转速/电流曲线

在分析系统性能时，也可采用传递函数模型，其建模方法与之类似。限于篇幅，本节不再对其进行详述。

6.4.2 控制器的参数整定与优化

前面分析了采用仿真模型分析验证电力传动系统控制性能的基本方法，当其性能不能满足系统设计要求时，往往还需要利用计算机辅助设计工具对控制参数进行进一步优化。本节以图 6-29 所示的转速负反馈直流 PWM 控制系统为例，采用 MATLAB 中的 Response Optimization Tool 工具对其阶跃响应性能进行优化。首先将要优化的转速控制器参数设置为变量 K_p，K_i，编写变量初始化程序，其初始值可根据前述工程设计方法计算得到（注：本节中为了对比说明优化效果，直接选取初值 $K_p=0.1, K_i=1$）。同时，在模型中加入 Check Step Response Characteristic 模块，如图 6-34 所示。

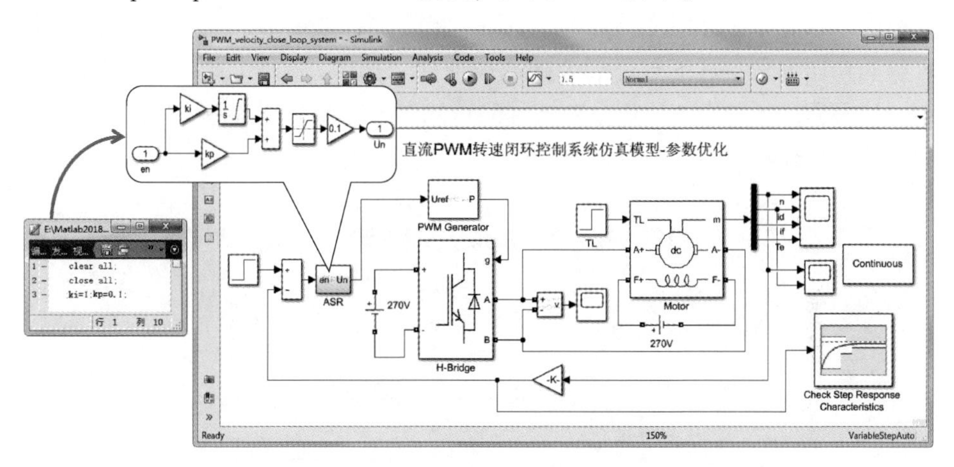

图 6-34　转速负反馈直流 PWM 控制系统仿真模型修改

双击 Check Step Response Characteristic 模块，可对期望的阶跃响应性能指标（上升时间、超调量、调节时间、稳态误差等）进行设定，如图 6-35 所示。

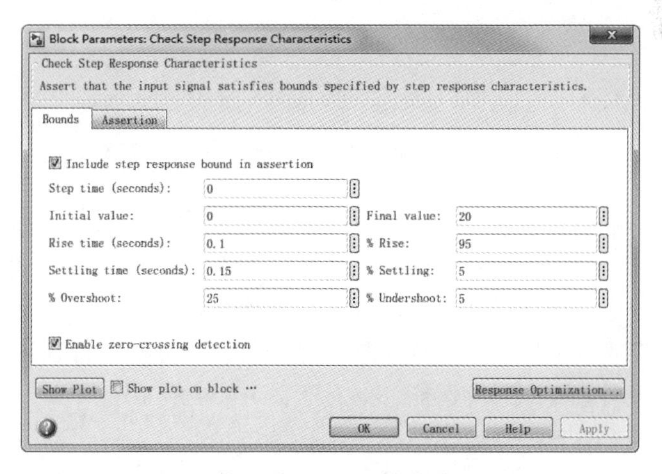

图 6-35　阶跃响应性能指标设定

性能指标设置完成后，单击 Response Optimization 按钮，进入优化工具环境，如图 6-36 所示。在开始优化前，需要利用 Design Variables Set 菜单对待优化参数进行设置，当待优化参数过多时，可先利用 Sensitivity Analysis 工具对各参数的性能影响灵敏度进行分析，从而选取影响较大的参数作为待优化参数，以提高优化效率。设置完成后，将 Data to Plot 下拉菜单选取为仿真模型中的 Check Step Response Characteristic 模块，然后单击 Plot Model Response 可得到初始参数条件下系统的阶跃响应曲线，如图 6-37（a）所示。由图可知，控制器原始参数不能满足阶跃性能指标要求，单击 Opimize 按钮可进行参数优化，优化后的系统阶跃性能如图 6-37（b）所示。

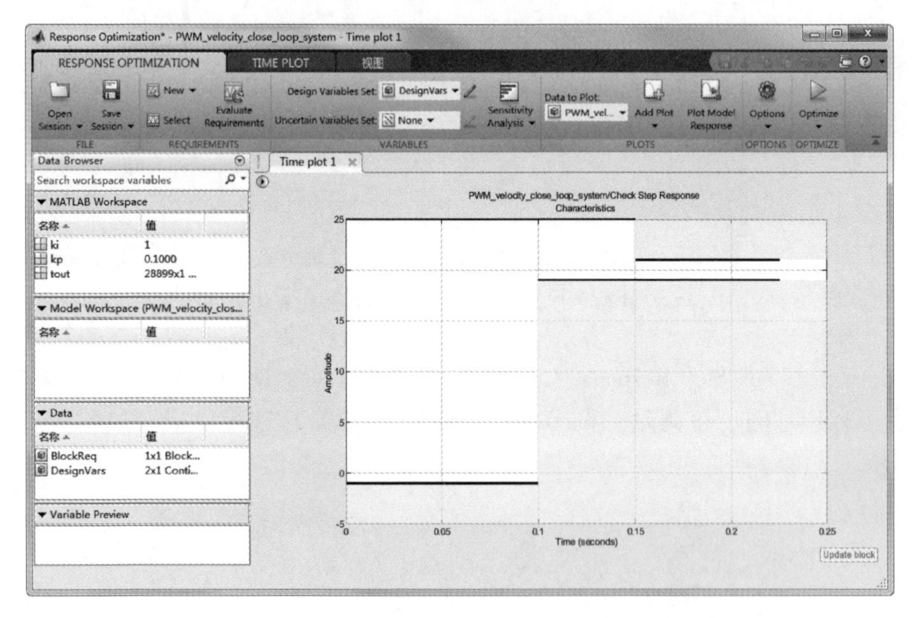

图 6-36　Response Optimization 参数优化环境

除了 Check Step Response Characteristic，Simlink 中还提供有 Check Custom Bounds、Check Bode Characteristics 等模块，可对系统其他指标进行综合优化。当然，优化约束越多，指标要求越高，优化难度也就越大。当利用 Response Optimization Tool 工具无法达到优化指标要求时，也可以自行设计优化算法或者改进控制策略来提高系统性能，如对于图 6-34 所示的系统，可考虑将 PI 控制器改进为 PID 控制器或其他非线性控制器。此外，对于参数不确定系统或者时变系统，往往还需要采用参数在线动态优化方法，以提高系统控制器的自适应能力。有兴趣的读者可参考相关参考文献，本节不再赘述。

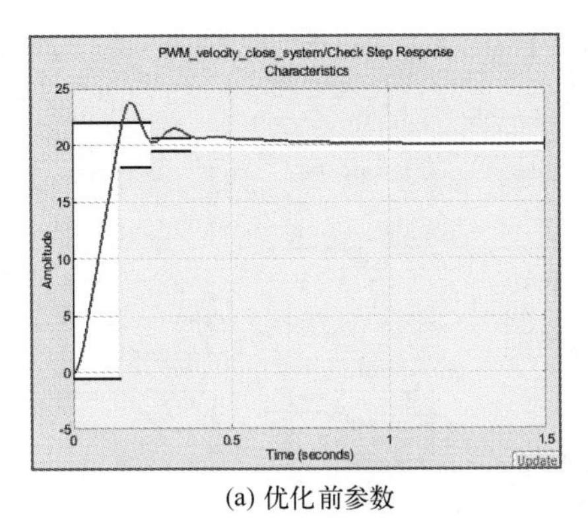

(a) 优化前参数

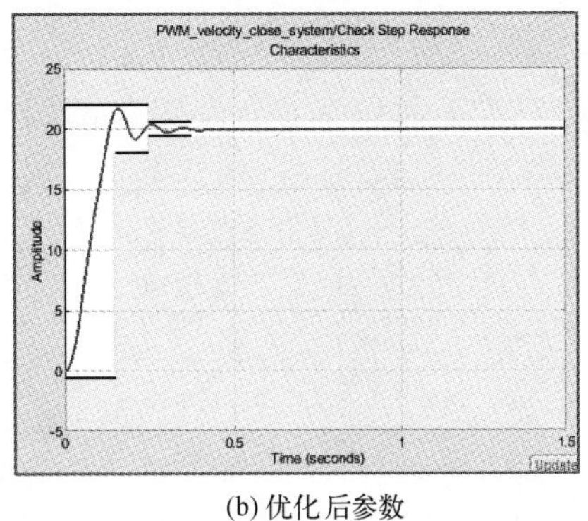

(b) 优化后参数

图6-37　系统阶跃响应性能

6.4.3 面向DSP的算法代码直接生成

传统的控制算法开发一般分为建模仿真和工程实现两个阶段进行，即先采用MATLAB等仿真环境构建系统模型，设计控制器并进行数字仿真，分析控制性能，当其满足设计要求后再开始工程研制，在此阶段重新采用与单片机/DSP等微处理器相对应的语言（如C/汇编等）编写程序，实现对实际对象的控制，这种算法开发方法过程烦琐，设计效率低，且理论仿真与工程实现过程相互隔裂，开发过程缺乏全流程测试验证，实际系统控制性能往往与理论分析相差甚远，调试比较困难。本节介绍一种利用MATLAB模型直接生成面向DSP的算法代码生成方法，供读者开发设计时参考。

利用该方法进行控制算法开发时，需要安装CCS集成开发环境和Simulink库中C2000处理器支持包，本节中采用的CCS集成开发环境为Code Composer Studio 7.3.0，C2000处理器支持包为Embedded Coder Support Package for Texas Intruments C2000 Processors，DSP硬件目标对象为TMS320F28335。安装完毕后，可在Simulink模块库中找到常用的DSP相关Simulink模块，如图6-38所示。

由5.5节分析可知，在坦克武器电力传动控制系统中，常用的模块有：PIE模块——用于中断控制；模数转换模块（ADC）——用于电流、电压信号采集；增强型正交编码脉冲模块（eQEP）——用于光电编码器信号采集；增强型脉冲编码调制模块（ePWM）——用于生成SVPWM驱动波形；通用I/O接口（Digital Input and Digital Output）——用于开关信号采集和逻辑控制。

除了上述模块，系统还提供了DMC模块库，包含用于交流电动机矢量控

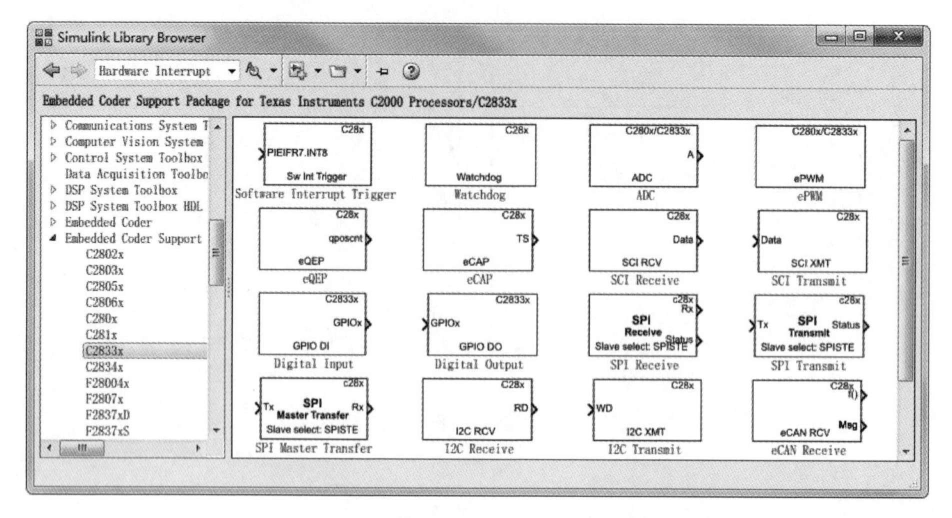

图 6-38　常用的 DSP 相关 Simulink 模块

制的常用模块，如 Park 变换与逆变换模块（Park Transformation and Inverse Park Transformation）、Clarke 变换模块（Clarke Transformation）、空间矢量生成模块（Space Vertor Generator）等，如图 6-39 所示。同时，DMC 模块库还提供了 PID 控制器模块，可实现带有抗饱和校正功能的 32 位数字 PID 控制算法。

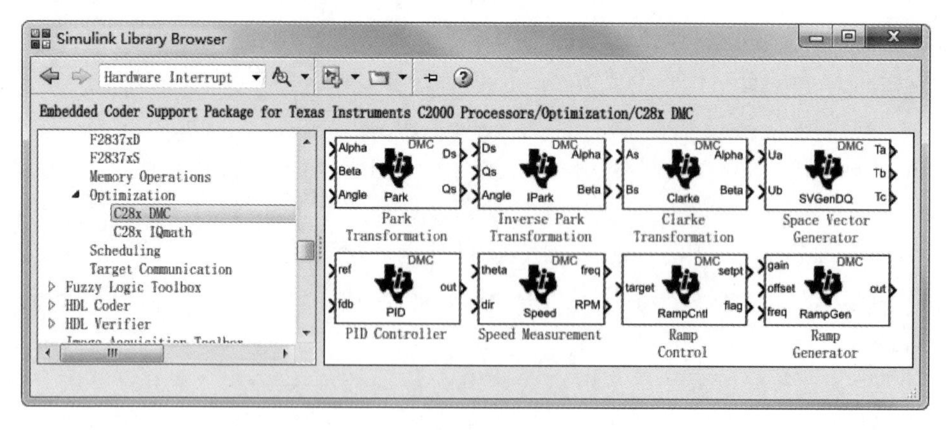

图 6-39　DMC 模块库

下面以图 6-32 所示的转速-电流双闭环控制系统仿真模型为例，分析其控制算法代码生成的步骤。首先去掉仿真模型中与控制对象、信号给定以及示波器等模块，得到图 6-40 所示的控制器模型。在此基础上增加与控制器输入、输出相关的 DSP 外设模块以及相应的数据类型转换、定标模块，可得控制器模型，如图 6-41 所示。

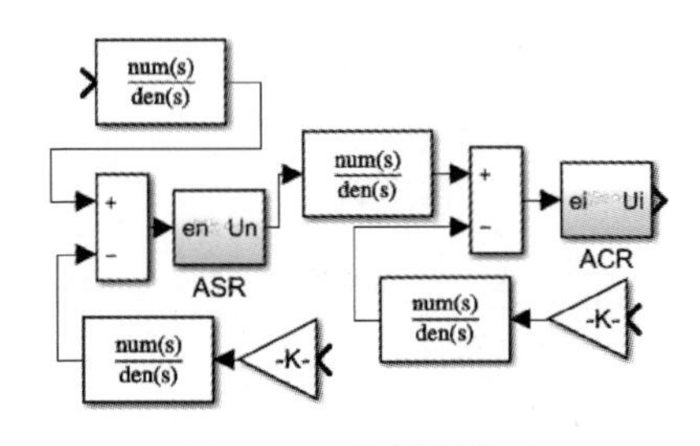

图 6-40　控制器模型

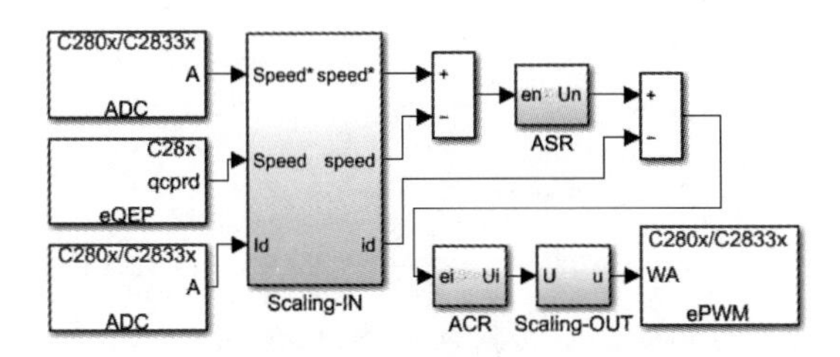

图 6-41　加入 DSP 外设的控制器模型

图 6-41 中，系统速度给定由 ADC 模块采集操纵台电位计信号获得，电动机实际转速由 eQEP 模块采集光电编码器得到，电动机的电枢电流由 ADC 模块采集电流传感器信号得到，控制器输出 PWM 波形由 ePWM 模块生成。各个模块的参数可根据实际控制系统中电路硬件连接关系进行配置。此外，控制器模型的转速控制器（ASR）和电流控制器（ACR）也可采用 DMC 模块库中的 PID 控制器模块进行改进。

模型修改完毕后，还需要对相应的模型配置参数进行设定。单击 Model Configuration Parameters 按钮，打开对话框如图 6-42 所示。对其中的 Hardware board、Device Name、Build action 等设置完毕后，单击代码自动生成按钮就可得到应用于实际控制系统的算法代码。

需要说明的是：考虑到实际系统采用定步长运算，其控制效果与数字仿真时可能存在差异，因此在算法代码应用到实际系统之前，往往还需通过硬件在环仿真，对其进行测试并优化。此外，上述模型生成的代码只包含了控制算法部分，还不是实际系统运行代码的全部，如实际系统中通常还有上电逻辑控制、故障保护以及总线通信等功能代码；再如，上述控制算法本身也通常是在嵌入定时中断服务程序中的，因此还应该包含定时器和中断控制代码。这些代码也可以通过 MATLAB 建模，然后按照上述类似的方法生成代码，当对 CCS 开发环境比较熟悉时，也可在 CCS 开发环境中直接编程，再将其与 MATLAB 模型自动生成的算法代码结合，编译生成完整的可执行文件再下载到 DSP 硬件中。

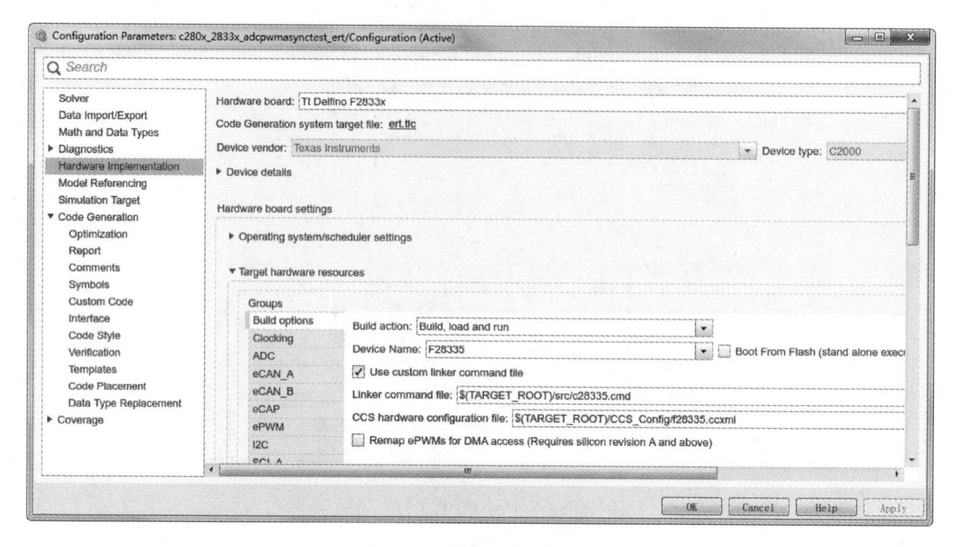

图 6-42　模型参数设置

参考文献

[1] 马晓军，袁东．坦克武器稳定系统建模与控制技术［M］．北京：国防工业出版社，2019.

[2] 臧克茂，马晓军，李长兵．现代坦克炮控系统［M］．北京：国防工业出版社，2007.

[3] 杨耕，罗应立，等．电机与运动控制系统［M］．北京：清华大学出版社，2014.

[4] 阮毅，杨影，陈伯时．电力拖动自动控制系统：运动控制系统［M］．5 版．北京：机械工业出版社，2016.

[5] 臧克茂，马晓军．装甲车辆电力传动系统及其设计［M］．北京：国防工业出版社，2004.

[6] 王成元，夏加宽，孙宜标．现代电机控制技术［M］．2 版．北京：机械工业出版社，2014.

[7] 冯国楠．现代伺服系统的分析与设计［M］．北京：机械工业出版社，1990.

[8] 陈明俊，李长红，杨燕．武器伺服系统工程实践［M］．北京：国防工业出版社，2013.

[9] 尔桂花，窦曰轩．运动控制系统［M］．北京：清华大学出版社，2002.

[10] 汤天浩．电力传动控制系统：上册（基础篇）［M］．北京：机械工业出版社，2016.

[11] 汤天浩．电力传动控制系统：运动控制系统［M］．北京：机械工业出版社，2010.

[12] 张红莲．电机与电力拖动控制系统［M］．北京：机械工业出版社，2013.

[13] 潘新民，王燕芳．微型计算机控制技术［M］．北京：电子工业出版社，2006.

[14] 施保华，杨三青，周凤星．计算机控制技术［M］．武汉：华中科技大学出版社，2007.

[15] 王新华，刘金琨．微分器设计与应用：信号滤波与求导［M］．北京：电子工业出版社，2010.

[16] 陶永华．新型 PID 控制及其应用［M］．2 版：北京：机械工业出版社，2002.

[17] 王晓明，王玲．电动机的 DSP 控制：TI 公司 DSP 应用［M］．北京：北京航空航天大学出版社，2004.

[18] 马骏杰．嵌入式 DSP 原理与应用：基于 TMS320F28335［M］．北京：北京航空航天大学出版社，2016.

[19] 符晓，朱洪顺．TMS320F28335 DSP 原理、开发与应用［M］．北京：清华大学出版社，2017.

[20] 刘杰，周宇博．基于模型的设计：MSP430/F28027/F28335DSP 篇［M］．北京：国防工业出版社，2011.

[21] 刘杰．Simulink 建模基础及 C2000DSP 代码自动生成［M］．北京：科学出版社，2018.

[22] 冬雷．DSP 原理及电机控制系统应用［M］．北京：北京航空航天大学出版社，2007.

[23] 陈中．基于 MATLAB 的电力电子技术和交直流调速系统仿真［M］．北京：清华大学出版社，2014.

[24] 洪乃刚．电力电子与电力拖动控制系统的 MATLAB 仿真［M］．北京：机械工业出版社，2006.

[25] 薛定宇．控制系统计算机辅助设计——MATLAB 语言与应用［M］．3 版．北京：清华大学出版社，2012.

[26] 袁登科，徐延东，李秀涛．永磁同步电动机变频调速系统及其控制［M］．北京：机械工业出版

社，2015.
[27] 沙欣·费利扎德．电机及其传动系统——原理、控制、建模和仿真［M］．杨立永，译．北京：机械工业出版社，2015.
[28] 马小亮．高性能变频调速及其典型控制系统［M］．北京：机械工业出版社，2010.
[29] 叶明超，黄海．自动控制原理与系统［M］．2版．北京：北京理工大学出版社，2013.
[30] 陈渝光．电气自动控制原理与系统［M］．2版．北京：机械工业出版社，2008.
[31] 胡育文，高瑾，杨建飞，等．永磁同步电动机直接转矩控制系统［M］．北京：机械工业出版社，2015.
[32] 钱平．交直流调速控制系统［M］．2版．北京：高等教育出版社，2005.
[33] 李珍国．交流电机控制基础［M］．北京：化学工业出版社，2009.

附录 A　常用变量符号与术语

c_{τ}	阻尼系数
C_{b}	控制系统最大动态降落基准值
C_{e}	直流电动机电动势常数
$C_{\max}$	控制系统的输出量最大值
$\Delta C_{\max}$	控制系统最大动态偏差
$c(t)$	控制系统的输出
$c_{\mathrm{s}}(t)$	控制系统输出的稳态分量
C_{T}	直流电动机转矩常数
C_{∞}	输出量稳态值
D	调速范围
D_{cl}	闭环系统的调速范围
D_{op}	开环系统的调速范围
D_{TO}	目标距离
$d(t)$	系统扰动量
E_{a}	电动机反电动势，感应电动势幅值
e_{d}	扰动信号作用下控制系统输出误差
E_{d}	电机放大机直轴感应电动势
E_{d0}	电机放大机直轴空载感应电动势
E_{q}	电机放大机交轴感应电势
e_{r}	给定信号作用下控制系统的输出误差
E_{R}	旋转变压器最大感应电势有效值

e_{ss}	控制系统稳态误差
$e(t)$	控制系统误差量
f	频率
f^*	频率期望值
F	磁动势
F_a	直流电动机电枢反应产生的磁动势
F_f	直流电动机励磁电流产生的磁动势
f_T	调制波频率
f_M	三角载波频率
g	重力加速度；气隙长度
$G_{ACR}(s)$	电流调节器传递函数
$G_{APR}(s)$	位置调节器传递函数
$G_{ASR}(s)$	转速调节器传递函数
$G_c(s)$	控制器传递函数
$G_{cl}(s)$	控制系统闭环传递函数
$G_{cl,d}(s)$	扰动信号作用下的控制系统闭环传递函数
$G_{cl,r}(s)$	给定信号作用下的控制系统闭环传递函数
$G_{d,c}(s)$	扰动补偿前馈控制器的传递函数
$G_{e,d}(s)$	扰动信号作用下的系统误差传递函数
$G_{e,r}(s)$	给定信号作用下的系统误差传递函数
$G_{obj}(s)$	控制对象传递函数
$G_{op}(s)$	系统开环传递函数
$G_{op,i}(s)$	电流环开环传递函数
$G_{op,n}(s)$	转速环开环传递函数
$G_{PWM}(s)$	PWM 变换器传递函数
$G_{r,c}(s)$	输入补偿前馈控制器传递函数

符号	含义
h	中频段宽度；永磁体高度；电流滞环比较器阈值
$H(s)$	控制系统反馈环节传递函数
i_A, i_B, i_C	永磁同步电动机 A，B，C 三相定子绕组电流
$\boldsymbol{i}_A, \boldsymbol{i}_B, \boldsymbol{i}_C$	永磁同步电动机 A，B，C 三相定子绕组电流矢量
i_A^*, i_B^*, i_C^*	永磁同步电动机 A，B，C 三相定子绕组电流期望值
i_d	直流电动机电枢电流；电机放大机 d 轴电流；永磁同步电动机 d 轴电流分量
$\bar{i}_d$	直流电动机电枢电流平均值
i_{dm}	直流电动机电枢电流最大值
i_{dL}	直流电动机负载电流
$i_{\mathrm{d\_cr}}$	电流截止负反馈作用阈值
$i_{\mathrm{d\_bl}}$	直流电动机电枢堵转电流
i_{N}	直流电动机电枢额定电流
i_{f}	电动机励磁绕组电流
i_{k}	电机放大机控制绕组电流
i_q	电机放大机 q 轴电流；永磁同步电动机 q 轴电流分量
i_{s}	永磁同步电动机定子绕组合成电流
$\boldsymbol{i}_{\mathrm{s}}$	永磁同步电动机定子绕组合成电流矢量
i_α	交流电动机 α 轴电流分量
i_β	交流电动机 β 轴电流分量
J	电动机旋转部分转动惯量
J_{m}	炮塔（含座圈）转动惯量
k	倍数，系数
K	控制系统放大倍数
k_{e}	理想弹簧的弹性系数
k_{f}	黏滞摩擦系数，励磁绕组励磁系数

K_g	幅频特性增益裕度
k_{if}	电流截止负反馈系数
K_J	动力传动装置减速比
K_k	电机放大机第一级放大倍数
K_q	电机放大机第二级放大倍数
$K_{op,n}$	转速环开环增益
$K_{op,i}$	电流环开环增益
K_p	PID 控制器的比例项系数
K_{p_cr}	比例项系数临界值
K_{PWM}	PWM 变换器放大倍数
K_{ZKK}	电机放大机空载特性放大系数
k_τ	刚性系数
L_A,L_B,L_C	永磁同步电动机 A，B，C 三相定子绕组自感
L_{AB},L_{AC},L_{BA}, L_{BC},L_{CA},L_{CB}	永磁同步电动机 A，B，C 三相定子绕组互感
L_d	直流电动机电枢回路电感；永磁同步电动机 d 轴同步电感
L_f	电动机励磁绕组电感
L_k	电机放大机控制绕组电感
L_m	永磁同步电动机相绕组等效励磁电感
L_{md}	永磁同步电动机 d 轴等效励磁电感
L_{mq}	永磁同步电动机 q 轴等效励磁电感
L_q	永磁同步电动机 q 轴同步电感
L_s	永磁同步电动机相绕组同步电感
$L_{s\sigma}$	永磁同步电动机相绕组漏电感
$L(\omega)$	控制系统对数幅频特性

m	质量
m_c，m_w	采样脉冲个数
M_r	系统谐振峰值
n	电动机转速，通常单位为 r/min
n_0	电动机空载转速
N_a	电机放大机电枢绕组匝数
N_A	交流电动机 A 相绕组匝数
N_b	电机放大机补偿绕组匝数
N_k	电机放大机控制绕组匝数
n_{min}	电动机最低转速
n_{max}	电动机最高转速
n_N	电动机额定转速
O_T	坦克炮塔旋转中心
p	电动机极对数
P	功率
R_b	电机放大机补偿绕组阻值
R_B	电机放大机分流电阻
R_d	直流电动机电枢回路电阻
R_{dZKK}	电机放大机 d 轴电枢回路电阻
P_e	电磁功率
R_{eq}	电机放大机内部等效电阻
R_f	电动机励磁绕组电阻
R_F	电机放大机辅助绕组电阻
p_i	控制系统极点
R_k	电机放大机控制绕组电阻
R_L	负载电阻

R_s	永磁同步电动机相绕组电阻
$r(t)$	控制系统给定信号（或称参考信号）
s	静差率；Laplace 变换算子
s_{cl}	闭环系统静差率
s_{op}	开环系统静差率
T	开关周期；时间常数
T_c	采样周期；库仑摩擦力矩幅值
$T_{CMPA}, T_{CMPB}, T_{CMPC}$	逆变器 A，B，C 三相开关管切换时刻
T_d	由载体平台振动引起的炮控系统扰动力矩
T_e	电动机电磁转矩
$\overline{T}_e$	电动机电磁转矩平均值
T_f	摩擦力矩
T_F	电机放大机辅助绕组时间常数；滤波器时间常数
T_k	电机放大机控制回路时间常数
T_L	负载阻转矩
t_m	控制系统在扰动作用下的降落时间
T_m	电动机机电时间常数
T_N	额定电磁转矩
T_{oi}	电流滤波环节时间常数
T_{on}	转速滤波环节时间常数
t_p	控制系统阶跃响应峰值时间
T_{PWM}	PWM 变换器的时间常数
T_q	电机放大机 q 轴回路时间常数
t_r	控制系统阶跃响应上升时间
T_s	最大静摩擦力矩幅值
t_s	控制系统阶跃响应调节时间

t_{v}	控制系统阶跃响应恢复时间
$T_{\Sigma i}$	电流环小惯性环节时间常数之和
$\boldsymbol{u}_1, \boldsymbol{u}_2, \cdots, \boldsymbol{u}_6$	SVPWM 控制基本电压矢量
U_A, U_B, U_C	永磁同步电动机 A，B，C 三相定子绕组电压
U_{A1}, U_{B1}, U_{C1}	U_A, U_B, U_C 基波分量
$\boldsymbol{u}_A, \boldsymbol{u}_B, \boldsymbol{u}_C$	永磁同步电动机 A，B，C 三相定子绕组电压矢量
U_A^*, U_B^*, U_C^*	永磁同步电动机 A，B，C 三相定子绕组电压期望值
U_{an}, U_{bn}, U_{cn}	逆变器各相输出点 a, b, c 到直流电源假想中性点 n 之间的电压
$U_{an1}, U_{bn1}, U_{cn1}$	U_{an}, U_{bn}, U_{cn} 基波分量
U_{AB}, U_{BC}, U_{CA}	永磁同步电动机 AB、BC、CA 相之间的线电压
U_d	直流电动机电枢电压；永磁同步电动机 d 轴电压分量
U_d^*	直流电动机电枢电压期望值；永磁同步电动机 d 轴电压期望值
$\overline{U}_d$	直流电动机电枢电压的平均值
$U_{d\mathrm{m}}$	直流电动机电枢电压最大值
ΔU_d	直流电动机电枢电压扰动量
U_{f}	电动机励磁电压；直流电动机电枢电压采样值（电压量）
U_{i}	直流电动机电枢电流采样值（电压量）
U_{i}^*	直流电动机电枢电流给定值（电压量）
U_{if}^*	电动机励磁电流给定值（电压量）
U_{if}	电动机励磁电流采样值（电压量）
U_{im}^*	电动机电枢电流给定最大值（电压量）
u_{k}	电机放大机控制绕组电压；控制器输出电压
$\overline{u}_{\mathrm{k}}$	电机放大机控制绕组电压平均值；控制器输出电压平均值

u_{k_cr}	控制器的输出限幅值
u_{k_cf}	控制器的输出终值
U_m	相电压幅值
U_M	SPWM 控制三角载波的幅值
U_q	永磁同步电动机 q 轴电压分量
U_q^*	永磁同步电动机 q 轴电压期望值
U_s	供电电源电压；永磁同步电动机定子合成电压矢量幅值
$\boldsymbol{u}_s$	永磁同步电动机定子合成电压矢量
U_{sm}	逆变器输出电压极限值
U_α, U_β	永磁同步电动机 α，β 轴电压幅值
U_α^*, U_β^*	永磁同步电动机 α，β 轴电压期望值
U_ω	电动机角速度采样值（电压量）
U_ω^*	电动机角速度给定值（电压量）
U_θ	电动机角位移采样值（电压量）
U_θ^*	电动机角位移给定值（电压量）
V_O	射击目标运动速度
W_m	磁场储能
z_i	控制系统零点
α	比例系数；电流环反馈系数
α_τ	齿隙宽度系数
β	转速环反馈系数；永磁同步电动机定子电流矢量超前 d 轴的角度，称为负载角
γ	相角裕度；位置环反馈系数
σ	控制系统阶跃响应超调量
θ	电动机角位移，通常单位为 rad
θ_{CZT}	操纵台转动角度

θ_{m}	控制对象角位移
θ_{m}^{*}	控制对象角位移期望值
θ_{O}	目标航向角
θ_{p}	载体平台在火炮转动平面的角位移折算值
θ_{s}	永磁同步电动机定子电流矢量 $\boldsymbol{i}_{\mathrm{s}}$ 相对于 A 相的旋转角位移
λ_{d},λ_{q}	电机放大机 d，q 轴的磁导系数
ζ	控制系统的阻尼比；电机放大机补偿系数
ρ	控制系统暂态分量的衰减速度系数；PWM 控制开关管控制占空比；电动机凸极率
$\tau(t)$	齿隙输出力矩
τ_{d}	PID 控制器的微分项时间常数
τ_{dn}	转速微分负反馈系数
τ_{I}	PID 控制器的积分项时间常数
$\varphi(\omega)$	控制系统对数相频特性
$\boldsymbol{\Phi}$	直流电动机主磁通
$\boldsymbol{\Phi}_{\mathrm{b}}$	电机放大机补偿磁通
$\boldsymbol{\Phi}_{d}$	电机放大机直轴反应磁通
$\boldsymbol{\Phi}_{\mathrm{k}}$	电机放大机控制电流产生的直轴磁通
$\boldsymbol{\Phi}_{q}$	电机放大机交轴反应磁通
$\boldsymbol{\psi}_{a}$	永磁同步电动机电枢磁链矢量
$\psi_{A},\psi_{B},\psi_{C}$	永磁同步电动机 A，B，C 三相定子绕组磁链
$\boldsymbol{\psi}_{A},\boldsymbol{\psi}_{B},\boldsymbol{\psi}_{C}$	永磁同步电动机 A，B，C 三相定子绕组磁链矢量
ψ_{f}	永磁同步电动机转子永磁体等效励磁磁链
$\boldsymbol{\psi}_{\mathrm{f}}$	永磁同步电动机转子永磁体等效励磁磁链矢量
$\boldsymbol{\psi}_{\mathrm{m}}$	永磁同步电动机电枢反应磁链矢量
$\psi_{\mathrm{m}d},\psi_{\mathrm{m}q}$	永磁同步电动机 d，q 轴电枢反应磁链分量

ψ_s	永磁同步电动机定子合成磁链
$\boldsymbol{\psi}_s$	永磁同步电动机定子合成磁链矢量
$\boldsymbol{\psi}_\sigma$	永磁同步电动机漏磁场对应的磁链矢量
$\psi_{\delta d},\psi_{\delta q}$	永磁同步电动机 d，q 轴漏磁场对应磁链分量
ω	电动机角速度，通常单位为 rad/s
ω^*	电动机角速度期望值
ω_0	电动机理想空载角速度
ω_c	控制系统开环对数频率特性的截止频率
ω_{ci}	电流环截止频率
$\Delta\omega_{cl}$	控制系统闭环静特性的角速度降落
ω_{cn}	转速环截止频率
ω_d	控制系统阻尼振荡频率
ω_m	炮塔角速度
ω_{max}	电动机角速度最大值
ω_n	控制系统自然振荡频率；开环频率特性转折频率
$\Delta\omega_{op}$	控制系统开环静特性的角速度降落
ω_p	载体平台在火炮转动平面的角速度折算值
ω_r	控制系统谐振频率
ω_s	永磁同步电动机定子旋转磁场角速度；临界 Stribeck 角速度
ω_T	炮塔旋转角速度

附录 B 常用缩略语

A/D	Analog to Digital	模/数转换
CHBPWM	Current Hysteresis Band Pulse Width Modulation	电流滞环跟踪脉冲宽度调制
DSP	Digital Signal Processing	数字信号处理器
EV	Event Manager	事件管理器
G	Generator	直流发电机
GTR	Giant Transistor	电力晶体管
IGBT	Insulated Gate Bipolar Transistor	绝缘栅极双极型晶体管
M	Motor	直流电动机
MOSFET	Metal Oxide Semiconductor Field Effect Transistor	电力场效应管
PFM	Pulse Frequency Modulation	脉冲频率调制
PI	Proportion Integral	比例积分控制
PID	Proportion Integral Differential	比例积分微分控制
PMSM	Permanent Magnet Synchronous Motor	永磁同步电机
PWM	Pulse width Modulation	脉冲宽度调制
SCI	Serial Communication Interface	串行通信接口
SPWM	Sinusoidal Pulse Width Modulation	正弦波脉冲宽度调制
SVPWM	Space Vector Pulse Width Modulation	电压空间矢量脉冲宽度调制

附录 C　元件和装置用文字符号 (参照 GB/17159—1987)

ACR	电流调节器
AFR	励磁电流调节器
APR	位置调节器
ASR	转速调节器
BQ	位置传感器
ME	拖动电机，也称原动机
PSD	功率变换装置
TA	电流互感器
TG	测速发电机
UPER	励磁电流变换装置